规模化海水养殖园区
环境工程生态优化技术体系

孙福新　宋娴丽　主编

中国海洋大学出版社
·青岛·

图书在版编目(CIP)数据

规模化海水养殖园区环境工程生态优化技术体系 / 孙福新,宋娴丽主编.—青岛:中国海洋大学出版社, 2017.7

ISBN 978-7-5670-1524-1

Ⅰ.①规… Ⅱ.①孙… ②宋… Ⅲ.①海水养殖－养殖场－生态环境－研究－中国 Ⅳ.①S967

中国版本图书馆 CIP 数据核字(2017)第 186447 号

出版发行	中国海洋大学出版社
社　　址	青岛市香港东路 23 号　　　　邮政编码　266071
出 版 人	杨立敏
网　　址	http://www.ouc-press.com
电子信箱	94260876@qq.com
订购电话	0532－82032573(传真)
责任编辑	孙玉苗　　　　　　　　　　　电　话　0532－85901040
印　　制	日照报业印刷有限公司
版　　次	2017 年 8 月第 1 版
印　　次	2017 年 8 月第 1 次印刷
成品尺寸	185 mm×260 mm
印　　张	30.5
字　　数	685 千
印　　数	1—1000
定　　价	98.00 元

如发现印装质量问题,请致电 0633－8221365,由印刷厂负责调换。

编辑委员会

前　言

我国是世界上海水养殖产量最高的国家。2014年，我国海水养殖产量达到1 813万吨，占世界海水养殖产量的67％以上（FAO，2016），养殖品种主要涉及鱼类、贝类、对虾、海参等。其中，我国北方沿海地区主要是以渔业养殖园区的形式进行各经济种类的养殖生产，海水养殖业已成为这些区域出口创汇和增加渔民收入的主要来源。

近年来，我国海水养殖园区建设发展迅速。以山东省为例，自2012年该省获批万亩①面积以上的现代化海水养殖园区17个，总面积达到了30万亩。随着山东省"海上粮仓"战略的实施和海洋生态文明建设的推进，至2020年，山东省将建设现代渔业示范园区100处，其中工厂化养殖水体达到200万立方米，近海和海洋牧场养殖面积达到100万亩，并会将其打造为"海上粮仓"建设的主体区、科技转化核心区、新型渔业经济集成区。随着渔业园区的快速发展和其规模的持续扩大，其生产规模和排放方式势必会对海水养殖生态环境产生深远的影响，各园区在规划建设、安全生产、循环利用、信息化管理等方面也不同程度地出现了一系列发展瓶颈问题，渔业园区建设所需的技术成果亟待集成、优化与创新。

本研究以优化海水养殖环境工程技术为切入点，采用创新规划理念，以工程生态优化、养殖品种多元化、水资源循环利用等手段集成规模化园区海水养殖循环工程优化、生态环境友好、生产安全控制、管理信息监测等技术，选择典型海水养殖园区开展示范，进一步提高我国规模化海水养殖园区循环经济水平，为海水养殖产业生态化建设提供技术支撑。

本研究开发的海水养殖园区环境工程生态优化技术，有助于解决渔业经济发展所带来的一系列环境生态问题；研发的新能源、新装备、新技术、新工艺、新模式、新规范将为我国现代化海水养殖园区建设提供可借鉴的发展思路；建立的池塘生物复合利用模式、工厂化-池塘耦合利用模式和大尺度滩涂湿地综合利用模式可有效减轻养殖园区近海富营养化程度、改善海域生态环境，达到生态修复和渔业发展的双赢；形成的海水养殖生产安全控制技术将有利于提高养殖产品的食品安全，促进海水养殖业持续健康发展，提升海洋经济的和谐发展能力；构建的海水养殖园区管理信息化技术是构建现代化海水养殖产业体系、提升海洋综合管控能力的重要手段。

---

① "亩"为非法定单位，但在实际生产中经常使用，本书保留。1亩≈666.7平方米。

"规模化海水养殖园区环境工程生态优化技术集成与示范"研究成果的示范应用,符合我国现代养殖业发展的趋势,同时是响应《全国科技兴海纲要》中"扩大环境友好型养殖、水产品质量安全保障等技术的应用规模"和重点建设"海洋循环经济可持续发展模式示范区"等号召的重要举措,同时为我国实施的"蓝色海洋"战略和海洋生态文明建设提供技术示范。

"规模化园区海水养殖环境工程生态优化技术集成与示范"项目始于2012年12月,历经4年多的试验研究,先后在辽宁省大连市金砣集团、山东省滨州市海城水产科技集团、山东省滨州市友发水产集团、山东神力企业发展有限公司、山东省日照市的开航水产集团公司5处总面积3.5万亩的区域规划示范园区开展了环境工程生态优化技术的研究。通过理论创新、技术集成、工艺模式构建、产业化推广示范形成了一整套基于园区生态优化的技术体系。针对规模化园区点源式排放的产作方式,创新提出并构建了海水养殖园区点源排放—工程处理—生物修复—循环利用为一体的综合试验水处理工艺,发明了适用于大水面养殖病害综合生态防治的植物源免疫增强剂,研发了鱼病诊疗检索系统,建立了池塘养殖综合效益评估体系,并将各项技术应用于5个示范园区。本书的编写和出版得到国家海洋局海洋公益性行业科研专项经费项目(201305005)和山东省农业重大应用技术创新课题等项目的资助,在此表示衷心感谢。

本书在编写过程中参考了大量文献,并尽可能在书中列出。但由于篇幅的限制,有小部分文献未列出,敬请相关文献的作者谅解。

在本研究各项技术的研发与示范过程中,可能有设计规划和考虑不周的地方;加之水平和条件所限,本书难免存在不足,恳请读者批评指正。

2017 年 5 月

目 录

CONTENTS

第1章

海水养殖园区环境工程优化技术的理论创新

第1节　示范园区生物修复藻种的筛选研究

1. 营养盐对不同海藻生长的影响

本研究测定了鼠尾藻、真江蓠、脆江蓠、蜈蚣藻在不同营养盐浓度梯度下的生长及对营养盐的吸收情况。

测定结果显示：真江蓠的生物量在不同的营养盐浓度下均持续增加，并且随着加入的营养盐浓度的升高，生物量的增长量也增加。而对于磷酸盐来说，在实验期间，所有真江蓠质量均持续增加。在培养期间，真江蓠的相对生长速率都随时间呈直线升高；并且加入的营养盐浓度越高，真江蓠相对生长速率增加得越快。真江蓠对硝酸盐和磷酸盐的吸收均呈现出先快后慢的趋势。对于硝酸盐来说，加入的硝酸盐在实验期间均被完全吸收，并且随着添加浓度的增加，完全吸收所消耗的时间越长；同时，随着加入的硝酸盐浓度的增加，真江蓠对硝酸盐的吸收速率越大，且在硝酸盐耗尽之前其浓度都呈直线降低。对于磷酸盐来说，随着磷酸盐浓度的增加，真江蓠对磷酸盐的吸收速率增加。在实验过程中添加的磷酸盐均被耗尽。磷酸盐的浓度随时间的变化趋势与硝酸盐相同。

测定结果显示：脆江蓠生物量在不同氮磷组中随着时间的推移呈直线增加的趋势，并且随着加入的营养盐浓度的增加，生物量的增加量也在增大。不同氮磷组的脆江蓠相对生长速率在前2 d基本保持不变，之后开始迅速增大。营养盐浓度的变化情况与真江蓠相似。

测定结果显示：蜈蚣藻在不同氮磷组中生物量随着时间增加。在不同硝酸盐浓度下，生物量的增量随着添加的硝酸盐浓度的增大而增大，但所有组都在2 d之后生物量的增长速率降低。而在不同磷酸盐浓度下，蜈蚣藻生物量的增加也随着加入磷酸盐的浓度的增加而增大，但在实验末期生物量也会达到平台期。在不同氮磷浓度下，相对生长率都在培养第1 d高，第2 d急剧降低，之后会随着时间的推移逐渐升高。

测定结果显示：鼠尾藻在不同硝酸盐浓度下生长情况相似，相对生长速率的变化情况也相似。随着时间的推移，不同硝酸盐浓度下鼠尾藻的湿重呈现出明显的增加，并且相对生长速率也增大。但是随着硝酸盐浓度的增加相对生长速率略有增大。不同硝酸盐浓度下，硝酸盐耗尽的时间也不相同。前4组硝酸盐都在第2 d耗尽。第5组即硝酸盐浓度最高的那组，硝酸盐在第4 d耗尽。不同磷酸盐浓度下鼠尾藻的生长及营养盐吸收情况待明年春季进行。

对比以上几种藻在实验前后的生物量可以发现,在不同氮、磷浓度下几种藻生物量的增加量都是脆江蓠＞真江蓠＞蜈蚣藻,即脆江蓠对吸收的营养盐利用率最高。

2. 不同海藻的营养盐吸收动力学

本研究对鼠尾藻、真江蓠、脆江蓠、龙须菜在不同营养盐浓度梯度下进行了营养盐的吸收动力学实验。

实验结果显示:脆江蓠对硝酸盐的吸收速率呈现出升高后降低的趋势,在前 2 h 呈现出升高的趋势,随后开始迅速降低,但是 8 h 以后吸收速率保持不变。脆江蓠对于磷酸盐的吸收速率则出现了不同的趋势。在前 10 h,营养盐浓度较低的 2 组对磷酸盐的吸收速率呈现出持续下降的趋势,但浓度较高的 3 组则呈现出吸收速率先升高后降低的趋势,即在前 4 h 吸收速率波动上升,随后开始降低;实验进行 10 h 后,脆江蓠对磷酸盐的吸收速率进入稳定期。

实验结果显示:在不同硝酸盐浓度下真江蓠对硝酸盐的吸收速率在前 6 h 急剧降低,6 h 后变化不大;同时随着硝酸盐浓度的增大,吸收速率也随之增加。对磷酸盐的吸收速率与对硝酸盐的吸收趋势基本一致,也是对磷酸盐的吸收速率随磷酸盐浓度的增加而增大;在前 6 h 吸收速率迅速降低,6 h 后吸收速率变化不大。

实验结果显示:在硝酸盐含量最高的 2 个组的龙须菜,对硝酸盐的吸收速率呈现出先升高再降低的趋势,具体为在前 2 h 龙须菜对硝酸盐的吸收速率呈现出升高的趋势,而在 2~8 h 吸收速率又开始持续降低,8 h 后吸收速率变化不大。对于磷酸盐含量较低的 3 个组,吸收速率都在前 8 h 迅速降低,8 h 后变化不大。在不同磷酸盐浓度梯度下,磷酸盐浓度为 $0.9~\mu mol/L$ 和 $1.2~\mu mol/L$ 的 2 组的磷酸盐吸收速率较为相似且明显高于其他组。

实验结果显示:鼠尾藻对硝酸盐的吸收速率最大值出现在实验开始后的 1 h,随后吸收速率随着时间的推移而急剧降低,在 10 h 后吸收速率基本稳定。对磷酸盐的吸收速率随磷酸盐的浓度变化而变化,磷酸盐浓度为 $1.2~\mu mol/L$ 的一组对磷酸盐的吸收速率明显高于其他组,对于磷酸盐的吸收速率在实验开始后 8 h 达到平衡。吸收速率常数根据米氏方程计算所得,24 h 内鼠尾藻对硝酸盐的吸收规律可以近似用一级动力学方程进行描述。从吸收速率可以看出,当硝酸盐浓度为 10~30 $\mu mol/L$ 时,吸收速率随着硝酸盐浓度的增加而增大,但随着硝酸盐浓度的继续增加,吸收速率反而降低。说明硝酸盐浓度约为 30 $\mu mol/L$ 时,对硝酸盐的吸收最快。

3. 鼠尾藻生长情况

在不同硝酸盐含量下,鼠尾藻的生长情况相似,相对生长速率的变化情况也相似。随着时间的增加,不同硝酸盐浓度下鼠尾藻的湿重呈现出明显的增加,并且相对生长速率也增大。但是随着硝酸盐浓度的增加相对生长速率略有增大。

通过以上分析,综合比较 24 h 内这 4 种藻对不同营养盐的吸收速率发现,对硝酸盐的吸收速率,鼠尾藻最高,其次是龙须菜和真江蓠。龙须菜和真江蓠的平均吸收速率相似;硝酸盐浓度为 10~20 $\mu mol/L$ 时龙须菜的吸收速率较大,浓度为 20~60 $\mu mol/L$ 时,真江蓠对硝酸盐的吸收速率较大。对硝酸盐吸收速率最小的是脆江蓠。对于磷酸盐来说，真江蓠的吸收速率最大，然后依次是脆江蓠、鼠尾藻和龙须菜。在利用大型藻进行生态修复的时候可以根据不同大型藻的不同营养盐吸收特征进行选择。

4. 温度和光照对脆江蓠(*Gracilaria chouae*)吸收氨氮、磷酸盐的影响

研究结果显示，温度在 5 ℃～20 ℃、光照在 2 000 lx～4 000 lx 之间氨氮的吸收率差异不显著，但 0～500 lx 与 2 000～4 000 lx 两个区段之间氨氮吸收率差异显著。随着光照的增加，对氨氮的吸收率增加。温度对氨氮吸收率的影响不显著。脆江蓠对磷酸盐的吸收率随温度升高而升高，并在 15 ℃～20 ℃ 吸收率较好；光照对磷酸盐吸收率无明显规律。实验观察到在 5 ℃时，即使在完全黑暗状态下脆江蓠也可保持正常状态，只是藻体鲜重减少。脆江蓠适宜的生长温度为15 ℃～20 ℃，适宜的光照条件为 500～4 000 lx。如果是为了冬季保种，5 ℃～15 ℃、光强4 000 lx 以下比较安全；当温度为 20 ℃、光强达到或超过 4 000 lx，脆江蓠尖端容易变白。光照显著影响脆江蓠对氨氮的吸收，但对磷酸盐的吸收影响无明显规律。温度对脆江蓠吸收氨氮的影响不明显。温度对脆江蓠吸收磷酸盐吸收的速率有极显著的影响，在15 ℃～20 ℃时磷酸盐吸收率较高。不管从脆江蓠吸收氮、磷能力方面还是从生长速度方面来看，脆江蓠比较适合在较高的温度下培养，而其对光照要求较低。由于实验条件限制，没有做更高温度，有待后续实验补充。

5. 大型海藻的氮、磷去除实验

实验材料 6 种：马泽藻(*Mazzaella japonica*)；孔石莼(*Ulva pertusa* Kjellman)；鼠尾藻(*Sargassum thunbergii*)；红毛菜(*Bangia fusco-purpurea*)；蠕枝藻(*Helminthocladia australis*)；拟伊藻(*Ahnfeltiopsis flabelliformis*)

实验结果显示：马泽藻和孔石莼对氨氮的去除效果较好，分别吸收了培养水体中氨氮初始总量的98.0%和97.1%。除鼠尾藻之外，其他 5 种海藻培养水体中氨氮浓度与培养时间具有很好的线性关系。孔石莼和马泽藻对硝酸盐氮的去除效果较好，分别吸收了培养水体中硝酸盐氮初始总量的82.0%和76.9%。6 种海藻培养水体中硝酸盐氮浓度与培养时间都表现出良好的线性相关。马泽藻和石莼对活性磷的去除效果较好，分别吸收了培养水体中活性磷初始总量的90.8%和86.9%。马泽藻、蠕枝藻和鼠尾藻培养水体中活性磷浓度与培养时间呈线性相关。

在前期筛选潮间带藻种的基础上，继续开展潮下带的藻种筛选工作，已经开展了海带和鼠尾藻在不同温度和盐度的条件下吸收氮、磷营养盐的研究工作，具体研究内容：设定 15 ℃、20 ℃、25 ℃、30 ℃ 四个温度梯度和 20、25、30、35 四个盐度梯度，研究海带和鼠尾藻在这些条件下的氮、磷吸收能力，目的在于研究它们在不同的生态因子影响下对富营养化海水的净化作用，为在池塘栽培这些大型海藻以达到最佳修复效果提供参考。

第 2 节　不同温度、光照和硝氮浓度对龙须菜无机磷吸收的影响

为了探讨龙须菜对无机磷吸收的基本特征以及温度、光照和硝氮浓度对其的影响,本研究在实验室条件下,分别设置 3 个不同温度(15 ℃、23 ℃ 和 31 ℃)、3 个不同的光照强度[0 μmol photons/(m² · s)、30 μmol photons/(m² · s) 和 200 μmol photons/(m² · s)]和 3 个不同的硝氮浓度(0 μmol/L、30 μmol/L 和 200 μmol/L),在不同的条件下测定龙须菜的无机磷吸收动力学曲线。

1. 温度的影响

实验结果显示:龙须菜对无机磷的吸收速率随着温度的升高而增大,同时最大吸收速率和半饱和常数也与温度成正相关,V_m/K_s 在较低的温度下(15 ℃)的值反而最大。可见,温度的升高可以提高龙须菜对无机磷的吸收能力,同时,温度越低,龙须菜对无机磷的亲和力越大,且较低的无机磷浓度下龙须菜的吸收效率更高。

2. 光强的影响

实验结果显示:龙须菜对 Pi 吸收的最大速率和 V_m/K_s 比值在光强为 30 μmol photons/(m² · s)时最大,黑暗和高光强下都相对较低,而半饱和常数趋势则相反。由此可知,相对于 30 μmol photons/(m² · s)的低光强,黑暗和高光强下都会使龙须菜对 Pi 的吸收能力和吸收效率降低,并使其对底物的亲和力减弱。

3. 硝氮浓度的影响

实验结果显示:硝氮浓度的增大使龙须菜对无机磷的最大吸收速率逐渐增大,半饱和常数也表现出相同的趋势,但 V_m/K_s 在 30 μmol/L 的硝氮浓度下最高,在 0 μmol/L 和高硝氮浓度下的值都相对较低。可见,随着硝氮浓度的增大,龙须菜对无机磷的吸收能力增强,对底物的亲和力降低,但吸收效率却在接近自然海水的硝氮浓度(本实验所用自然海水的硝氮浓度为 40 μmol/L)条件下最大。

实验结果表明:龙须菜对无机磷的吸收动力学曲线符合典型的米氏方程特征,并且吸收能力随温度和硝氮浓度的升高而增强,吸收效率在较低温度(15 ℃)和接近自然海水的硝氮浓度条件(30 μmol/L)下较高;低光强下[(30 μmol photons/(m² · s)]的吸收能力和吸收效率均高于黑暗和高光强条件[(200 μmol photons/(m² · s)]。

大型经济海藻龙须菜对于无机磷的吸收有着适合的温度和光强:温度的升高能够刺激无机磷的吸收,但吸收效率在达到一定温度时就不再升高;合适的光强下,龙须菜对磷的吸收能力和效率都达到最高,光强太高对磷的吸收会起到负面影响。因此,在养殖龙须菜时应考虑与温度和光强相关的因素,如水温、养殖悬挂深度等。另

外,水体中氮的充分供应能够刺激龙须菜对磷的更快吸收,二者的吸收速率呈现一定的正相关。当前近海海水富营养化现象严重,水体中氮、磷浓度同时升高,我们的这一结论为养殖龙须菜来修复富营养化海水提供了理论上的支持。

第3节　光照强度对海黍子生长及生化组成的影响

1. 材料与方法

海黍子于 2011 年 12 月采自荣成湾。选取健康藻体,用海水洗刷掉浮泥杂藻后,置于塑料水槽中预培养[培养条件为温度 5 ℃、光照强度 40 μmol photons/(m^2·s)]1 周后,筛选生长健壮的藻体尖端,剪成 3～5 cm 长的藻体,置于 3 000 mL(内含 2 500 mL 消毒海水培养液)三角烧瓶培养,在培养液中添加氯化铵及磷酸二氢钾,使培养液氮、磷的初始浓度分别为 0.44 mg/L 及 0.044 mg/L。培养条件为 10 ℃,光照周期 L∶D＝12 h∶12 h,盐度为 31,pH 为 8.0)。设 5 个光照梯度[20 μmol photons/(m^2·s)、40 μmol photons/(m^2·s)、80 μmol photons/(m^2·s)、120 μmol photons/(m^2·s)、200 μmol photons/(m^2·s)],每个处理 4 个平行。每瓶加入的藻体质量为 2.00 g±0.02 g,充气培养。测定藻体特定生长率及生化组成。

2. 研究结果

从表 1-1 可以看出,光照为 80～200 μmol photons/(m^2·s)时,海黍子各处理组的特定生长率都比较高,且无显著差异。光照低于 80 μmol photons/(m^2·s),生长率较小。

从研究结果(表 1-2)可以看出,光照强度对海黍子叶绿素 a 有显著的影响($P<0.05$)。特别是光照 20 μmol photons/(m^2·s)时的叶绿素 a 含量显著高于其他光照条件。光照 40～80 μmol photons/(m^2·s)之间无显著差异,光照 120～200 μmol photons/(m^2·s)之间无显著差异。但总的趋势是叶绿素 a 的含量都随着光照强度的增加而减小。

表 1-1　光照对海黍子生长的影响($n＝4$)

光照/[μmol photons/(m^2·s)]	光照强度对海黍子日特定生长率的影响/%							
	0～3 d	3～6 d	6～9 d	9～12 d	12～15 d	15～18 d	18～21 d	0～21 d
20	1.4±0.45a	1.39±0.25a	1.31±0.52a	2.42±0.83a	3.39±0.13	2.42±0.40a	3.07±0.44a	2.02±0.26a
40	2.68±0.09b	2.98±0.57b	2.55±0.58b	2.95±0.77a	3.04±0.62	3.14±0.40b	3.04±0.31a	2.9±0.12b
80	3.06±0.45c	3.34±0.51b	3.24±0.40bc	4.08±0.77c	3.97±0.91	4.13±0.48c	5.22±0.55b	3.84±0.50c
120	2.63±0.31b	3.90±0.81b	3.58±0.60c	3.77±0.62c	3.98±0.85	4.17±0.66c	4.40±0.64b	3.87±0.17c
200	1.07±0.12a	3.34±0.58b	4.05±0.77c	4.31±0.38c	3.76±0.27	4.28±0.17c	4.89±0.36b	3.72±0.27c

注:同一列不同字母(a、b、c、d、e)表示经多重检验相互之间的差异显著,$P<0.05$

表 1-2　不同光照强度下海黍子的生化组成

光照强度 /[μmol photons/(m² · s)]	叶绿素 a /(mg/g,wet)	叶绿素 b /(mg/g,wet)	可溶性蛋白质 /(mg/g,dry)	可溶性糖 /(mg/g,dry)	褐藻多酚 /(mg/g,dry)	含水量/%
20	0.20±0.00a	0.26±0.01a	15.93±0.56a	16.72±1.18a	6.77±0.66a	81.73±0.63
40	0.18±0.01b	0.24±0.01ab	15.20±0.43a	13.38±0.68b	6.04±0.78a	80.89±0.54
80	0.18±0.00b	0.23±0.01b	13.98±1.15ab	14.77±0.86b	6.42±0.45a	79.16±1.69
120	0.16±0.00c	0.21±0.01b	13.52±1.22ab	13.40±1.55b	4.65±0.41b	80.04±1.51
200	0.14±0.01d	0.20±0.02b	12.94±0.51b	14.07±0.60b	13.06±0.65c	79.10±0.52

注:同一列不同字母(a、b、c、d、e)表示经多重检验相互之间的差异显著,$P<0.05$

最低光照组[20 μmol photons/(m² · s)]的可溶性蛋白含量显著高于最高光照组[200 μmol photons/(m² · s)],其余组蛋白质含量之间无显著性差异($P>0.05$)。

海黍子中可溶性糖在光照为 20 μmol photons/(m² · s)下含量最高,其余各处理组之间无显著差异($P>0.05$)。

光照在 20~80 μmol photons/(m² · s)时,褐藻多酚含量变化不显著,当光照增加到 120 μmol photons/(m² · s)时,褐藻多酚含量降到最低,但若继续增加光照,使其达到 200 μmol photons/(m² · s)时,褐藻多酚含量急剧增加。

第 4 节　光照对脆江蓠生长及光合色素含量的影响

1. 材料与方法

脆江蓠于 2012 年 2 月 28 日采于福建宁德罗源湾人工养殖海区,用泡沫箱包装,于 4 ℃~8 ℃低温下,24 h 内运回青岛实验室。在实验室中将脆江蓠藻体用清洁海水冲洗干净,剔除杂质。在室温、光强约为 80 μmol photons/(m² · s)的玻璃水槽中充气预培养 4 d 后,选取健康的藻体进行实验。实验前,用消毒海水冲洗干净,剪成 2~3 cm 藻段,用 1 000 mL 三角瓶进行培养。每瓶内盛 800 mL f/2 培养液(培养海水煮沸消毒)(Guillard,1975),加入 1.5 g 藻体,且每瓶中藻体尖端、中部和基部的藻段数量相当。设置 40 μmol photons/(m² · s)、80 μmol photons/(m² · s)、120 μmol photons/(m² · s)、160 μmol photons/(m² · s)和 200 μmol photons/(m² · s)5 个光照处理组,每组 3 个平行。在光周期为 12L：12D,温度 20 ℃的光照培养箱中充气培养,每周更换培养液两次。光合色素含量实验依照相同条件处理。共培养 28 d,每隔 7 d 测定一次鲜重和光合色素含量,培养 28 d 后测藻体干重。另外,在预培养结束时进行光合速率的测定。

2. 结果

(1)光照对脆江蓠相对生长率的影响。

各组脆江蓠 28 d 中的相对生长率见图 1-1。如图所示,40 μmol photons/(m² · s)

光照条件下,脆江蓠相对生长速率虽有上升但均为负值;随着培养时间的延长,80～120 μmol photons/(m²·s)光照下,相对生长速率呈现下降的趋势;160～200 μmol photons/(m²·s)光照下,相对生长速率呈现先升后降的趋势。培养 7 d 时,120 μmol photons/(m²·s)处理组的相对生长速率较大;14 d 时,高光强[160～200 μmol photons/(m²·s)]处理组的相对生长速率较大,200 μmol photons/(m²·s)处理组的相对生长速率最大;培养 21 d,160 μmol photons/(m²·s)处理组的相对生长速率最高,高光强[160～200 μmol photons/(m²·s)]处理组的相对生长速率显著高于其他处理组;培养 28 d,各组随光照增强,相对生长速率不断增大。

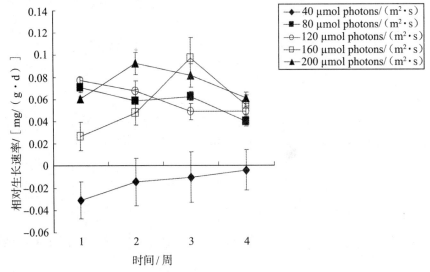

图 1-1 不同光照条件下脆江蓠的相对生长速率

（2）光照对脆江蓠干重的影响。

培养 28 d 称量各组脆江蓠的干重见图 1-2。图 1-2 显示,随着光照的增强,藻体的干重不断增大(图 1-2)。光照 200 μmol photons/(m²·s)时,藻体干重最大,达 1.27 g。数据的差异性分析结果显示,干重在组间差异显著:光照 40 μmol photons/(m²·s)时藻体干重显著低于其他各组($P<0.05$);光照 200 μmol photons/(m²·s)时藻体干重显著高于其他各组($P<0.05$)。

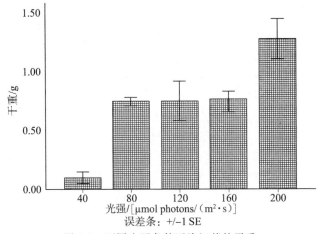

误差条: +/-1 SE

图 1-2 不同光照条件下脆江蓠的干重

（3）光照对脆江蓠光合色素的影响。

图 1-3 至图 1-6 为第 1、2、3、4 周时藻体的色素含量。

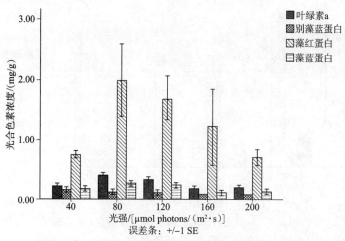

图 1-3　不同光照下脆江蓠光合色素含量（第 1 周）

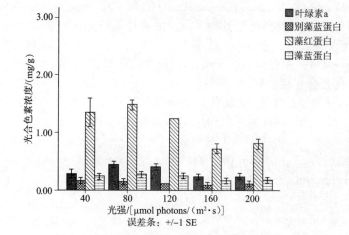

图 1-4　不同光照下脆江蓠光合色素含量（第 2 周）

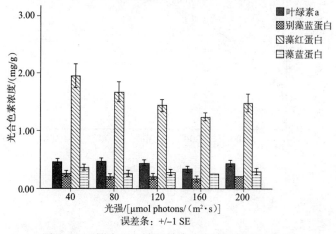

图 1-5　不同光照下脆江蓠光合色素含量（第 3 周）

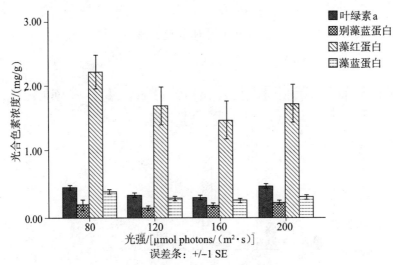

图 1-6　不同光照下脆江蓠光合色素含量(第 4 周)

由图 1-3～图 1-6 可见,藻体光合色素含量在 80～160 μmol photons/(m² · s)范围内随光照的升高而降低;40 μmol photons/(m² · s)和 200 μmol photons/(m² · s)处理组在培养初期色素含量较低,低于其他 3 组。随着培养时间的延长,色素含量逐渐升高。最后随光强的升高色素含量呈现先降低后升高的趋势。第 4 周时,40 μmol photons/(m² · s)处理组已经死亡,故缺少该组数据。

(4)脆江蓠光合作用曲线。

结果显示,随光照的增强,脆江蓠的光合作用速率呈现先升高后趋于平稳的趋势(图 1-7),在 20 ℃下,脆江蓠呼吸作用速率为 0.07 μmol O₂/(g · s)±0.03 μmol O₂/(g · s),最大光合作用速率为0.40 μmol O₂/(g · s)±0.12 μmol O₂/(g · s);经计算得,光补偿点为 35 μmol photons/(m² · s)±15 μmol photons/(m² · s),光饱和点为 200 μmol photons/(m² · s)±60 μmol photons/(m² · s)。

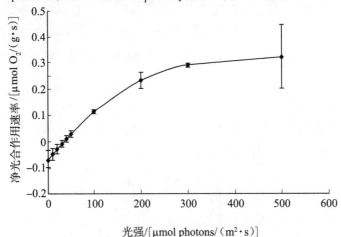

图 1-7　脆江蓠的光合—光强响应曲线

第 5 节　光照和温度对脆江蓠的生长和生化组成的影响

1. 材料和方法

（1）实验材料。

脆江蓠采于福建宁德海区人工养殖区,用泡沫箱包装,于 4 ℃～8 ℃低温下, 24 h 内运回青岛实验室。

（2）实验方法。

在实验室中将脆江蓠藻体用清洁海水冲洗干净,剔除杂质。在温度 20 ℃,光照强度 60 $\mu mol\ photons/(m^2 \cdot s)$ 的玻璃水槽中充气预培养 2 周后,选取健康一致的藻体进行实验。实验前,用消毒海水冲洗干净,剪成 2～3 cm 藻段,用 500 mL 三角瓶进行培养。培养介质为 f/2 培养液（培养海水煮沸消毒）(Guillard 1975),加入 1.5 g 藻体,且每瓶中藻体尖端、中部和基部的藻段数量相当。设置 40 μmol photons/($m^2 \cdot s$)、80 $\mu mol\ photons/(m^2 \cdot s)$、120 $\mu mol\ photons/(m^2 \cdot s)$、 160 $\mu mol\ photons/(m^2 \cdot s)$、200 $\mu mol\ photons/(m^2 \cdot s)$ 5 个光照梯度和 10 ℃、 15 ℃、20 ℃、25 ℃ 4 个温度梯度,进行分组,每组 3 个平行。在光照培养箱中充气培养,光周期为 12L：12D,每周更换培养液两次。共培养 28 d,每隔 7 d 测定一次鲜重, 培养 28 d 测藻体叶绿体色素、丙二醛(MAD)和超氧化物歧化酶(SOD)的含量。

2. 结果

（1）相对生长速率。

实验结果显示:光照、温度及其交互作用均对脆江蓠的生长产生影响,且影响均达到极显著水平。光照和温度交互作用对脆江蓠生长影响较小,占总体变差的 11.0%,而温度和光照则分别占 50% 和 33.3%（表 1-3）。脆江蓠的相对生长速率随温度的升高呈先上升后下降的趋势,在 20 ℃～25 ℃时生长较快,在 20 ℃时生长最快;随光照的增强也呈先上升后下降的趋势,25 ℃下,相对生长速率在光照为 80 $\mu mol\ photons/(m^2 \cdot s)$ 达到最高;其他温度下,相对生长速率均在 120 $\mu mol\ photons/(m^2 \cdot s)$ 光照下达到最高（图 1-8）。最大相对生长速率出现在 20 ℃、120 $\mu mol\ photons/(m^2 \cdot s)$ 处,达 3.8 mg/(g \cdot d)。

表 1-3 光照(l)和温度(t)及其相互作用(t×l)对脆江蓠的生长率、生化组成影响的方差分析结果

变量	变差来源	不同变差占总体变差的/%	F 值
藻蓝蛋白	t	43.1%	48.3＊＊
	l	36.7%	31.0＊＊
	t×l	20.2%	5.7＊＊
别藻蓝蛋白	t	45.2%	17.6＊＊
	l	36.5%	10.7＊＊
	t×l	18.3%	1.7＊
藻红蛋白	t	23.1%	28.2＊＊
	l	50.2%	46.0＊＊
	t×l	26.7%	8.2＊＊
叶绿素 a	t	35.4%	10.2＊＊
	l	50.9%	19.5＊＊
	t×l	13.7%	1.3
相对生长速率	t	50.0%	36.3＊＊
	l	33.3%	20.4＊＊
	t×l	16.7%	3.0＊＊
超氧化物歧化酶	t	9.7%	118.1＊＊
	l	89.4%	819.2＊＊
	t×l	0.9%	2.7＊＊
丙二醛	t	53.2%	448.0＊＊
	l	17.2%	108.4＊＊
	t×l	29.6%	62.2＊＊

注：＊表示差异显著($P<0.05$)，＊＊表示差异极显著($P<0.01$)

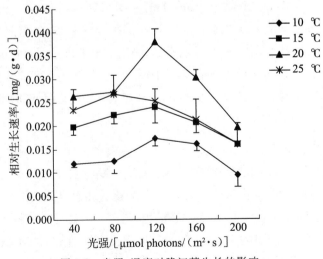

图 1-8 光照、温度对脆江蓠生长的影响

（2）光合色素含量。

实验结果显示：光照、温度及其相互作用对脆江蓠藻红蛋白、藻蓝蛋白、别藻蓝蛋白、叶绿素 a 含量都具有显著影响。其中，光照对藻红蛋白、叶绿素 a 含量的影响更大，占总体变差的百分比分别为 50.2％和 50.9％；温度对藻蓝蛋白、别藻蓝蛋白含量的

影响更大,占总体变差的百分比分别为 43.1% 和 45.2%。

　　藻胆蛋白(包括藻红蛋白、藻蓝蛋白、别藻蓝蛋白)含量均在适宜范围内随温度的升高而上升,在 25 ℃ 下达到最高;随光照的升高先升高后降低,在 120 μmol photons/(m^2·s)光照下达到最高(图 1-9 至图 1-11)。叶绿素 a 含量随温度升高大致呈现逐渐升高的趋势,随光照的增强变化较不规则,但除 10 ℃ 温度下,其他各温度组最高叶绿素 a 浓度均出现在120 μmol photons/(m^2·s)光照下(图 1-12)。

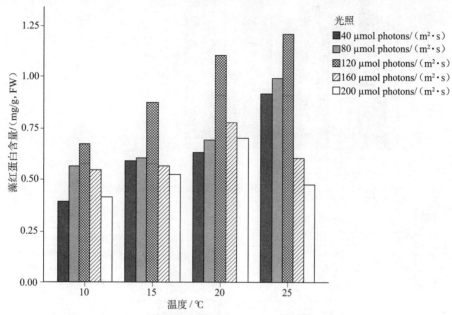

图 1-9　光照和温度对脆江蓠藻红蛋白含量的影响

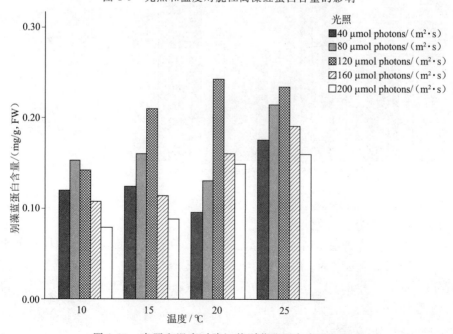

图 1-10　光照和温度对脆江蓠别藻蓝蛋白含量的影响

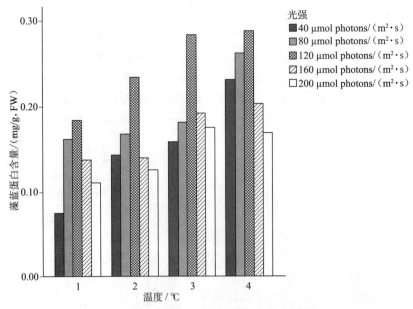

图 1-11　光照和温度对脆江蓠藻蓝蛋白含量的影响

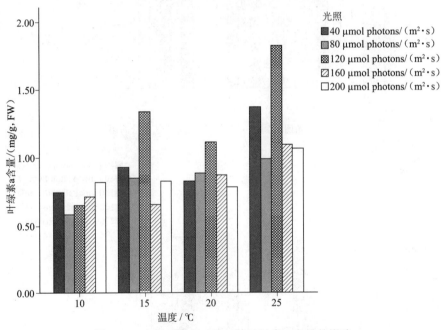

图 1-12　光照和温度对脆江蓠叶绿素 a 含量的影响

（3）丙二醛含量。

光照、温度及其交互作用均影响脆江蓠丙二醛含量,且影响均达到极显著水平(图 1-13)。温度对脆江蓠丙二醛含量影响最大,占总体变差的 53.2%,而光照和交互作用则分别占17.2%和29.6%。脆江蓠的丙二醛含量随温度和光照的升高呈现先下降后上升的趋势,在 20 ℃、160 μmol photons/(m^2 · s)下丙二醛含量最低,在 25 ℃、200 μmol photons/(m^2 · s)下丙二醛含量最高。

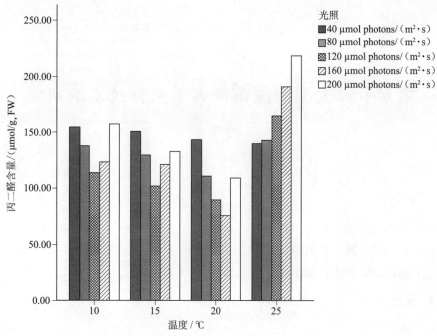

图 1-13　光照和温度对脆江蓠丙二醛含量的影响

（4）超氧化物歧化酶含量。

脆江蓠超氧化物歧化酶含量主要受光照影响，占总体变差的 89.4％，而温度和交互作用影响较小，分别占 9.7％ 和 0.9％。超氧化物歧化酶含量随温度的升高而降低，随光照的升高而升高。在适宜温度范围内，120 μmol photons/(m^2 · s)、160 μmol photons/(m^2 · s)、200 μmol photons/(m^2 · s)下超氧化物歧化酶含量均达到 800 U/g 左右的较高水平（图 1-14）。

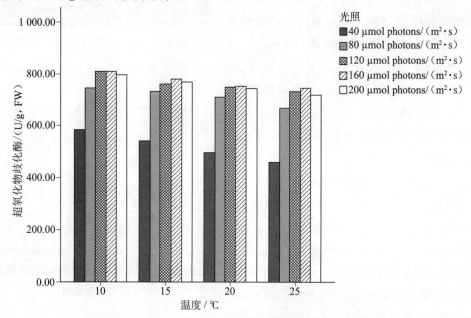

图 1-14　光照和温度对脆江蓠总超氧化物歧化酶含量的影响

第6节 大型海藻苗种人工繁育技术的研究

1. 研究内容

（1）鼠尾藻人工促熟技术的研究。

（2）不同附着基采苗效果比较。

（3）杂藻防除方法及效果。

2. 研究方法

（1）实验材料。

种菜来源。种菜分别选用浙江洞头县鹿西岛海面人工养殖的鼠尾藻种菜、山东荣成俚岛潮间带野生鼠尾藻种菜，以及室内人工促熟的本地野生鼠尾藻种菜，作为采苗用种藻。

种菜运输。在5月中下旬鼠尾藻繁殖盛期之前，选浙江洞头县海面筏养的生殖托发育良好的成熟鼠尾藻种菜（图1-15），按

图1-15 鼠尾藻苗帘海上养殖

雌、雄比10∶1比例，装入塑料泡沫箱中，同时放入海水冰瓶冷却，经20多小时长途运输，到达山东荣成俚岛，用于种苗繁育。

种菜促熟。在5月上旬左右，采集山东荣成俚岛海区潮间带野生鼠尾藻成藻，选取长势明显、藻枝粗细长短均匀、色泽鲜亮、藻体健壮以及生殖托刚刚出现的鼠尾藻，用聚乙烯纤维绳作为苗绳，将种藻每3～4株为一簇夹于养殖苗绳，夹苗间距为5～10 cm，挂养于车间水池（8 m×1 m×0.8 m），池中设浮架使苗绳始终保持在水表层，水温控制在18 ℃～22 ℃，采用自然光照，控制强度低于20 000 lx（图1-16）。

图1-16 鼠尾藻苗帘车间培育

（2）附苗器及预处理。

选用化纤布帘（2 m×0.4 m）、棕绳苗帘（1 m×0.5 m）、水泥板（0.5 m×0.5 m ×0.25 m）、扇贝壳、石块、玻璃钢维纶绳等为附苗器。化纤布帘和棕帘在采苗前需经过充分浸泡或淡水蒸煮去除毒素和有害物质；扇贝壳、水泥板、石块及玻璃钢维纶绳需经长时间淡水浸泡，采苗前用质量分数为 200×10^{-6} 的高锰酸钾溶液浸泡 0.5 h，然后冲洗干净。

（3）采苗方法和步骤。

直接采苗。将处理好的附苗器铺在清洗消毒后的车间水池（8 m×1 m×0.8 m）中，注入沉淀过滤后的新鲜海水至 30 cm 的高度，将清洗干净的成熟种菜均匀铺撒在附苗器上，或在水池水面上层用养殖绳夹养鼠尾藻种菜，令受精卵自然脱落并附着在附苗器上。在采苗过程中，经常翻动种菜，可加快受精卵脱落并使之附着均匀。每平方米附苗器雌株种菜用量为 0.5～1 kg，雌、雄种菜按 6∶1～10∶1比例搭配。24 h 时将种菜捞出，并缓慢换水。

图 1-17　附着在棕帘上的鼠尾藻幼苗
（叶片达到 5 mm 以上）

受精卵喷洒采苗。将种菜集中在某个水池中集中放散，然后用 300 目筛绢将脱落的受精卵及幼孢子体收集，放入定量的小水体中，经计数后按拟定的采苗密度将受精卵或幼孢子体均匀地泼洒在附苗器上。

车间苗帘培育条件。选用鲍培育水池（8 m×1 m×0.8 m），水池中设置竹竿绳索将苗帘架起，使每个苗帘拉紧绷直悬浮于水表层（图 1-17）。培育海水为沉淀 24 h 沙滤后的新鲜海水，充气流水培育，自然水温范围在 18 ℃～23 ℃，采用自然光照，控制强度低于 15 000 lx。

（4）苗帘洗刷。

2～3 d，开始每天轻轻拍洗苗帘，1 周后采用电动压力喷水洗刷器喷刷苗帘，压力由弱到强，以幼苗不被冲掉为准，每隔 1 d 喷刷 1 次。幼苗下海后，采用柴油动力压力喷水器冲刷苗帘，隔天 1 次，可有效地清除附着的污泥、杂藻孢子及无脊椎动物幼虫。

3. 研究结果

（1）鼠尾藻人工促熟技术的研究。

提前收集鼠尾藻成藻，夹苗后在室内暂养池内进行控制条件培育，培育一定时间后，50～70 d 可获得集中成熟、便于操作的种菜。成藻接受光照的时间延长，光照强度增大，藻体受环境影响程度降低，生殖托的成熟相对比较集中。生殖托集中、同步成熟后，利用此种菜采苗，可获得大量成熟均匀的优质受精卵。而且不受潮汐和气候的影响，管理、观察、操作简单方便，可以按种菜成熟程度，随时调整培育条件，随时取种菜进行采苗。更为重要的是，使雌、雄生殖托的成熟达到了同步，可以集中得到且大量的受精卵,利于采苗一次性成功。

(2) 不同附着基采苗效果比较。

在大规模生产性育苗实验中,我们采用的附苗器为化纤布帘和棕帘。小型实验中共选用了 6 种附着基材料,以比较各种附着基的附苗效果及幼苗生长状况。图 1-18 中展示了不同附着基用于种苗附着的生长结果。表 1-4 中列出了各种附着基质的采苗效果以及适宜的栽培模式。

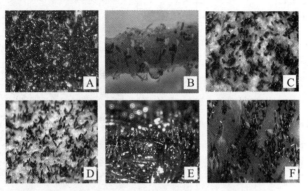

图 1-18　不同附着基采苗效果比较(采苗后 20 d)

A. 化纤布帘;B. 玻璃钢维纶绳;C. 水泥板;D. 石块;E. 棕帘;F. 扇贝壳

(3) 杂藻防除方法及效果。

海藻人工育苗过程中,杂藻附着是很重要的问题。无论在室内培育还是在海上养殖,由于各种杂藻的生长速度往往比育苗海藻更快,适温、适光范围更广,所以苗帘一旦被大量杂藻覆盖,特别是在幼苗刚下海的幼小阶段,往往造成育苗海藻窒息死亡、大量脱苗,结果导致人工育苗或养殖的失败。通过 3 年的鼠尾藻育苗实践,我们认为以下几个措施比较有效:

加大采苗密度:较大的采苗密度,可在附着基上形成种群优势,不给杂藻留有空间。

洗刷苗帘:采苗后 2～3 d 轻轻摆洗苗帘,4～5 d 将苗帘在水面拍打冲洗,一周后采用电动压力喷水器冲刷苗帘,苗帘下海后采用柴油动力压力喷水器冲刷苗帘,可有效清除附着的污泥和杂藻孢子。

提前采苗、缩短室内培育时间:利用南方种菜以及提前促熟的山东本地种菜,可将常规采苗时间提前 50 d,将室内培育时间缩短到 10～15 d,提前下海培育,在海上高温季节到来之前,使鼠尾藻幼苗快速生长,形成较大规格苗种,可有效抵御各种杂藻附着的危害。

浸泡苗帘:对已附着在苗帘上的绿藻类杂藻,可采用质量分数为 $5 \times 10^{-6} \sim 10 \times 10^{-6}$ 的柠檬酸溶液浸泡苗帘 30 min,浸泡后绿藻类杂藻较易除去。对苗帘上的多管藻、三叉仙菜等红藻类杂藻,采用淡水浸泡苗帘 1 h;浸泡后苗帘上的红藻类杂藻经洗刷后较易去除。

表 1-4　不同附着基采苗效果比较(采苗后 30 d)

附着基种类	幼苗附着密度/(株/平方厘米)	幼苗平均长度/mm	下海后脱苗率/%	适宜栽培模式	优、缺点评价
化纤布帘	97	2.8	5	海面筏养	易采苗、附着均匀、易观察、脱苗率低、但较易沉积污泥
棕绳帘	68	3.0	10	海面筏养	易采苗、附着生长好、污泥较少；不易观察、长期浸泡易腐烂
水泥板	56	2.9	35	潮间带梯田、海底藻场	幼苗附着生长较好、笨重、采苗费力、不适宜海上筏养
石块	62	3.0	32	潮间带梯田、海底藻场	采苗效果及幼苗生长状况与水泥板相似
扇贝壳	73	2.9	15	海面筏养、海底藻场	幼苗附着及生长好,采苗较费力
玻璃钢维纶绳帘	24	2.5	65	海面筏养	幼苗附着不牢固,易脱苗,不是理想附着基

第 7 节　鼠尾藻、海黍子池塘栽培繁育生态观察

1. 研究内容

(1) 鼠尾藻池塘栽培繁育生态观察。

(2) 海黍子池塘栽培繁育生态观察。

2. 研究结果

(1) 鼠尾藻池塘栽培繁育生态观察。

在本次实验观察中,对于池塘栽培的鼠尾藻 4 月下旬至 5 月中旬是生长的加速期,5 月中旬至 6 月上旬是侧枝生长旺盛期。鼠尾藻自然苗在 4 月中旬开始长出气囊,气囊长在主枝和侧枝的分叉及侧枝上,为纺锤状棒体,中空。生殖托一般于 5 月中旬开始出现,生殖托为长椭球形或圆柱状,顶端钝,单条或数个集中生于叶腋间。

到 5 月下旬时生殖托长度达到 0.3～0.8 cm,数量也逐渐增多,但仍未成熟。6 月上旬生殖托最长者可达 2.0 cm;其中成熟的雄生殖托平均为 1.1 cm,表面光滑;雌生殖托较粗短,为 0.5 cm 左右。从分布部位看,主枝上部生殖托较短且数量较少,每个侧枝的生殖托大约为 10 个,每个主枝上的生殖托数量则可达到三四百个。到 6 月上旬,生殖托大部分都已经成熟,成熟的生殖托表面发生膨胀,从外观上即可明显看出。实验观察发现帘子苗和人工苗生长出气囊和生殖托的时间比自然苗相应地晚 5～10 d。

在鼠尾藻的有性繁殖过程中,卵子不是直接放散入海水中,而是依靠透明的黏液相对均匀地黏附于生殖托的表面。初排的卵和生殖托结合得牢固,很难将卵子剥离,但是挂托 2 d 的卵子在剧烈震荡之后,有 30%～50% 自然脱落,3 d 后卵子自行脱落入水体中,静水中自然下沉散布于水底,并在合适的条件下发育成小苗。

（2）海黍子池塘栽培繁育生态观察。

池塘栽培海黍子实验观察发现,对于池塘栽培的海黍子,4 月下旬至 5 月中旬是生长的加速期,5 月中旬至 6 月上旬是侧枝生长旺盛期。海黍子在 4 月中旬开始长出气囊,气囊长在主枝和侧枝的分叉及侧枝上,为球形,中空。生殖托一般于 5 月中旬开始出现,生殖托为长椭球形,顶端钝,单条或数个集中生于叶腋间。到 5 月下旬时生殖托数量逐渐增多,但仍未成熟。6 月上旬生殖托逐渐成熟。从分布部位看,主枝上部生殖托较短且数量较少,每个侧枝的生殖托数量较多。到 6 月上旬,生殖托大部分都已经成熟,成熟的生殖托表面发生膨胀,从外观上即可明显看出。

同样在海黍子的有性繁殖过程中,卵子不是直接放散入海水中,而是依靠透明的黏液相对均匀地黏附于生殖托的表面。初排的卵和生殖托结合得牢固,很难将卵子剥离,但是挂托 2 d 后的卵子在剧烈震荡之后,有 30%～50% 自然脱落,3 d 后卵子自行脱落入水体中,静水中自然下沉散布于水底,并在合适的条件下发育成小苗。

大型海藻池塘栽培实验研究中,海黍子和鼠尾藻于 5 月中旬即进入繁殖期,这期间生殖托大幅度生长并逐渐成熟;至 6 月上旬,生殖托大部分已经成熟并开始放散,相比同纬度海区养殖的海黍子和鼠尾藻成熟时间提前。分析主要原因为池塘水温高于同时期海区水温,导致其提前成熟。实验跟踪观察发现,目前池塘已经形成海黍子的自然繁殖种群。

3. 讨论

生长在我国沿岸的鼠尾藻,其生殖季节也因地而异。在辽宁沿岸生殖季节是 7～10 月,在山东是 6～9 月,在南海是 4～6 月,在东海是 4～7 月。由此可见生长在我国沿岸的鼠尾藻其生殖期从北到南逐渐提前,这与水温自北向南逐渐增高有关(郑怡等,1993)。鼠尾藻生殖托成熟季节,黄海北部大约是 7 月上中旬,此时海水水温回升到 17 ℃ 以上;至 8 月底大部分鼠尾藻生殖托已排放精卵(詹冬梅等,2006)。生长于渤海芦洋湾的鼠尾藻,其繁殖季节在 6 月至 8 月中旬,繁殖高峰期海水温度 18 ℃～20 ℃,海水温度 22 ℃ 时藻体大量衰退腐烂(潘金华等 2007)。青岛太平角生长的鼠尾藻繁殖高峰期水温 18 ℃～23 ℃;海水温度高于 24 ℃ 时,生殖托开始衰退腐烂(王久飞等,2006)。郑怡等(1993)报道平潭岛鼠尾藻繁殖季节为 4～7 月,繁殖高峰期海水温度 25.7 ℃；海水温度 26.3 ℃时藻体腐烂侧枝脱落。Isamu(1974)报道日本海 Maizuru 湾生长的鼠尾藻繁殖高峰期海水温度27 ℃～29 ℃。在本实验研究中，据笔者观察，池塘栽培鼠尾藻自然苗于 5 月中旬开始出现生殖托，6 月上旬大量成熟，繁殖高峰期海水温度 18 ℃～24 ℃；海水温度高于 24 ℃时，生殖托开始衰退腐烂。这些实验结果表明不同地区鼠尾藻生长繁殖季节性的显著差异。

　　不同地理位置及环境对大型海藻生态习性具有很大的影响。从目前研究结果看，不同位置的鼠尾藻耐受温度不尽相同。舞鹤港海区的鼠尾藻在 27 ℃～29 ℃时生长还很迅速(Umezaki,1974)，而在小石岛和平潭岛海区，鼠尾藻在不到 26 ℃的水温时就已经开始脱落。地理位置不同，鼠尾藻生长的最大藻体长度也不相同。一般生长在平潭岛海区的鼠尾藻在每年 7 月藻体长度达到最大，平均长度为 54.4 cm；而小石岛海区的鼠尾藻此时平均藻体长度可达 90 cm 以上。生长在青岛即墨海区的鼠尾藻在每年 7 月藻体长度达到最大，平均长度达 120 cm，最长的藻体长度可达170 cm。本次实验中，池塘栽培的鼠尾藻(自然苗)平均藻体长度在 6 月中旬达到最大，平均长度达 44 cm，其中最长的藻体长度达到 80 cm。还有一些研究报道，鼠尾藻最长时平均藻体长度仅为五十几厘米(李宝华等,2004)。造成这些差异的原因可能是由于地理位置的差异，或者生存环境不同；具体原因尚有于进一步研究。

　　从现有的报道看，多数资料证明鼠尾藻 1 年具有 1 次的生长成熟期，像日本室兰的鼠尾藻(Nakamura et al, 1971)在 7～8 月份藻体最长，8 月生物量最大。日本舞鹤湾的鼠尾藻 5 月产生侧枝，6 月份形成生殖托，7、8 月藻体最长，生物量也最大(Umezaki, 1974)。郑怡等(1993)对福建平潭岛的鼠尾藻的观察是，3 月份出现侧枝，4 月份形成生殖托。Aral 等(1985)报道，生长于日本的千叶县的鼠尾藻 1 年中有 2 次的生长和成熟季节。孙修涛等(2007)对青岛太平角的野生鼠尾藻 1 年的跟踪调查结果来看，4～5 月已经初步形成生殖托和气囊，只是外形较小，尚不如同簇的叶片大，到 7 月生殖托快速发育长大，直径达到 1 mm 左右，长度则多在 3～13 mm，且个体差异较大，可以确认青岛鼠尾藻每年只有 1 次成熟和繁殖，繁殖季节在 7 月中下旬至 9 月中旬，盛期在 8 月。

第 8 节　鼠尾藻池塘栽培技术研究

　　鼠尾藻(*Sargassum thunbergii*)隶属褐藻门圆子纲墨角藻目海黍子科海黍子属，是北太平洋西部特有的暖温带性海藻。本研究主要对不同来源鼠尾藻苗种及不同栽培模式进行生长对比实验。研究结果发现，鼠尾藻生长有着明显的季节性变化，夏季生长较快，同时发现 4 月下旬至 5 月中旬是鼠尾藻苗的生长加速期，6 月中旬藻体达到最大长度；鼠尾藻侧枝在5月上旬开始出现，在6月中旬达到最长，而到6月下旬时，侧枝便多数脱落掉；鼠尾藻生殖托5月中旬开始出现，到6月上旬大部分成熟。

目前，有关鼠尾藻池塘栽培方面的研究还未见报道，本研究对不同来源鼠尾藻苗体的生长发育过程进行了初步研究。不仅可以了解鼠尾藻在池塘环境中的生长状况，还有助于设计最好的池塘栽培模式，也旨在为鼠尾藻的推广利用和净化池塘水质提供理论依据，其最终目的是促进健康生态养殖新理念。

1. 材料与方法

（1）实验材料。

实验池塘：实验池塘选择胶南一50亩海参养殖池塘作为实验地点。池塘底质为泥沙底质，泥：沙为（10%～20%）：（80%～90%）。池塘海水盐度29～31，pH 7.8～8.3，池塘水深1.5～2.5 m。

实验苗种：a. 采自青岛太平角海域的自然野生鼠尾藻苗（自然苗）；b. 实验室人工培育的鼠尾藻苗离体后经室内悬浮培育的越冬苗（人工苗）；c. 经池塘越冬后的鼠尾藻人工苗帘（帘子苗）。

实验苗架：由PVC管做成的长6 m、宽2 m的"日"字形框架16个，以及聚乙烯纤维绳和浮漂若干。

（2）实验方法。

① 苗种处理。

自然鼠尾藻苗采自青岛市南区太平角海域，在退潮时用铁铲将岩礁上的鼠尾藻植株完整地铲下，注意保护固着器的完整性。采回的鼠尾藻苗先用过滤海水浸泡5 h，使附着在藻株上的甲壳类和多毛类等动物游离下来。挑选个体完整、无损伤的鼠尾藻，用毛刷在水龙头上将剩余的附着的软体动物（多见为贻贝）和多毛类动物以及泥沙刷洗掉。共生的杂藻，如珊瑚藻、石莼等，要仔细地用手从鼠尾藻上剥离下来。洗刷时要注意不要破坏藻体的完整性，即一个藻株必须包括固着器、主茎、枝和叶片4部分，将处理好的野生鼠尾藻苗置于大的玻璃容器中备用。

人工培育的鼠尾藻苗从苗帘上采下，洗刷干净，也放入大的玻璃容器中备用。池塘鼠尾藻越冬苗帘冲洗干净，同时把帘子上面共生的杂藻及甲壳类和多毛类等动物用手剥离下来。

② 实验设置。

聚乙烯纤维绳截成2 m长的绳段350根作为苗绳，然后把采集的鼠尾藻野生苗和人工苗每2～3株为一簇夹到苗绳上，夹苗间距为5 cm。然后把夹好的苗绳每隔20 cm的距离均匀地固定在PVC管做成的"日"字形框架上。自然鼠尾藻苗框架8个，人工苗夹苗框架2个，越冬帘子鼠尾藻苗框架3个，按一定顺序布置于池塘表面。

在日常管理方面，采用柴油压力喷水器冲刷苗帘和苗绳，隔天一次，可有效清除附着的污泥、杂藻及无脊椎动物幼虫，同时还用引入对虾摄食藻钩虾的方式防止藻钩虾摄食鼠尾藻藻体。

③ 观察及测量。

实验夹苗前分别测量鼠尾藻的藻体长度和湿重,实验期间记录鼠尾藻出现侧枝、气囊、生殖托,生殖托成熟、放散、大量排散,侧枝和主枝脱落及新芽再生的时间。每 10 d 测量一次藻体长度和藻体湿重:随机采下 30 株野生苗、30 株人工苗和 30 株帘子苗,分别测量其藻体体长和藻体湿重(称重时把鼠尾藻苗体放置在脱脂纱布上吸干表面水),取平均值作为单株生物量。每天测量池塘表层水温和池塘底层水温,每 10 d 测量一次池水盐度和 pH。

④ 统计分析。

所有测定结果表示为平均数±标准差($n \geqslant 3$),用方差分析(ANOVA)和 t 检验进行统计显著性分析,以 $P < 0.05$ 作为差异的显著性水平。

2. 研究结果

(1) 自然苗、人工苗、帘子苗生长对比分析。

实验前测量自然苗藻体平均长度为 8.66 cm,单株藻体平均湿重为 0.97 g;人工苗藻体平均长度为 5.4 cm,单株藻体平均湿重为 0.49 g;帘子苗藻体平均长度为 6.0 cm,单株藻体平均湿重为 0.59 g。实验期间每隔 10 d 就对自然苗、人工苗和帘子苗测量一次藻体长度和藻体湿重并详细记录,实验期间通过对实验数据的分析发现,自然苗藻体平均长度在 6 月上旬达到最大值 43.6 cm,单株藻体平均湿重达到 16.5 g;人工苗藻体平均长度在 6 月上旬达到最大值 17.5 cm,单株藻体平均湿重达到 6.68 g;帘子苗藻体平均长度在 5 月下旬达到最大值 22.3 cm,单株藻体平均湿重达到 7.13 g(图 1-19)。

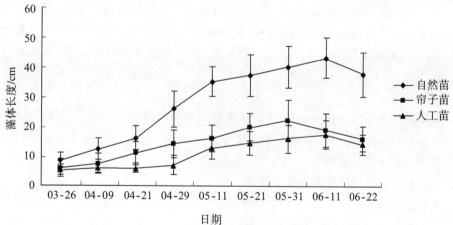

图 1-19 自然苗、人工苗、帘子苗生长藻体长度对比

在同一实验条件下,自然苗藻体生长得最快、最好,藻体长度最长;帘子苗其次;人工苗藻体生长最慢,藻体长度也最短($P < 0.05$)。研究发现 4 月下旬至 5 月中旬是鼠尾藻生长的加速期,5 月中旬至 6 月上旬是鼠尾藻侧枝生长旺盛期,其中越冬苗从 6 月上旬开始出现缩短,分析原因是因为帘子背面光线太暗所以出现部分苗体开始衰退,从而影响其平均长度。6 月下旬自然苗和人工苗出现缩短,分析原因是温度升高鼠尾藻苗体出现衰退所致。

由图 1-20 可以看出,在同一实验条件下,自然苗藻体湿重增长得最快、最重,帘子苗其次(其中越冬苗帘是去年 10 月从荣成运到胶南的),人工苗藻体湿重增长最慢（$P<0.05$）。5月中旬至6月上旬是鼠尾藻苗体湿重高速增长期，这时期也是鼠尾藻侧枝生长旺盛期。帘子苗藻体湿重从6月上旬开始出现下降，这是因为帘子背面光线太暗，所以部分苗体开始衰退，从而影响其平均藻体湿重。6月下旬自然苗和人工苗藻体湿重出现下降，这是温度升高鼠尾藻苗体侧枝出现衰退所致。

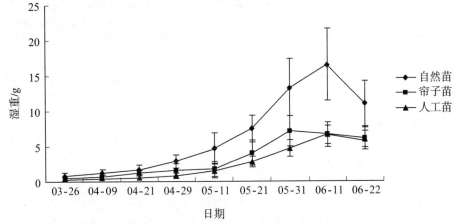

图1-20　自然苗、人工苗、帘子苗生长藻体湿重对比

实验期间观察发现鼠尾藻藻体生长受温度影响明显，池塘水温在12 ℃～18 ℃时鼠尾藻藻体生长最快，日平均生长达到0.68 cm；18 ℃～24 ℃藻体生长缓慢，24 ℃以上时鼠尾藻藻体出现腐烂现象。6月中旬藻体达到最大的长度，平均可达到40～50 cm（最长的藻体长度达到80 cm）。自此之后藻体开始腐烂脱落，开始有新的藻体长出。到7月下旬，原来的藻体彻底脱落，新的藻体重新生长出来，平均长度为3 cm左右。鼠尾藻侧枝在5月上旬开始出现，然后数量开始逐渐增多，并且长度也在不断增加，在6月份时达到最长，平均长度为6.5 cm，到7月上旬侧枝便基本脱落，所剩不多。

观察发现鼠尾藻主枝死亡的规律遵循由末梢至基部的顺序渐次变脆、生菌、破碎。枝条死亡的外观变化：初期外形无变化→叶片间隙生出白色菌→外表面被白色菌丝菌膜包被→膨胀破碎。

（2）不同水层栽培对鼠尾藻生长的影响。

实验以采自青岛市南区太平角海域自然野生的鼠尾藻苗为研究对象，实验夹苗前首先测量鼠尾藻平均藻体长度和平均藻体湿重。测量鼠尾藻藻体平均长度为8.66 cm，单株藻体平均湿重为0.97 g。实验期间每隔10 d就对鼠尾藻苗体测量一次藻体长度和藻体湿重并详细记录。不同水层鼠尾藻生长情况不一样（图1-21），0～20 cm、40～60 cm和80～100 cm水层生长的鼠尾藻平均藻体长度在6月上旬达到最大，平均藻体长度分别为43.6 cm、55.2 cm和34.6 cm。150～200 cm水层生长的鼠尾藻在5月中旬平均藻体长度达到最大值23.2 cm。0～20 cm、40～60 cm和80～100 cm水层生长的鼠尾藻平均藻体湿重在6月上旬达到最大，单株藻体平均湿重分别为16.5 g、21.5 g和12.7 g。150～200 cm水层生长的鼠尾藻在5月中旬平均藻体湿重达到最大值2.8 g。

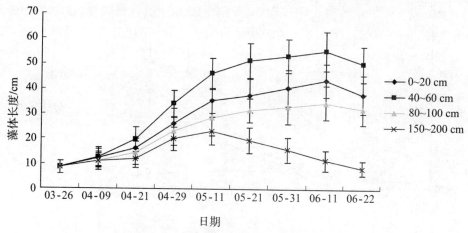

图 1-21　鼠尾藻不同水层生长藻体长度对比

由图 1-21 分析知不同水层栽培的鼠尾藻生长情况不同,从图中曲线可看出相同条件下 40～60 cm 水层鼠尾藻生长最好,到 6 月上旬时平均藻体长度达到 55.2 cm;其次是 0～20 cm 水层生长的鼠尾藻,6 月上旬平均藻体长度最长时到 43.6 cm;再就是 80～100 cm水层生长的鼠尾藻到 6 月上旬时平均藻体长度最大时 34.6 cm;生长最差的是 150～200 cm 水层生长的鼠尾藻在 5 月中旬平均藻体长度达到最大值 23.2 cm,5 月中旬以后藻体长度逐渐缩短(P＜0.05)。图中可以看出不同水层栽培的鼠尾藻其藻体生长速度不同,分析原因,这是由于不同水层受到光照的强度不同决定的。

图 1-22 可以看出 5 月中旬至 6 月中旬是鼠尾藻湿重增长加速期,这段时间鼠尾藻侧枝生长旺盛,所以其湿重增长明显。

研究结果显示,不同悬挂水层对鼠尾藻生长影响很大(P＜0.05)。40～60 cm水层鼠尾藻生长最好,6 月上旬藻体平均体长达到 55.2 cm,单株藻体平均湿重达到 21.5 g;其次是 0～20 cm 水层生长的鼠尾藻,6 月上旬藻体平均体长 43.6 cm,单株藻体平均湿重达到 16.5 g;再就是 80～100 cm 水层生长的鼠尾藻,至 6 月上旬时藻体平均体长 34.6 cm,单株藻体平均湿重达到 12.7 g;以上 3 个水层生长的鼠尾藻至 6 月上旬时其藻体体长和湿重均增长至最大,6 月中旬起由于水温升高至 24 ℃以上,这时藻体出现腐烂脱落现象而导致其藻体体长和湿重均缩小。150～200 cm 水层生长的鼠尾藻至 5 月中旬时其藻体平均体长增长至最大 23.2 cm,5 月下旬时其单株藻体平均湿重增长至最大 2.8 g。分析原因,150～200 cm 水层生长的鼠尾藻由于水深光线照射不足,不能充分进行光合作用,所以 5 月中旬以后该水层鼠尾藻停止生长并逐渐出现腐烂脱落现象。该实验显示不同水层栽培的鼠尾藻其生长情况不同,主要是由于不同水层受到光照的强度不同决定的。

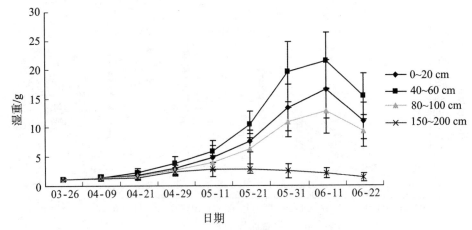

图 1-22　鼠尾藻不同水层生长藻体湿重对比

（3）不同流水速度对鼠尾藻生长的影响。

本实验以采自青岛市南区太平角海域自然野生的鼠尾藻苗为研究对象,实验夹苗前首先测量鼠尾藻平均藻体长度和平均藻体湿重。鼠尾藻藻体平均长度为8.66 cm,单株藻体平均湿重为0.97 g。实验期间每隔10 d就对鼠尾藻苗体测量一次藻体长度和藻体湿重并详细记录。在0 m/s、0.3 m/s、0.5 m/s和1 m/s 4个不同流水速度条件下鼠尾藻生长的情况不同。研究发现流速1 m/s时鼠尾藻生长最快,6月中旬时其平均藻体长度和平均藻体湿重分别达到67.5 cm和31 g;其次是流速0.5 m/s时;流速0 m/s时鼠尾藻生长相对最慢,到6月中旬时其平均藻体长度和平均藻体湿重分别达到43.6 cm和16.5 g。流速1 m/s时比流速0.5 m/s时鼠尾藻藻体体长生长快18%,流速1 m/s时比流速0.3 m/s时鼠尾藻藻体体长生长快37%。通过对实验数据的对比分析发现相对流水速度快则鼠尾藻生长速度快,说明鼠尾藻生长受流水速度影响比较明显。

图 1-23 不同流速栽培鼠尾藻藻体长度对比分析,在同一条件下,水流速度1 m/s条件下鼠尾藻藻体体长生长最快,随着水流速度的逐渐降低鼠尾藻藻体体长生长速度也逐渐降低($P<0.05$)。由图看出,在4个不同流速条件下生长的鼠尾藻,都是在4月下旬至5月中旬时间段藻体体长生长最快,5月中旬至6月中旬这段时间藻体体长生长缓慢。通过实验观察发现在4月下旬至5月中旬这段时间鼠尾藻生长以藻体体长为主,5月中旬时藻体生长出侧枝,以后其生长以侧枝为主,所以5月中旬至6月中旬藻体体长生长缓慢。6月中旬以后由于池塘水温逐渐升高,超过鼠尾藻生长所能承受的极限温度,所以鼠尾藻生长出现腐烂衰退现象,如图1-23所示曲线下行。

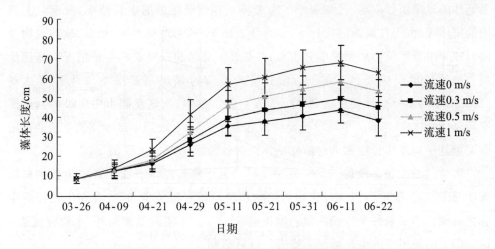

图 1-23　不同流速栽培鼠尾藻藻体长度对比

图 1-24 分析在相同条件下,鼠尾藻单株藻体湿重增长也和水流速度的大小正相关,即流速大其藻体湿重增长快($P<0.05$)。通过对实验测量数据分析发现,流速 1 m/s 生长的鼠尾藻其平均单株藻体湿重在 6 月中旬时达到最重 31 g,单株藻体湿重最重达到 36.5 g。随着流速的减小,其藻体湿重增长也逐渐减小。流速 0 m/s鼠尾藻藻体湿重增长最慢,到 6 月中旬时其平均单株藻体湿重为16.5 g,最大单株藻体湿重 20.2 g。6 月中旬以后随着水温的升高、藻体的腐烂而出现藻体湿重下降。

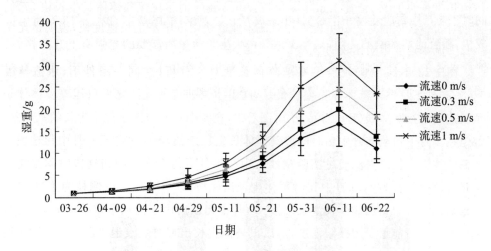

图 1-24　不同流速栽培鼠尾藻藻体湿重对比

自然状态的鼠尾藻多半着生于潮间带和潮下带礁石上,依靠根基部直径达到数厘米的盘状假根,强有力地附着于礁石的表面上,任凭风吹浪打也不会松脱。但鼠尾藻的生长并非必须固定在礁石上,将其枝条绑缚于养殖用的浮筏上也可以生长(邹吉新等,2005),本实验研究结果也间接支持了这一点。实验期间笔者走访了即墨等地的鼠尾藻养殖场,仔细观察了海上筏式养殖鼠尾藻的生长情况,发现海上养殖的鼠尾藻,由于在风浪的吹打下,其藻体表面干净,未发现泥沙、杂藻、软体动物及藻勾虾等附着于藻体表面影响其生长;并且海上养殖的鼠尾藻其生长情况明显比池塘养殖的鼠尾藻生长情况要好;海上筏式养殖的鼠尾藻其平均藻体长度达到120 cm,平均单株藻体湿重达到60 g。在本次实验中,发现在静水中生长的鼠尾藻平均藻体长度43.6 cm,平均单株藻体湿重最重是16.5 g;而1 m/s流速生长的鼠尾藻测量其平均藻体长度和平均单株藻体湿重分别为67.5 cm和31 g。

实验过程中观察发现1 m/s流速生长的鼠尾藻其藻体表面比静水生长的鼠尾藻明显干净,其表面附泥、杂藻、软体动物和藻勾虾等明显少,其气囊和生殖托的生长发育相比净水条件下生长的鼠尾藻提前3~8 d。本实验限于条件,未研究流速1 m/s以上时鼠尾藻的生长情况。这有待以后研究。

(4)温度和光照强对藻体生长的影响。

本实验研究了温度和光照强度对鼠尾藻生长的影响,实验以采自青岛市南区太平角海域自然野生鼠尾藻苗为研究对象。研究结果表明,温度、光强以及温度和光照强度两者的交互作用都对鼠尾藻的生长及发育具有极明显的影响(图1-25至图1-28)。当池塘水温在12 ℃~18 ℃时鼠尾藻生长最快,在9 ℃~12 ℃和18 ℃~24 ℃时生长缓慢,24 ℃以上停止生长并出现腐烂衰退;当光强为4 000~6 000 lx时鼠尾藻生长最好,光照强度超过10 000 lx和低于3 000 lx时鼠尾藻生长相对缓慢,当光照强度低于1 000 lx时鼠尾藻生长很慢,并且整个生长过程未发现生殖托,同时于5月中旬时就停止生长,并出现腐烂衰退现象;鼠尾藻在12 ℃~18 ℃时生长较快,随着池塘水温的升高,鼠尾藻达到最大生长速率所需要的光强有上升的趋势。池塘水温在12 ℃下时,较高的光强对鼠尾藻生长产生了一定抑制作用,而水温在18 ℃~24 ℃时鼠尾藻生长速率总体随光强的增加而增加。

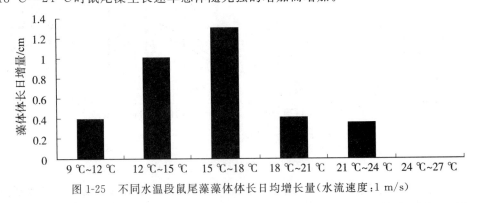

图1-25　不同水温段鼠尾藻藻体体长日均增长量(水流速度:1 m/s)

图1-25分析数据是鼠尾藻在水流速度1 m/s生长时测得。池塘水温在15 ℃~18 ℃时鼠尾藻日均体长增长最快,达到1.3 cm;在池塘水温24 ℃~27 ℃之间藻体生长为0,说明24 ℃以上鼠尾藻停止生长,实验观察发现这时鼠尾藻开始腐烂衰退。

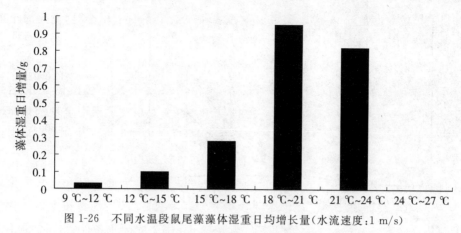

图 1-26　不同水温段鼠尾藻藻体湿重日均增长量(水流速度:1 m/s)

　　图 1-26 分析数据也是鼠尾藻在水流速度 1 m/s 条件下生长时测得。单株鼠尾藻藻体湿重日均增长最快是池塘水温在 18 ℃～21 ℃时,日均增长达到0.95 g;其次是在 21 ℃～24 ℃时藻体湿重日均增长 0.82 g;当水温升到 24 ℃～27 ℃时鼠尾藻停止生长,观察发现这时鼠尾藻出现腐烂衰退现象。

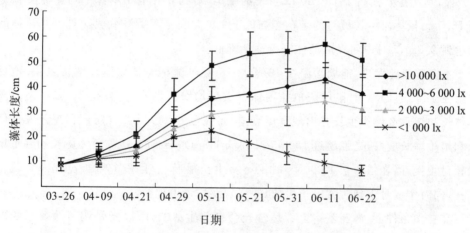

图 1-27　不同光强对鼠尾藻藻体体长生长的影响

　　由图 1-27 分析知不同光强对鼠尾藻生长影响明显($P<0.05$)。光强在 4 000～6 000 lx 时鼠尾藻生长最好,到 6 月上旬时平均藻体长度达到 55.2 cm;其次是光强高于 10 000 lx 生长的鼠尾藻,到 6 月上旬平均藻体长度达到 43.6 cm;鼠尾藻生长最差的是在光强低于 1 000 lx,并且在 5 月中旬其平均藻体长度就达到最大值23.2 cm,5 月中旬以后藻体长度逐渐缩短。

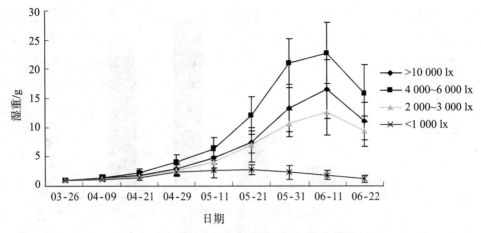

图1-28　不同光强对鼠尾藻藻体湿重生长的影响

由图1-28分析知不同光强对鼠尾藻藻体湿重影响明显（$P<0.05$）。光强在4 000～6 000 lx时鼠尾藻藻体湿重最重，到6月上旬时单株平均藻体湿重达到21.5 g；其次是光强高于10 000 lx生长的鼠尾藻，到6月上旬单株平均藻体湿重达到16.5 g；鼠尾藻生长最差的是在光强低于1 000 lx，在5月中旬其单株平均藻体湿重达到2.8 g，5月中旬以后藻体湿重逐渐降低。

本实验研究发现，池塘水温在15 ℃～18 ℃时鼠尾藻日均体长增长最快，池塘水温在18 ℃～21 ℃时鼠尾藻单株藻体湿重日均增长最快，并且在24 ℃以上时藻体体长和湿重都停止生长并出现腐烂衰退；光强在4 000～6 000 lx时鼠尾藻藻体体长和湿重增长最好，光强超过10 000 lx和低于3 000 lx时鼠尾藻藻体体长和湿重增长相对缓慢，当光强低于1 000 lx时鼠尾藻生长很慢，并且整个生长过程未发现生殖托，同时于5月中旬时就停止生长，并出现腐烂衰退现象。

在自然条件下，海藻基本上都是营光合自养生活的，所以光是调节海藻生长的重要条件之一。温度也影响海藻的生长，这主要是通过影响藻体内相关酶的活性来实现的（Mathieson et al，1975）。本研究表明，温度、光照强度以及温度和光照强度两者的交互作用都对鼠尾藻的生长及发育产生极明显的影响。当池塘水温在12 ℃下时，较高的光强对鼠尾藻生长产生了一定抑制作用。鼠尾藻在12 ℃～18 ℃时生长较快。随着池塘水温的升高，鼠尾藻达到最大生长速率所需要的光强有上升的趋势，而当水温在18 ℃～24 ℃时鼠尾藻生长速率总体随光强的增加而增加。

（5）鼠尾藻池塘秋冬季栽培生长观察。

目前，关于鼠尾藻春、夏季节生长繁殖的研究较多，而关于其秋、冬季低温状态下生长繁殖的研究却很少。为进一步研究鼠尾藻在秋、冬季的生长和繁殖状况，作者分别于2009年、2010年秋、冬季进行了鼠尾藻池塘秋、冬季栽培实验，以期了解鼠尾藻在秋、冬季低温状态下的生长规律。实验根据池塘水环境因子及鼠尾藻（一年苗、两年苗)的生长特性设置了不同的栽培模式,并重点观测了池塘水温、盐度和 pH 对鼠尾藻生长的影响,同时对鼠尾藻一年苗和两年苗的生长状况进行了对比分析。

由图 1-29 知,40~60 cm 水层鼠尾藻生长最好,其藻体长度最长,其次是 80~ 100 cm 水层生长的鼠尾藻,0~20 cm 水层鼠尾藻生长最慢,藻体长度最短($P<$ 0.05)。

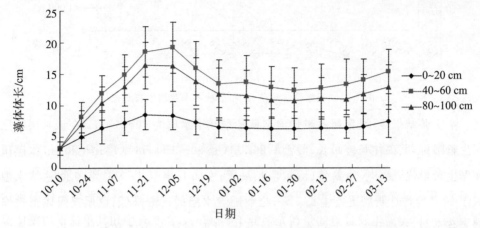

图 1-29   鼠尾藻一年苗不同水层秋冬季栽培藻体体长生长对比

由图 1-30 知,40~60 cm 水层鼠尾藻生长最好,11 月中旬藻体平均体长达到 25.8 cm,其次是 80~100 cm 水层生长的鼠尾藻,再就是 0~20 cm 水层生长的鼠尾 藻。至 11 月中旬时藻体平均体长 16.5 cm,分析原因为 11 月中旬后由于池塘水温 不断降低而导致藻体出现腐烂脱落现象,致使其体长缩短($P<0.05$)。

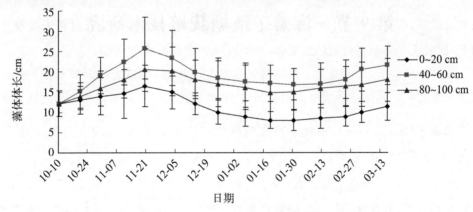

图 1-30   鼠尾藻二年苗不同水层秋冬季栽培藻体体长生长对比

图 1-31 为鼠尾藻一年苗、二年苗秋冬季栽培生长对比。鼠尾藻两年苗 $S=$ 单株 藻体平均湿重/藻体平均体长的系数大于一年苗的系数。分析发现造成这种现象的 原因是因为鼠尾藻两年苗经过一年的池塘栽培生长,其生命力更强。实验期间观察 发现两年苗比一年苗长势旺盛,其盘状固着器比一年苗大,附着牢固,生长的植株数 量多,测量发现其主枝直径比一年苗大。

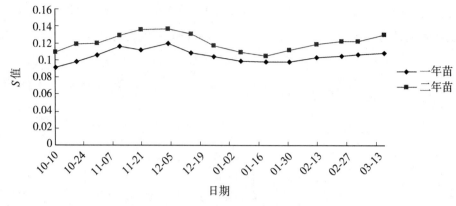

图 1-31　鼠尾藻一年苗、二年苗秋冬季栽培生长对比

本实验结果显示：鼠尾藻最佳池塘秋冬季栽培水层为 40～60 cm，在该水层鼠尾藻生长最好，其藻体长度最长、湿重最重；其次是 80～100 cm 水层；0～20 cm 水层鼠尾藻生长最慢，藻体长度最短、湿重增长最慢；实验开始至 11 月中旬期间池塘水温大于 10 ℃，此时期鼠尾藻生长良好；之后随着水温的逐渐降低，鼠尾藻藻体出现腐烂脱落现象；至翌年 2 月上旬水温逐渐回升，此时鼠尾藻藻体又开始生长。这表明鼠尾藻生长受池塘水温和光照强度的变化影响较明显。

第 9 节　海黍子池塘栽培技术研究

海黍子(*Sargassum*)，隶属于褐藻门墨角藻目海黍子科，由瑞典藻类学家 C. Agardh 建立。目前，全世界有 260 多种，广泛地分布于热带和温带地区，在我国据记载有 100 多种。海黍子藻体大，可明显地分为"根""茎""叶"和"气囊"4 个部分。"根"即固着器，有盘状、圆锥状、裂瓣状和假根状等。"茎"又分为主干、主枝、侧枝和小枝。主干短，一般只数厘米以内；主枝长而及顶，呈圆柱状、扁压或三棱形；侧枝和小枝分别自主枝和侧枝的两侧或四周互生。叶扁平，全缘或被齿。气囊球形或圆柱状，从叶腋长出，顶圆或具小突起或冠叶。海黍子藻体是一种双相的孢子体，成熟时经过减数分裂直接产生精子和卵，无独立的配子体阶段。精子囊和卵囊生长在生殖托的生殖窝内。生殖托呈圆柱状、圆柱状分叉或扁平叶状。藻体有雌雄异株、雌雄同株异托、雌雄同托异窝和雌雄同窝等不同类型。

1. 材料与方法

2010 年 3 月我们选择莱州东方海洋股份有限公司的一个海参养殖池塘为实验地点。池塘面积 30 亩,底质为沙质底。3 月 29 日、4 月 8 日和 4 月 12 日分别把采集于青岛沿海的 350 kg 海黍子藻体挂养于 7 架沿池塘南北两侧设置的宽 2 m、长 50 m 的浮筏。夹苗方式:1 株海黍子为一束,以间隔 15 cm 的距离夹在 2 m 长的苗绳上;2 株海黍子为一束,以间隔 20 cm 的距离夹在 2 m 长的苗绳上;把整株海黍子中间截断后,2 株为一束,以间隔 20 cm 的距离夹在 2 m 长的苗绳上。实验结果显示:2 株一束夹苗模式生长最好,平均藻体长度为 130 cm;其次是单株夹苗模式;单株截断夹苗模式生长最差。实验观察发现藻体截断后基部长度基本不生长,而侧枝生长茂盛,稍部则生长比较快。

所有测定结果表示为平均数±标准差($n \geqslant 3$),用方差分析(ANOVA)和 t 检验进行统计显著性分析,以 $P < 0.05$ 作为差异的显著性水平。

2. 研究结果

实验前测量海黍子藻体平均长度为 47.6 cm,单株藻体平均湿重为 13.5 g。实验期间每隔 10 d 就测量一次藻体长度和藻体湿重并详细记录。

图 1-32 可以看出在相同生长条件下,双株夹苗海黍子藻体生长比单株夹苗藻体略好。到 5 月下旬时单株夹苗藻体平均长度在 5 月下旬达到最大均值 117.5 cm;双株夹苗藻体平均长度在 5 月下旬达到最大均值 138.7 cm($P < 0.05$)。4 月上旬至 5 月下旬是海黍子藻体生长期,6 月上旬开始由于池塘水温不断升高,导致海黍子藻体出现腐烂脱落现象,致使藻体体长缩短。

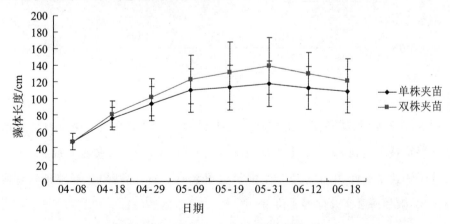

图 1-32   海黍子单株、双株夹苗藻体体长增长对比

图 1-33 可以看出在相同生长条件下,双株夹苗海黍子藻体湿重比单株夹苗藻

体湿重略大。到 5 月下旬时单株夹苗藻体平均湿重在 5 月下旬达到最大均值 117.2 g;双株夹苗藻体平均湿重在 5 月下旬达到最大均值 162.8 g($P<0.05$)。4 月上旬至 5 月下旬是海黍子藻体湿重增长期,6 月上旬开始由于池塘水温不断升高,导致海黍子藻体出现腐烂脱落现象,致使藻体湿重降低。

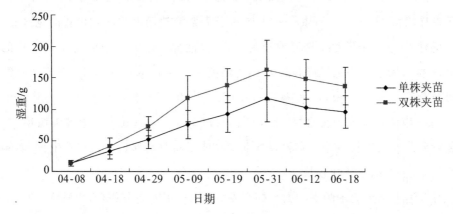

图 1-33　海黍子单株、双株夹苗藻体湿重增长对比

图 1-34 可以看出在相同生长条件下,海黍子单株截断夹苗,藻体上部比藻体下部藻体体长生长好。至 5 月下旬时藻体上部达到最大值 78.8 cm,藻体下半部分藻体体长基本未增长,而侧枝生长茂盛($P<0.05$)。

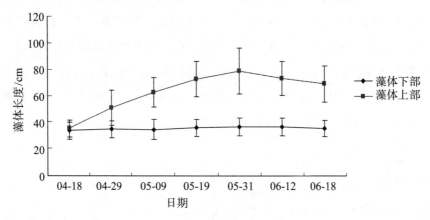

图 1-34　海黍子截断夹苗藻体上下部体长生长对比

图 1-35 显示,海黍子藻体上部藻体湿重比藻体下部湿重大。至 5 月下旬时藻体下部湿重最大达到 66.3 g,上半部分湿重最大到 53.2 g。从夹苗开始至 5 月下旬为海黍子快速生长期,6 月上旬开始由于池塘水温不断升高,导致海黍子出现腐烂脱落现象,致使海黍子藻体湿重降低。

通过对海黍子池塘不同模式栽培实验结果分析知,适宜的海黍子池塘养殖模式如下:海黍子双株一束夹苗模式生长最好,至 5 月下旬时,双株夹苗藻体平均长度达到最大均值 138.7 cm,藻体平均湿重达到最大均值 162.8 g;其次是单株夹苗模式,至 5 月下旬时单株夹苗藻体平均长度达到最大均值 117.5 cm,藻体平均湿重达到最大均值 117.2 g;单株截断夹苗模式生长最差,实验观察发现藻体截断后基部长度基本不生长,而侧枝生长茂盛,上半部分则生长比较快。4 月上旬至 5 月下旬是海黍子藻体生长期,6 月上旬开始由于池塘水温不断升高,导致海黍子藻体出现腐烂脱落现象,致使藻体体长缩短,湿重降低。

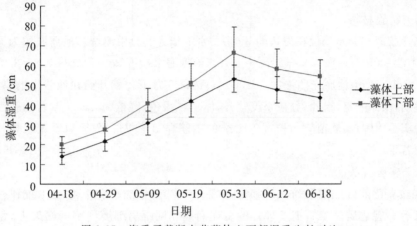

图 1-35　海黍子截断夹苗藻体上下部湿重生长对比

第 10 节　脆江蓠池塘栽培技术研究

脆江蓠(*Gracilaria bursapastoris*)属红藻门(Rhodophyta)红藻纲(Rhodophyceae)真红藻亚纲(Florideae)杉藻目(Gigartinales)江蓠科(Gracilariaceae)江蓠属(*Gracilaria*),是一种大型经济红藻。藻体藻枝圆柱状,体呈红褐色,藻体体长 20～40 cm,营固着生活。主要分布于浙江省和福建省沿海,为我国特有种(张学成等,2005)。

脆江蓠作为大型海藻在优化近海海域生态系统结构、参与全球碳循环、防治海区富营养化和赤潮等方面都有重要的生态作用(汤坤贤等,2003;许忠能等,2001)。目前,随着海洋环境污染的日益加剧,单纯依靠野生藻类资源难以净化海水水质。因此,开展大型藻类的人工增养殖是解决养殖海区富营养化、修复养殖水域生态环境的重要举措。而脆江蓠作为大型海藻同样具有快速吸收水体中氮、磷及富集重金属离子的作用(申华等,2008;许忠能等,2001;罗勇胜等,2006;何培民等,2007)。脆江蓠还具有耐高温和耐静水环境的特点,同时又是海参、鲍鱼等海珍品的极佳饵料,所以脆江蓠既是养殖池塘生物修复的首选材料,又具有较高的经济价值。

课题组于 2009 年 5 月从福建引进了南方高温藻种脆江蓠,2009 年至 2011 年连续在青岛胶南市和莱州市进行了脆江蓠池塘栽培实验,实验根据池塘水环境因子及脆江蓠的生长特性设置了不同的栽培模式,并重点观测了池塘水温、盐度、pH 和光照强度对脆江蓠生长的影响。

1. 材料和方法

(1)实验材料。

选择胶南一养殖场设在海边的 30 亩蓄水池作为实验用池塘。池塘底质为泥沙底质,泥:沙=(10%～20%):(80%～90%)、池塘海水盐度 28～31,pH 7.8～8.3、池塘水深 1.5 m～3 m、池底光照强度≤1 000 lx;选择 5 月下旬就开始在池栽培的、处于生长旺盛期,藻体完整、粗壮,分枝繁茂整齐,体呈红褐色,湿重为 200 g 左右的脆江蓠藻体作为实验藻种;实验苗架为长宽各 1 m 的钢筋焊结正方形框架,以及聚乙烯纤维绳和浮漂若干。

(2)实验方法。

实验夹苗前首先把钢筋框架和聚乙烯纤维绳充分洗刷和浸泡,或淡水蒸煮,去除毒素等有害物质。然后把处理好的苗绳间隔相同距离绑缚到钢筋框架上,每个框架绑缚 6 根苗绳,框架下面绑缚一网兜防止脆江蓠掉落影响实验。框架四边再绑缚聚乙烯纤维绳,另一端绑好浮漂利于乘船提取观察。

把整株脆江蓠藻体从其基部用手术刀分割成几部分,切割下的藻体要保持其植株的完整性,藻体长度大于 15 cm,单株藻体湿重不得小于 8 g,侧枝不得少于 10 个。然后将切割好的植株每隔 5 cm 夹入苗架设好的聚乙烯纤维苗绳上,每个苗架夹新鲜脆江蓠藻体 0.5 kg。

按照实验设定每隔 10 d 定期测量池塘水温、盐度、pH 和光强,实验数据为测量当日 8:00、12:00 和 15:00 3 个不同时间点测量数据的平均值。同时测量每苗架脆江蓠藻体湿重和单株脆江蓠藻体体长取其平均值。

统计分析:所有测定结果表示为平均数±标准差($n \geqslant 3$),用方差分析(ANOVA)和 t 检验进行统计显著性分析,以 $P < 0.05$ 作为差异的显著性水平。

2. 研究结果

(1)不同水深条件下脆江蓠生长情况比较。

表 1-5 列出了池塘内 1.5 m、2 m、2.5 m 和 3 m 水深处栽培脆江蓠的实验数据。由表 1-5 分析得知,随着实验时间的推移池塘水温从 8 月 20 日的 29.3 ℃ 持续降至 10 月 20 日的 16.4 ℃;池塘水体盐度变化范围保持在 29.2～31;pH 变化范围为 8～8.4;光照强度随着水深的增加逐渐降低。实验分析发现脆江蓠藻体体长和湿重的生长受光照强度和水温的影响较大,光照强度在低于 3 000 lx 时脆江蓠生长良好、水温在 20 ℃～30 ℃ 时脆江蓠生长良好、水温低于 20 ℃ 时脆江蓠出现衰退;盐度和

pH 对脆江蓠生长影响相对比较小。在不同水深条件下生长的脆江蓠其藻体长度不同,随着水深的逐渐增加其藻体长度逐渐增大($P<0.05$)。初始夹苗藻体平均长度均为 11.7 cm,生长至 10 月 9 日达到最大藻体平均长度时,1.5 m、2 m、2.5 m 和 3 m 水深处藻体平均长度分别为 27.5 cm、28.6 cm、31.8 cm 和 33.5 cm,藻体平均长度依次增大。初始每苗架夹苗量均为 0.5 kg,生长至 10 月 19 日测量时,1.5 m、2 m、2.5 m 和 3 m 水深处每苗架藻体湿重分别为 9.3 kg、11.3 kg、12.5 kg 和 14 kg。每苗架藻体湿重随着栽培藻体水深的增加而逐渐增大。

表 1-5　不同水深条件下的环境因子和脆江蓠生长情况

水深/m	日期	水温/℃	盐度	pH	光照强度/lx	藻体平均长度/cm	每苗架藻体湿重/kg
1.5	08-20	29.3	29.2	8.2	10 000	11.7±3.2	0.5
	08-30	24.7	29.5	8.2	9 000	21±3.8	2.1
	09-09	25.4	29.8	8.3	10 000	23.5±4.1	3.9
	09-19	24.2	31	8.4	9 000	23.1±4.7	5.3
	09-29	24.3	30.8	8.2	8 000	24.7±4	7.5
	10-09	21.2	30.5	8.1	8 000	27.5±3.6	9.2
	10-19	16.4	30	8	7 500	27±3.7	9.3
2	08-20	29.1	29.2	8.2	4 500	11.7±3.2	0.5
	08-30	24.6	29.5	8.2	4 000	20.9±6.2	2.4
	09-09	25.1	29.8	8.3	4 500	25.5±4.5	4.5
	09-19	24.2	31	8.4	4 000	26.4±4.2	7.5
	09-29	24.2	30.8	8.2	4 000	27.1±4.2	9.6
	10-09	21	30.5	8.1	4 000	28.6±5.2	11
	10-19	16.4	30	8	3 800	28.3±4.9	11.3
2.5	08-20	29	29.2	8.2	2 500	11.7±3.2	0.5
	08-30	24.5	29.5	8.2	2 300	22.4±4.4	2.6
	09-09	25.1	29.8	8.3	2 500	26.8±3.6	5.7
	09-19	24	31	8.4	2 200	29.4±4.6	9
	09-29	24.2	30.8	8.2	2 000	30.4±5.5	10.5
	10-09	21	30.5	8.1	2 000	31.8±3.8	12
	10-19	16.4	30	8	2 000	30.3±3.6	12.5

水深/m	日期	水温/℃	盐度	pH	光照强度/lx	藻体平均长度/cm	每苗架藻体湿重/kg
3	08-20	29	29.2	8.2	1 500	11.7±3.2	0.5
	08-30	24.5	29.5	8.2	1 200	23.1±4.5	2.7
	09-09	25	29.8	8.3	1 500	27.6±3	6.5
	09-19	24	31	8.4	1 000	30.3±5	10.3
	09-29	24.1	30.8	8.2	1 000	33±5.5	12
	10-09	21	30.5	8.1	900	33.5±4.8	14.1
	10-19	16.4	30	8	900	33.2±4.9	14

（2）苗架不同悬挂水层对脆江蓠生长的影响。

表1-6为苗架不同悬挂水层脆江蓠生长情况。从表1-6看出不同悬挂水层对脆江蓠生长的影响很大。悬挂于水表层的脆江蓠生长最差，其藻体最大平均长度和每苗架最大湿重分别为9月29日测得的16.7 cm和每苗架2 kg，实验期间观察发现，挂养在水表层的脆江蓠生长缓慢，藻体瘦弱短小，主枝浅褐色，侧枝少且呈黄褐色，侧枝生长点弯曲、细小，部分生长点呈白褐色，进入10月份侧枝出现腐烂衰退现象，分析原因，这主要是表层光强太高所致。随着悬挂水层的不断加深，光强的不断减弱，脆江蓠生长情况逐渐转好。藻体平均长度随悬挂水深的增加逐渐增大（$P<0.05$）；同样，藻体湿重随着悬挂水深的增加也逐渐增大。观察发现底层藻体生长旺盛、藻体粗壮，分枝繁茂整齐，体色呈深红褐色。

表1-6　苗架不同悬挂水层环境因子和脆江蓠的生长情况

水层/m	时间	水温/℃	盐度	pH	光照强度/lx	藻体平均长度/cm	每苗架藻体湿重/kg
0	08-20	29.8	29.2	8.2	60 000	11.7±3.2	0.5
	08-30	25	29.5	8.2	50 000	13.1±3.2	1
	09-09	25.7	29.8	8.3	60 000	15.3±4.2	1.3
	09-19	24.5	31	8.4	50 000	16.5±4.1	1.7
	09-29	24.7	30.8	8.2	45 000	16.7±3.5	2
	10-09	21.6	30.5	8.1	45 000	14.2±3.7	1.8
	10-19	16.6	30	8	40 000	13.5±3.7	1.6

水层/m	时间	水温/℃	盐度	pH	光照强度/lx	藻体平均长度/cm	每苗架藻体湿重/kg
−1	08-20	29.4	29.2	8.2	15 000	11.7±3.7	0.5
	08-30	24.7	29.5	8.2	15 000	15.7±4.3	1.6
	09-09	25.4	29.8	8.3	16 000	19.4±2.8	2.8
	09-19	24.3	31	8.4	15 000	19.2±4.7	4.5
	09-29	24.3	30.8	8.2	13 000	21.2±3.6	5
	10-09	21.4	30.5	8.1	13 000	25.7±3.9	7.5
	10-19	16.4	30	8	13 000	25.3±4.6	7.3
−2	08-20	29.1	29.2	8.2	4 500	11.4±3.2	0.5
	08-30	24.6	29.5	8.2	4 000	21.5±3.8	1.9
	09-09	25.1	29.8	8.3	4 500	23.5±4.1	3.8
	09-19	24.2	31	8.4	4 000	23.1±4.7	5
	09-29	24.2	30.8	8.2	4 000	24.7±4	6.5
	10-09	21	30.5	8.1	4 000	29.5±3.4	8.2
	10-19	16.4	30	8	3 800	29.7±3.9	8.5
−3	08-20	29	29.2	8.2	1 500	11.7±3.2	0.5
	08-30	24.5	29.5	8.2	1 200	23.1±4.5	2.7
	09-09	25	29.8	8.3	1 500	27.6±3	6.5
	09-19	24	31	8.4	1 000	30.3±5	10.3
	09−29	24.1	30.8	8.2	1 000	33±5.5	12
	10-09	21	30.5	8.1	900	33.5±4.8	14.1
	10-19	16.4	30	8	900	33.2±4.9	14

（3）池塘进排水口处和静水区脆江蓠生长情况比较。

由表 1-7 可知,实验初始夹苗藻体平均体长均为 11.7 cm,每苗架藻体湿重均为 0.5 kg;实验结束时生长于进排水口处的脆江蓠其最大藻体平均体长和湿重分别为 31 cm 和 12 kg,静水区生长的脆江蓠其最大藻体平均体长和湿重分别为 27.8 cm 和 10.6 kg;进排水口处生长的脆江蓠其藻体体长大于静水区藻体体长($P < 0.05$),藻体湿重重于静水区藻体湿重。实验分析得知当池塘进排水时会产生水流,流水条件比静水条件下脆江蓠生长效果好。

表 1-7　池塘进排水口处和静水区环境因子及脆江蓠生长情况（水深 2 m）

栽培条件	时间	水温/℃	盐度	pH	光照强度/lx	藻体平均长度/cm	每苗架藻体湿重/kg
静水	08-20	29.1	29.2	8.2	4 500	11.7±3.2	0.5
	08-30	24.6	29.5	8.2	4 000	20.1±3.8	2.4
	09-09	25.1	29.8	8.3	4 500	25.1±4.3	4.8
	09-19	24.2	31	8.4	4 000	25.1±4.9	7.8
	09-29	24.2	30.8	8.2	4 000	26±4.6	9
	10-09	21	30.5	8.1	4 000	27.8±3.5	10.6
	10-19	16.4	30	8	3 800	26.2±5.4	10.5
进排水口	08-20	28.1	29.2	8.2	4 500	11.7±3.2	0.5
	08-30	24.1	29.5	8.2	4 000	22.4±4.4	2.6
	09-09	24.3	29.8	8.3	4 500	26±2.9	5.5
	09-19	24	31	8.4	4 000	27.8±3.7	8.6
	09-29	24.2	30.8	8.2	4 000	30.1±4.6	10
	10-09	21	30.5	8.1	4 000	31±3.4	11.9
	10-19	17.4	30	8	3 800	30.6±3.3	12

（4）苗架与池底单株脆江蓠生长情况比较。

实验数据如表 1-8 所示。相同条件下苗架单株脆江蓠和池底单株脆江蓠生长情况差别较大。池塘底部栽培的脆江蓠藻体最大平均长度达到 39.1 cm，而苗架生长的脆江蓠藻体最大平均长度为 33.7 cm；池底生长的单株脆江蓠藻体湿重最重为 0.48 kg，苗架生长的单株脆江蓠藻体湿重最重为 0.25 kg，两者湿重相差接近一倍。池底生长的单株脆江蓠藻体体长在整个实验期间都比苗架单株藻体体长长（$P <$ 0.05）。实验观察发现池塘底部生长的脆江蓠藻体生长侧枝多、藻体长，枝条粗壮，颜色也比苗架生长的更深。分析原因，可能池底生长的脆江蓠更容易吸收营养，根系也更发达。

表 1-8　苗架与池底脆江蓠生长的环境因子和单株脆江蓠的生长情况（水深 3 m）

栽培模式	时间	水温/℃	盐度	pH	光照强度/lx	藻体平均长度/cm	每株藻体湿重/kg
苗架	08-20	29	29.2	8.2	1 500	13.1±3.5	0.004
	08-30	24.5	29.5	8.2	1 200	21.3±3.2	0.083
	09-09	25.1	29.8	8.3	1 500	27.5±3.4	0.13
	09-19	24	31	8.4	1 000	31.6±4	0.18
	09-29	24.2	30.8	8.2	1 000	33.5±4.3	0.21

栽培模式	时间	水温/℃	盐度	pH	光照强度/lx	藻体平均长度/cm	每株藻体湿重/kg
苗架	10-09	21	30.5	8.1	900	33.7±4.9	0.25
	10-19	16.4	30	8	900	31.2±3.8	0.23
池底	08-20	29	29.2	8.2	1 500	13.1±3.5	0.004
	08-30	24.5	29.5	8.2	1 200	23.1±4	0.091
	09-09	25.1	29.8	8.3	1 500	30.5±4.4	0.238
	09-19	24	31	8.4	1 000	35.6±5.4	0.35
	09-29	24.2	30.8	8.2	1 000	38.6±6	0.41
	10-09	21	30.5	8.1	900	39.1±4.6	0.48
	10-19	16.4	30	8	900	37.6±5.7	0.46

（5）脆江蓠池塘栽培定期分苗与未分苗生长情况比较。

表 1-9 所示池塘栽培脆江蓠定期分苗和不分苗生长效果差别很大。实验结果显示：在相同的实验条件下，定期分苗组藻体体长比未分苗组藻体体长增长效果好（$P < 0.05$）。定期分苗组实验初期仅一个藻体苗架，于 9 月 10 日和 9 月 30 日进行分苗。分出的脆江蓠藻体分别夹到相同的苗架上，并放置于相同水深处养殖。其中9 月 10 日分出 2 个苗架，9 月 30 日分出 3 个苗架，至实验结束时定期分苗组共有脆江蓠藻体苗架 6 个。10 月 19 日实验结束时称量脆江蓠藻体湿重：未分苗实验组藻体湿重 11.2 kg；定期分苗实验组 6 个苗架藻体总湿重 49.3 kg，是未分苗实验组藻体湿重的 4.4 倍。所以池塘栽培脆江蓠一定要及时分苗，给藻体充足的生长空间，才能获得最大收益。

表 1-9　池塘和栽培脆江蓠定期分苗与未分苗模式的生长情况（水深 2 m）

栽培方式	时间	水温/℃	盐度	pH	光照强度/lx	藻体平均长度/cm	每苗架藻体湿重/kg
未分苗	08-20	29	29.2	8.2	4 500	11.7±3.2	0.5
	08-30	24.5	29.5	8.2	4 000	21.7±4	2.5
	09-09	25.1	29.8	8.3	4 500	25.3±3.6	5.2
	09-19	24	31	8.4	4 000	25.6±5.3	7.6
	09-29	24.2	30.8	8.2	4 000	27±4.2	9.1
	10-09	21	30.5	8.1	4 000	29.8±4.1	11.6
	10-19	16.4	30	8	3 800	28.2±3	11.2

栽培方式	时间	水温/℃	盐度	pH	光照强度/lx	藻体平均长度/cm	每苗架藻体湿重/kg
	08-20	29	29.2	8.2	4 500	11.7±3.2	0.5
	08-30	24.5	29.5	8.2	4 000	22.3±4.3	2.8
	09-09	25.1	29.8	8.3	4 500	26.6±3.6	6
定期分苗	09-19	24	31	8.4	4 000	24.5±3.8	13.4
	09-29	24.2	30.8	8.2	4 000	29.8±4.3	18.3
	10-09	21	30.5	8.1	4 000	27.6±2.8	37.6
	10-19	16.4	30	8	3 800	31.6±3.6	49.3

本实验设置了 5 种不同的脆江蒿池塘栽培模式,详细研究了脆江蒿在池塘栽培的生长情况。实验结果显示,池塘水温和光强对脆江蒿生长影响最明显;在本实验条件下的盐度和 pH 对脆江蒿生长影响较小。脆江蒿在池塘栽培的最佳生长条件如下:水温 20 ℃～30 ℃、光强小于 3 000 lx、池水 64 h 循环一次、池塘水深 3 m 处底播;同时为了获取最大收益,栽培期间视藻体生长情况定期分苗,保证藻体有充足的生长空间。本栽培实验的成功解决了南方藻种移栽到北方由于气候及生长环境等因素的改变而失败的问题;且移栽的脆江蒿对改善池塘生态环境、修复养殖池塘富营养化水质具有明显效果。脆江蒿移植可填补北方地区没有适合夏季池塘养殖大型藻类的空白,丰富我国北方海藻资源的多样性。

(6)脆江蒿池塘越冬栽培生长研究。

2009 年、2010 年秋冬季进行了脆江蒿池塘秋冬季栽培实验,以期了解脆江蒿在秋冬季低温状态下的生长规律。实验根据池塘水环境因子及脆江蒿的生长特性设置了不同的栽培模式(图 1-36 和图 1-37)。

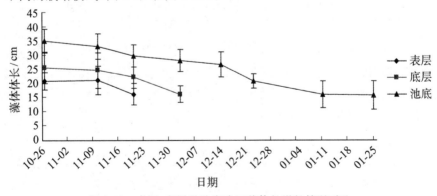

图 1-36　表层、底层及池底脆江蒿体长增长情况对比

图 1-36 显示:表层苗架脆江蒿藻体体长短、衰退快,至 11 月下旬已全部衰退,底层苗架衰退速度比表层慢,全部衰退时间比表层晚半个月左右,池底生长的脆江蒿衰退腐烂比较慢,至翌年春天只剩主枝,侧枝已腐烂衰退。

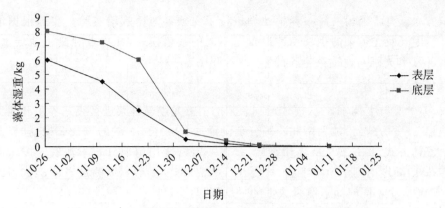

图 1-37　表层及底层苗架脆江蓠湿重增长情况对比

由图 1-37 分析知：脆江蓠表层苗架比底层苗架衰退速度快，其中表层苗架至 12 月中旬全部衰退腐烂，底层苗架至 12 月下旬全部衰退腐烂。分析原因，可能表层光强大，致使脆江蓠衰退速度加快。

实验研究结果显示，由于秋冬季池塘水温过低，脆江蓠衰退速度较快。随着水温的降低，脆江蓠侧枝逐渐腐烂衰退，颜色由黄变白；主枝老化变硬，颜色呈深红色，枝条变细。池底生长的脆江蓠衰退速度较慢，至翌年春天只剩主枝，侧枝大部分腐烂衰退掉。实验显示脆江蓠在北方池塘能够安全越冬。

第 11 节　龙须菜池塘栽培技术研究

龙须菜（*Gracilaria lamenei formis*）产于我国山东沿海，是江蓠属一个重要的产琼胶物种，其琼胶经改性后可与石花菜琼胶相媲美。龙须菜还可以用作养殖鲍鱼的主要鲜品饲料。脆江蓠、龙须菜作为大型海藻在优化近海海域生态系统结构、参与全球碳循环、防治海区富营养化和赤潮等方面都有重要的生态作用（汤坤贤等，2003；许忠能等 2001）。目前，随着海洋环境污染的日益加剧，单纯依靠野生藻类资源难以净化海水水质。因此，开展大型藻类的人工增、养殖是解决养殖海区富营养化、修复养殖水域生态环境的重要举措。而脆江蓠、龙须菜作为大型海藻具有快速吸收水体中氮、磷及富集重金属离子的作用（申华等，2008；许忠能等，2001；罗勇胜等，2006；何培民等，2007）。同时脆江蓠、龙须菜还具有耐高温和耐静水环境的特点，是养殖池塘生物修复的首选材料。

课题组于 2010 年 6 月 18 日从福建引进了南方耐高温龙须菜品种的种菜，在莱州东方海洋有限公司一海参养殖池塘进行了龙须菜池塘栽培实验。实验根据池塘水环境因子及龙须菜的生长特性设置了不同的栽培模式,并重点观测了池塘水温、盐度、pH 和光强对龙须菜生长的影响。

1. 实验方法

2010 年 6 月 18 日对从福建运到莱州的南方龙须藻种菜进行筏式养殖和池塘底播栽培,挂养方式:沿池塘南北两侧分别设置宽 2 m、长 50 m 的符伐 2 架,挂养龙须菜。底播方式:将龙须菜藻体切割后,按照一定密度均匀地分布于池底。按照实验设定每 10 d 定期测量池塘水温、盐度、pH 和光强,实验数据取测量当日 8:00、12:00 和 15:00 3 个不同时间点测量数据的平均值。

统计分析:所有测定结果表示为平均数 ± 标准差($n \geqslant 3$),用方差分析 (ANOVA)和 t 检验进行统计显著性分析,以 $P < 0.05$ 作为差异的显著性水平。

2. 研究结果

(1) 不同水深条件下龙须菜生长情况比较。

整个实验期间,池塘水温变化范围为 19 ℃～30.8 ℃,池塘水体盐度变化范围在 29～31.2,pH 变化范围为 7.9～8.4。分析发现,龙须菜藻体体长和湿重的生长受池塘水温变化影响较显著($P < 0.05$),池塘水温变化幅度处于 19 ℃～25 ℃时,栽培龙须菜生长良好(图 1-38 和图 1-39);而池塘水体盐度和 pH 变化对栽培龙须菜生长影响不显著。池塘水深 1.0 m、1.5 m 和 2 m 处生长的龙须菜,随着水深增加,其藻体体长和湿重逐渐增大($P < 0.05$)。实验初期夹苗时藻体平均体长为 24.8 cm,至 9 月中旬,1.0 m、1.5 m 和 2 m 处生长的龙须菜藻体平均体长分别为 48.6 cm、57.2 cm 和 60.1 cm,藻体平均体长随水深而增大。实验初期,每苗架夹苗量均为 1.0 kg,至 9 月中旬,1.0 m、1.5 m 和 2 m 处生长的龙须菜藻体每苗架平均湿重分别为 7.19 kg、8.73 kg 和 9.61 kg,实验苗架藻体湿重随水深而增大。

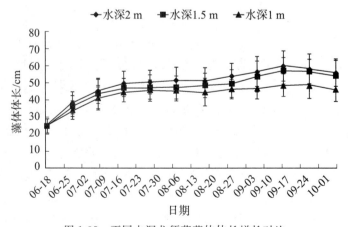

图 1-38　不同水深龙须菜藻体体长增长对比

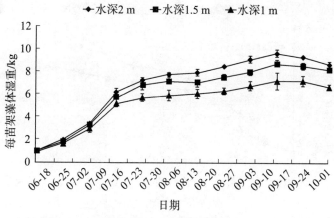

图 1-39　不同水深龙须菜苗架藻体湿重增长对比

（2）光照强度对龙须菜生长的影响。

龙须菜在光强高于 6 000 lx 和低于 3 000 lx 体长和湿重的增长情况差别较大（图 1-40 和图 1-41）。光强低于 3 000 lx 时龙须菜生长良好，光强高于 6 000 lx 时龙须菜生长略差。至 9 月 17 日，两种不同光强下，前者的龙须菜藻体最大平均体长、每苗架最大平均湿重分别为 66.2 cm 和 12.2 kg，后者分别为 60.1 cm 和 9.61 kg（P ＜0.05）。观察发现，当池塘水温变化范围在 19 ℃～25 ℃时，龙须菜生长旺盛，侧枝繁茂整齐，体色呈深红褐色。说明光照强度及水温的变化能够对龙须菜的生长产生较为明显的影响。

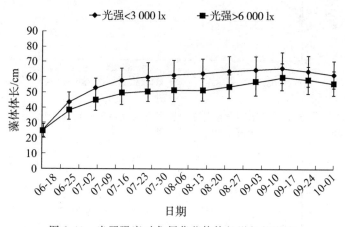

图 1-40　光照强度对龙须菜藻体体长增长的影响

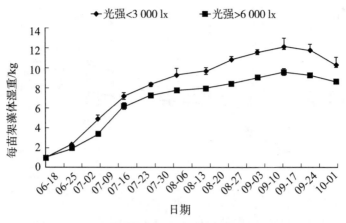

图 1-41　光照强度对龙须菜苗架藻体湿重增长的影响

（3）龙须菜池塘栽培定期分苗与未分苗生长情况比较。

未分苗实验组龙须菜藻体平均体长在实验初期为 24.8 cm，在实验结束时为 56.0 cm；定期分苗实验组龙须菜藻平均体长在实验初期为 24.8 cm，在实验结束时为 44.7 cm（$P < 0.05$）（图 1-42）。未分苗实验组藻体湿重在实验初期为 1.0 kg，在实验结束时为 8.66 kg（$P < 0.05$）；定期分苗实验组藻体湿重在实验初期为 1.0 kg，在实验结束时为 50.12 kg（图 1-43）。其原因可能是充足的养殖空间有利于其生长。

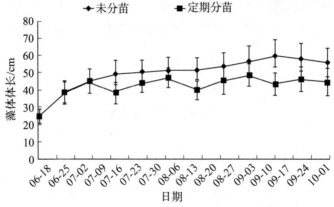

图 1-42　定期分苗与未分苗龙须菜藻体体长增长对比

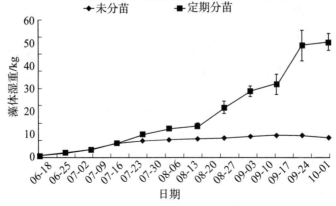

图 1-43　定期分苗与未分苗龙须菜苗架藻体湿重增长对比

第 12 节　底栖硅藻培养及对刺参生长的影响

海洋底栖硅藻是参、鲍等名贵水产动物苗种的重要饵料(Simental et al,2004；李永函等,2002),其中舟形藻就是一种常用作养殖刺参饵料的藻类。舟形藻隶属于硅藻门羽文硅藻纲舟形藻目舟形藻科舟形藻属,是一种典型的真核单细胞藻类。舟形藻壳面多为舟形,也有椭球形、菱形、棍棒状等；具壳缝,结节和由点组成的点条纹。本属是硅藻中种类最多的一个属。舟形藻在水污染处理方面有着非常重要的作用,它可以吸收污水中的氮、磷、铁等,进行自养生长。舟形藻含有丰富的蛋白质,以及种类丰富的饱和脂肪酸与不饱和脂肪酸。舟形藻藻株易于生长,容易获得很高的生物量。

目前,有关底栖硅藻池塘培养方面的研究还未见报道,各种影响其生长繁殖的因素研究亦不全面,这使得底栖硅藻池塘培养的生物量一直处于较低水平,严重限制了该藻资源的开发。为此,笔者首次较全地对该藻的培养条件进行优化并对该藻的培养与刺参池塘养殖相结合的设想进行初探。

本研究对日照地区不同池塘来源的底栖硅藻进行了调查、筛选与培养,同时对底栖硅藻池塘大水面培养方法及刺参摄食生长情况进行了初步研究,不仅可以了解底栖硅藻在池塘环境中的生长状况,还有助于设计更好的池塘培养模式,也旨在为底栖硅藻的推广利用和刺参池塘生态养殖提供理论依据。

1. 实验材料

(1) 实验池塘。

池塘底质为泥沙底质,泥：沙＝(10%～20%)：(80%～90%),池塘海水盐度29～31,pH 7.8～8.3,池塘水深 1.5～2.5 m。

(2) 底栖硅藻藻种。

通过对不同池塘来源的底栖硅藻进行调查分析,利用在刺参养殖池悬挂网袋的方法采集藻种,记录采集时的水温、光强、pH、盐度等环境因子。通过对采集的藻种进行镜检观察,最终筛选出以双菱缝舟藻和小形舟形藻为优势种群的底栖硅藻作为培养藻种。

(3) 培养条件。

根据底栖硅藻的生长特性,设计底栖硅藻培养池(长×宽×高)为(800～1 000)cm×90 cm×60 cm,利于采光和流水培养过程中的操作管理。

（4）底栖硅藻培养。

底栖硅藻培养池经消毒处理后，注入清洁海水并按 $40×10^{-6}$～$60×10^{-6}$ 的质量分数施肥（氮：磷：铁：硅＝10：1：0.5：0.5），然后接种准备好的底栖硅藻藻种，停气 3～4 h 再充气，第 3 d 再开始微流水，日流水量为 1/2～1 个量程，每 5～7 d 倒池一次。

2. 实验方法

（1）大水面培养方法。

根据刺参养殖池塘底栖硅藻生长情况，将培养好的底栖硅藻定期定量泼洒入池塘，定期观察测量底栖硅藻生长密度及状态。每日定时测量池塘水温、盐度及 pH 等水环境因子，每月中旬定期采样、镜检、计数池底底栖硅藻生物量。

（2）底栖硅藻的采样计数方法。

养殖池塘随机投放多处刺参附着瓦片，池塘不同区域随机取 5 张瓦片，用毛刷将瓦片表面的底栖硅藻刷入 10 L 水桶中，记录采集面积与时间。沉淀后取上层液并去除泥沙，再添水加至 10 L，摇匀取 1 000 mL 装入试剂瓶中，加入 20 mL 鲁哥式液固定，带回实验室计数，计算池底底栖硅藻的生物量。

（3）统计分析。

所有测定结果表示为平均数±标准差（$n≥3$），用方差分析（ANOVA）和 t 检验进行统计显著性分析，以 $P<0.05$ 作为差异的显著性水平。

3. 结果

（1）舟形藻生物量变化。

实验期间，研究了池塘底栖硅藻生物量变化情况，根据对池塘采集的底栖硅藻进行镜检分析，底栖硅藻主要由双菱缝舟藻、小形舟形藻、盔状舟形藻、柔软舟形藻、饱满舟形藻、半裸舟形藻、菱形藻等组成，其中以双菱缝舟藻和小形舟形藻为主要优势种。根据实验要求，主要对双菱缝舟藻和小形舟形藻进行测量计数。双菱缝舟藻和小形舟形藻测量结果如表 1-10 所示。双菱缝舟藻和小形舟形藻的生物量随水温升高而逐渐增多，尤其在高温季节，刺参活动量、摄食量均减少的情况下，生物量明显增多；随着水温的逐渐降低及刺参摄食量的增加，至 11 月份，双菱缝舟藻和小形舟形藻的生物量逐渐减少。

表 1-10　双菱缝舟藻、小形舟形藻生物量测量结果

日期	双菱缝舟藻/(10^3 个/平方米)	小形舟形藻/(10^3 个/平方米)
03-15	4.0±0.58	4.63±0.52
04-16	5.68±0.41	5.07±0.60
05-13	5.8±0.62	6.9±0.46
06-15	7.92±0.81	8.8±0.81
07-15	14.4±1.32	12.84±1.10
08-17	15.3±1.62	14±1.27

日期	双菱缝舟藻/(10^3 个/平方米)	小形舟形藻/(10^3 个/平方米)
09-13	14.33±1.85	14.68±1.72
10-15	11.5±1.02	12.19±1.02
11-16	6.2±0.38	7.07±0.70

注:表中数据为平均值±标准差($n=5$)

（2）底栖硅藻强化培养池刺参生长与传统养殖池刺参生长比较。

3月上旬对培养底栖硅藻刺参养殖池和传统刺参养殖池进行刺参投放,投放刺参规格为平均8.5克/头,亩投放100 kg,两种池塘投放规格与投放量相同。根据实验要求,每月定期取样对刺参进行体质量测量,同时观察刺参生长状态等情况,测量结果如表1-11所示,根据刺参生长实验数据分析发现,培养底栖硅藻养殖池的刺参生长速度比传统养殖池养殖刺参的生长速度提高16.7%。其中6、7、8月高温期间,观察发现刺参虽然未进入夏眠,但其生长速度明显降低,甚至停止生长,9月之后水温逐渐降低,刺参又进入快速生长期。

表1-11　培养底栖硅藻池刺参生长与传统养殖刺参生长比较

日期	硅藻强化培养池刺参体质量/g	传统养殖池刺参体质量/g
03-15	8.5±0.63	8.5±0.52
04-16	10.7±1.20	10.8±0.97
05-13	17.8±1.35	16.3±1.05
06-15	21.6±1.79	19.4±2.03
07-15	22±1.60	20.1±1.87
08-17	20.6±1.97	19.7±1.37
09-13	22.1±2.10	20.7±1.95
10-15	25.7±1.51	22.7±2.04
11-16	32.8±2.56	28.1±2.72

注:表中数据为平均值±标准差($n=30$)

4. 小结

底栖硅藻在参、贝类等水产动物养殖中占有非常重要的地位,而舟形藻又是贝类养殖常用的饵料生物。舟形藻含有丰富的 r-亚麻酸（GLA）、二十碳五烯酸（EPA）、二十二碳六烯酸（DHA）,不仅对水产动物的生长发育有促进作用,而且为人体必需的不饱和脂肪酸,在生命活动中起着重要作用。

本研究通过对刺参养殖池塘采集的底栖硅藻进行镜检分析,发现底栖硅藻主要由双菱缝舟藻、小形舟形藻、盔状舟形藻、柔软舟形藻、饱满舟形藻、半裸舟形藻、菱形藻等组成,其中以双菱缝舟藻和小形舟形藻为主要优势种。通过对双菱缝舟藻和小形舟形藻进行测量计数分析发现双菱缝舟藻和小形舟形藻的生物量随水温升高而逐渐增多,尤其在高温季节,刺参活动量、摄食量均减少的情况下,生物量明显增多;随着水温的逐渐降低及刺参摄食量的增加,至 11 月份,双菱缝舟藻和小形舟形藻的生物量逐渐减少。

刺参生长实验数据分析发现,在相同的刺参投放规格及投放量条件下,培养底栖硅藻养殖池的刺参生长速度比传统养殖池养殖刺参的生长速度提高 16.7%。其中 6、7、8 月高温期间,观察发现刺参虽然未进入夏眠,但其生长速度明显降低,甚至停止生长,9 月之后水温逐渐降低,刺参又进入快速生长期。

第 13 节　鼠尾藻对刺参生长及水环境的影响

鼠尾藻(*Sargassum thunbergii*)隶属褐藻门圆子纲墨角藻目马尾藻科马尾藻属,是北太平洋西部特有的暖温带海藻,在我国北起辽东半岛,南至雷州半岛均有分布,是沿海常见海藻(原永党等,2006;胡凡光等,2013),具有重要的经济价值,在海洋生态系统中占有重要地位(李美真等,2009)。许多研究表明,鼠尾藻在自然海区中具有极高的生产力,在快速生长的同时能够从周围环境中大量吸收氮、磷和二氧化碳,而使海水中营养盐浓度下降(杨宇峰等,2005;关春江等,2012)。包杰等(2008)的研究表明,鼠尾藻对水体氮、磷均具有较高的吸收速率,且能较好地同时吸收氨氮和硝酸盐氮。姜宏波等(2009)在实验室条件下研究了温度、盐度和光照强度对鼠尾藻氮、磷吸收的影响及藻体生长和生化组成的影响。刘元刚等(2006)向刺参养殖池中移植大叶藻,杨红生等(2000)在烟台四十里湾海区建立了贝藻参混养系统,周毅等(2001)测定了贝藻参混养系统中沉积物有机质含量的变化,均取得了较好的效果。由此可见,养殖大型海藻是吸收、利用营养物质、净化水质和延缓水域富营养化的有效措施之一。

每一个养殖生态系统,其养殖容量和环境容量是一定的,通过大型海藻吸收水体无机营养盐,使系统的自净能力增强,养殖水体的养殖容量提高,但养殖生物的放养密度和密度搭配仍然是生态系统维持较长时期稳定的关键。如果大型海藻的养殖密度太低,就起不到清洁水体的目的,过高又会导致营养盐含量过低的"瘦水"环境。目前国内在刺参—海藻混养等方面已有较多的研究,但总体来看其养殖模式比较粗放,对海藻的养殖密度以及海藻与刺参的搭配量等方面研究尚少。本研究选取刺参和鼠尾藻为实验混养材料,设计不同量的刺参—鼠尾藻组合养殖模式,测定刺参、鼠尾藻的生长及养殖水环境因子的变化情况,探讨刺参—鼠尾藻综合养殖的生态平衡点,寻求一定养殖空间内刺参—鼠尾藻适宜的养殖容量和养殖密度,为刺参池塘养殖可持续发展提供基础理论依据。

1. 材料与方法

（1）实验设计与管理。

将平均体质量为 16.7 g±0.95 g、外观正常、体质健壮的同批次刺参和刺参养殖池中生长旺盛期的鼠尾藻藻体饲养在 1 m³ 水体的塑料实验桶内。实验分为 12 组，每组设 3 个重复，实验期间不投饵、不换水。实验期间，水温为 8.5 ℃～21.5 ℃、pH 为 7.8～8.4、盐度为 28～31.2、溶解氧不低于 6.0 mg/L。实验分组设计如表 1-12 所示。

表 1-12　各实验模式分组情况

组别	初始放养密度/(g/m³)		组别	初始放养密度/(g/m³)	
	刺参	鼠尾藻		刺参	鼠尾藻
1	750	0	7	500	1 000
2	750	500	8	500	1 500
3	750	1 000	9	250	0
4	750	1 500	10	250	500
5	500	0	11	250	1 000
6	500	500	12	250	1 500

生长测定。在 2014 年 4 月 14 日至 5 月 19 日的实验期间，每 7 d 测量一次实验桶内刺参体质量及鼠尾藻藻体湿重。

水质测定。使用水质参数分析系统（CEL/850）测定。每日 09:30～10:00、16:00～16:30 测量水温、盐度、溶解氧和 pH。每 7 d 测量一次实验桶内水质水样，采用次溴酸盐氧化法测定氨氮，采用萘乙二胺分光光度法测定亚硝酸盐氮，采用镉柱还原法测定硝酸盐氮，磷酸盐含量测定采用抗坏血酸-磷钼蓝法。

（2）指标测定。

测定刺参平均日增重率（Mdwg）、刺参的特定生长率（SGR）和鼠尾藻的特定生长率（SGR）3 种生长指标。

刺参平均日增重率：$\mathrm{Mdwg(g/d)} = (W_t - W_0)/t$；

刺参的特定生长率：$\mathrm{SGR(\%/d)} = 100 \cdot (\ln W_t - \ln W_0)/t$；

鼠尾藻的特定生长率：$\mathrm{SGR(\%/d)} = 100 \cdot (\ln W_2 - \ln W_1)/t$

式中，W_0 为初始刺参平均体重（g）；W_t 为实验结束刺参平均体重（g）；W_1 为初始鼠尾藻质量（g）；W_2 为实验结束时鼠尾藻质量（g）；t 是实验时间（d）。

（3）统计分析。

所有测定结果表示为平均数±标准差（$n \geq 3$），用方差分析（ANOVA）和 t 检验进行统计显著性分析，以 $P < 0.05$ 作为差异的显著性水平。

2. 结果与分析

（1）不同实验模式对刺参生长的影响。

表 1-13 可以看出，刺参—鼠尾藻组合养殖模式下生长的刺参，其 Mdwg 和 SGR

受刺参密度和鼠尾藻密度影响显著($P<0.05$)。鼠尾藻密度为 0 g/m³，刺参密度为 750 g/m³、500 g/m³ 时 Mdwg 和 SGR 差异不显著（$P>0.05$）；刺参密度为 500 g/m³，鼠尾藻密度为 1 500 g/m³ 时和刺参密度为 250 g/m³ 时，鼠尾藻密度为 1 000 g/m³、1 500 g/m³ 时，Mdwg 和 SGR 差异不显著（$P>0.05$）；刺参密度为 750 g/m³，鼠尾藻密度为 0 g/m³、500 g/m³、1 000 g/m³、1 500 g/m³ 时，Mdwg 和 SGR 差异显著（$P<0.05$）；刺参密度为 500 g/m³，鼠尾藻密度为 0 g/m³、500 g/m³、1 000 g/m³、1 500 g/m³ 时，Mdwg 和 SGR 差异显著（$P<0.05$）；刺参密度为 250 g/m³，鼠尾藻密度为 0 g/m³、500 g/m³ 时，Mdwg 和 SGR 差异显著（$P<0.05$）。实验数据分析显示，刺参密度为 750 g/m³、500 g/m³、250 g/m³，鼠尾藻密度为 0 g/m³时，刺参生长相对较差；刺参密度为 250 g/m³，鼠尾藻密度为 1 000 g/m³、1 500 g/m³ 时，刺参生长相对最好，说明鼠尾藻密度对刺参生长起着显著的影响。

表 1-13　不同实验模式下刺参生长情况

组别	单只刺参平均体质量		平均日增重/(g/d)	特定生长率/(%/d)	存活率/%
	初始值/g	结束值/g			
1	16.73±0.38	18.01±0.46[a]	0.036±0.002[a]	0.21±0.012[a]	100
2	16.46±0.79	19.25±1.13[ab]	0.08±0.01a[b]	0.446±0.032[ab]	100
3	16.59±0.32	19.75±0.33[ab]	0.092±0.003[ab]	0.497±0.025[ab]	100
4	16.57±0.86	20.25±1.07[b]	0.105±0.006[b]	0.574±0.003[b]	100
5	16.37±0.96	18.82±1.31[a]	0.07±0.01[a]	0.397±0.033[a]	100
6	17.19±1.09	21.29±1.75[bc]	0.117±0.02[b]	0.609±0.057[bc]	100
7	17.09±0.89	21.57±0.93[bc]	0.128±0.001[b]	0.667±0.026[bc]	100
8	17.16±1.08	22.59±1.81[c]	0.155±0.021[c]	0.793±0.049[c]	100
9	15.83±0.53	19.24±0.55[ab]	0.098±0.001[ab]	0.558±0.017[b]	100
10	16.69±1.33	21.74±1.31[bc]	0.144±0.019[bc]	0.758±0.119[c]	100
11	16.49±1.34	22.13±2.02[c]	0.161±0.021[c]	0.838±0.051[c]	100
12	16.83±1.09	22.81±1.85[c]	0.175±0.025[c]	0.866±0.087[c]	100

注：表中数据为平均值±标准差（$n=3$），表中同一列数据上标不同字母代表有显著性差异（$P<0.05$）

(2) 不同实验模式对鼠尾藻生长的影响。

表 1-14 可以看出,该实验模式下生长的鼠尾藻,其 SGR 受鼠尾藻密度和刺参密度影响显著($P<0.05$)。刺参密度相同的条件下,鼠尾藻的生长及 SGR 受其密度影响显著($P<0.05$);刺参密度为 250 g/m³,鼠尾藻密度为 1 000 g/m³、1 500 g/m³ 时,其 SGR 差异不显著($P>0.05$);刺参密度不同,鼠尾藻密度相同的情况下,鼠尾藻的生长和 SGR 差异显著($P<0.05$),说明鼠尾藻的生长受刺参密度影响较大。数据显示,刺参密度为 750 g/m³、鼠尾藻密度为 500 g/m³ 时,其 SGR 最大;刺参密度为 250 g/m³、鼠尾藻密度为 1 500 g/m³ 时,其 SGR 最小;说明相同条件下,刺参密度的大小对鼠尾藻的生长影响较为显著($P<0.05$),可能刺参密度大时,其排泄的氨氮等营养物质多,促进鼠尾藻对营养盐的吸收,故促进其生长。

表 1-14 不同实验模式下鼠尾藻生长情况

组别	实验初始密度/(g/m³)	实验结束密度/(g/m³)	特定生长率/((%)/d)
1			
2	500	1 905±77.62[b]	3.82±0.177[c]
3	1 000	2 387±27.32[bc]	2.487±0.033[b]
4	1 500	2 955±122.6[c]	1.937±0.119[ab]
5			
6	500	1 604±26.23[ab]	3.33±0.047[bc]
7	1 000	2 053±45.09[b]	2.055±0.063[ab]
8	1 500	2 776±75.06[c]	1.759±0.077[a]
9			
10	500	1 103±45.09[a]	2.257±0.114[b]
11	1 000	1 856±55.30[ab]	1.767±0.086[a]
12	1 500	2 505±52.68[bc]	1.466±0.06[a]

注:表中数据为平均值±标准差($n=3$),表中同一列数据上标不同字母代表有显著性差异($P<0.05$)

(3) 不同实验模式养殖水体营养盐浓度的变化。

① 养殖水体中氮盐含量变化。

由图 1-44 至图 1-47可以看出,氨氮、亚硝酸盐氮和硝酸盐氮含量变化受刺参和鼠尾藻养殖量的影响显著($P<0.05$)。刺参密度为 750 g/m³、500 g/m³、250 g/m³,鼠尾藻密度为 0 g/m³ 时,实验组氨氮、亚硝酸盐氮和硝酸盐氮含量相对较高,其中以刺参 750 g/m³ 实验组含量最高;其他实验组氨氮、亚硝酸盐氮和硝酸盐氮含量受鼠尾藻养殖量的影响较显著($P<0.05$),随着鼠尾藻养殖量的增加,营养因子含量

逐渐降低;刺参密度为500 g/m³、鼠尾藻密度为1 500 g/m³的实验组,刺参密度为250 g/m³、鼠尾藻密度为1 000 g/m³、1 500 g/m³时,实验组氨氮、亚硝酸盐氮和硝酸盐氮含量相对较低,说明养殖水环境因子变化受刺参和鼠尾藻养殖量的影响较显著($P<0.05$)。

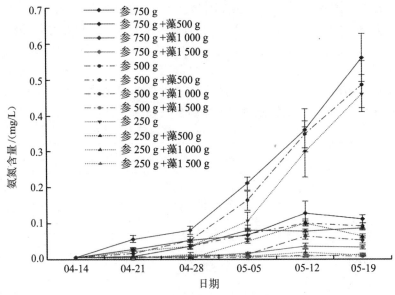

图1-44　水体中氨氮含量变化

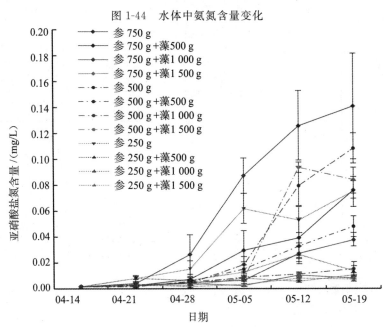

图1-45　水体中亚硝酸盐氮含量变化

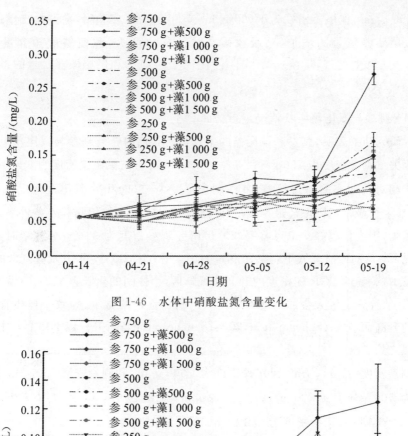

图 1-46　水体中硝酸盐氮含量变化

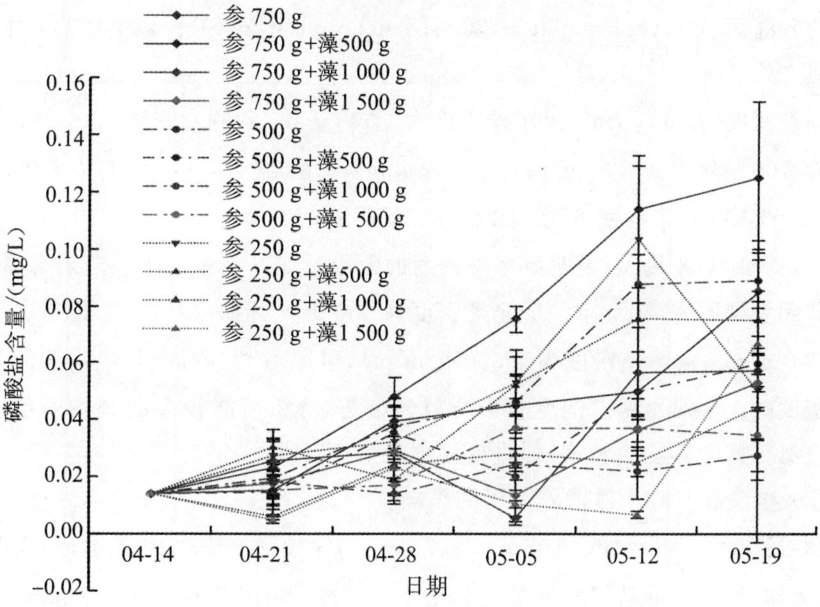

图 1-47　水体中磷酸盐含量变化

② 养殖水体中磷酸盐含量变化。

各实验模式养殖水体中磷酸盐含量的变化趋势,磷酸盐含量变化受刺参和鼠尾藻养殖量的影响较显著($P<0.05$)。刺参密度为 750 g/m³、500 g/m³、250 g/m³,鼠尾藻密度为 0 g/m³ 时,实验组磷酸盐含量相对较高,其中以刺参为 750 g/m³ 实验组含量最高,至实验结束时至 0.125 ml/L;其他实验组磷酸盐含量受鼠尾藻养殖量的影响较显著($P<0.05$),随着鼠尾藻养殖量的增多,磷酸盐含量逐渐降低;刺参密度为 750 g/m³、500 g/m³,鼠尾藻密度为 1 500 g/m³ 实验组,刺参密度为 250 g/m³、鼠尾藻密度为 1 000 g/m³、1 500 g/m³ 实验组,磷酸盐含量相对较低,其中,刺参密

度为 250 g/m³、鼠尾藻密度为 1 000 g/m³、1 500 g/m³ 实验组,磷酸盐含量最低,说明随鼠尾藻养殖量的增加,其吸收磷酸盐的能力增大,致使磷酸盐含量逐渐降低($P<0.05$)。

3. 讨论

(1)刺参与鼠尾藻生长情况。

本研究结果表明,刺参和鼠尾藻的生长与实验桶内养殖刺参与鼠尾藻量的比例息息相关。刺参密度为 750 g/m³、500 g/m³、250 g/m³、鼠尾藻密度为 0 g/m³ 时,刺参生长相对其他实验组合较差,其中刺参密度为 750 g/m³、鼠尾藻密度为 0 g/m³ 时,刺参生长最差,其 SGR 最小,说明一定养殖水体空间与相同养殖条件下,刺参养殖量越少,则生长越好。王肖君等(2011)研究刺参密度为 25 个/平方米时,刺参生长状况最差,SGR 显著低于刺参密度为 15 个/平方米,20 个/平方米时刺参的 SGR。研究显示,刺参的 SGR 随密度的升高显著降低,个体间的生长差异增大(裴素蕊等,2013)。放养密度过大会加剧动物个体对空间和食物的竞争,导致个体生长差异随密度的升高而增大(Schram et al,2006;Sanchez et al,2010)。以上研究与本研究具有相似之处。

刺参密度为 500 g/m³、鼠尾藻密度为 1 500 g/m³ 和刺参密度 250 g/m³、鼠尾藻密度为 500 g/m³、1 000 g/m³、1 500 g/m³ 实验组合,刺参 SGR 差异不显著($P>0.05$),其中,刺参密度为 250 g/m³、鼠尾藻密度为 1 000 g/m³、1 500 g/m³ 实验组合,刺参 SGR 最大;说明鼠尾藻密度的大小对促进刺参的生长起着非常明显的影响。刺参密度为 750 g/m³、鼠尾藻密度为 500 g/m³ 时,鼠尾藻 SGR 最大;刺参密度为 250 g/m³、鼠尾藻密度为 1 500 g/m³ 时,鼠尾藻 SGR 最小,说明相同条件下,刺参密度的大小对鼠尾藻的生长影响较为显著,分析可能较多的刺参养殖量,其排泄的氨氮等富营养物质较多,促进鼠尾藻的生长。

(2)参藻混养对水体营养因子的影响。

刺参密度为 750 g/m³、500 g/m³、250 g/m³,鼠尾藻密度为 0 g/m³ 实验组,氨氮、硝酸盐氮、亚硝酸盐氮和磷酸盐含量相对较高,其中,以刺参为 750 g/m³ 实验组含量最高;刺参密度为 500 g/m³、鼠尾藻密度为 1 500 g/m³ 实验组,刺参密度为 250 g/m³、鼠尾藻密度为 1 000 g/m³、1 500 g/m³ 实验组,各营养因子含量相对较低,说明鼠尾藻对水体中的营养因子具有较高的吸收能力。包杰等(2008)研究发现,鼠尾藻在不同环境条件下都能较快地吸收水体中的氮、磷,并且能较好地同时吸收氨氮和硝酸盐氮;胡凡光等(2013)通过对养殖池塘海藻栽培区和无海藻栽培区的氨氮、硝酸盐氮及磷等指标进行测量对比发现,海藻栽培区氨氮、硝酸盐氮及磷等指标明显比无海藻栽培区低;以上研究均显示了鼠尾藻对养殖环境中营养盐具有较强的吸收能力。

第 14 节　海枲子对仿刺参生长及水环境因子的影响

海枲子(*Sargassum muticum*)是马尾藻属中藻体较大的一种,为多年生的大型褐藻,广泛分布于日本、越南、中国北方的黄海和渤海沿岸。海枲子作为重要饲料一直广泛应用于仿刺参(*Apostichopus japonicus*)稚参培育和成参养殖中,需求量逐年增大。近年来随着对大型褐藻的研究不断深入,海枲子的其他应用不断扩大。海枲子藻体中含 30％褐藻胶,已成为制造褐藻胶的主要原料之一;其藻体本身具有吸附作用,可作为生物吸附剂吸附分离重金属,在低浓度废水处理上应用前景广阔;藻体中含有的多糖具有抗菌、抗病毒、抗肿瘤、免疫调节等作用。刘元刚等向刺参养殖池中移植大叶藻,杨红生等在烟台 40 里湾海区建立了贝藻参混养系统,周毅等测定了贝藻参混养系统中沉积物有机质含量的变化,均取得了较好的效果。由此可见,养殖大型海藻是净化水质和延缓水域富营养化的有效措施之一。

每一个养殖生态系统的养殖容量和环境容量是一定的。大型海藻吸收水体无机营养盐,使系统的自净能力增强,提高养殖水体的养殖容量。但养殖生物的放养密度和搭配是系统维持长时间稳定的关键。大型海藻的养殖密度过低,就起不到清洁水体的目的,过高又会导致营养盐含量过低的"瘦水"环境。目前仿刺参—海藻混养等已有较多研究,但这种养殖模式比较粗放,对海藻的养殖密度以及海藻与仿刺参的搭配量等研究尚少。

1. 材料与方法

(1) 实验设计与管理。

将平均湿重为 25.2 g±1.21 g、外观正常、体质健壮的同批次仿刺参和仿刺参池中生长旺盛期的海枲子藻体饲养在 1 m^3 水体的塑料实验桶内。实验分为 9 组,每组 3 个重复。初始放养密度:仿刺参 A_1～A_3 组为 600 g/m^3,B_4～B_6 组为 400 g/m^3,C_7～C_9 组为 200 g/m^3;A_1、B_4、C_7 组未放养海枲子,A_2、B_5、C_8 组放养海枲子1 000 g/m^3,A_3、B_6、C_9 组放养海枲子 2 000 g/m^3。实验期间,水温 7.0 ℃～19.5 ℃,pH 7.8～8.2,盐度28.7～30.9,溶解氧≥6.0 mg/L,不投饵不换水。

(2) 指标测定。

2013 年 4 月 8 日至 2013 年 5 月 13 日,每 7 d 测量 1 次实验桶内仿刺参及海枲子藻体湿重。计算仿刺参平均日增重率(Mdwg)、仿刺参和海枲子的特定生长率(SGR):

$$\mathrm{Mdwg(g/d)} = (W_t - W_0)/t$$
$$\mathrm{SGR(\%/d)} = 100\% \times (\ln W_t - \ln W_0)/t$$

式中，W_0 为仿刺参或海黍子初始平均湿重（g）；W_t 为实验结束仿刺参或海黍子平均湿重（g）；t 为实验天数（d）。

每日 9:30～10:00、16:00～16:30 用水质参数分析系统（CEL/850）测定水温、盐度、溶解氧和 pH。采用次溴酸盐氧化法测定氨氮含量；萘乙二胺分光光度法测定亚硝酸盐氮含量；镉柱还原法测定硝酸盐氮含量；磷酸盐含量采用抗坏血酸－磷钼蓝法测定。

（3）统计分析。

所有测定结果用平均数±标准差表示（$n \geqslant 3$），用方差分析（ANOVA）和 t 检验进行统计显著性分析，以 $P < 0.05$ 作为差异的显著性水平。

2. 结果与分析

（1）不同养殖模式下仿刺参的生长。

由表 1-15 可知，仿刺参和海黍子密度显著影响仿刺参的 Mdwg 和 SGR（$P < 0.05$）。A_1、B_4 组仿刺参的 Mdwg 和 SGR 最小，差异不显著（$P > 0.05$）；C_8、C_9 组仿刺参的 Mdwg 和 SGR 差异不显著（$P > 0.05$），生长速度最快；A_1、B_4、C_7 和 A_3、B_6、C_9 组仿刺参的 Mdwg 和 SGR 差异显著（$P < 0.05$）；数据分析显示，A_1、B_4 组仿刺参生长较差；C_8、C_9 组仿刺参生长最好，说明仿刺参的生长受海黍子密度的影响显著。

表 1-15　不同养殖模式下仿刺参的生长

组别	单只平均湿重		Mdwg/(g/d)	SGR/(%/d)	存活率/%
	初始值/g	结束值/g			
A_1	25.13±1.38	26.75±1.06[a]	0.046±0.011[a]	0.18±0.006[a]	100
A_2	24.79±0.89	29.25±2.20[b]	0.127±0.015[ab]	0.475±0.012[b]	100
A_3	26.09±1.35	31.83±1.75[bc]	0.164±0.012[b]	0.570±0.042[b]	100
B_4	26.57±1.06	29.87±1.41[b]	0.094±0.006[a]	0.334±0.014[ab]	100
B_5	24.89±1.29	30.00±1.68[b]	0.146±0.017[b]	0.531±0.037[b]	100
B_6	25.02±0.59	31.5±1.43[bc]	0.185±0.013[b]	0.657±0.030[bc]	100
C_7	25.13±1.53	30.04±1.55[b]	0.14±0.020[ab]	0.511±0.028[b]	100
C_8	24.69±1.63	33.88±2.11[c]	0.263±0.022[c]	0.907±0.082[c]	100
C_9	25.49±1.03	33.50±1.36[c]	0.229±0.007[c]	0.783±0.067[c]	100

注：表中数据为平均值±标准差（$n=3$），表中同一列数据上标不同字母表示有显著性差异（$P < 0.05$），下同。

（2）不同养殖模式下海黍子的生长。

由表1-16可知，海黍子和仿刺参密度显著影响海黍子的SGR（$P<0.05$）。仿刺参密度相同时，海黍子的密度显著影响其生长及SGR（$P<0.05$）；A_2、B_5、C_8组海黍子的SGR差异显著（$P<0.05$）；A_3、B_6组海黍子的SGR差异不显著（$P>0.05$）；说明海黍子的生长受仿刺参密度影响较大。数据显示，A_2组海黍子的SGR最大；C_9组海黍子的SGR最小，说明相同条件下，仿刺参的密度对海黍子的生长影响显著（$P<0.05$），其原因可能是仿刺参密度大时，其排泄的氨氮等营养物质多，促进了海黍子的生长。

表1-16　不同养殖模式下海黍子的生长

组别	初始密度/(g/m³)	结束密度/(g/m³)	SGR/(%/d)
A_2	1 000	2 560±97.62[b]	2.686±0.132[c]
A_3	2 000	3 362±79.57[c]	1.485±0.023[ab]
B_5	1 000	2 200±25.09[ab]	2.254±0.052[bc]
B_6	2 000	3 469±15.06[c]	1.575±0.082[ab]
C_8	1 000	1 787±75.30[a]	1.660±0.054[b]
C_9	2 000	2 805±62.67[b]	0.968±0.051[a]

（3）不同养殖模式水体营养因子的变化。

① 养殖水体中氮盐含量的变化。

仿刺参和海黍子养殖量显著影响水体中氨氮、亚硝酸盐、硝酸盐的含量（$P<0.05$）。A_1、B_4组含量较高；其他组的含量受海黍子养殖量的影响较显著（$P<0.05$），随着海黍子养殖量的增加，营养因子含量逐渐降低；B_6、C_9组的含量较低（图）。

② 养殖水体中磷酸盐含量的变化。

图1-48至图1-51显示，仿刺参和海黍子养殖量显著影响磷酸盐的含量（$P<0.05$）。A_1、B_4、C_7组磷酸盐的含量较高；其他实验组的含量受海黍子养殖量的影响较显著（$P<0.05$）；A_3、B_6、C_9组的含量较低，说明随海黍子养殖量的增加，其吸收磷酸盐的能力增大，致使其含量逐渐降低（$P<0.05$）。

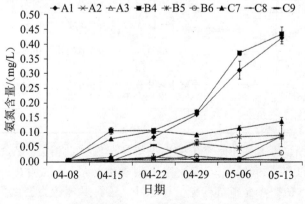

图1-48　养殖水体中氨氮含量变化

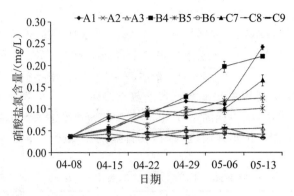

图 1-49　养殖水体中硝酸盐氮含量变化

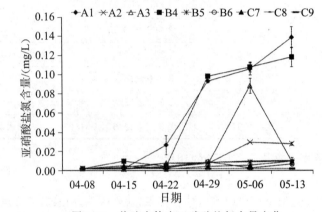

图 1-50　养殖水体中亚硝酸盐氮含量变化

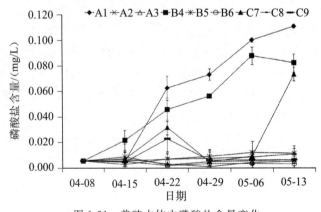

图 1-51　养殖水体中磷酸盐含量变化

3. 讨论

（1）仿刺参和海黍子的生长。

实验结果显示，仿刺参和海黍子的生长与其比例息息相关。A_1、B_4 组仿刺参生长较差，Mdwg 和 SGR 值最小；C_8、C_9 组仿刺参生长最好，说明在一定养殖水体空间及相同条件下，仿刺参养殖量越少生长越好。王肖君等认为密度为 25 个/平方米时仿刺参生长状况最差，特定生长率显著低于密度为 15 个/平方米和 20 个/平方米

规模化海水养殖园区环境工程生态优化技术体系

时。研究显示,仿刺参的特定生长率随密度的升高显著降低,个体间的生长差异增大。放养密度过大会加剧空间和食物竞争,导致个体生长差异随密度的升高而增大,这些结果与本研究相似。

A_1、B_4 组仿刺参的 Mdwg 和 SGR 最小,C_8、C_9 组的最大,说明仿刺参的生长受海黍子密度的影响非常显著。A_2 组海黍子的 SGR 最大,C_9 组的最小,说明在相同条件下,仿刺参的密度对海黍子的生长影响较为显著($P<0.05$),可能是仿刺参密度大时排泄的氨氮等营养物质多,海黍子吸收的营养盐多,生长加快。

（2）参藻混养对水体营养因子的影响。

A_1、B_4 组的氨氮、亚硝酸盐、硝酸盐和磷酸盐含量较高,A_3、B_6、C_9 组各营养因子含量较低,说明海黍子对水体中的营养因子具有较高的吸收能力。包杰等研究发现,鼠尾藻在不同环境条件下都能较快地吸收水体中的氮、磷,较好地同时吸收氨氮和硝酸盐。真江蓠、脆江蓠和蜈蚣藻对水体中的硝酸盐和磷酸盐同样有较好的去除效果。胡凡光等比较了养殖池塘海藻栽培区和无海藻栽培区的氨氮、硝酸盐及磷酸盐含量,发现海藻栽培区氨氮、硝酸盐及磷酸盐含量明显低于无海藻栽培区。以上研究均表明,海黍子对养殖环境中营养盐具有较强的吸收能力。

4. 结论

仿刺参和海黍子密度显著影响仿刺参的 Mdwg 和 SGR($P<0.05$),仿刺参密度 600 g/m³、400 g/m³,海黍子密度 0 g/m³ 时,仿刺参生长较差;仿刺参密度 200 g/m³、海黍子密度 1 000 g/m³ 和 2 000 g/m³ 时,仿刺参生长最好。海黍子和仿刺参密度显著影响海黍子的 SGR($P<0.05$),仿刺参密度 600 g/m³、海黍子密度 1 000 g/m³ 时,海黍子的 SGR 最大;仿刺参密度 200 g/m³、海黍子密度 2 000 g/m³ 时,海黍子的 SGR 最小。仿刺参密度 600 g/m³ 和 400 g/m³、海黍子密度 0 g/m³ 组氨氮、亚硝酸盐氮、硝酸盐氮和磷酸盐含量较高;仿刺参密度 600 g/m³、400 g/m³、200 g/m³,海黍子密度 2 000 g/m³ 组各营养因子含量较低。

第 15 节　脆江蓠对仿刺参生长及水环境的影响

脆江蓠(*Gracilariabursapastoris*)属红藻门红藻纲真红藻亚纲杉藻目江蓠科江蓠属,是一种大型经济红藻,为我国特有种,主要分布于浙江、福建沿海。目前,随着海洋环境污染的日益加剧,单纯依靠野生藻类资源难以净化海水水质。开展大型藻类的人工增养殖是解决养殖海区富营养化、修复养殖水域生态环境的重要举措。脆江蓠作为大型海藻具有快速吸收水体中氮、磷及富集重金属离子的作用,同时还具有耐高温、耐静水环境的特点,且是海参、鲍鱼等海珍品的极佳饵料,因此脆江蓠是养殖池塘生物修复的首选材料,又具有较高的经济价值。刘元刚等向刺参养殖池中移植大叶藻,杨红生等在烟台四十里湾海区建立了贝藻参混养系统,均取得了较好的效果。

每一个养殖生态系统,其养殖容量和环境容量是一定的。大型海藻吸收水体无机营养盐,使系统的自净能力增强,养殖水体的养殖容量提高,但养殖生物的放养密度和密度搭配仍然是系统维持较长时期稳定的关键。如果大型海藻的养殖密度太低,就起不到清洁水体的目的,过高又会导致营养盐含量过低的"瘦水"环境。本研究选取仿刺参和引自福建的高温藻种脆江蓠为养殖对象,设计不同量的仿刺参-脆江蓠组合养殖模式,测定仿刺参、脆江蓠的生长及养殖水环境因子的变化情况,探讨仿刺参-脆江蓠综合养殖的生态平衡点,寻求一定养殖空间内仿刺参-脆江蓠适宜的养殖容量和养殖密度,为仿刺参池塘养殖可持续发展提供参考。

1. 材料与方法

(1)实验材料。

实验容器:养殖仿刺参和脆江蓠的实验容器为容量 1 m^3 水体的白色塑料桶,实验桶放置于刺参养殖池塘一侧,实验场地上方覆盖遮阴网,控制光强不高于 6 000 lx。

实验水质:水温 21.4 ℃～26.2 ℃、pH 7.6～8.1、盐度 26.3～30.1、溶解氧不低于 6.0 mg/L、实验水深 0.75 m,实验期间未换水。

实验对象:平均湿重为 10.6 g±0.87 g、外观正常、体质健壮的同批次仿刺参和仿刺参池中处于生长旺盛期的脆江蓠藻体。实验期间未投饵,仿刺参主要摄食实验桶底、桶壁及脆江蓠藻体上生长附着的底栖硅藻。

(2)实验设计。

实验分为 12 组,每组 3 个重复。初始放养密度:仿刺参 A_1～A_4 组为 600 g/m^3,B_1～B_4 组为 400 g/m^3,C_1～C_4 组为 200 g/m^3;脆江蓠 A_1、B_1、C_1 组未放养,A_2、B_2、C_2 组放养 500 g/m^3,A_3、B_3、C_3 组放养 1 000 g/m^3,A_4、B_4、C_4 组放养 1 500 g/m^3。

(3)指标测定。

2014-06-08-2014-07-13,每 7 d 测量 1 次实验桶内仿刺参及脆江蓠藻体湿重。计算仿刺参平均日增重率(Mdwg)、仿刺参和脆江蓠的特定生长率(SGR):

$$Mdwg(g/d) = (W_t - W_0)/t;$$
$$SGR(\%/d) = 100\% \times (\ln W_t - \ln W_0)/t$$

式中,W_0 为仿刺参或脆江蓠初始平均湿重(g);W_t 为实验结束仿刺参或脆江蓠平均湿重(g);t 为实验天数(d)。

每日 9:30～10:00、16:00～16:30 用水质参数分析系统(CEL/850)测定水温、盐度、溶解氧(DO)和 pH。采用次溴酸盐氧化法测定氨氮含量,萘乙二胺分光光度法测定亚硝酸盐氮含量,镉柱还原法测定硝酸盐氮含量,磷酸盐含量采用抗坏血酸—磷钼蓝法测定。

（4）统计分析。

所有测定结果表示为平均数±标准差（$n \geqslant 3$），用方差分析（ANOVA）和 t-检验进行统计显著性分析，以 $P < 0.05$ 作为差异的显著性水平。

2. 结果与分析

（1）不同实验模式对仿刺参生长的影响。

由图 1-52 和图 1-53 可知，仿刺参和脆江蓠密度显著影响仿刺参的 Mdwg 和 SGR（$P < 0.05$）。A_1、B_1、C_1 和 C_3、C_4 组仿刺参的 Mdwg 和 SGR 差异不显著（$P > 0.05$），C_3 组仿刺参 Mdwg 和 SGR 最大，分别为 0.162 和 1.137；A_1、A_4 与 B_1、B_4 及 C_1、C_4 组仿刺参的 Mdwg 和 SGR 差异显著（$P < 0.05$）；数据分析显示，A_1、B_1、C_1 组仿刺参生长相对较差；C_3 组仿刺参生长相对最好，说明仿刺参的生长受脆江蓠密度的影响非常显著。实验期间，仿刺参存活率均为 100%。

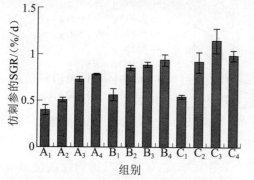 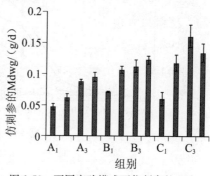

图 1-52　不同实验模式下仿刺参的 SGR　　图 1-53　不同实验模式下仿刺参的 Mdwg

（2）不同实验模式对脆江蓠生长的影响。

由图 1-54 可知，脆江蓠和仿刺参密度显著影响脆江蓠的 SGR（$P < 0.05$）。仿刺参密度相同时，脆江蓠的密度显著影响其生长及 SGR（$P < 0.05$）；A_2、A_3、A_4 与 B_2、B_3、B_4 及 C_2、C_3、C_4 组脆江蓠的 SGR 差异显著（$P < 0.05$）；说明脆江蓠的生长受仿刺参密度影响较大。数据显示，A_2 组脆江蓠的 SGR 最大；C_4 组脆江蓠的 SGR 最小；说明相同条件下，仿刺参密度的大小对脆江蓠的生长影响显著（$P < 0.05$），其原因可能是仿刺参密度大时，其排泄的氨氮等营养物质多，故促进了脆江蓠的生长。

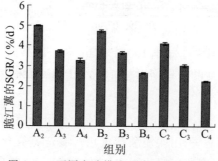

图 1-54　不同实验模式下脆江蓠的 SGR

（3）不同实验模式养殖水体营养因子变化。

① 养殖水体中氮盐含量变化。

图 1-55、图 1-56 和图 1-57 所示,仿刺参和脆江蓠养殖量显著影响水体中氨氮、亚硝酸盐氮和硝酸盐氮的含量($P<0.05$)。A_1、B_1 组水体中氨氮、亚硝酸盐氮和硝酸盐氮含量较高;其他组氨氮、亚硝酸盐氮和硝酸盐氮含量受脆江蓠养殖量的影响较显著($P<0.05$),随着脆江蓠养殖量的增加,营养因子含量逐渐降低;C_4 组氨氮、亚硝酸盐氮和硝酸盐氮含量最低。

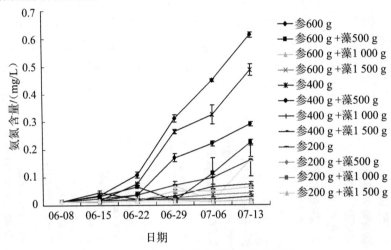

图 1-55　水体中氨氮含量变化图

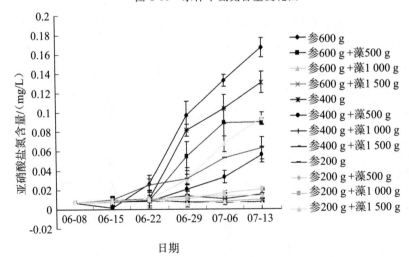

图 1-56　水体中亚硝酸盐氮含量变化

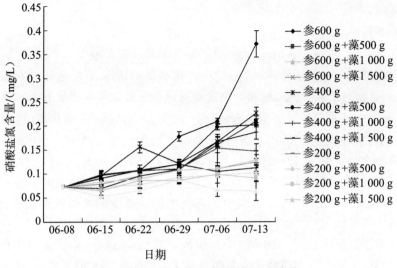

图 1-57　水体中硝酸盐氮含量变化

② 养殖水体中磷酸盐含量变化。

图 1-58 显示,仿刺参和脆江蓠养殖量显著影响磷酸盐的含量($P<0.05$)。A_1、B_1、C_1 组磷酸盐的含量较高,其中 A_1 组含量最高,至实验结束时至 0.122 mL/L;其他实验组磷酸盐含量受脆江蓠养殖量的影响较显著($P<0.05$);C_4 组磷酸盐含量相对最低,说明随脆江蓠养殖量的增加,吸收磷酸盐的能力增大,致使磷酸盐含量逐渐降低($P<0.05$)。

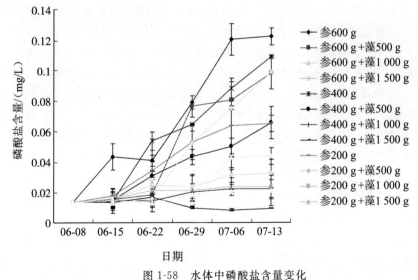

图 1-58　水体中磷酸盐含量变化

3. 讨论

（1）仿刺参与脆江蓠生长情况。

实验结果显示，仿刺参和脆江蓠的生长与其比例息息相关。A_1、B_1、C_1 组仿刺参生长相对较差；C_3 组仿刺参生长相对最好，说明一定养殖水体空间与相同条件下，仿刺参养殖量越少生长越好。王肖君等研究仿刺参密度为 25 个/平方米时生长状况最差，特定生长率显著低于仿刺参密度为 15 个/平方米和 20 个/平方米时。仿刺参的特定生长率随密度的升高显著降低，个体间的生长差异增大。放养密度过大会加剧空间和食物竞争，导致个体生长差异随密度的升高而增大，本研究中，A_1、B_1、C_1 组单养仿刺参组，养殖水体中氨氮、亚硝酸盐氮、硝酸盐氮和磷酸盐含量明显高于 C_3、C_4 参、藻混养组，同时 C_3、C_4 组中的脆江蓠能够给仿刺参提供更充足的饵料和更适宜的生长环境，故 C_3、C_4 组仿刺参生长明显好于 A_1、B_1、C_1 组。

实验显示，A_2 组脆江蓠 SGR 最大，C_4 组脆江蓠 SGR 最小；A_2 组养殖水体的氨氮、亚硝酸盐氮、硝酸盐氮和磷酸盐含量明显高于 C_4 组，说明相同条件下，仿刺参的密度对脆江蓠的生长影响较为显著（$P<0.05$）。A_2 组仿刺参养殖量是 C_4 组的 3 倍，故高密度的仿刺参养殖量，排泄产生较多的营养盐，促进了脆江蓠的生长。现有研究表明，海水中营养盐含量的变化对藻体的生长具有重要的影响。李恒等研究显示，N、P 含量变动显著影响脆江蓠的生长。以上研究与本研究相似。

（2）参藻混养对水体营养因子的影响。

氨氮、亚硝酸盐氮、硝酸盐氮和磷酸盐含量变化受仿刺参和脆江蓠养殖量的影响显著（$P<0.05$）。A_1、B_1 组氨氮、亚硝酸盐氮、硝酸盐氮和磷酸盐含量相对较高；C_4 组氨氮、亚硝酸盐氮、硝酸盐氮和磷酸盐含量相对最低，说明脆江蓠对水体中的营养盐具有较高的吸收能力。徐永健等利用江蓠等大型藻类与鱼、虾混养，可以快速而高效地吸收水环境中的氮、磷等营养物质，降低鱼、虾养殖对水体和底质的污染。Liu 等利用细基江蓠繁枝变型与对虾混养，取得了较好的效果；罗勇胜等研究细基江蓠繁枝变种（$G.\ tenuistipitata\ var.\ lizu$）对对虾养殖场排水沟废水中营养盐氨氮、亚硝酸盐氮、硝酸盐氮和磷酸盐具有良好的吸收降解效果。毛玉泽等研究了龙须菜对扇贝排泄氮、磷有较强的吸收作用。真江蓠、脆江蓠和蜈蚣藻对水体中的硝酸盐氮和磷酸盐同样有较好的去除效果。胡凡光等通过对养殖池塘海藻栽培区和无海藻栽培区的氨氮、硝酸盐氮及磷酸盐等指标进行测量对比发现，海藻栽培区氨氮、硝酸盐氮及磷酸盐等指标明显比无海藻栽培区低。以上研究均显示了江蓠对养殖环境中营养盐具有较强的吸收能力。

4. 结论

仿刺参和脆江蓠密度显著影响仿刺参的 Mdwg、SGR 和脆江蓠的 SGR（$P<0.05$）。实验显示，仿刺参密度 600 g/m³、400 g/m³、200 g/m³，脆江蓠密度 0 g/m³ 时，水体中的氨氮、亚硝酸盐氮、硝酸盐氮和磷酸盐含量相对较高，仿刺参 Mdwg 和 SGR 相对较小；仿刺参密度 200 g/m³、脆江蓠密度 1 000 g/m³ 和 1 500 g/m³ 组氨氮、亚硝酸盐氮、硝酸盐氮和磷酸盐含量相对较低，仿刺参 Mdwg 和 SGR 相对较大；其中仿刺参密度 200 g/m³、脆江蓠密度 1 000 g/m³，仿刺参 Mdwg 和 SGR 最大。

分析可能的原因,单养仿刺参组,由于较高的营养盐含量,影响了仿刺参的生长;而参、藻混养组,由于脆江蓠吸收了仿刺参排泄的营养盐,给仿刺参创造了适宜的生长环境,并为仿刺参提供更充足的饵料,促进了仿刺参的生长。

仿刺参密度 200 g/m³、脆江蓠密度 1 000 g/m³ 实验组,由于水体中氨氮、亚硝酸盐氮、硝酸盐氮和磷酸盐含量相对较低,仿刺参 Mdwg 和 SGR 最大,故仿刺参密度 200 g/m³、脆江蓠密度 1 000 g/m³ 混养模式为最优参、藻组合养殖模式。

第 16 节　生物量比对新月菱形藻和两种大型海藻竞争的影响

1. 材料与方法

实验材料:新月菱形藻、孔石莼、浒苔。

生物量比实验:

对照组单养新月菱形藻、单养孔石莼、单养浒苔。处理组为新月菱形藻分别与孔石莼和浒苔混养的模式,其中两种大型海藻生物量固定(0.8 g/L),通过改变与一种大型海藻共养的微藻新月菱形藻的接种密度来改变二者的生物量比,见表 1-17。实验周期为 7 d,向 3 000 mL 烧杯中注入提前煮沸放冷的海水至刻度线,按表 1 接种大型海藻与微藻,光周期为 10∶14。每个生物量梯度设置 3 个重复,每天搅匀水,取 10 mL 水样测总氮总磷含量,再取 1 mL 水样监测微藻细胞密度。

表 1-17　大型海藻与微藻的接种生物量

孔石莼或浒苔的生物量/(g/L)	0.8	0.8	0.8	0.8
新月菱形藻的生物量/(g/L)	0.04	0.06	0.08	0.1
生物量比	20	13	10	8

2. 结果

不同生物量比条件下微藻新月菱形藻的细胞密度随取样天数的变化如图 1-59 所示。所有生物量比梯度中,单养的新月菱形藻都在第 2 d 起开始进入对数生长期,第 6 d 或第 7 d 密度达到最大;而与两种大型海藻共养的体系中,新月菱形藻的生长明显受到抑制,细胞密度在第 3～4 d 达到最大生物量后,即快速降低。

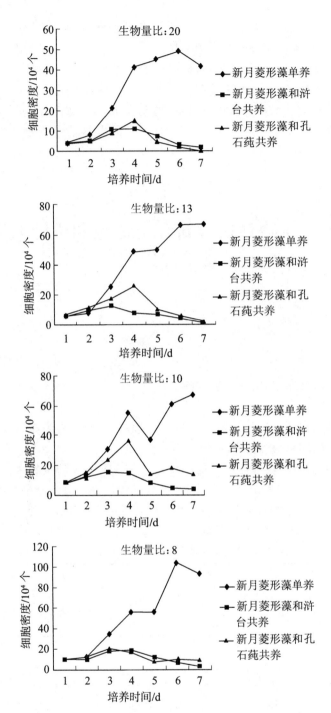

图 1-59　不同生物量比培养模式新月菱形藻的细胞密度

由图 1-60、图 1-61 所示,在实验期间,不同生物量比培养模式下新月菱形藻的总氮和总磷无明显变化,仅在小范围内波动。

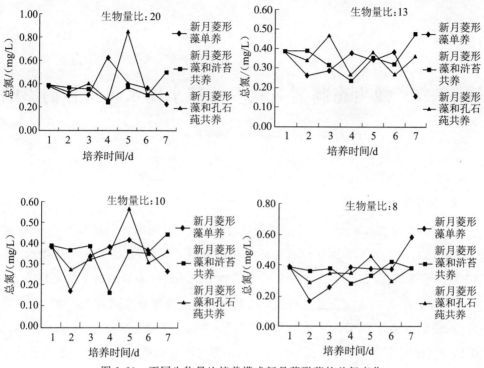

图 1-60　不同生物量比培养模式新月菱形藻的总氮变化

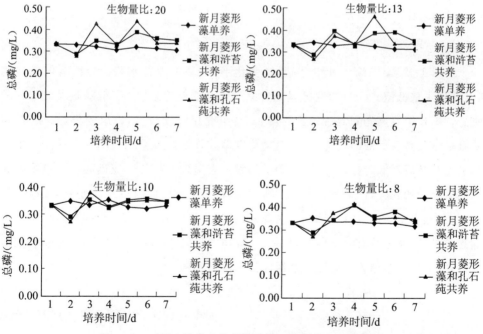

图 1-61　不同生物量比培养模式新月菱形藻的总磷变化

第 17 节　微生态制剂对刺参养殖水体水质指标的影响

1. 实验材料与方法

微生态制剂选取实验室分离纯化的硝化细菌、亚硝化细菌和枯草芽孢杆菌,实验分为 5 组:A 组为不添加任何微生态制剂的空白对照组,B 组添加硝化细菌 3.8×10^6 个/毫升,C 组添加亚硝化细菌 3.3×10^4 个/毫升,D 组添加枯草芽孢杆菌 1.5×10^6 个/毫升,E 组添加上述 3 种微生态制剂且添加密度分别同 B、C、D 组。

水质的测定方法:采用碘量法测定溶解氧;采用次溴酸盐氧化法测定氨氮;采用萘-偶氮光度法测定亚硝酸盐氮;采用锌-镉还原法测定硝酸盐氮;采用钼-锑-抗法测定可溶性活性磷。水化指标 5 d 一测,其中包括盐度、温度、pH、溶解氧、三氮一磷和总氮、总磷。溶解氧每次取 125 mL,水质一共取 150 mL。除总氮总磷外水质均用抽滤过的水样。

2. 结果

由图 1-62 至图 1-66 可知,溶解氧变化不大,基本保持平稳。B 组溶解氧在第 6 d 达到了最低值。C、D 组氨氮呈先升高后降低的趋势,其中 C 组降氨氮效果比较明显。B、E 组氨氮先降低后升高再降低;B 组变化幅度较大,E 组较稳定。C、D 组氨氮呈先升高后降低的趋势,其中亚硝化细菌的降氨氮效果比较明显。硝酸盐氮基本呈先升高后降低趋势,对照组的硝酸盐氮一直呈降低趋势。亚硝酸盐氮基本呈先增加后降低的趋势,16 d 达到最大值后开始降低;其中 E 组表现较稳定,B 组在第 6 d 达到最低值。B 组活性磷一直呈降低趋势,C 组呈先增加后减小趋势,D 组呈增加趋势;E 组呈先增加后减小再增加后再减小的趋势,在 11 d 出现了极小值,初始值最低,大体呈上升趋势。对照组的活性磷呈降低趋势。

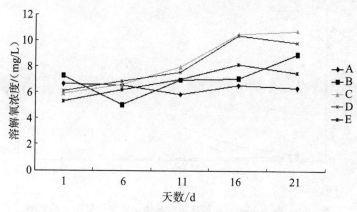

图 1-62　微生态制剂对刺参养殖水体溶解氧浓度的影响

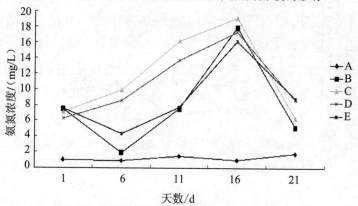

图 1-63　微生态制剂对刺参养殖水体氨氮浓度的影响

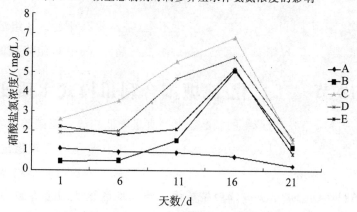

图 1-64　微生态制剂对刺参养殖水体硝酸盐氮浓度的影响

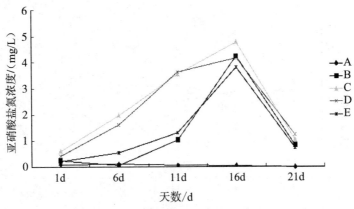

图 1-65　微生态制剂对刺参养殖水体亚硝酸盐氮浓度的影响

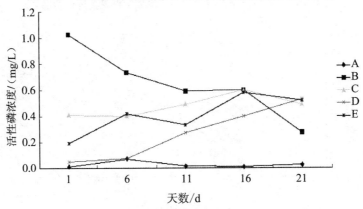

图 1-66　微生态制剂对刺参养殖水体活性磷浓度的影响

第 18 节　工厂化-池塘耦合利用模式水质变化

　　刺参（*Apostichopus japonicus*）是黄河三角洲地区重要经济养殖品种,多年来已形成相对成熟的养殖模式。但随着近年来海参养殖规模的不断扩大,一系列的环境问题及病害问题日趋突出,甚至出现了大规模死亡现象,制约了刺参养殖产业的持续健康发展,给养殖业者造成了巨大的经济损失。海参病害的发生及大量死亡现象的出现与环境条件的剧烈变化有密切的关系,因此搞清刺参养殖池塘水质的变化规律,对提高海参的存活率,减少病害的发生具有重要的意义。本实验以工厂化-池塘耦合示范园区中 4 口面积各 50 亩的海参养殖池塘为研究对象,调查养殖期间池塘水质周年变化和示范区工厂化排放水处理前后水质变化,以期为黄河三角洲地区海参养殖业的发展提供基础数据和理论支持。

1. 材料与方法

(1)池塘条件。

实验选用 4 个养殖池塘,分别位于两处项目示范区,即无棣海城生态科技集团和山东无棣友成海洋科技开发有限公司,其中海城示范区选取 1、2 号池塘,友成示范区选取 2、3 号池塘。4 个池塘的养殖生物均为海参,池塘面积 50 亩。

(2)水样测定。

实验一为 2014 年 4 月～9 月,每月取样 1 次,对示范园区池塘水质进行周年测定。实验二为 2014 年 9～10 月和 2015 年 6～7 月分别监测工厂化排放水处理前后水质变化情况。氨氮和亚硝酸盐氮分别以次溴酸钠氧化法和重氮-偶氮法测定,总氮采用过硫酸钾氧化法,总磷采用钼酸铵分光光度法,COD 采用碱性高锰酸钾法测定。

2. 结果

(1)项目示范区池塘周年水质监测。

2014 年 4 月份开始,对 2 个项目示范区选择代表性池塘,周年开展水质检测,包括盐度、温度、溶氧、pH、氨氮、硝酸盐、总磷、总氮、COD 等指标,整理该园区内不同位点的水质资料,为耦合利用模式构建与效应评价,以及水质无线监控网络平台建设做准备。

① 氨氮变化情况。

检测结果显示,监测池塘的氨氮多数时间在 0.05～0.35 mg/L 变化,友成的两个海参养殖池塘氨氮含量高于海城养殖池塘(图 1-67)。

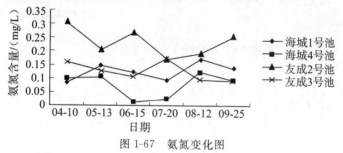

图 1-67　氨氮变化图

② 亚硝酸盐氮变化情况。

从图 1-68 中可以看出,亚硝酸盐氮的含量在 0.01～0.05 mg/L 变化,监测池塘亚硝酸盐氮含量整体较低,单个池塘变化不明显。

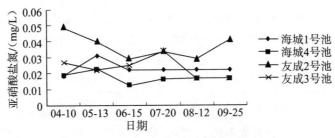

图 1-68　亚硝酸盐氮变化图

③ 总氮变化情况。

监测池塘总氮 4 月份较低,在 2 mg/L 左右;5 月份开始升高;9 月份最高,达到 6 mg/L 左右(图 1-69)。

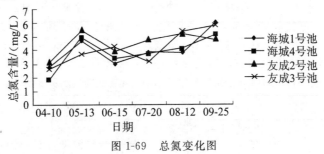

图 1-69　总氮变化图

④ 总磷变化情况。

从图 1-70 中可以看出,4 个监测池塘的总磷含量在 4 月份差异较大,在 0.05～ 0.14 mg/L;各个月份之间含量差别较大,9 月份含量相近,在 0.08 mg/L 左右。

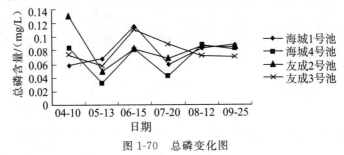

图 1-70　总磷变化图

⑤ COD 变化情况。

监测池塘的 COD 含量季节变化不明显,基本都保持在 8 mg/L 左右(图1-71)。

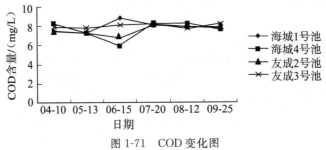

图 1-71　COD 变化图

(2) 项目示范区工厂化排放水处理前后水质监测。

2014 年 9～10 月,在海城示范区对工厂化车间排放水和净化池出水口水质进行取样监测,监测氨氮和亚硝酸盐氮变化情况,结果显示处理后的水氨氮和亚硝酸盐氮去除率均达到 73％以上,水质净化效果明显(表 1-18)。

表 1-18　2014 年度工厂化排放水经净化系统前后水质指标对比

测定时间	工厂化车间排放水		净化池出水口		去除率/％	
	氨氮/(mg/L)	硝酸盐氮/(mg/L)	氨氮/(mg/L)	硝酸盐氮/(mg/L)	氨氮	硝酸盐氮
09-08	0.524	0.623	0.112	0.156	78.63	74.96
09-19	0.538	0.638	0.124	0.167	76.95	73.82
09-29	0.512	0.627	0.118	0.161	76.95	74.32
10-08	0.527	0.641	0.131	0.152	75.14	76.29

2015 年 6 月～7 月,在海城示范区对养殖车间排放水和净化池出水口水质进行取样检测,检测氨氮和亚硝酸盐氮变化情况,检测结果见表 1-19。

表 1-19　2015 年度工厂化排放水经净化系统前后水质指标对比

测定时间	养殖车间排放水		净化池出水口		去除率/％	
	氨氮/(mg/L)	亚硝酸盐氮/(mg/L)	氨氮/(mg/L)	亚硝酸盐氮/(mg/L)	氨氮	亚硝酸盐氮
06-10	3.573	0.363	0.362	0.042	89.84	88.43
06-15	3.380	0.349	0.213	0.021	93.70	93.98
06-24	4.335	0.469	0.054	0.010	98.75	97.87
07-16	3.216	0.379	0.121	0.026	96.24	93.14

检测数据由表 1-19 可以看出,系统运行的氨氮去除率均大于 85％,虽然养殖车间排放水氨氮和亚硝酸盐氮的含量变化不大,但随着净化池水质净化方法的改进与完善,水体中氨氮和亚硝酸盐氮的含量在不断下降,去除率越来越大。

3. 小结

项目示范区池塘 2014 年 4～9 月的 6 个月水样水质测定结果显示,池塘的氨氮含量为 0.05～0.35 mg/L;亚硝酸盐氮含量较低,在 0.01～0.05 mg/L 中变化;池塘总氮随季节变化,4 月份含量最低(2 mg/L),到 9 月份升至最高(6 mg/L 左右);4 个池塘的总磷含量变化较大,含量范围是 0.05～0.14 mg/L;COD 含量较为稳定,基本都保持在 8 mg/L。

2014 年和 2015 年分别对项目示范区工厂化排放水处理前后的水质进行取样检测,分析氨氮和亚硝酸盐氮变化情况发现,2014 年工厂化排放水处理前后氨氮去除率为 75.14％～78.63％,亚硝酸盐氮的去除率为 73.82％～76.29％。2015 年度工厂化排放水处理前后的氨氮去除率为 89.84％～98.75％,亚硝酸盐氮去除率为88.43％～97.87％。实验结果表明,经系统运行处理后水质净化效果明显,且随着净化池水质净化方法的改进与完善,去除率越来越大。

第19节　海水养殖池塘养殖排放水水化学特征研究

近年来,利用滩涂开发海水养殖面积不断增大,养殖排放水的直接排放给周围环境带了较大压力。本研究通过对园区养殖池塘、进水渠和排水渠的连续取样监测,包括水体温度、盐度、pH、溶解氧、氨氮、总氮、总磷等的变化情况,确定园区滩涂海水养殖池塘的养殖排放水的水化学特征及规律,为改善滩涂海水养殖排放对周边环境的污染情况提供科学的参考依据。

1. 材料与方法

(1)材料。

实验池塘位于滨州黄河岛标准鱼塘养殖渔业园区,选取4口池塘、进水渠和排水渠进行连续取样,分别编号为0♯、1♯、2♯、3♯、4♯、5♯,池塘面积均为5.33 hm²,养殖对象为凡纳滨对虾,各池塘投放虾苗1万尾/667平方米,放苗时间为5月上旬,7月下旬开始陆续出虾,直至10月上旬。为保证养殖用水盐度,养殖结束后保留部分池塘水,经冬春自然蒸发后形成盐度较高水,在放养前经进水渠引入新水,调节池塘水盐度;养殖前期不定时少量补水,养殖中后期开始少量排水。

(2)方法。

实验池塘自2014年4月25日开始采样,截至10月10日,养殖前期、后期月采样一次,养殖中期半月采样一次。养殖前期池塘不排水,排水渠采样自8月10日开始。池塘选取排水口附近取样,进水渠选取靠近池塘进水口附近取样,排水渠选取主干渠取样;采样时间为08:30~09:30。用5 L有机玻璃采水器采集水面下0.5 m处的水样,连取5次,倒入水桶中混合后取得实验室检测用水样。测定项目如下:快速测定仪(YSI)检测项目温度、盐度、pH、溶解氧,氨氮(纳氏试剂比色法),总氮(碱性过硫酸钾消解紫外分光光度法),总磷(钼酸铵分光光度法)。

2. 结果

(1)温度。

监测周期内水体温度变化情况见图1-72。养殖期内水体的温度范围为19.49 ℃~27.61 ℃,极值分别出现在10月10日的3♯和8月10日的2♯。监测日期未见天气突变等情况,养殖期内水体温度变化较为平稳。进排水渠、池塘水温无明显差异。

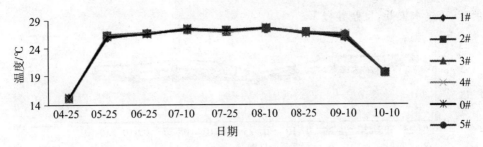

图 1-72　养殖周期水体温度变化

（2）盐度。

监测周期内水体盐度变化情况见图 1-73。监测周期内水体的盐度范围为 20.05～27.56，极值分别出现在 5 月 25 日的 0♯ 和 10 月 10 日的 4♯，整体呈现上升趋势。因池塘中带有部分未排干的上一年养殖水，经冬、春蒸发，盐度较高，所以池塘水体盐度较进水渠高，排水渠水体盐度与池塘水体差别不明显。

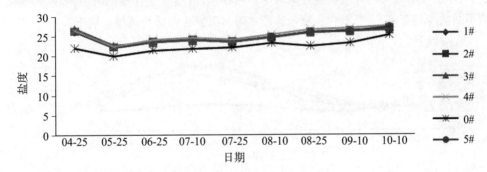

图 1-73　养殖周期水体盐度变化

（3）pH。

监测周期内水体 pH 变化情况见图 1-74。监测周期内水体 pH 范围为 7.48～8.90，极值分别出现在 4 月 25 日的 1♯ 和 8 月 25 日的 1♯，整体呈现先升后降，中间略有波动的趋势。各水体差异不明显。

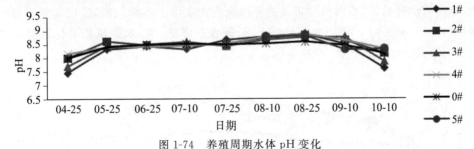

图 1-74　养殖周期水体 pH 变化

（4）溶解氧。

监测周期内水体溶氧变化情况见图 1-75。监测周期内水体的溶氧范围为 4.67～7.97 mg/L，极值分别出现在 7 月 25 日的 0♯ 和 4 月 25 日的 4♯。池塘水盐度呈现下降后转平稳变化的趋势。比较进水渠与池塘溶解氧可以发现，养殖水体的溶解氧因养殖生物及投喂造成耗氧加剧，同时受环境的影响也较大。排水渠溶解氧较池塘高,较进水渠低,且差异显著。

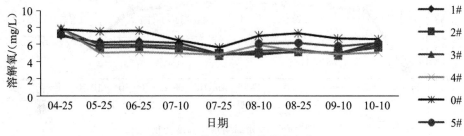

图 1-75　养殖周期水体溶氧变化

（5）总氮。

监测周期内水体总氮变化情况见图 1-76。监测周期内水体的总氮范围为0.902～3.10 mg/L,极值分别出现在 6 月 25 日的 0♯和 8 月 25 日的 4♯。进水渠总氮变化较为平稳且低于池塘、排水渠,池塘总氮呈现先升高后降低趋势。分析认为,养殖活动开始后,不断投喂带入的外源氮素在水体中不断积累,造成总氮含量的增加;养殖后期投喂不断减少直至停止,总氮含量降低。排水渠总氮变化趋势与池塘差别不大。

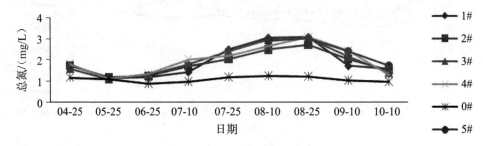

图 1-76　养殖周期水体总氮变化

（6）氨氮。

监测周期内水体氨氮变化情况见图 1-77。监测周期内水体的氨氮范围为0.103～0.531 mg/L,极值分别出现在 4 月 25 日的 0♯和 8 月 10 日的 5♯。进水渠氨氮变化较为平稳且低于池塘、排水渠,池塘氨氮总体呈现先升高后降低趋势。分析认为,养殖活动开始后,不断投喂带入的外源氮素在水体中不断积累,造成氨氮含量的增加;养殖后期投喂不断减少直至停止,氨氮含量降低。排水渠氨氮变化趋势与池塘差别不大。

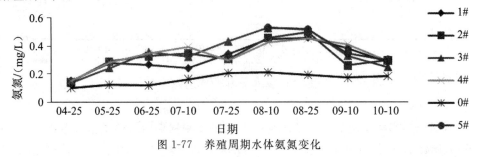

图 1-77　养殖周期水体氨氮变化

（7）总磷。

监测周期内水体氨氮变化情况见图1-78。监测周期内水体的总磷范围为0.061～0.143 mg/L,极值分别出现在10月10日的0♯和6月25日的1♯,各水体总磷在放苗前肥水后身高,之后总体呈降低趋势。

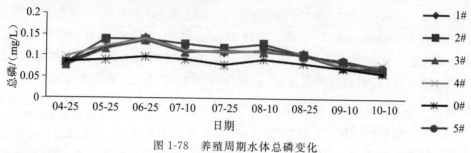

图 1-78　养殖周期水体总磷变化

3. 讨论

实验区海水养殖池塘养殖进排水和养殖水在整个养殖周期内温度、盐度、pH变化较为平稳,溶解氧含量偏低,总氮、氨氮呈现先升高后降低的趋势,总磷呈降低趋势。

4. 小结

实验区海水养殖池塘排放水的总氮、氨氮含量较高,养殖水的直接排放极有可能造成接受水域的富营养化,给周边环境带来较大的不利影响,养殖水的排放应经无害化处理。

第20节　芦苇净化池塘养殖排放水效果研究

近年来,随着滩涂开发海水池塘养殖的不断发展,养殖废水的直接排放,导致大量营养物质进入了周边环境,给周围环境带来了较大压力。本实验研究了芦苇对养殖排放水的净化作用,为改善滩涂海水养殖排放对周边环境的污染问题提供科学依据。

1. 材料与方法

（1）材料。

实验用芦苇取自滨州黄河岛标准鱼塘养殖渔业园区野生芦苇,每株平均重量为67 g。实验用水为园区养殖池塘水,其含盐量 27.87 mg/L,pH 为8.32。实验用水箱规格为 50 cm×70 cm×60 cm。

（2）方法。

通过芦苇设置密度梯度实验,初步确定不同设置密度芦苇对海水养殖池塘排放水的净化效果。实验采用塑料水箱,设 3 个处理组和一个空白对照组,每组两个平行,编号如下:0♯（空白）、1♯（30 株/平方米）、2♯（60 株/平方米）、3♯（90 株/平方米）。实验于 2014 年 7 月 17 日始至 7 月 29 日结束,于 7 月 10 日移植入芦苇,7 月 17 日加入池塘水,加水量为 120 L。每日 9:00 取水样测定水质参数。测定项目如下:快速测定仪（YSI）检测项目温度、盐度、pH、溶解氧,氨氮（纳氏试剂比色法）,总氮（碱性过硫酸钾消解紫外分光光度法）,总磷（钼酸铵分光光度法）。通过实验结果分析确定芦苇对海水养殖池塘排放水的净化效果。

2. 结果

（1）温度。

实验周期内水体温度变化情况见图 1-79。实验周期内水体的温度范围为25.85 ℃～28.93 ℃。监测周期内未见天气突变等情况,检测周期内水体温度变化较为平稳。水温随芦苇设置密度的升高略有降低,认为芦苇密度的升高增大了对阳光的遮挡造成。

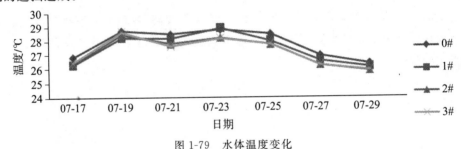

图 1-79　水体温度变化

（2）盐度。

实验周期内水体盐度变化情况见图 1-80。实验周期内水体的盐度范围为27.79～28.81。整体呈现上升趋势,随着实验的进行,实验水的部分蒸发造成的。

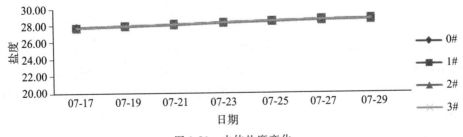

图 1-80　水体盐度变化

（3）pH。

实验周期内水体 pH 变化情况见图 1-81。空白组 pH 变化不明显,实验组 pH 快速降低后趋于平稳。分析认为,芦苇对阳光的遮挡造成浮游植物光合作用的减落,造成对二氧化碳和 H^+ 转化减少,同时营养元素的分解产生二氧化碳,pH 降低。

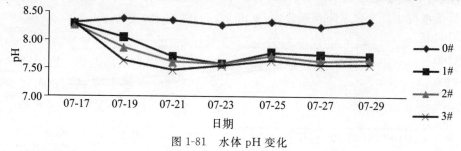

图 1-81　水体 pH 变化

（4）溶解氧。

实验周期内水体溶氧变化情况见图 1-82。实验周期内空白组溶解氧变化不明显。实验组溶解氧快速降低后趋于平稳,随着芦苇设置密度的升高,溶解氧的降低幅度增大,3♯ 最低达到 2.25 mg/L。分析认为,芦苇对阳光的遮挡造成浮游植物的光合作用减落,以及对氮磷的转化吸收耗氧造成。

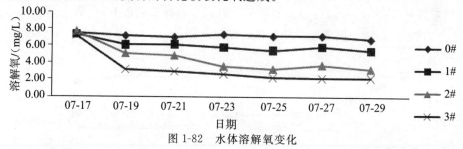

图 1-82　水体溶解氧变化

（5）总氮。

实验周期内水体总氮变化情况见图 1-83。实验周期内空白组总氮整体变化不明显;实验组明显降低,前期降低幅度大,后期幅度相对小。1♯ 降低幅度小于 2♯、3♯,2♯、3♯ 降低幅度差别不大。1♯、2♯、3♯ 相对降低幅度分别达到 63.81%、71.59%、73.11%,表明芦苇密度越高,对水体总氮降低的能力越强,但芦苇达到一定密度后该能力的增加程度不明显。

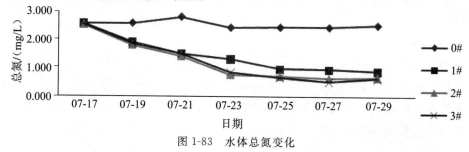

图 1-83　水体总氮变化

（6）氨氮。

实验周期内水体氨氮变化情况见图 1-84。实验周期内空白组氨氮含量变化不明显。实验组前期平稳降低，后期趋于平稳。1♯降低幅度小于 2♯、3♯，1♯、2♯、3♯相对降幅分别为 42.19％、44.40％、43.64％，表明随着芦苇密度升高，对水体氨氮降低的能力先变强后略有减落。

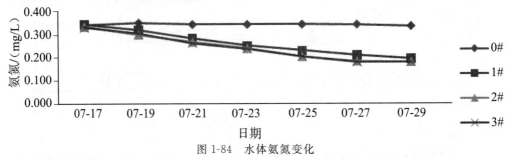

图 1-84　水体氨氮变化

（7）总磷。

实验周期内水体总磷变化情况见图 1-85。实验周期内空白组总磷含量变化不明显。实验组前期快速降低，后期趋于平稳。1♯降低幅度小于 2♯、3♯，1♯、2♯、3♯相对降幅分别为 46.51％、65.0％、67.79％，表明芦苇密度升高，对水体总磷降低的能力增强，且达到一定密度后增强的幅度显著降低。

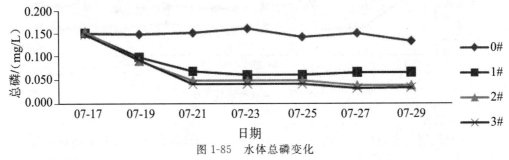

图 1-85　水体总磷变化

3. 讨论

实验结果表明芦苇对养殖排放水的温度、盐度影响不大，能在一定程度上降低水体 pH，设置的密度较大时水体溶氧有一定程度降低，对排放水营养元素的降低幅度较大。

4. 小结

芦苇对海水池塘养殖排放水营养元素的降低幅度分别为总氮 63.81％～73.11％、氨氮 42.19％～44.40％、总磷 46.51％～67.79％。实验结果表明芦苇对海水池塘养殖排放水总氮、氨氮、总磷有较好的净化效果，综合考虑 60 株/平方米的实验组净化效率较高。

第 21 节　碱蓬净化池塘养殖排放水效果研究

近年来,随着滩涂开发,海水池塘养殖的不断发展,养殖废水的直接排放,导致大量营养物质进入了周边环境,给周围环境带了较大压力。本实验研究了碱蓬对养殖排放水的净化作用,为改善滩涂海水养殖排放对周边环境的污染问题提供科学依据。

1. 材料与方法

(1) 材料。

实验用碱蓬取自滨州黄河岛标准鱼塘养殖渔业园区野生碱蓬,每株平均重量为 3 g。实验用水取自园区养殖池塘水,水质参数为含盐量 27.87 mg/L,pH 为8.32。实验用水箱规格为 50 cm×70 cm×60 cm。

(2) 方法。

通过碱蓬密度梯度实验,初步确定不同设置密度碱蓬对海水养殖池塘排放水的净化效果。实验采用塑料水箱,设 1 个空白对照组和 3 个处理组,每组两个平行,编号分别为 0♯(空白)、1♯(1 000 株/平方米)、2♯(1 300 株/平方米)、3♯(1 600 株/平方米)。实验于 2014 年 7 月 17 日始,至 7 月 29 日结束。于 7 月 10 日移植入碱蓬,7 月 17 日加入池塘水,加水量为 80 L。每日 9:00 取水样测定水质参数。测定项目包括快速测定仪(YSI)检测项目温度、盐度、pH、溶解氧、氨氮(纳氏试剂比色法)、总氮(碱性过硫酸钾消解紫外分光光度法)、总磷(钼酸铵分光光度法)。通过实验结果分析确定碱蓬对海水养殖池塘排放水的净化效果。

2. 结果

(1) 温度。

实验周期内水体温度变化情况见图 1-86。实验周期内水体的温度范围为 25.86 ℃ ~28.94 ℃;监测周期内未见天气突变等情况,检测周期内水体温度变化较为平稳。水温随碱蓬设置密度的升高略有降低,其原因是碱蓬密度升高增大了对阳光的遮挡。

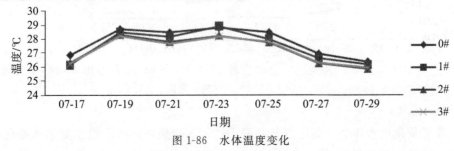

图 1-86　水体温度变化

（2）盐度。

实验周期内水体盐度变化情况见图1-87。实验周期内水体的盐度范围为27.80～28.81，整体呈现上升趋势，这是随着实验进行水部分蒸发造成的。

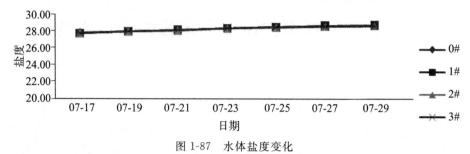

图 1-87　水体盐度变化

（3）pH。

实验周期内水体 pH 变化情况见图1-88。空白组变化不明显，实验组快速降低后趋于平稳，分析认为碱蓬对阳光的遮挡造成浮游植物光合作用的减弱，造成对二氧化碳和 H^+ 转化减少，同时营养元素的分解产生二氧化碳，pH 降低。

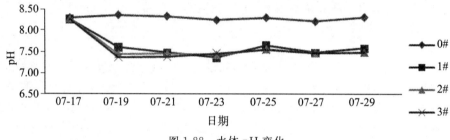

图 1-88　水体 pH 变化

（4）溶解氧。

实验周期内水体溶氧变化情况见图1-89。实验周期内空白组溶解氧变化不明显。实验组溶解氧快速降低后趋于平稳。随着碱蓬设置密度的升高，溶解氧的降低幅度增大；3#最低，达到 2.33 mg/L。分析认为，碱蓬对阳光的遮挡造成浮游植物光合作用减弱，对氮、磷的转化吸收耗氧。

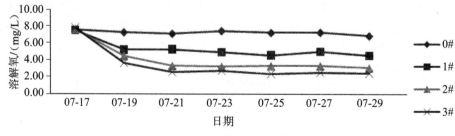

图 1-89　水体溶解氧变化

（5）总氮。

实验周期内水体总氮变化情况见图1-90。实验周期内空白组总氮整体变化不明显。实验组明显降低，前期降低幅度大，后期幅度相对小。1#降低幅度小于2#、

3♯,2♯、3♯降低幅度差别不大。1♯、2♯、3♯相对降低幅度分别达到 60.59%、69.79%、71.0%。这表明碱蓬密度越高,对水体总氮降低的能力越强,但碱蓬达到一定密度后该能力的增加程度不明显。

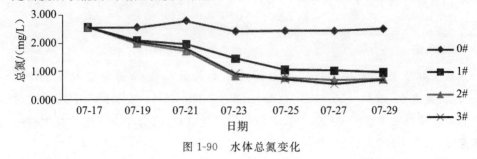

图 1-90　水体总氮变化

（6）氨氮。

实验周期内水体氨氮变化情况见图 1-91。实验周期内空白组氨氮含量变化不明显。实验组前期平稳降低,后期趋于平稳。1♯降低幅度小于 2♯、3♯,1♯、2♯、3♯相对降幅分别为 42.59%、52.28%、55.65%,表明随着碱蓬密度升高,对水体氨氮降低的能力逐渐变强。

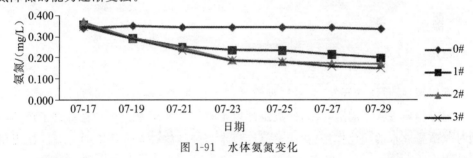

图 1-91　水体氨氮变化

（7）总磷。

实验周期内水体总磷变化情况见图 1-92。实验周期内空白组总磷含量变化不明显。实验组前期快速降低,后期趋于平稳。1♯降低幅度小于 2♯、3♯,1♯、2♯、3♯相对降幅分别为 52.68%、62.38%、65.57%,表明随着碱蓬密度升高,对水体总磷降低的能力增强,且达到一定密度后增强的幅度显著降低。

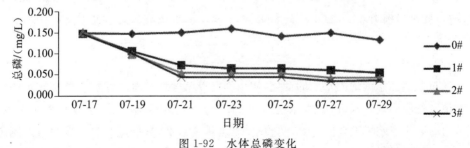

图 1-92　水体总磷变化

3. 讨论

实验结果表明碱蓬对养殖排放水的温度、盐度影响不大,能在一定程度上降低水体 pH,设置的密度较大时水体溶氧有一定程度降低,对排放水营养元素的降低幅度较大。

4. 小结

碱蓬对海水池塘养殖排放水营养元素的降低幅度分别为总氮 60.59％～71.0％、氨氮 42.59％～55.65％、总磷 52.68％～65.57％。实验结果表明碱蓬对海水池塘养殖排放水总氮、氨氮、总磷有较好的净化效果,综合考虑当地的野生碱蓬自然密度,认为 1 300～1 600 株/平方米的实验组净化效率较高。

第 22 节 芦苇湿地净化池塘养殖排放水效果研究

近年来,随着滩涂开发,海水池塘养殖的不断发展,养殖废水的直接排放,导致大量营养物质进入了周边环境,给周围环境带来了较大压力。本实验研究了芦苇湿地对养殖排放水的净化作用,为改善滩涂海水养殖排放对周边环境的污染问题提供科学依据。

1. 材料与方法

(1)材料。

实验湿地为滨州黄河岛标准鱼塘养殖渔业园区自然芦苇湿地,面积 50 hm²,盖度 89％,芦苇高度 1.6～1.8 m,密度为 60～70 株/平方米。实验水来自园区养殖池塘水排放水,经排水渠引入湿地,水位高于地面约 60 cm,水质参数为含盐量 26.01 mg/L,pH 为 8.55。

(2)方法。

通过监测芦苇湿地内水质的变化,初步确定芦苇湿地对海水养殖池塘排放水的净化效果。选取湿地入水口、湿地、湿地出水口进行水质监测,湿地出、入水口各 1 个点,湿地内取 3 个点水样混合后检测,实验于 2014 年 8 月 20 日始至 9 月 4 日结束。测定项目包括快速测定仪(YSI)检测项目温度、盐度、pH、溶解氧,氨氮(纳氏试剂比色法)、总氮(碱性过硫酸钾消解紫外分光光度法)、总磷(钼酸铵分光光度法)。通过实验结果分析芦苇湿地对海水养殖池塘排放水的净化效果。

2. 结果

（1）温度。

实验周期内水体温度变化情况见图 1-93。实验周期内水体的温度范围为
26.01 ℃～27.10 ℃；监测周期内未见天气突变等情况，检测周期内水体温度变化较
为平稳。湿地内水温较出、入水口低，认为芦苇湿地较大盖度对阳光的遮挡造成。

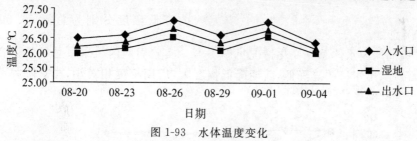

图 1-93　水体温度变化

（2）盐度。

实验周期内水体盐度变化情况见图 1-94。实验周期内水体的盐度范围为26.01
～26.25，整体呈现上升趋势，认为这是随着实验的进行，实验水的部分蒸发造成的。
湿地内盐度变化程度较入水口小，说明湿地内的蒸发量较小。

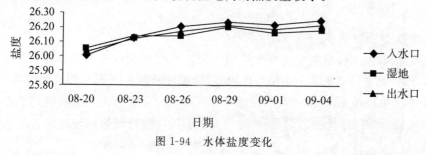

图 1-94　水体盐度变化

（3）pH。

实验周期内水体 pH 变化情况见图 1-95。入水口变化不明显。湿地、出水口快
速降低后趋于平稳，分析认为芦苇对阳光的遮挡造成浮游植物光合作用的减弱，造
成对二氧化碳和 H^+ 转化减少，同时营养元素的分解产生二氧化碳，引起 pH 降低。

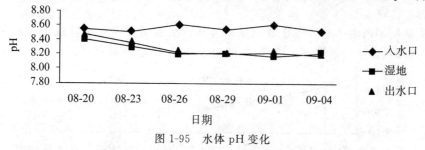

图 1-95　水体 pH 变化

（4）溶解氧。

实验周期内水体溶解氧变化情况见图 1-96。实验周期内入水口溶解氧变化不
明显。湿地、出水口溶解氧逐渐降低后趋于平稳；分析认为，芦苇对阳光的遮挡造成
浮游植物的光合作用减弱，以及对氮、磷的转化吸收耗氧造成。

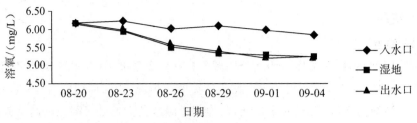

图 1-96　养殖周期水体溶解氧变化

（5）总氮。

实验周期内水体总氮变化情况见图 1-97。实验周期内入水口总氮整体变化不明显。湿地、出水口明显降低,前期降低幅度大,后期幅度相对小,相对降幅分别为 65.19％、68.84％。

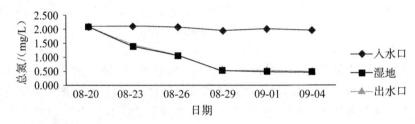

图 1-97　水体总氮变化

（6）氨氮。

实验周期内水体氨氮变化情况见图 1-98。实验周期内入水口氨氮含量变化不明显,湿地、出水口氨氮含量平稳降低,相对降幅分别为 42.79％、44.36％。

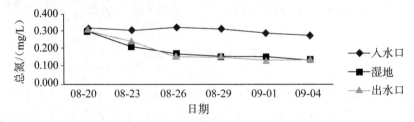

图 1-98　水体氨氮变化

（7）总磷。

实验周期内水体总磷变化情况见图 1-99。实验周期内入水口总磷含量变化不明显。湿地、出水口前期逐渐降低,后期趋于平稳,降幅分别为 64.70％、65.19％。

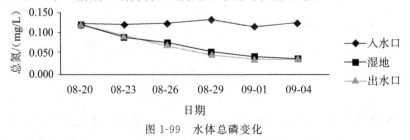

图 1-99　水体总磷变化

3. 讨论

实验结果表明芦苇湿地对养殖排放水的温度、盐度影响不大，能在一定程度上降低水体 pH，设置的密度较大时水体溶解氧有一定程度降低，对排放水营养元素的降低幅度较大。

4. 小结

芦苇湿地对海水池塘养殖排放水营养元素的降低幅度分别为总氮 68.84%、氨氮 44.36%、总磷 65.19%。实验结果表明芦苇湿地对海水池塘养殖排放水总氮、氨氮、总磷有较好的净化效果，排放水经湿地 11 d 净化后氨氮含量降低达到 40% 以上，且之后降低效果不明显。园区湿地净化能力＝湿地面积×湿地水深×湿地可净化次数＝(750×667) m^2×0.6 m×11＝3 301 650 m^3，则园区湿地每年可净化养殖排放水量为 3 301 650 m^3，根据园区实际情况，池塘亩排水量＝池塘面积×排水水深＝667 m^2×0.5 m＝333.5 m^3，可知园区湿地可净化 9 900 亩水面的养殖排放水，按水面占池塘总面积 80% 计算，则适宜的湿地池塘比为 1：16.5。

第 23 节　环境改良有益微生物菌株的富集、分离、筛选与鉴定

1. 材料与方法

实验所用材料于 2013-06～2013-10 采自日照和东营不同养殖模式的虾蟹养殖池中水样和底泥，在不同养殖池中分别取进水口、中间点和出水口位置的水样和底泥。对水样不做处理。对底泥进行如下处理：取采集的底泥 5 g，加入 45 mL 的生理盐水，震荡活化 30 min，静置 15 min，取上清。

实验期间所用的培养基有 2216E 液体和固体培养基、氨氮和亚硝酸富集和筛选培养基、LB 液体和固体培养基。

实验期间采用 3 种方式筛选分离微生物：直接分离法、富集分离法和芽孢杆菌分离。

（1）直接分离法。

取 6 月日照的水样和底泥，将每个池塘 3 个采样点的水样分别稀释 4 个梯度，取稀释后的样品 1 mL 涂布到 2216E 培养基中；对处理后的底泥取上清液，稀释 4 个梯度，取 1 mL 涂布到 2216E 培养基中，25 ℃下培养，根据形态大小的不同采用平板划线法分离纯化菌株。将纯化后的菌株分别接种到含亚硝酸钠和氯化铵浓度为

200 mg/L、400 mg/L、600 mg/L、800 mg/L 的 2216E 固体培养基中,各培养 48 h,观察菌株生长状况检测菌株对氨氮和亚硝酸的耐受性。后将高耐受性的菌株分别接种于 2216E 液体培养基中,25 ℃、180 r/min 震荡培养 24 h,之后按 1% 比例分别接入到含 0.5 g/L 亚硝酸钠和 0.4 g/L 氯化铵的 2216E 液体培养基中,以不加菌液的培养基作为对照组,25 ℃、180 r/min 震荡培养 48 h,检测培养基中的亚硝酸和氨氮的含量。每株菌重复测定 3 次,选择对亚硝酸和氨氮降解率高且稳定的菌株作为备选菌。

(2)富集培养法。

实验所用材料取自东营 6、7、8、9 月份的养殖池塘不同位置的水样和底泥以及日照 7、8、9、10 月份养殖池塘不同位置的水样和底泥,将水样和经过处理的底泥上清液按照 10% 的量加入到准备好的氨氮和亚硝酸富集培养基中,25 ℃、180 r/min 震荡培养,平均每 3 d 富集 1 次,重复 3 次。将 1 mL 上述富集培养液进行梯度稀释后,分别涂布与固体筛选培养基中,25 ℃导致培养,待形成单菌落后根据颜色和形态挑取单菌落进行纯化培养。

将纯化后菌株接种 2216E 培养基中,25 ℃、180 r/min 震荡培养 24 h,后按 1% 比例分别接入到对应的氨氮和亚硝酸筛选培养基中,以不加菌液的培养基作为对照组,25 ℃、180 r/min 震荡培养 48 h 后检测培养基中的亚硝酸和氨氮的含量。每株菌重复测定 3 次,选择对亚硝酸和氨氮降解率高且稳定的菌株作为备选菌。

选取降解率高的纯化菌株提取 DNA,作为 16S rDNA 扩增模板。正向引物序列为 27F:5′-AGAGTTTGATCCTGGCTCAG-3′,反向引物序列为 1492R:5′-GGTTACCTTGTTACGACTT-3′,预期扩增片段长度约为 1 500 bp。将扩增产物进行基因克隆后测序,测序结果在 NCBI(National Centre for Biotechnology Information)上进行序列比对,通过软件分析后构建系统发育树。

菌株测序完成后,筛选到所有月份均有的菌株做安全性鉴定:选取健康对虾 420 尾进行安全性评估实验。实验分为对照组和实验组,对照组中加入生理盐水,实验组中加入菌液,使养殖箱中菌液浓度分别为 10^4 CFU/mL、10^6 CFU/mL 和 10^8 CFU/mL,每个箱中放置 20 尾虾,每组设置 3 个平行。实验期间统计对虾的累计死亡率。

(3)芽孢杆菌的分离。

实验所用材料为 9 月东营、10 月取自日照两批样品中的底泥。对底泥做如下处理:取底泥 5 g,加入 45 mL 的生理盐水,加入 0.5 mL 吐温 80,摇匀后放入 80 ℃的水浴锅中水浴 1~1.5 h,取上清,稀释 6 个梯度,选取 10^{-3}、10^{-6} 两个梯度涂布到 LB 固体培养基中,30 ℃培养,根据形态大小的不同采用平板划线法分离纯化菌株。

将纯化后的菌株分别接种到含亚硝酸钠浓度为 0.8 g/L、1.0 g/L、2.0 g/L、2.8 g/L、3.4 g/L、4.0 g/L、4.6 g/L、5.8 g/L、7.0 g/L 和氯化铵浓度为 1.0 g/L、3.0 g/L、5.0 g/L、7.0 g/L、9.0 g/L 的 LB 固体培养基中,培养 48 h,观察菌株生长状况,检测菌株对氨氮和亚硝酸的耐受性;后将高耐受性的菌株分别接种于 LB 液体培养基中培养 24 h,之后按比例分别接入到含亚硝酸钠和氯化铵的 LB 液体培养基中,以不加菌液的培养基作为对照组,培养 48 h,检测培养基中的亚硝酸和氨氮的含量。每株菌重复测定 3 次,选择对亚硝酸和氨氮降解率高且稳定的菌株作为备选菌。

2. 实验结果

（1）直接分离法。

通过直接分离,最终富集筛选到 90 株不同的菌株。

由表 1-20 可见,90 株菌株对亚硝酸的耐受性不同。随着亚硝酸浓度的不断升高,生长状况良好的菌株数目逐渐减少。剔除掉未生长的菌株,到亚硝酸浓度升高到 800 mg/L 时,共筛选到对亚硝酸具有高耐受性的菌株 78 株。

表 1-20　各菌株在不同浓度的亚硝酸钠培养基中生长状况统计

	生长旺盛	基本长出	长势较差	未生长
200 mg/L	50 株	29 株	7 株	4 株
400 mg/L	66 株	14 株	4 株	2 株
600 mg/L	56 株	23 株	2 株	3 株
800 mg/L	59 株	19 株	0 株	3 株

由表 1-21 可见 93 株菌株对氨氮的耐受性不同。随着氨氮浓度的不断升高,生长状况良好的菌株数目逐渐减少。剔除掉未生长的菌株,到氨氮浓度升高到 800 mg/L 时,共筛选出对氨氮具有高耐受性的菌株有 75 株。

表 1-21　各菌株在不同浓度的氯化铵培养基中生长状况统计

	生长旺盛	基本长出	长势较差	未生长
200 mg/L	70 株	11 株	5 株	7 株
400 mg/L	50 株	5 株	28 株	0 株
600 mg/L	72 株	9 株	0 株	2 株
800 mg/L	62 株	6 株	7 株	6 株

将 78 株菌株接种到含有亚硝酸钠的 2216E 培养基中,培养 48 h。降解率高的菌有 20 株;其中降解率最高的菌有 2 株,分别为 1 号池底泥中分离到的粉色菌株和 2 号池塘水样中分离到的白色菌株,降解率接近 100%;其余 18 株对亚硝酸钠的降解能力均超过 90%。78 株菌中降解率最低的菌为 4 号池塘底泥中分离到的白色、呈片状的白色菌株,降解率为 25.41%。

将 75 株菌株接种到含有氨氮的 2216E 培养基中,培养 48 h。测量氨氮的降解率。降解率高的菌有 14 株,降解率均在 80% 以上。降解率在 90% 以上的菌株有 2 株。

（2）富集培养法。

由表 1-22 可见通过富集培养的方式筛选到的菌株明显比直接分离法更具有针对性，且各月份的菌株数量明显不同，其中 6、7、8 这三个月份分离得到的菌株数量较多。随着时间的推移，分离得到的菌株呈现下降趋势。

表 1-22　菌株来源及菌株数目

	亚硝化细菌	硝化细菌
6 月东营虾蟹养殖池水样和底泥	37 株	45 株
7 月日照虾蟹养殖池水样和底泥	36 株	32 株
7 月东营虾蟹养殖池水样和底泥	22 株	18 株
8 月日照虾蟹养殖池水样和底泥	41 株	29 株
8 月东营虾蟹养殖池水样和底泥	42 株	39 株
9 月日照虾蟹养殖池水样和底泥	25 株	13 株
9 月东营虾蟹养殖池水样和底泥	18 株	15 株
10 月日照虾蟹养殖池水样和底泥	13 株	10 株
合计	234 株	201 株

通过检测前 6 次样品中筛选的 203 株降解氨氮的亚硝化细菌和 176 株降解亚硝酸的硝化细菌培养基中的氨氮和亚硝酸，共筛选到能高效降解氨氮的菌株 11 株，降解率均在 28.3%～57.96%；其中 6 月东营样品中有 6 株，降解率在 32.24%～53.62%；7 月日照样品中有 1 株，降解率为 57.96%；7 月东营样品中筛选到的菌株有 2 株，降解率分别为 26.99% 和 28.3%；8 月日照样品中筛选到的菌株有 1 株，降解率为 43.23%；8 月东营样品中筛选到的菌株有 1 株，降解率为 43.23%。9 月日照样品中筛选到的菌株的氨氮降解实验正在进行。

能高效降解亚硝酸的菌株共有 74 株，降解率均在 72.69%～99.9%。其中，6月东营样品中一共筛选到具有较高降解率的菌株 13 株，降解率均在 93.73%～100%；7 月日照样品中筛选到的菌株 13 株，降解率最高接近 100%，最低为 91.18%；7 月东营样品中筛选到 6 株菌株，降解率分别为 88.79%、89.03%、97.02%、97.67%、97.77%、98.7%；8 月日照样品中筛选到的菌株有 17 株，降解率最高为 99.9%，最低为 72.69%；8 月东营样品中筛选到的菌株有 19 株，降解率最高接近 100%，最低为 98.78%；9 月日照样品中筛选到 6 株菌株，降解率分别为 99.85%、99.85%、99.85%、99.74%、99.74%、99.12%。

对所筛选到的具有高降解率的 79 株硝化细菌进行测序，其中可高效降解亚硝酸盐的菌株主要有德库菌属（同源性为 99%）、盐单胞菌（同源性为 99%）、假交替单胞菌（同源性为 99%）、海杆菌（同源性为 99%）、黑海海单胞菌（同源性为 99%）、微小杆菌（同源性为 99%）、假单胞菌（同源性为 99%）、施氏假单胞菌（同源性为 99%）、除烃海杆菌（同源性为 99%）、弧菌（与溶藻弧菌、副溶血弧菌的同源性相同，均为 99%）、鞘氨醇单胞菌（同源性为 99%）。其中属于德库菌属的菌株有 1 株，为 6

月东营的样品中分离得到,降解率为 100%;盐单胞菌有 4 株,分别为 6 月东营的样品中 1 株,7 月日照和东营的样品中共 3 株,降解率最高为 99.11%;假交替单胞菌有 4 株,为 7 月日照的样品中分离得到,降解率最高为 98.3%;海杆菌共 5 株,分别是从 6 月东营和 7 月日照的样品中分离得到,降解率最高为 100%;黑海海单胞菌共有 3 株,为 7 月东营的样品中分离得到,降解率为 98.7%;微小杆菌有 1 株,为 8 月日照的样品中分离得到,降解率为 99.5%;假单胞菌株的微生物共有 18 株,主要是在 8 月份日照和东营的池塘中分离得到,降解率最高为 100%;施氏假单胞菌株有 1 株,是 8 月东营的池塘中分离得到,降解率为 97.91%;除烃海杆菌共有 15 株,分别为 6 月东营,7 月日照,8 月东营 3 个月份的样品中分离得到,最高降解率为 100%;副溶血弧菌、溶藻弧菌具有相同程度同源性的弧菌降解率为 99%。鞘氨醇单胞菌有 1 株,为 8 月东营的样品中分离得到,降解率为 99.77%。

降解氨氮的菌株主要为交替单胞菌(同源性为 99%)、产碱海杆菌(同源性为 99%)、盐单胞菌(同源性为 99%)、假交替单胞菌(同源性为 99%)、斯氏海杆菌(同源性为 99%)、溶藻弧菌(同源性为 99%)。其中交替单胞菌 2 株,为 6 月东营样品中分离得到,降解率最高为 37.51%;产碱海杆菌 1 株,为 6 月东营样品中分离得到,降解率为 53.61%;盐单胞菌 1 株,为 6 月东营样品中分离得到,降解率为 43.47%;假交替单胞菌 2 株,为 6 月东营和 7 月日照样品中分离得到,降解率分别为 34.52% 和 57.96%;弧菌有 1 株,为 7 月东营的样品中分离得到,因与溶藻弧菌,轮虫弧菌,需钠弧菌的同源性均达到 99%,降解率为 28.3%;斯氏海杆菌 1 株,为 7 月东营样品中分离得到,降解率为 26.99%;溶藻弧菌有两株,为 8 月日照和东营样品中分离到的,降解率为 43.23%。

安全性评估正在进行。

(3) 芽孢杆菌分离。

9 月东营的样品中分离到芽孢杆菌属 26 株菌,10 月日照的底泥样品中分离到芽孢杆菌属 21 株菌。

由表 1-23 可见 26 株菌株对亚硝酸的耐受性不同,随着亚硝酸浓度的不断升高,生长状况良好的菌株数目逐渐减少。鉴于 26 株菌株对亚硝酸均具有一定的耐受性,因此对 26 株菌株均进行降解率检测。

表 1-23　9 月份分离到的各芽孢杆菌在不同浓度的亚硝酸钠培养基中生长状况统计

	生长旺盛	基本长出	长势较差	未生长
0.8 g/L	17 株	3 株	6 株	0 株
1.0 g/L	22 株	3 株	1 株	0 株
2.0 g/L	24 株	4 株	2 株	0 株
2.8 g/L	59 株	19 株	0 株	0 株
3.4 g/L	18 株	4 株	4 株	0 株
4.0 g/L	14 株	6 株	6 株	0 株
4.6 g/L	16 株	5 株	5 株	0 株

	生长旺盛	基本长出	长势较差	未生长
5.8 g/L	9 株	5 株	12 株	2 株
7.0 g/L	8 株	9 株	9 株	0 株

由表 1-24 可见 26 株菌株对氨氮的耐受性基本无差别,随着氨氮浓度的不断升高,到达 9.0 g/L 的浓度下菌株的生长状况开始有轻微变化。鉴于 26 株菌株对氨氮均具有高耐受性,因此对 26 株菌株均进行氨氮降解率检测。

表 1-24　9 月份分离到的各芽孢杆菌在不同浓度的氯化铵培养基中生长状况统计

	生长旺盛	基本长出	长势较差	未生长
1.0 g/L	21 株	0 株	0 株	0 株
3.0 g/L	26 株	0 株	0 株	0 株
5.0 g/L	26 株	0 株	0 株	0 株
7.0 g/L	26 株	0 株	0 株	0 株
9.0 g/L	25 株	1 株	0 株	0 株

由表 1-25 可见 21 株菌株对亚硝酸的耐受性不同,随着亚硝酸浓度的不断升高,生长状况良好的菌株数目逐渐减少。前 4 种亚硝酸浓度下,21 株菌株对亚硝酸的耐受性基本无差别,从 3.4 g/L 的亚硝酸浓度开始,菌株的耐受性开始出现差异,到 7.0 g/L 浓度下菌株的耐受性出现明显差异。鉴于 21 株菌株对亚硝酸均具有一定的耐受性,因此对 21 株菌株均进行降解率检测。

表 1-25　10 月份分离到各芽孢杆菌在不同浓度的亚硝酸钠培养基中生长状况统计

	生长旺盛	基本长出	长势较差	未生长
0.8 g/L	21 株	0 株	0 株	0 株
1.0 g/L	21 株	0 株	0 株	0 株
2.0 g/L	21 株	0 株	0 株	0 株
2.8 g/L	20 株	1 株	0 株	0 株
3.4 g/L	17 株	3 株	1 株	0 株
4.0 g/L	17 株	3 株	1 株	0 株
4.6 g/L	16 株	5 株	1 株	0 株
5.8 g/L	14 株	5 株	1 株	1 株
7.0 g/L	10 株	8 株	3 株	0 株

由表 1-26 可见 21 株菌株对氨氮的耐受性基本无明显差别,随着氨氮浓度的不断升高,到达 5.0 g/L 的浓度下菌株的生长状况开始有轻微变化,出现 2 株生长状况微差的现象。鉴于 21 株菌株对氨氮均具有高耐受性,因此对 21 株菌株均进行氨氮降解率检测。

表 1-26　10 月份分离到各芽孢杆菌在不同浓度的氯化铵培养基中生长状况统计

	生长旺盛	基本长出	长势较差	未生长
1.0 g/L	21 株	0 株	0 株	0 株
3.0 g/L	21 株	0 株	0 株	0 株
5.0 g/L	19 株	2 株	0 株	0 株
7.0 g/L	20 株	0 株	1 株	0 株
9.0 g/L	20 株	0 株	1 株	0 株

将 26 株 9 月份分离的芽孢杆菌接种到含有亚硝酸的 LB 培养基中,培养 48 h,结果如下:降解率高的菌株有 2 株,分别为 80.8% 和 86.4%;降解率在 70% 以上的有 12 株。检测氨氮的降解率,发现降解率高的菌株有 1 株,降解率为 85.7%;降解率在 60% 以上的有 3 株。

将 21 株 10 月份分离的芽孢杆菌接种到含有亚硝酸钠的 LB 培养基中,培养 48 h,降解率在 70% 以上的有 7 株。检测氨氮的降解率,发现降解率高的菌株有 1 株,为 83.2%;降解率在 70% 以上的有 3 株;其余降解率均在 50% 以下。

3. 研究结论

(1) 对不同月份不同地区虾蟹养殖池中微生物进行了分离筛选,结果表明,随着季节的逐渐推移,养殖环境中对氨氮和亚硝酸耐受性高的菌株呈现减少趋势,到 9 月基本趋于平稳,可作为评价养殖池塘生态环境的指标之一。

(2) 采用直接分离和富集培养分离法均能从养殖环境中分离到具有良好脱氮能力的菌株,说明两种方法均可靠,但两种方法筛选效率存在较大差异,通过比较后发现富集培养分离更具有一定的目的性,能较快筛选到所需要的菌株。

(3) 通过研究发现不同月份不同地区能筛选到相同的菌株。假交替单胞菌、溶藻弧菌、除烃海杆菌、假单胞菌和盐单胞菌在东营和日照的不同月份均有分离到,且对氨氮或亚硝酸的降解率均较高,初步得到可用以改良养殖环境的候选菌种,为合理使用菌株提供依据。

第 24 节　渔用微生物菌株分离鉴定与安全性实验

1. 材料与方法

(1) 2013 年分离得到的有益菌株的鉴定和安全性实验。

实验所用材料为 2013 年 7 月、9 月分离于日照的有益菌株和 2013 年 8 月分离自东营的有益菌株。

菌株鉴定。选取降解率高的纯化菌株提取 DNA,作为 16S rDNA 扩增模板。16S rDNA 扩增引物为细菌 16S rDNA 通用引物。正向引物:5′-AGAGTTT-GATCCTGGCTCAG-3′(27F);反向引物:5′-TACGGCTACCTTGTTACGACTT-3′(1492R)。预期扩增片段长度约为 1 500 bp。扩增产物经琼脂糖凝胶电泳检测后直接送往生工生物工程(上海)股份有限公司进行纯化和序列测定。测序结果在 NCBI(National Centre for Biotechnology Information)上进行序列比对,通过软件分析后构建系统发育树。

将纯化后的菌株接种 2216E 液体培养基中,25 ℃、180 r/min 震荡培养 24 h 后按 1% 比例分别接入到对应的氨氮筛选培养基中,以不加菌液的培养基作为对照组,25 ℃、180 r/min 震荡培养 24 h 后检测培养基中氨氮的含量,计算氨氮降解率。

安全性实验:实验前将两株细菌在 25 ℃、180 r/min 震荡培养 24 h 后,离心收集菌体并用生理盐水悬浮。实验所用凡纳滨对虾购于山东省青岛市沙子口凡纳滨对虾养殖场。采购的虾体色正常,健康活泼,体长 10.1 cm±0.8 cm。暂养 10 d 左右,水温为 17 ℃±0.5 ℃,海水盐度为 30,连续充气,日换水 1 次,每次全部换水,期间投喂凡纳滨对虾配合饲料。

每组随机选取暂养 10 d 的健康对虾 10 尾放入水槽中。实验采用浸浴法,分为 6 个处理组和 1 个不加菌液的空白对照组,即每株菌浓度均设置为 10^4 CFU/mL、10^6 CFU/mL、10^8 CFU/mL 3 种浓度。各处理均设 3 个平行。连续 7 d 观察对虾的健康与死亡情况。

(2) 2014 年菌株的分离筛选。

2014 年 8 月采取日照和东营不同养殖模式的虾蟹养殖池中的水样、底泥和絮团,其中在每个养殖池中取进水口和中间点两个位置的水样和底泥。

实验期间所用的培养基有 2216E 液体和琼脂培养基、氨氮和亚硝酸盐富集和筛选培养基。

氨氮、亚硝酸盐氮降解菌株的筛选。底泥的处理如下:将采集到的底泥分别称取 5 g,加入到装有 45 mL 3% 无菌生理盐水(或者灭菌海水)的锥形瓶中,在涡旋器上震荡活化 5 min,静置 10 min 后取上清液,由此制得底泥悬浮液。将水样和经过处理的底泥上清液按照 10% 的量加入到氨氮或亚硝酸富集培养基中,25 ℃、180 r/min 富集培养 3 d,每天向其中加已过滤、0.75 g/L 的 $(NH_4)_2SO_4$(或 0.05 g/L 的 $NaNO_2$)溶液 10 mL。将 1 mL 上述富集培养液进行梯度稀释后,分别涂布于固体筛选培养基中,25 ℃恒温培养 24~48 h,直到长出菌落。挑选大小、颜色、形态不一致的菌落继续在固体筛选培养基上分离纯化。直到获得单菌落为止。将菌株编号,进行斜面和液体甘油保种并将纯种接到 2216E 固体培养基上进行形态学鉴定并记录菌株编号、颜色、透明度(透、不透、半透)、边缘(整齐、边缘薄中间凸等等)、形状(圆、不规则等)、表面(凹、凸)等特征。

芽孢杆菌的分离筛选。对水样不做处理。取底泥 5 g,加入 45 mL 的无菌生理盐水,摇匀后放入 90 ℃的水浴锅中水浴 10 min,静止 10 min 后取上清,按照氨氮降解菌株的方法进行富集培养与分离筛选。

养殖动物肠道菌株的分离筛选。取养殖动物的肠 1～2 g,剪碎加入到盛有 8 mL 无菌生理盐水的离心管中充分匀浆后,沉淀 5～10 min,取上清液,制成菌悬液,然后涂布于 2216E 固体培养基中培养 24 h。待长出明显菌落后,选取不同菌落在 2216E 固体培养基上画线分离直至无杂菌为止,进行液体甘油和斜面保种。

将纯化后的菌株接种 2216E 液体培养基中,25 ℃、180 r/min 震荡培养 24 h,按 1% 比例分别接入到对应的氨氮和亚硝酸筛选培养基中,以不加菌液的培养基作为对照组,25 ℃、180 r/min 震荡培养 24 h,检测培养基中的亚硝酸和氨氮的含量,计算降解率。选择对亚硝酸和氨氮降解率高且稳定的菌株作为备选菌。

分子生物学鉴定方法同(1)中的菌株鉴定方法。

选取降解效果好的菌株进行生理生化鉴定,包括革兰氏染色、接触酶、甲基红实验、V-P 实验、淀粉水解实验、葡萄糖氧化发酵实验、产氨实验、耐盐性实验等,并结合分子生物学及形态学鉴定分析确定菌株的名称。

将各菌株接种于 2216E 液体培养基活化 10～20 h,使得各菌株生长到对数期,8 000 r/min 离心 5～10 min,取沉淀。用生理盐水洗涤沉淀 2～3 次,然后制成 600 nm 下吸光度基本一致的菌悬液,按 0.1%、1%、10% 的比例接种到氨氮筛选培养基中,测 0 h 和 24 h 氨氮浓度,确定最适使用浓度,实验正在进行当中。

2. 实验结果

(1) 2013 年分离得到的有益菌株的鉴定和安全性实验。

菌株鉴定。针对 2013 年取样分离的菌株进行 DNA 测序。所得序列经比对后结果见表 1-27。

表 1-27 氨氮降解菌的 DNA 比对结果

比对结果	菌株编号	降解率/%
溶藻弧菌	9A18	55.85
	9A19	90.16
假交替单胞菌属	9A2	67.9
	9A24	75.09
弧菌属	9A1	51.56
	9A7	87.88
	9A9	71.03
	9A13	65.11
	9A22	57.49
弓形杆菌属	9A15	97.76

安全性实验。经过连续 7 d 的实验观察,凡纳滨对虾的死亡情况如表 1-28 所示。

表 1-28　安全性实验中各组凡纳滨对虾的累积死亡率

对照组	溶藻弧菌实验组		盐单胞菌实验组	
累计死亡率/%	浓度/(CFU/mL)	累计死亡率/%	浓度/(CFU/mL)	累计死亡率/%
	10^4	10.0	10^4	6.67±5.77
3.3±5.77	10^6	15±5.0	10^6	8.33±7.64
	10^8	26.67±5.77 *	10^8	11.33±11.54

通过浸浴方式将两株细菌投入到对虾养殖环境中,菌株 8DH26 的浓度为 10^4 CFU/mL 和 10^6 CFU/mL 时,与对照组的累计死亡率相比差异不显著($P>$0.05);当浓度提高到 10^8 CFU/mL 时,差异显著($P<$0.05)。菌株 7RO29 在 3 个不同浓度下的累计死亡率与对照组的对虾累计死亡率相比,差异不显著($P>$0.05)。

(2)菌株的分离筛选。

通过富集分离,最终富集筛选到 105 株降解氨氮的不同菌株,如表 1-29 所示。

表 1-29　氨氮降解菌株统计结果

时间　　地点	菌株来源	菌株数
08-02　东营	水样	1
	底泥和絮团	5
	底泥和絮团(芽孢)	5
08-28　东营	水样	16
	水样(芽孢)	20
	底泥和絮团	22
08-07　日照	底泥和絮团(芽孢)	14
	水样和底泥	12
	水样和底泥(芽孢)	10
总计		105

将 8 月 2 日的菌株接种到氨氮筛选培养基中,通过 8 h 的培养,初步得到降解效果较好的菌株,降解率最高可达 61.06%。提取的降解率较高的菌株 DNA,作为 16S rDNA 扩增模板。扩增产物测序后得到如下结果:降解率 61.06% 的为海科贝特氏菌(*Cobetia* sp.),同源性为 97%;降解率 38.63% 的为斯氏海杆菌(*Marinobacterium stanieri*),同源性为 97%;降解率 28.53% 的为溶藻弧菌(*Vibrio alginolyticus*),同源性为 99%;降解率 24.33% 的为弧菌;降解率 12.39% 的为溶藻弧菌,同源性为 98%;降解率 11.73% 的为海(洋)单胞菌(*Marinomonas communis*),同源性为 97%。并对部分菌株做的生理生化鉴定,结果如表 1-30 所示。

由表 1-30 可知,2014 年 8 月东营底泥氨氮降解菌株 08(DY-201408-S-A-08)、2014 年 8 月东营底泥氨氮降解菌株 13(DY-201408-S-A-13)和 2014 年 8 月东营底

泥氨氮降解菌株 11(DY-201408-S-A-11)3 株菌都具有降解硝酸盐和亚硝酸盐的能力,达到了我们最初的目的。结合分子生物学鉴定结果,最终可以判定这 3 株菌分别属于海科贝特氏菌、斯氏海杆菌、溶藻弧菌。

表 1-30　氨氮降解菌株生理生化实验结果

实验菌株 生理生化指标	DY-201408-S-A-08	DY-201408-S-A-13	DY-201408-S-A-11
葡萄糖氧化发酵	氧化型	发酵型	发酵型
接触酶实验	+	+	+
淀粉水解实验	−	+	+
甲基红实验	+	+	+
V-P 实验	−	−	−
产氨实验	−	−	−
吲哚实验	−	+	+
革兰氏染色	−	+	+
硝酸盐还原	+	+	+
亚硝酸盐还原	+	+	+
耐盐性实验 2%	+	+	+
耐盐性实验 5%	+	+	+
耐盐性实验 7%	+	+	+
耐盐性实验 10%	+	+	−

通过富集分离,最终富集筛选到 88 株降解亚硝酸盐氮的不同菌株,如表 1-31 所示。

表 1-31　亚硝酸盐氮降解菌株统计结果

时间　地点	菌株来源	菌株数
08-02　东营	水样	4
08-02　东营	底泥和絮团	3
08-02　东营	底泥和絮团(芽孢)	4
08-28　东营	水样	10
08-28　东营	水样(芽孢)	26
08-28　东营	底泥和絮团	20
08-28　东营	底泥和絮团(芽孢)	9
08-07　日照	水样和底泥	7
08-07　日照	水样和底泥(芽孢)	5
总计		88

将 8 月 2 日的菌株接种到亚硝酸盐氮筛选培养基中,通过 8 h 的培养,初步得到降解效果较好的菌株,降解率最高可达 52.94%。提取降解率较高的菌株的 DNA,作为 16S rDNA 扩增模板。扩增产物测序后得到如下结果:降解率 36.1% 的为弧菌(Vibrio),同源性为 99%;降解率 32.49% 的为杆菌(Bacterium)、弧菌(Vibrio),同源性为 97%;降解率 22.8% 的为哈维弧菌(Vibrio harveyi),同源性为 99%。对部分菌株做生理生化鉴定,结果如表 1-32 所示。

表 1-32　亚硝酸盐氮降解菌株生理生化实验结果

实验菌株		DY-201408-S-N-03	DY-201408-W-N-11
葡萄糖氧化发酵		发酵型	发酵型
淀粉水解实验		＋	＋
甲基红实验		＋	＋
接触酶实验		＋	＋
V-P 实验		－	－
产氨实验		＋	＋
吲哚实验		＋	＋
革兰氏染色		＋	＋
硝酸盐还原		＋	＋
亚硝酸盐还原		＋	＋
耐盐性实验	2%	＋	＋
	5%	＋	＋
	7%	＋	＋
	10%	－	－

由表 1-33 可知,2014 年 8 月东营底泥亚硝酸盐降解菌株 03(DY-201408-S-N-03)和 2014 年 8 月东营水体亚硝酸盐降解菌株 33(DY-201408-W-N-11)都具有降解硝酸盐和亚硝酸盐的能力,达到我们的目的。结合分子生物学鉴定结果最终可以判定这两株菌分别属于弧菌、杆菌。

(2)虾肠道菌的分离。

取养殖动物的肠 1~2 g,剪碎加入到盛有 8 mL 无菌生理盐水的离心管中充分匀浆后,沉淀 5~10 min,取上清液,制成菌悬液,然后涂布于 2216E 固体培养基中,25 ℃培养。待长出明显菌落后选取颜色大小不同的菌在 2216 固体培养基上画线纯化直至无杂菌,然后进行液体甘油和斜面保种。3 次取样结果如表 1-33 所示。

表 1-33　虾肠道细菌分离菌株统计结果

取样地点	时间	肠道菌/株
东营	08-02	6
	08-28	11
日照	08-07	7

3. 实验结论

对不同地区虾蟹养殖池中微生物进行了分离筛选,结果表明,各地养殖池中都存在大量的氨氮或亚硝酸盐氮降解菌,为以后的研究工作鉴定良好的基础。

通过研究发现不同地区能筛选到相同的菌株。杆菌、弧菌、哈维弧菌等在东营和日照都有分离到得,且对氨氮或亚硝酸的降解率均较高,初步得到可用以改良养殖环境所用的候选菌种,为合理使用菌株提供依据。

采用富集培养分离法能从养殖环境中分离到具有良好脱氮能力的菌株。

初步完成了可高效降解氨氮和亚硝酸菌株的筛选工作,并对部分有效降解氨氮和亚硝酸盐氮菌株进行了 16S rDNA 测序,获得基因序列长度约为 1 300 bp,为研究渔用微生物菌株快速检测技术奠定基础。

对两株有益菌进行安全性实验,初步确定了菌株的安全使用浓度,并为菌株的配伍提供依据,为研制复合微生物制剂产品,开展养殖生产应用实验鉴定理论基础。

第 25 节　对虾养殖池中有益芽孢杆菌的分离鉴定、降解条件优化和安全性评估

1. 材料与方法

(1) 材料。

2014 年 8 月采取东营虾蟹养殖池中的水样、絮团和底泥样品,其中在每个养殖池中取进水口和中间点两个位置的水样和底泥。

(2) 方法。

实验期间所用的培养基有 2216E 液体和琼脂培养基、氨氮和亚硝酸盐富集和筛选培养基。

芽孢杆菌的分离筛选。将水样放入 90 ℃的水浴锅中水浴 10 min 后备用。取底泥或絮团样品 5 g,加入 45 mL 的无菌生理盐水,摇匀后放入 90 ℃的水浴锅中水浴 10 min,静止 10 min 后取上清。将水样和经过处理的底泥上清液按照 10% 的量

加入到氨氮或亚硝酸富集培养基中,25 ℃、180 r/min 富集培养 3 d,每天向其中加已过滤、0.75 g/L 的$(NH_4)_2SO_4$(或 0.05 g/L 的 $NaNO_2$)溶液 10 mL。将 1 mL 上述富集培养液进行梯度稀释后,分别涂布于固体筛选培养基中,25 ℃恒温培养 24~48 h,直到长出菌落。挑选大小、颜色、形态不一致的菌落继续在固体筛选培养基上分离纯化,直到获得单菌落为止。将菌株编号,进行斜面和液体甘油保种并将纯种接到 2216E 固体培养基上进行形态学鉴定并记录菌株编号、颜色、透明度(透、不透、半透)、边缘(整齐、边缘薄中间凸等等)、形状(圆、不规则等)、表面(凹、凸)等特征。

分别筛选出对氨氮或亚硝酸盐氮降解率较高的两种菌,综合考虑形态学特征、DNA 序列信息及生理生化相关特征 3 个方面进行种类鉴定。

菌株的形态学特征观察。将筛选菌株涂布到 2216E 琼脂培养基中,25 ℃培养,待长出菌落后进行革兰氏染色并用肉眼观察菌落形状、大小、颜色、透明度、质地等特征。

菌株鉴定。选取降解率高的纯化菌株提取 DNA,作为 16S rDNA 扩增模板。16S rDNA 扩增引物为细菌 16S rDNA 通用引物。正向引物:5′-AGAGTTT-GATCCT-GGCTCAG-3′(27F)、反向引物:5′-TACGGCTACCTTGTTACGACTT-3′(1492R)。预期扩增片段长度约为 1 500 bp。扩增产物经琼脂糖凝胶电泳检测后直接送往生工生物工程(上海)股份有限公司进行纯化和序列测定。测序结果在 NCBI 上进行序列比对,通过软件分析后构建系统发育树。

菌株的生理生化特征检测:选取降解效果好的菌株进行生理生化鉴定,包括革兰氏染色、接触酶、甲基红实验、V-P 实验、淀粉水解实验、葡萄糖氧化发酵实验、产氨实验等,并结合分子生物学及形态学鉴定分析确定菌株的名称。

将纯化后的菌株接种 2216E 液体培养基中,25 ℃、180 r/min 震荡培养 24 h,按 1%比例分别接入到对应的氨氮和亚硝酸盐氮筛选培养基中,以不加菌液的培养基作为对照组,25 ℃、180 r/min 震荡培养 24 h 或 48 h,检测培养基中的氨氮或亚硝酸盐氮的含量,计算它们的降解率。

氨氮和亚硝酸盐氮去除菌株的最优温度、pH、盐度和 C/N 降解条件分析。本研究用于比较的温度梯度是 20 ℃、25 ℃、30 ℃、35 ℃(pH 为 7.5,盐度为 30),pH 梯度为 7.0、7.5、8.0、8.5(温度为 25 ℃,盐度为 30),盐度梯度为 20、25、30、35(温度为 25 ℃,pH 为 7.5),C/N 盐度梯度为 0、3、6、9、12、15(温度为 25 ℃,pH 为 7.5)。实验所用培养基为筛选培养基,除用于比较的单一因子不同外,其他培养条件均保持一致。所有实验处理均培养 24 h 后取样离心,测定上清液氨氮浓度,分别计算菌株在不同温度、盐度和 pH 培养条件下的氨氮去除率。每个处理组设 3 个平行,计算平均值,以反映 3 个因子不同处理梯度对菌株氨氮去除能力的影响。

安全性评估实验。实验前将两株细菌在 25 ℃、180 r/min 震荡培养 24 h,离心收集菌体,生理盐水悬浮。实验所用凡纳滨对虾购于山东省青岛市沙子口凡纳滨对虾养殖场。采购的虾体色正常,健康活泼,体长 10.1 cm±0.8 cm。暂养 10 d 左右,水温为 17 ℃±0.5 ℃,海水盐度为 30,连续充气,日换水 1 次,每次全部换水,期间投喂凡纳滨对虾配合饲料。

每组随机选取暂养 10 d 的健康对虾 10 尾放入水槽中。实验分为 3 个处理组:

每株菌浓度均设置为 10^0 CFU/mL、10^5 CFU/mL、10^8 CFU/mL 3 个浓度,各处理均设 3 个平行。连续 21 d 观察对虾的健康与死亡情况。

2. 实验结果

(1) 两株高效去除氨氮或亚硝酸盐氮菌的鉴定。

由表 1-34 至表 1-36 可知,虽然两株细菌的形态学特征有差别,但从生理生化和 16S rDNA 比对结果可以得出二者同属于芽孢杆菌属。由于 N31 有较强的氨氮降解能力,O15 有较强的硝酸盐降解能力,可得出两株属于芽孢杆菌属的不同种。

表 1-34　两株氨氮或亚硝酸盐氮降解菌的 DNA 比对结果

比对结果	细菌来源	菌株编号	氨氮降解率/%	亚硝酸盐氮降解率/%
芽孢杆菌属	东营泥样	N31	93.42	24.9
芽孢杆菌属	东营絮团	O15	50.63	97.09

表 1-35　两株氨氮或亚硝酸盐氮降解菌株的形态学特征

菌株编号	形态学特征
N31	菌落小圆;乳白色;边缘整齐;不透明;干燥
O15	菌落大圆;淡黄色;边缘整齐;不透明;干凸起

表 1-36　两株氨氮或亚硝酸盐氮降解菌株的生理生化实验结果

实验菌株　　　　　生理生化指标	N31	O15
葡萄糖氧化发酵	＋	＋
淀粉水解实验	＋	＋
甲基红实验	－	－
接触酶实验	＋	＋
V-P 实验	－	－
产氨实验	＋	＋
吲哚实验	－	－
革兰氏染色	＋	＋
硝酸盐还原	－	－
亚硝酸盐还原	－	－

(2) 高效去除氨氮和亚硝酸盐氮菌株的最优降解条件。

由表 1-37 可知,N31 在养殖水体为 30 ℃、pH7.5、盐度 40 和 C/N 15 时对氨氮的降解效率最高;相比之下,O15 对亚硝酸盐氮的降解效率受养殖水体温度、pH 和盐度影响不大,最适 C/N 比为 12。

表 1-37　两株氨氮或亚硝酸盐氮降解菌株的最优降解条件

菌株编号 \ 最佳条件	温度/℃	pH	盐度	C/N
N31	30	7.5	40	15
O15	25~30	6.0~9.0	20~40	12

（3）高效去除氨氮和亚硝酸盐氮菌株的安全性评价。

由表 1-38 可以得出,通过浸浴方式将两株细菌投入到对虾养殖环境中,与对照组（0 CFU/mL）相比,菌株 N31 和 O15 的菌浓度为 10^5 CFU/mL 和 10^8 CFU/mL 时均不显著影响对虾的增重率、饲料转化率和存活率（$P>0.05$）。

表 1-38　两株氨氮或亚硝酸盐氮降解菌株对凡纳滨对虾的生长影响

菌株号 \ 菌浓度 指标	增重率/%			饲料转化率/%			存活率/%		
	0	10^5	10^8	0	10^5	10^8	0	10^5	10^8
N31	22.7	22.8	22.1	90.8	89.9	87.7	91.7	90.0	91.7
O15	22.7	23.0	22.5	90.8	89.7	90.7	91.7	93.3	91.7

由表 1-39 可以得出,通过浸浴方式将两株细菌投入到对虾养殖环境中,与对照组（0 CFU/mL）相比,菌株 N31 的菌浓度为 10^8 CFU/mL 时,第 7 d 显著提高了对虾血细胞的吞噬活性（$P<0.05$）；菌株 O15 的菌浓度为 10^8 CFU/mL 时,第 7 d 显著提高了对虾血淋巴的溶菌活力。从第 14 和 21 d 对虾的血淋巴各免疫指标均不受两株菌浓度的显著影响（$P>0.05$）。可以看出,菌浓度为 $<10^8$ CFU/mL 时两株芽孢杆菌可安全用于对虾的养殖池塘中。

表 1-39　两株氨氮或亚硝酸盐氮降解菌株对凡纳滨对虾血淋巴免疫指标的影响

处理 \ 时间 指标	吞噬率/%			溶菌活力			抗菌活力		
	7 d	14 d	21 d	7 d	14 d	21 d	7 d	14 d	21 d
对照	109.3	107.5	111.7	0.091	0.091	0.098	0.42	0.43	0.42
N31-10^5	102.7	99.0	101.3	0.099	0.099	0.090	0.41	0.44	0.39
N31-10^8	152.3 *	108.3	106.7	0.099	0.095	0.097	0.40	0.41	0.40
O15-10^5	98.6	110.0	109.3	0.92	0.096	0.104	0.39	0.38	0.39
O15-10^8	102.6	109.3	118	0.142 *	0.096	0.099	0.39	0.40	0.42

3. 小结

本研究从东营虾蟹养殖池底泥中分离出一株氨氮降解能力强的芽孢杆菌属细菌 N31,絮团中分离出一株亚硝酸盐氮降解能力强的芽孢杆菌属细菌 O21；确定了它们的最优降解条件和安全使用浓度,可为菌株的配伍提供依据,并为研制复合微生物制品生产以及开展养殖生产应用实验奠定理论基础。

第 26 节　虾蟹养殖池生物絮团中有益菌的分离鉴定、降解条件优化和安全性评估

1. 材料与方法

（1）材料。

2014 年 8 月采取东营和日照虾蟹养殖池中的生物絮团样品。实验期间所用的培养基有 2216E 液体和琼脂培养基、氨氮和亚硝酸盐富集和筛选培养基。

（2）方法。

氨氮、亚硝酸盐氮降解菌株的筛选。将采集到的絮团样品分别称取 5 g，加入到装有 45 mL 3‰无菌生理盐水（或者灭菌海水）的锥形瓶中，在涡旋器上震荡活化 5 min，静置 10 min 后取上清液，由此制得底泥悬浮液。将水样和经过处理的底泥上清液按照 10%的量加入到氨氮或亚硝酸富集培养基中，25 ℃、180 r/min 富集培养 3 d，每天向其中加已过滤、0.75 g/L 的 $(NH_4)_2SO_4$（或 0.05 g/L 的 $NaNO_2$）溶液 10 mL。将 1 mL 上述富集培养液进行梯度稀释后，分别涂布于固体筛选培养基中，25 ℃恒温培养 24～48 h，直到长出菌落。挑选大小、颜色、形态不一致的菌落继续在固体筛选培养基上分离纯化。直到获得单菌落为止，将菌株编号，进行斜面和液体甘油保种并将纯种接到 2216E 固体培养基上进行形态学鉴定并记录菌株编号、颜色、透明度（透、不透、半透）、边缘（整齐、边缘薄中间凸等等）、形状（圆、不规则等）、表面（凹、凸）等特征。

菌株的鉴定、生理生化特征检测、最优降解条件分析和安全性评估方法同（第 1 节）。

2. 实验结果

（1）两株高效去除氨氮和亚硝酸盐氮菌株的鉴定。

由表 1-40 至表 1-42 可知，从生物絮团分离出 1 株对氨氮具有高效降解能力的菌株 AB15，降解率可达 96.77%；同时，对亚硝酸盐氮也有一定的降解能力，降解率为 52.56%；经生理生化和分子生物鉴定为塔式弧菌。从生物絮团分离 2 株对亚硝酸盐氮具有高效降解能力的菌株 NB9 和 NB14，对氨氮和亚硝酸盐氮的降解率均达 80%以上，经生理生化和分子生物学鉴定分别为发光细菌属和荧光假单胞菌属。从日照对虾养殖池塘絮团分离的 O21 和 O31 都有较强的氨氮和亚硝酸盐氮降解能力，结合分子生物学鉴定结果最终可以判定 O21 属于海杆菌属，O31 属于海单胞菌属。

表 1-40　氨氮和亚硝酸盐氮降解菌的 DNA 比对结果

比对结果	细菌来源	菌株编号	氨氮降解率/%	亚硝酸盐降解率/%
海杆菌属	日照絮团	O21	94.27	97.85
海单胞菌属	日照絮团	O31	88.27	97.16
弗尼斯弧菌	东营絮团	AB15	96.77	52.56
发光细菌属	东营絮团	NB9	97.85	83.88
荧光假单胞菌属	东营絮团	NB14	91.14	89.03

表 1-41　氨氮和亚硝酸盐氮降解菌株的形态学特征

菌株编号	形态学特征
O21	菌落小圆;白色;边缘整齐;不透明;水润凸起
O31	菌落小圆;淡黄色;边缘整齐;不透明;水润
AB15	形状小圆;淡黄色;边缘整齐;边缘透明;水润
NB9	菌落大圆;淡黄色;边缘整齐锯齿状;不透明;干燥不均匀
NB14	菌落小圆;淡黄色;边缘不整齐;不透明;干燥且薄

表 1-42　氨氮和亚硝酸盐氮降解菌株生理生化实验结果

生理生化指标 \ 实验菌株	O21	O31	AB15	NB9	NB14
葡萄糖氧化发酵	+	+	氧化型	发酵型	发酵型
淀粉水解实验	－	－	－	+	+
甲基红实验	－	－	－	－	－
接触酶实验	+	+	+	+	+
V-P 实验	－	－	－	－	－
产氨实验	+	－	+	－	－
吲哚实验	－	－	－	－	－
革兰氏染色	+	+	－	－	－
硝酸盐还原	+	+	+	+	+
亚硝酸盐还原	－	－	+	+	+
好养性	兼性厌氧	兼性厌氧	兼性厌氧	兼性厌氧	兼性厌氧

（2）高效去除氨氮和亚硝酸盐氮菌株的最优降解条件。

由表 1-43 可知,菌株 O21 和菌株 O31 在温度、pH 以及盐度方面的适应性相同,在此条件下两株菌都具有较好的降解能力。两株菌相比而言,C/N 对它们的影响较大。菌株 O21 降解最适 C/N 为 15,而菌株 O31 最适 C/N 为 9。生物絮团中分离出的降解氨氮和亚硝酸盐氮的菌株可适用于中性或偏碱性水体,可用于咸水或半咸水养殖池塘。在温度 25 ℃以上,C/N 大于 10 时,降解氨氮和亚硝酸盐氮的菌株可以发挥最大的降解能力。

表 1-43　最优降解条件

菌株编号	温度/℃	pH	盐度	C/N
O21	25	7.5	30	15
O31	25	7.5	30	9
AB15	25	7.5	30	15
NB9	30	7.5	25	25
NB14	30	8.0	20	10

（3）高效去除氨氮和亚硝酸盐氮菌株的安全性评价。

由表 1-44 可以得出，通过浸浴方式将氨氮降解细菌和亚硝酸盐氮菌株投入到对虾养殖环境中，这 5 株菌株对凡纳滨对虾无害，凡纳滨对虾的增重率，饲料转化率，存活率明显（$P<0.05$）高于对照组。不同浓度的菌株对凡纳滨对虾存活率无显著影响（$P>0.05$），而对凡纳滨对虾的增重率，饲料转化率影响显著（$P<0.05$），且 O21、AB15 和 NB9 菌株浓度为 10^8 CFU/mL 时，能够显著促进对虾的生长。

表 1-44　高效去除氨氮和亚硝酸盐氮菌株对凡纳滨对虾的生长影响

菌浓度/CFU/mL　指标	增重率/%			饲料转化率			存活率/%		
指标	0	10^5	10^8	0	10^5	10^8	0	10^5	10^8
O21	9.2	16.2	30.3*	90.8	91.0	92.2	91.71	96.67	98.33
O31	9.2	19.2	14.0	90.8	91.2	92.3	91.71	98.33	93.33
AB15	20.7	20.19	24.18*	0.92	1.11	1.32*	91.7	91.6	95.2
NB9	20.7	21.39	35.09*	0.92	1.18	1.92*	91.7	90.8	93.3
NB14	20.7	14.38	16.05	0.92	0.98	0.89	91.7	90.7	90.3

由表 1-45 可以得，不同浓度的氨氮降解细菌和亚硝酸盐氮菌株对凡纳滨对虾的血细胞吞噬率、溶菌、抗菌活力的影响无显著差异（$P>0.05$），随时间的变化总体呈逐渐增加的趋势，但与对照组之间差异显著（$P<0.05$）；菌株浓度为 10^8 CFU/mL 时，能明显提高凡纳滨对虾的免疫能力。

表 1-45　菌株对凡纳滨对虾血淋巴免疫指标的影响

处理　时间/d　指标	吞噬率/%			溶菌活力			抗菌活力		
	7	14	21	7	14	21	7	14	21
对照	50.6	50.8	51.32	0.09	0.15	0.19	0.20	0.22	0.24
O21-10^5	42	49	55	0.171*	0.075	0.091	0.31	0.31	0.30
O21-10^8	51	53	58	0.132*	0.081	0.089	0.30	0.32	0.33
O31-10^5	51	49	50	0.096	0.085	0.075	0.33	0.27	0.29

时间/d 指标 处理	吞噬率/%			溶菌活力			抗菌活力		
	7	14	21	7	14	21	7	14	21
O31-10^8	75	57	53	0.081	0.069	0.092	0.32	0.28	0.31
AB15-10^5	60.7	62.1	68.1	0.24	0.34	0.434	0.27	0.29	0.39
AB15-10^8	63.5	65.3	69.6	0.22	0.37	0.52	0.28	0.26	0.39
NB9-10^5	60.6	62.1	68.7	0.41	0.43	0.49	0.31	0.32	0.35
NB9-10^8	63.5	65.6	69	0.42	0.47	0.47	0.30	0.32	0.34
NB14-10^5	57.66	60.33	63.5	0.23	0.35	0.46	0.21	0.27	0.31
NB14-10^8	59.66	63.50	65.3	0.31	0.39	0.47	0.29	0.32	0.38

3. 小结

本研究从日照和东营虾蟹养殖池絮团中分离出 3 株氨氮和亚硝酸盐氮降解能力强的细菌,其中 O21 属于海杆菌属,O31 属于海单胞菌属,AB15 属于塔式弧菌属,NB9 属于发光细菌属,NB14 属于荧光假单胞菌属;确定了它们的最优降解条件和安全使用浓度,可为菌株的配伍提供依据,并为研制复合微生物制品生产以及开展养殖生产应用实验奠定理论基础。

第 27 节　养殖环境清洁高效复合微生物制剂筛选的研究

1. 材料与方法

实验所用 7 菌株均为之前分离的菌株,且均已做过安全性实验,其中来源于东营池塘的为 8DO17(2013),N31 和 O15(2014),来源于日照池塘的为 9A24、7RO29(2013),O31、O21(2014)。

8DO17 属于交替单胞菌属,9A24、O15、N31 都属于芽孢杆菌属,7RO29 属于盐单胞菌属,O31 属于海单胞菌属,O21 属于海杆菌属。

实验期间所用的培养基有 2216E 液体和琼脂培养基、氨氮和亚硝酸盐富集和筛选培养基。复合菌构建采用逐级累加与优势互补相结合的策略,综合考虑菌株本身对氨氮和亚硝酸盐氮的降解能力、稳定性、对病原菌的抑菌性及菌株间的拮抗性等进行菌株间的合理搭配。

2. 实验结果

（1）以氨氮降解率为主要考察指标的两株菌组合情况。

由图 1-100 可知，两株菌组合中，以 O31 与 O15（66.30％），O31 与 8DO17（65.34％）的组合对氨氮降解较 O31 单菌（60.11％）高。

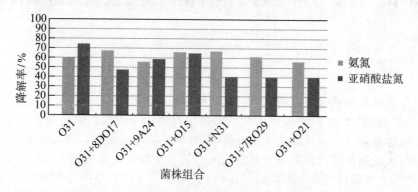

图 1-100　各配伍组合氨氮和亚硝酸盐氮的降解率

（2）以亚硝酸盐氮降解率为主要考察指标的 3 株菌组合。

由图 1-101 可知，3 株菌组合中以 8DO17＋9A24＋O15 的组合对亚硝酸盐氮的降解率最高（98.41％），较两株菌 8DO17＋9A24（96.65％）要高。

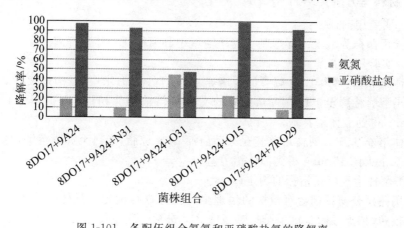

图 1-101　各配伍组合氨氮和亚硝酸盐氮的降解率

3. 小结

本研究根据菌株的不同情况及池塘养殖的实际情况，对不同菌株进行了合理的搭配，从中选出了对氨氮降解效果较好的两菌复合菌组合两个：O31＋8DO17、O31＋O15，对亚硝酸盐氮降解效果较好的三菌复合菌组合一个：8DO17＋9A24＋O15。

第28节 刺参养殖池塘芽孢杆菌的鉴定及其发酵条件研究

近年来刺参养殖成规模增长,到 2012 年养殖面积已达 6.7 万公顷,产量达 9 万吨,总产值达 180 亿元。现如今刺参以集约化养殖为主,造成残饵、粪便大量积累,使养殖水体的氨氮与有机质的含量升高,影响刺参的正常生长。微生态制剂以其绿色、环保、无残留等特点得到研究者的关注。其中芽孢杆菌会产生大量胞外酶,耐受性强,成为水产养殖行业比较常用的菌株,但现阶段实际养殖所施用的菌株多为外来菌株,在施用过程中难以形成优势菌株,需重复施用,本研究从刺参养殖池塘筛选得到一株菌株 B13,前期研究结果证实其对饵料培养基的降解效果比较好。生理生化及系统发育树分析初步证实其为巨大芽孢杆菌。对其发酵条件进行研究,为菌株 B13 的扩大培养及应用提供数据支持。

1. 材料与方法

(1)实验用菌株。

实验用菌株为从青岛即墨刺参养殖池塘中分离得到的芽孢杆菌。

(2)实验用培养基。

液体培养基:称取 25 g 刺参饵料培养基,溶于 1 L 海水中,浸泡过夜,24 h 后抽滤得浸出液。稀释至 1 L,用 5 mol/L 的 NaOH 溶液调节 pH 至 7.0,于 121 ℃下灭菌 15 min,得到液体培养基。

固体培养基:1 L 液体培养基在灭菌前加 20 g 琼脂,加热至琼脂溶解,将培养基于 121 ℃下灭菌 15 min,得到固体培养基。

(3)菌株生理生化指标的测定。

采用路桥公司试剂盒对菌株的生理生化指标进行测定。具体操作方法参照说明书。按照《伯杰细菌鉴定手册》,对菌株 B12 进行生理生化鉴定。

(4)菌株 B12 的 16S rDNA 序列分析。

采用水煮法提取细菌基因组 DNA 后,再进行 16S rDNA 序列扩增,所用正向引物:5′-AGAGTT TGA TCC TGG CTC AG-3′($E.\ coli$ 27F),反向引物:5′-TAC GGC TAC CTT GTT ACG ACTT-3′($E.coli$ 1492R)。PCR 产物(1.5 kb 左右)送至上海生工生物工程股份有限公司进行测序。将测序结果在 NCBI 库中进行序列比对,得到与目标菌株相似性高的序列,再用 CLUSTAL X 程序进行比对,最后采用 MEGA 4.1 工具构建 Neighbor-Joining 树。

(5)菌株发酵条件的研究。

① 考察装液量。

装液量分别为 20 mL/250 mL,40 mL/250 mL,60 mL/250 mL,80 mL/250 mL,

100 mL/200 mL、温度为 28 ℃，pH 为 7，接种量为 2％，转速 160 r/min。

其中接种量为所接种子液[用接种针在保种管内蘸取保种液，画线接种于平板培养基上，培养 48 h，用灭菌针接种于液体培养基内（200 mL 容量瓶内，100 mL 液体培养基；培养基成分：每升培养基含蛋白胨 10 g，牛肉膏 5 g，NaCl 5 g），培养 48 h 后即得种子液备用]的百分比。

② 考察接种量。

接种量分别为 1％，3％，6％，9％，12％；温度为 28 ℃，pH 为 7，装液量为①中得到的较优装液量，转速 160 r/min。

③ 考察 pH。

pH 分别为 4，6，8，10，12；温度为 28 ℃，pH 为 7，接种量与装液量为①中得到的较优装液量，转速 160 r/min。

④ 考察温度。

温度分别为 15 ℃，20 ℃，25 ℃，30 ℃，35 ℃，pH、接种量与装液量为①中得到的较优装液量，转速 160 r/min。

⑤ 考察转速。

其他发酵条件为前期实验工作得到的较优值。

通过上述单因素实验寻找到最优点，在最优点左右各取一个点，加上最优点，分别得到单因素的 3 个水平。设计四因素三水平的正交实验表 1-46。

表 1-46　正交实验因素水平

因素	装液量/mL/250 mL	转速/r/min	pH	温度/℃
水平	50	140	7	28
	60	160	8	30
	70	180	9	32

2. 结果

（1）菌株的鉴定。

① 菌株的生理生化指标。

菌株的生理生化指标结果如表 1-47 所示，系统发育树如图 1-102 所示。将 B13 的 16S rDNA 基因在 NCBI 中进行序列比对。从中选取 30 个菌株的 16S rDNA 基因序列，B13 与巨大芽孢杆菌（*Bacillus megaterium*）（AY553118.1）聚成一分支，遗传距离为 0.01，表明 B13 与巨大芽孢杆菌的亲缘关系最近。综合考虑菌株的生理生化指标判断该菌为巨大芽孢杆菌。

表 1-47　菌株的生理生化指标

测定项目	测定结果
革兰氏染色	＋
乳糖发酵实验	－
甲基红	－
V-P	－
靛基质	－
H₂S	＋

续表

测定项目	测定结果
柠檬酸利用实验	+
明胶液化	−
淀粉水解实验	+
吲哚实验	−
酪蛋白水解	+
7.5% NaCl	+
接触酶	+

② 菌株的 16S rDNA 系统发育树(图 1-102)。

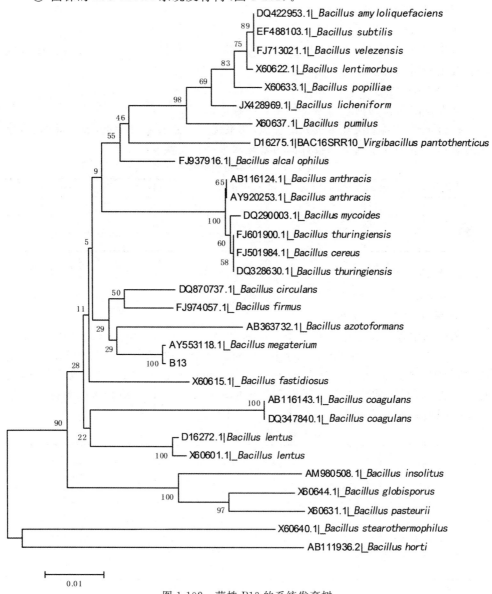

0.01

图 1-102　菌株 B13 的系统发育树

（2）菌株发酵条件结果。

大量实验证明,菌株在 600 nm 时的 OD 值与菌浓度线性相关,故实验表征菌浓度所采用指标为 OD 值。图 1-103 至图 1-107 分别为装液量、温度、pH、转速、接种量对菌株 OD 值的影响,从中可以看出 pH 变化时,菌株浓度波动最大。接种量在 ＞3％后,影响较小,故正交实验时不考察接种量,定接种量 3％。根据单因素实验结果,建立四因素三水平正交表 L3^4。

正交实验结果如表 1-48 所示,4 个因素中,以装液量与转速对菌株发酵影响最大,这也反映了菌株为以各因素水平为横坐标,实验指标的平均值为纵坐标,绘制因素与指标趋势图。从得到的正交实验效应曲线中可以看出,最优装液量为 70 mL/250 mL,转速为 180 r/min 时,培养温度为 28 ℃时,pH 为 8 时最优(图 1-108)。

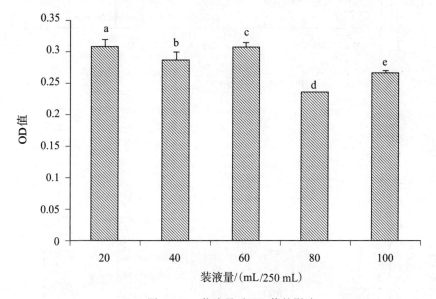

图 1-103　装液量对 OD 值的影响

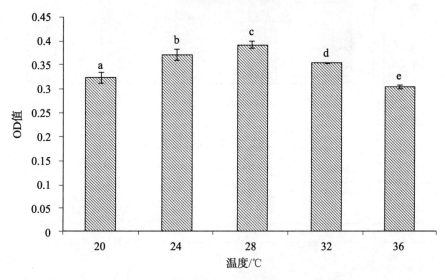

图 1-104　温度对 OD 值的影响

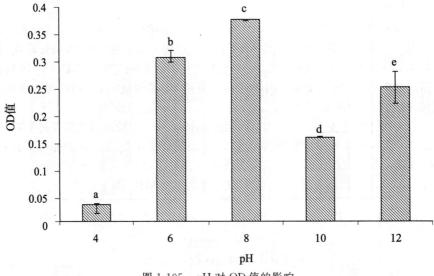

图 1-105　pH 对 OD 值的影响

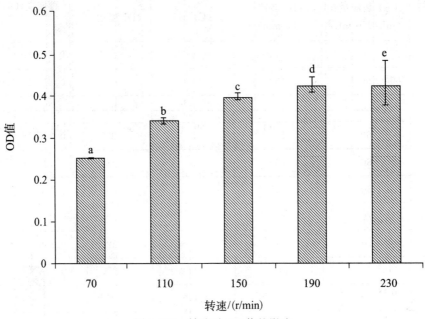

图 1-106　转速对 OD 值的影响

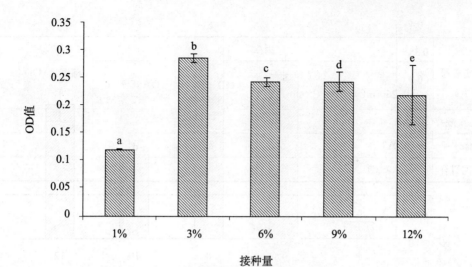

接种量

图 1-107　接种量对 OD 值的影响

表 1-48　正交实验结果

实验号	因素				菌密度（OD 值）
	（A）装液量/ （mL/250 mL）	（B）转速/ （r/min）	（C）pH	（D）温度/℃	
1	50	140	7	28	0.270 4±0.017 3
2	50	160	8	30	0.316 2±0.007 8
3	50	180	9	32	0.294 2±0.010 4
4	60	140	8	32	0.367 8±0.013 4
5	60	160	9	28	0.430 2±0.035 4
6	60	180	7	30	0.423 4±0.056 5
7	70	140	9	30	0.381 4±0.013 0
8	70	160	7	32	0.396 2±0.006 7
9	70	180	8	28	0.476 6±0.022 7
K1	0.881	1.020	1.089	1.176	
K2	1.221	1.143	1.161	1.122	
K3	1.254	1.194	1.107	1.059	
K1	0.294	0.340	0.363	0.392	
K2	0.407	0.381	0.387	0.374	
K3	0.418	0.398	0.369	0.353	

续表

实验号	因素				菌密度(OD值)
	(A) 装液量/ (mL/250 mL)	(B) 转速/ (r/min)	(C) pH	(D) 温度/℃	
主次顺序	A>B>C>D				
优水平	A3	B3	C2	D1	
优组合	A3B3C2D1				

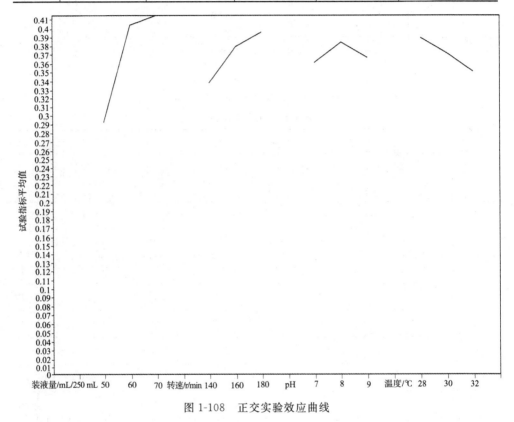

图 1-108　正交实验效应曲线

3. 讨论

随着养殖业的迅猛发展,养殖密度逐渐增大,养殖水环境日益恶化,而传统养殖过程中通过投放抗生素、药物等方式保证养殖生物成活会造成有毒物质残留、不环保,人工换水或者建立循环水养殖方式资金投入过大,而益生菌无残留、投资小,得到了广泛关注。暴增海等与李斌等通过往养殖水体中添加菌株,发现可明显改善养殖水质。不仅如此,Rengpipat 等和 Panigrahi 等研究表明,日粮中添加芽孢杆菌具有促进饵料蛋白的降解、鱼类生长、降低饵料用量以及改善鱼肉品质的作用。从刺参池塘中分离得到了一株降解性芽孢杆菌,初步鉴定其为巨大芽孢杆菌,通过正交实验对菌株的发酵条件进行优化,为菌株的施用提供依据。

4. 小结

从刺参养殖池塘中分离得到一株降解菌株,将其命名为 B13,经生化及 16S rD-NA 初步鉴定其为巨大芽孢杆菌,利用单因素筛选和正交实验设计对其发酵条件进行研究,最终确定菌株最优发酵条件是装液量为 70 mL/250 mL,转速为 180 r/min 时,培养温度为 28 ℃时,pH 为 8。

第 29 节　复合微生态制剂对海水养殖池塘水质的影响研究

在池塘养殖过程中需投入大量的配合饲料、肥料、消毒剂、治疗剂、调节剂、添加剂等。这些物质的投入造成养殖池塘的自身污染,大量有机物、有害物质积累,溶解氧含量降低,导致水体自净能力被限制,水质恶化,影响养殖对象的健康生长。此时,就需要对水质进行调控。施用复合微生态制剂是当前调控水质比较有效的措施。研究证明在水体中添加复合微生态制剂可有效降低水体氨氮与亚硝酸盐等有害物质含量,明显改善水质。本实验研究了复合微生态制剂对海水养殖池塘水质因子的调控作用。

1. 材料与方法

(1)材料。

实验池塘位于滨州黄河岛标准鱼塘养殖渔业园区。选取一口池塘为实验池,相邻池塘作为对照池,池塘面积均为 5.33 hm²。养殖对象为凡纳滨对虾。各池塘投放虾苗 1 万尾/667 平方米,放苗时间为 5 月上旬,投喂配合饲料。实验周期内未进、排水。

实验用复合微生态制剂由枯草芽孢杆菌、沼泽红假单胞菌、硫化细菌、硝化细菌、反硝化细菌等多种有益微生物活菌组成,活菌总数大于 $80×10^8$ 个/克。

(2)方法。

实验自 2014 年 7 月 10 日开始至 7 月 22 日结束,每 3 d 取样一次,采样时间为 08:30～09:30。7 月 10 日采样后实验池施入微生态制剂,施用量为 0.2 g/m³。每池取 3 个点水样混合后检测,测定项目包括快速测定仪(YSI)检测项目温度、盐度、pH、溶解氧,氨氮(纳氏试剂比色法)、总氮(碱性过硫酸钾消解紫外分光光度法)、总磷(钼酸铵分光光度法)。

2. 结果

（1）温度和盐度。

实验周期内水体温度、盐度变化情况见图 1-109、图 1-110。实验池与对照池的温度、盐度没有明显差异。

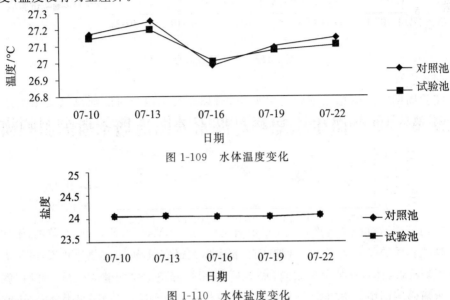

图 1-109　水体温度变化

图 1-110　水体盐度变化

（2）pH。

实验周期内水体 pH 变化情况见图 1-111。实验池与对照池差异不明显，但可发现实验池的 pH 变化相对较为平稳。通过复合微生态制剂的使用，促进了养殖水体中的有机物及氨氮、亚硝酸盐氮、硫化物等有害物质的分解、转化，相对增强水体的酸碱缓冲能力。

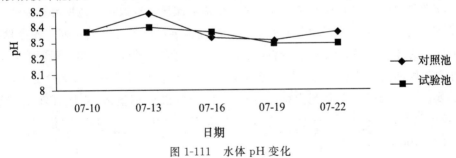

图 1-111　水体 pH 变化

（3）溶解氧。

实验周期内水体溶解氧变化情况见图 1-112。实验池与对照池溶解氧差异不显著，实验池在实验后期较对照池稍高。通过复合微生态制剂的使用，促进了养殖水体中的有机物及氨氮、亚硝酸盐氮、硫化物等有害物质的分解、转化，降低了氧气的消耗。

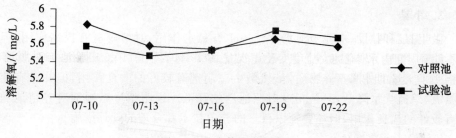

图 1-112　水体溶解氧变化

（4）总氮。

实验周期内水体总氮变化情况见图 1-113。实验池与对照池总氮变化差异显著，实验池总氮明显偏低。微生态制剂的使用，对水体中的氮元素起到了固定作用。

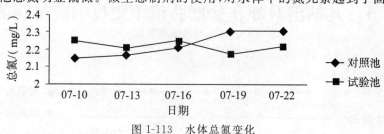

图 1-113　水体总氮变化

（5）氨氮。

实验周期内水体氨氮变化情况见图 1-114。实验池与对照池氨氮变化差异显著，实验池氨氮浓度明显偏低。

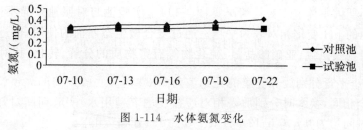

图 1-114　水体氨氮变化

（6）总磷。

实验周期内水体总磷变化情况见图 1-115。实验池与对照池总磷含量变化差异不显著。

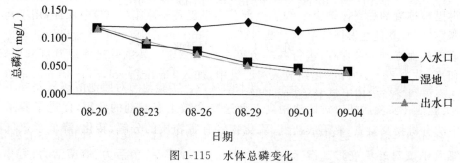

图 1-115　水体总磷变化

3. 小结

微生态制剂对海水养殖池塘水体 pH 有稳定作用,对溶解氧有提高作用,但效果不明显;能显著转化水体总氮、氨氮;对总磷影响不显著。由于持续投喂,池塘水体接受了大量的外源营养物质,虽然微生态制剂有较好的改良作用,但并没有使水体氨氮、总氮含量降低,只是相对对照池塘的降低。说明微生态制剂对养殖池塘水质有较好的改良作用,但还要辅以科学的养殖技术和合理的管理措施。

第30节　凡纳滨对虾在盐度胁迫下免疫响应机制的研究

1. 材料与方法

(1)实验动物。

实验用凡纳滨对虾购自青岛市沙子口养殖场。选取健康凡纳滨对虾 960 尾进行盐度胁迫实验。

(2)实验设置。

实验在 67 cm×50 cm×37 cm 的塑料水槽中进行。实验开始时将暂养在盐度为 31 的海水中的凡纳滨对虾分别放到盐度为 16、21、26 的水槽中,盐度未变化组(盐度为 31)为对照组。各盐度梯度采用经曝气的自来水来调节。每个梯度均设 3 个平行,每个平行分别放养健康的凡纳滨对虾 80 尾。实验期间的养殖管理与暂养期间的完全相同,换水时分别加入相对应盐度的养殖用水,实验期间对虾无死亡现象。取样时间均为 0 h、6 h、12 h、1 d、2 d、3 d、5 d 和 7 d。

(3)实验方法。

每个平行组随机抽取凡纳滨对虾 10 尾,用消毒的 5 号针头和 1 毫升注射器由凡纳滨对虾头胸甲后插入心脏中取血。注射器中预先加入己消毒的预冷抗凝剂,使血淋巴与抗凝剂最终比例为 1∶1。一部分血淋巴置于冰箱(4 ℃)中保存,用于血细胞观察计数;其他血淋巴样品则经低速(700 r/min)离心 10 min,将析出的蓝色血浆与底部的血细胞分开保存,进行各项免疫指标的测定。解剖并迅速取其肝胰脏,液氮研磨,称取 80～100 mg 组织放入离心管中,加入 1 mL Trizol,离心 15 min 取其上清于－80 ℃保存,用于总 RNA 的提取。

(4)测定指标。

在凡纳滨对虾抗逆和免疫生理学评价的实验中,已完成相关评价指标的测定,包括凡纳滨对虾免疫防御指标(血细胞数量、吞噬率、抗菌活力、溶菌活力、凝集活性)、酚氧化酶原激活系统指标(血细胞酚氧化酶原活力、血浆酚氧化酶活力)、免疫信号(转导)通路指标[血浆生物胺含量、血细胞 G 蛋白效应物腺苷酸环化酶(AC)、磷脂酶 C(PLC)活性、第二信使 cAMP、cGMP 含量、蛋白激酶 PKA、PKC 活性];考察确定各指标具有明显的时间剂量效应性,探究凡纳滨对虾在低盐胁迫下的免疫响应机制。

2. 实验结果

(1) 凡纳滨对虾在低盐胁迫下免疫信号(转导)通路的研究。

① 低盐胁迫对凡纳滨对虾血淋巴生物胺浓度的影响(图 1-116)。

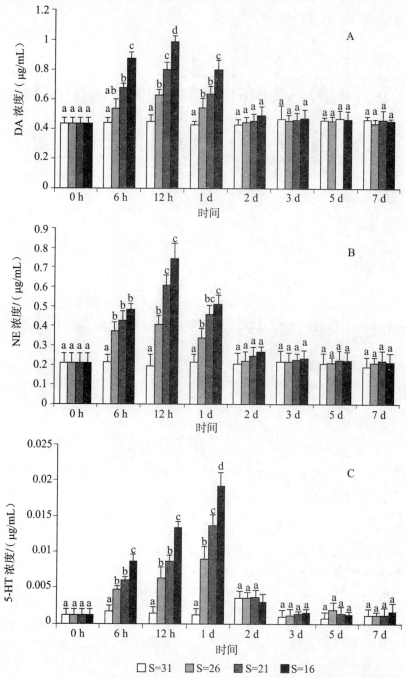

图 1-116　低盐胁迫对凡纳滨对虾血淋巴生物胺浓度的影响

从图可以看出,低盐胁迫对凡纳滨对虾血淋巴生物胺含量具有明显的时间浓度效应,当盐度由31(对照)下降到26、21和16时,DA和NE显著升高,12 h达到最大值,随后逐渐下降,于2 d时恢复至对照组水平;5-HT在盐度变化12 h后逐渐升高,1 d时达到最大值,随后迅速降低于2 d时恢复至对照组水平。

② 低盐胁迫对凡纳滨对虾血细胞内第二信使浓度的影响(图1-117)。

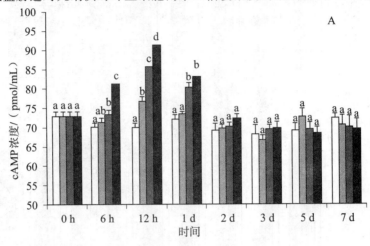

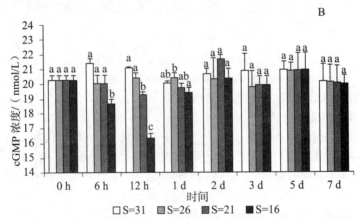

图1-117　低盐胁迫对凡纳滨对虾血细胞内第二信使浓度的影响

如图1-117所示,低盐胁迫能够显著影响凡纳滨对虾血细胞内第二信使的浓度。实验时间内低盐胁迫组(26,21和16)cAMP浓度显著升高并于12 h达到最大值(76.78 pmol/mL±1.24 pmol/mL,85.64 pmol/mL±0.64 pmol/mL和91.37 pmol/mL±0.80 pmol/mL),而cGMP浓度显著降低并于12 h达到最小值(20.44 pmol/mL±0.31 pmol/mL,19.30 pmol/mL±0.21 pmol/mL和16.36 pmol/mL±0.32 nmol/L)。cAMP和cGMP均于2 d时恢复至对照组水平。

(2) 凡纳滨对虾在低盐胁迫下免疫防御反应的研究。

① 低盐胁迫对凡纳滨对虾血细胞数量和血浆PO活性的影响(图1-118)。

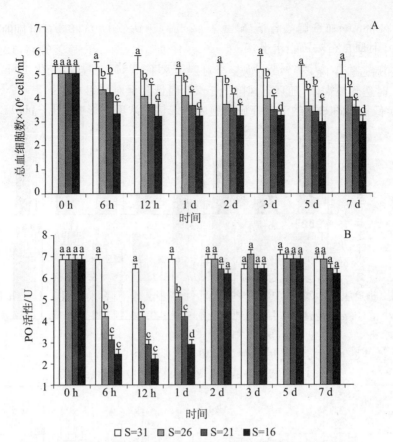

图 1-118　低盐胁迫对凡纳滨对虾血细胞数量和血浆 PO 活性的影响

对照组总血细胞数量在实验时间内在 $(4.80 \pm 1.00) \times 10^6 \sim (5.25 \pm 0.50) \times 10^6$ cells/mL 变化,无显著差异。低盐胁迫组(26,21 和 16)显著下降,与 12 h 达到最小值 $(4.07 \text{ cells/mL} \pm 0.73 \text{ cells/mL},3.73 \text{ cells/mL} \pm 0.83 \text{ cells/mL}$ 和 $3.27 \text{ cells/mL} \pm 0.60 \times 10^6 \text{ cells/mL})$,随后保持稳定。总血细胞数量下降与盐度下降呈正相关。低盐胁迫下,PO 活性迅速下降,并于 12 h 达到最小值 $(4.22 \text{ U} \pm 0.22 \text{ U},2.89 \text{ U} \pm 0.22 \text{ U},2.22 \text{ U} \pm 0.22 \text{ U})$,并于 2 d 时恢复至对照组水平。

② 低盐胁迫对凡纳滨对虾血细胞吞噬活性的影响(图 1-119)。

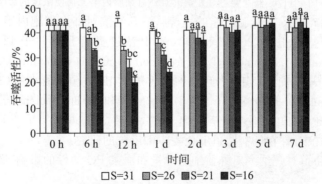

图 1-119　低盐胁迫对凡纳滨对虾血细胞吞噬活性的影响

图 1-119 显示低盐胁迫对凡纳滨对虾血细胞吞噬活性具有显著影响,低盐胁迫

组(26,21 和 16)血细胞显著下降,并于 12 h 时达到最小值(33%,26% 和 20%),随后于 2 d 时回复至对照组水平。

③ 低盐胁迫对凡纳滨对虾血浆抗菌活性的影响(图 1-120)。

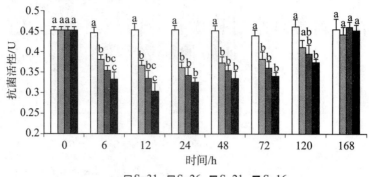

图 1-120　低盐胁迫对凡纳滨对虾血浆抗菌活性的影响

低盐胁迫组(26,21 和 16)血浆抗菌活性显著迅速下降,分别于 1 d,12 h 和 12 h 时达到最小值(0.36 U±0.02 U,0.34 U±0.03 U,0.30 U±0.04 U),并于 7 d 时恢复至对照组水平。

④ 低盐胁迫对凡纳滨对虾血浆凝集活性的影响(表 1-49)。

表 1-49　低盐胁迫对凡纳滨对虾血浆凝集活性的影响

处理 ＼ 时间	0 h	6 h	12 h	1 d	2 d	3 d	5 d	7 d
S＝31	$2^{5a/A}$	$2^{5a/A}$	$2^{5a/A}$	$2^{5a/A}$	$2^{5a/A}$	$2^{a/A}$	$2^{a/A}$	$2^{a/A}$
S＝26	$2^{a/A}$	$2^{a/A}$	$2^{3b/B}$	$2^{3b/B}$	$2^{5a/A}$	$2^{5a/A}$	$2^{5a/A}$	$2^{5a/A}$
S＝21	$2^{5a/A}$	$2^{3b/B}$	$2^{2b/B}$	$2^{3b/B}$	$2^{4a/A}$	$2^{5a/A}$	$2^{5a/A}$	$2^{5a/A}$
S＝16	$2^{5a/A}$	$2^{2b/B}$	$2^{1b/B}$	$2^{2b/B}$	$2^{4a/A}$	$2^{5a/A}$	$2^{5a/A}$	$2^{5a/A}$

表 1-53 显示,低盐胁迫组(26,21 和 16)血浆凝集活性与 6 h 后显著迅速下降,并与 12 h 时达到最小值(0.39-fold,0.21-fold 和 0.15-fold),随后于 2 d 时恢复至对照组水平。

3. 小结

研究了在低盐胁迫下凡纳滨对虾的免疫响应机制,结果表明,低盐胁迫对凡纳滨对虾免疫信号通路及各免疫指标影响显著,引起凡纳滨对虾免疫机能下降,极易导致病害暴发。本研究不仅为凡纳滨对虾环境免疫学研究提供了实验证据,也为对虾养殖过程中水环境控制提供了可靠的理论依据。

第31节　刺参夏眠过程中神经内分泌-能量代谢信号通路的研究

1. 材料与方法

（1）实验动物。

实验所用刺参购于青岛市即墨田横岛养殖基地，体重 40～50 g，体长 8～10 cm，体色正常。

（2）实验梯度设置。

实验分为对照组（CT）、慢速处理组（ST）、快速处理组（LT）。将所购刺参随机分配到这 3 个实验组中，每个实验组设置 3 个平行，每个平行包含 21 个刺参。整个实验周期为 20 d。对照组海水温度维持在 14 ℃；慢速组海水温度从 14 ℃每天升温0.5 ℃，每升温 3 d 稳定 1 d，于 15 d 达到实验温度 20 ℃后维持 5 d；快速组海水温度从 14 ℃每天升温 1 ℃，每升温 3 d 稳定 1 d，于 15 d 达到实验温度 26 ℃后维持5 d。海水温度每 12 h 检查一次，每天换水一次（对应水温海水），换水量在 1/3～1/2。

（3）实验方法。

将刺参暂养于 30 L 水槽中，每天换水 1 次，每次换水量在 1/3～1/2，充气培养并投喂刺参配合饲料。实验期间，海水盐度为 30，pH 为 8.1，温度 14 ℃±0.5 ℃，刺参暂养 2 周后用于实验。每个平行于 0 d、3 d、6 d、9 d、12 d、15 d 和 20 d 随机取 3 头刺参体腔液、体壁，−80 ℃保存，用于后续实验相关指标测定。

2. 实验结果

（1）刺参在温度变化下体腔液、体壁生物胺含量和相应受体基因表达量的变化（图 1-121 至图 1-129）。

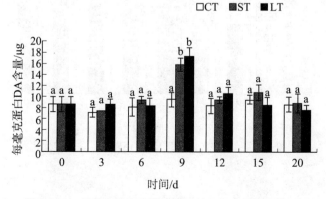

图 1-121　刺参在温度变化下体腔液 DA 含量的变化

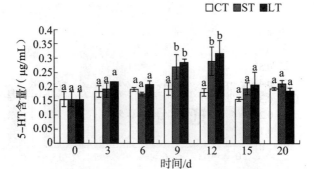

图 1-122　刺参在温度变化下体腔液 5-HT 含量的变化

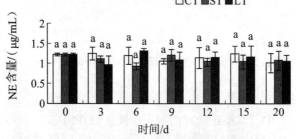

图 1-123　刺参在温度变化下体腔液 NE 含量的变化

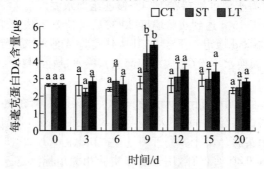

图 1-124　刺参在温度变化下,体壁 DA 含量的变化

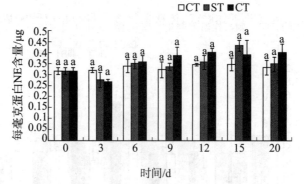

图 1-125　刺参在温度变化下,体壁 NE 含量的变化

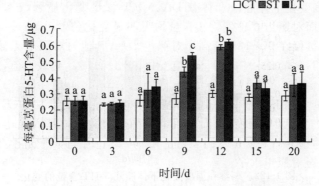

图 1-126　刺参在温度变化下体壁 5-HT 含量的变化

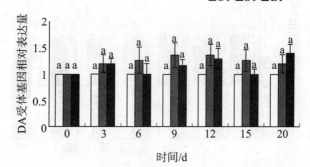

图 1-127　刺参在温度变化下体壁 DA 受体基因表达量的变化

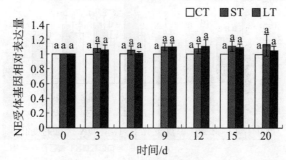

图 1-128　刺参在温度变化下体壁 NE 受体基因表达量的变化

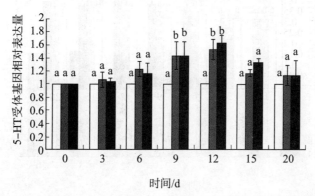

图 1-129　刺参在温度变化下体壁 5-HT 受体基因表达量的变化

  刺参在温度变化下体腔液和体壁 DA、5-HT 含量变化显著($P<0.05$)，NE 含量无显著变化，而对照组 3 种生物胺含量均无明显变化（$P>0.05$）。各处理组体腔液、体壁 DA 含量仅在 9 d 时显著高于对照组水平，其他与对照组无显著差异，而体腔液、体壁 5-HT 含量 6~15 d 内呈峰值变化，于 12 d 时达到最大值，之后恢复至对照组水平。

  刺参在温度变化下体壁 5-HT 受体基因表达量具有明显变化（$P<0.05$），DA、NE 受体基因表达量无显著变化，而对照组 3 种生物胺受体基因表达量均无明显变化。各处理组体壁 5-HT 受体基因表达量在 6~15 d 内呈峰值变化，于 12 d 达到最大值，之后恢复至对照组水平。

  （2）刺参在温度变化下体壁 cAMP 含量、PKA 活性和 CaM 含量、AMPK 活性的变化（图 1-130 至图 1-133）。

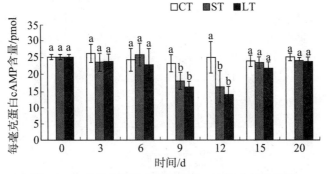

图 1-130　刺参在温度变化下体壁 cAMP 含量的变化

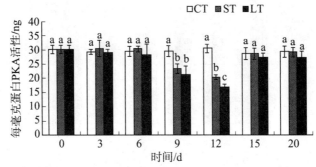

图 1-131　刺参在温度变化下体壁 PKA 活性的变化

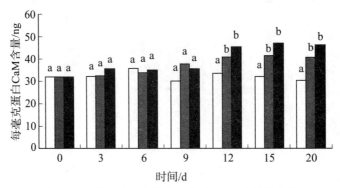

图 1-132　刺参在温度变化下体壁 CaM 含量的变化

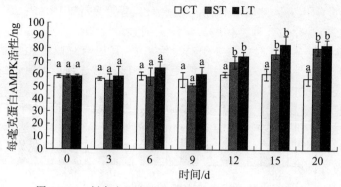

图 1-133　刺参在温度变化下体壁 AMPK 活性的变化

刺参在温度变化下体壁 cAMP 含量、PKA 活性和 CaM 含量、AMPK 活性变化显著（$P<0.05$），而对照组均无明显变化（$P>0.05$）。各处理组体壁 cAMP 含量、PKA 活性在 6～15 d 内呈峰值变化，于 12 d 时达到最小值，之后恢复至对照组水平；而体壁 CaM 含量、AMPK 活性在 9～15 d 内逐渐升高，15 d 后保持稳定。

（3）刺参在温度变化下能量代谢关键酶活性的变化（图 1-134 至图 1-138）。

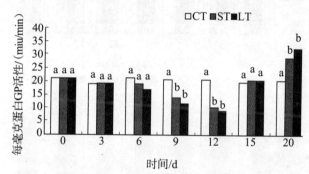

图 1-134　刺参在温度变化下体壁糖原磷酸化酶（GP）活性的变化

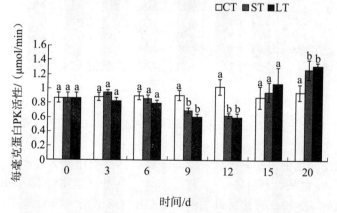

图 1-135　刺参在温度变化下体壁丙酮酸激酶（PK）活性的变化

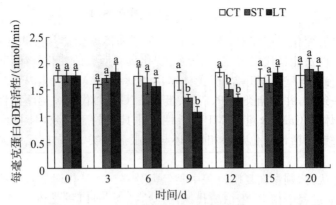

图 1-136　刺参在温度变化下体壁谷氨酸脱氢酶(GDH)活性的变化

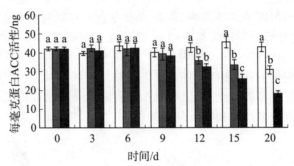

图 1-137　刺参在温度变化下体壁乙酰辅酶 A 羧化酶(ACC)活性的变化

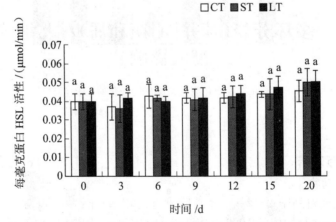

图 1-138　刺参在温度变化下体壁激素敏感酯酶(HSL)活性的变化

　　刺参在温度变化下体壁 GP、PK、GDH、ACC 活性变化显著($P<0.05$),HSL 活性变化不显著,而对照组无明显变化($P>0.05$)。各处理组体壁 GP、PK 活性在 6～20 d 呈峰值变化,于 12 d 时达到最小值,15 d 时与对照组无明显差异,20 d 时显著高于对照组水平;各处理组体壁 GDH 在 6～15 d 呈峰值变化,于 9 时达到最小值,15 d 后恢复至对照组水平;各处理组体壁 ACC 活性在 9～12 d 呈逐渐下降趋势,15 d 后与温度呈负相关性,而 HSL 活性 15 d 后略有升高。

3. 实验结论

刺参在温度变化下体腔液、体壁生物胺含量和体壁受体基因表达量、能量代谢信号通路因子以及能量代谢关键酶活性的变化具有明显的变化规律,其中在进入夏眠过程中体腔液、体壁 5-HT 含量、受体基因表达和 cAMP 含量、PKA 活性的变化具有明显的一致性,并与糖类(GP、PK)、蛋白质(GDH)代谢关键酶活性变化趋势基本相同,同时体壁 CaM 含量、AMPK 活性变化具有趋于一致,且与夏眠前后脂类(ACC)代谢关键酶活性变化趋势相同,还与夏眠后糖类、蛋白质代谢关键酶变化也相符。

由此作者认为,刺参在夏眠过程中神经内分泌－能量代谢信号调控具有多种途径,在进入夏眠过程中糖类、蛋白质代谢调控途径为 5-HT→受体→cAMP→PKA→糖类、蛋白代谢,在夏眠后的调控途径为 CaM→AMPK→糖类代谢,而脂类代谢在夏眠前后的调控途径均为 CaM→AMPK→脂类代谢,并且 CaM→AMPK 通路上游的神经内分泌调控因子尚不清晰;同时刺参在进入夏眠过程中糖类、蛋白质利用都被明显抑制,夏眠后糖类消耗显著增加,蛋白质代谢恢复到正常水平,脂类利用略有上升,且变化并不明显。

刺参在温度变化下神经内分泌信号(生物胺)、能量代谢信号通路因子和能量代谢关键酶活力具有明显的变化,这说明刺参在夏眠过程中通过神经内分泌——能量代谢信号通路调节能量代谢和物质利用策略。

第 32 节 多环芳烃(苯并[a]芘和屈)对凡纳滨对虾免疫的影响

1. 材料与方法

(1) 实验动物。

实验凡纳滨对虾于 2012 年 12 月购于青岛市崂山区沙子口对虾养殖场,体重 15.7 g±2.3 g,生物学体长 10.8 cm±1.2 cm,水温 22.9 ℃±0.5 ℃,盐度为 34,pH 为 8.0±0.3,日换水 2 次,日换水量为 1/2,连续充气,同时投喂对虾配合饲料。

(2) 实验设置。

实验在 50 cm×60 cm×40 cm 的塑料水箱内进行,每个箱内养殖 60 尾虾。本实验分为 7 组:对照组,0.03 μg/L、0.3 μg/L、3.0 μg/L 苯并[a]芘处理组和 0.3 μg/L、2.1 μg/L、14.7 μg/L 屈处理组。各处理组设 3 个平行。取样时间为 0 d、1 d、3 d、6 d、10 d、15 d、21 d。

（3）实验方法。

使用消毒的 5 号针头和 1 mL 注射器直接插入对虾头胸甲后缘围心腔内 3 mm 左右进行采血，抽血前注射器内预先吸入了 0.3 mL 改进的预冷抗凝剂（Vargas-Al-bores 等，1993；蒋琼等，2001；抗凝剂成分：0.34 mol/L NaCl，0.01 mol/L KCl，0.01 mol/L EDTA-2Na，0.01 mol/L HEPES，pH7.45，渗透压为 780 mOsm/kg），最终使得抗凝剂和血淋巴的比例为 1∶1。取抗凝血淋巴 1.0 mL，于 4 ℃下低速（800 r/min）离心 10 min 后，取蓝色上清，即为血浆样品，于－80 ℃条件下保存。

2. 研究结果

由图 1-139 至图 1-140 可知，各处理组总血细胞数量、血细胞酚氧化酶原活力、血浆酚氧化酶活力、血浆 α_2 巨球蛋白、血细胞吞噬活力、血浆溶菌活力和血浆抗菌活力 6 d 内呈峰值变化，均于 6 d 达到最小值和最大值（$P<0.05$）。

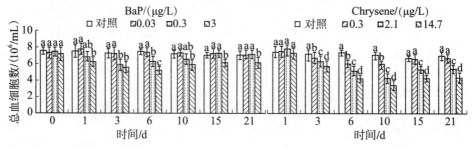

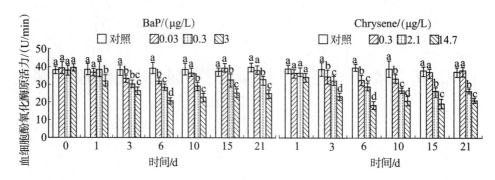

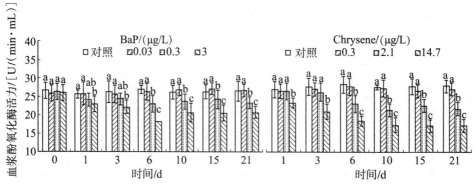

图 1-139 苯并[a]芘（B×P）和屈（Chrysene）对凡纳滨对虾免疫的影响（1）

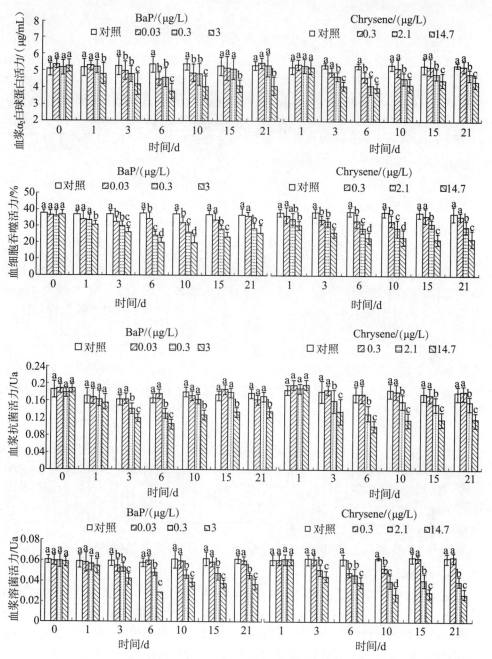

图 1-140 苯并[a]芘和屈对凡纳滨对虾免疫的影响(2)

3. 实验结论

研究了多环芳烃(苯并[a]芘和屈)对凡纳滨对虾免疫的影响,结果表明,多环芳烃(苯并[a]芘和屈)对凡纳滨对虾各免疫指标影响显著,可作为凡纳滨对虾在多环芳烃(苯并[a]芘和屈)胁迫下免疫应答机制的评价指标。

第 33 节　多环芳烃(苯并[a]芘)对凡纳滨对虾抗氧化系统的影响

1. 材料与方法

（1）实验动物。

实验凡纳滨对虾于 2012 年 12 月购于青岛市崂山区沙子口对虾养殖场,体重 15.7 g±2.3 g,生物学体长 10.8 cm±1.2 cm,水温 22.9 ℃±0.5 ℃,盐度为 34,pH 为 8.0 ±0.3,日换水 2 次,日换水量为 1/2,连续充气,同时投喂对虾配合饲料。

（2）实验设置。

实验在 50 cm×60 cm×40 cm 的塑料水箱内进行,每个箱内养殖 60 尾虾。本实验分为 7 组(对照组,0.03 μg/L、0.3 μg/L、3.0 μg/L 苯并[a]芘处理组和 0.3 μg/L、2.1 μg/L、14.7 μg/L 菌处理组),各处理组设 3 个平行。取样时间为 0 d、1 d、3 d、6 d、10 d、15 d、21 d。

（3）实验方法。

使用消毒的 5 号针头和 1 mL 注射器直接插入对虾头胸甲后缘围心腔内 3 mm 左右进行采血,抽血前注射器内预先吸入了 0.3 mL 改进的预冷抗凝剂(Vargas-Albores 等,1993；蒋琼等,2001；抗凝剂成分：0.34 mol/L NaCl,0.01 mol/L KCl, 0.01 mol/L EDTA-2Na,0.01 mol/L HEPES,pH 7.45,渗透压为780 mOsm/kg), 最终使得抗凝剂和血淋巴的比例为 1：1。取抗凝血淋巴 1.0 mL,于 4 ℃下低速离心 10 min 后,取蓝色上清,即为血浆样品,于−80 ℃条件下保存。

2. 实验结果

图 1-141 和图 1-142 表明,不同浓度胁迫下,凡纳滨对虾血淋巴和肝胰腺中 T-AOC、SOD、GSH 含量和 GSH/GSSG 与对照组相比变化显著($P<0.05$)。血淋巴和肝胰腺中 SOD 活力的随 BaP 染毒时间的延长均逐渐增加,在 6 d 内呈峰值变化,随后 SOD 酶活性逐渐降低,随着染毒时间进行到 15 d,而 SOD 酶活性处于较高的水平,0.03 μg/L BaP 处理组和对照组无明显变化。T-AOC 和 GSH 含量随着染毒时间的增加变化显著。T-AOC、GSH 含量和 GSH/GSSG 随着染毒时间逐渐下降,并在第 6 d 达到最低水平。之后,T-AOC、GSH 含量和 GSH/GSSG 保持在低水平,并与对照组差异显著($P<0.05$)。

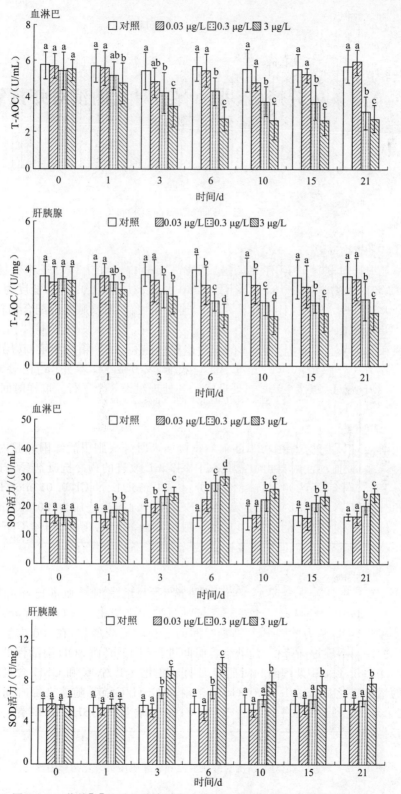

图 1-141　苯并[a]芘对凡纳滨对虾血淋巴和肝胰腺抗氧化指标的影响(1)

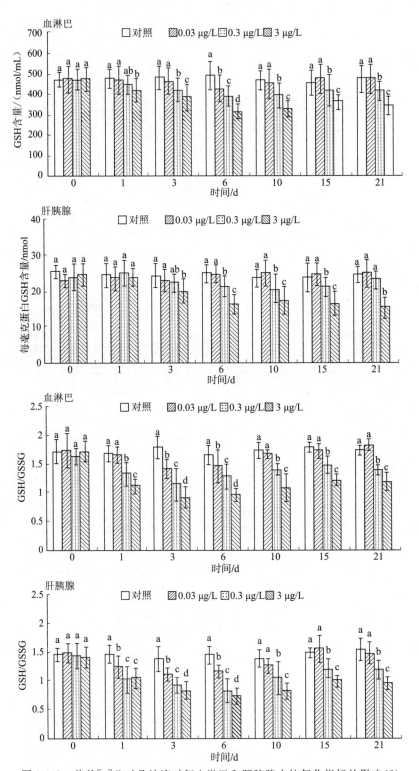

图 1-142　苯并[a]芘对凡纳滨对虾血淋巴和肝胰腺中抗氧化指标的影响(2)

第 34 节　凡纳滨对虾在多环芳烃(苯并[a]芘)胁迫下解毒代谢途径的研究

1. 材料与方法

(1) 实验动物。

实验凡纳滨对虾于 2012 年 12 月购于青岛市崂山区沙子口对虾养殖场,体重 15.7 g±2.3 g,生物学体长 10.8 cm±1.2 cm,水温 22.9 ℃±0.5 ℃,盐度为 34,pH 为 8.0 ±0.3,日换水 2 次,日换水量为 1/2,连续充气,同时投喂对虾配合饲料。

(2) 实验设置。

实验在 50 cm×60 cm×40 cm 的塑料水箱内进行,每个箱内养殖 60 尾虾。本实验分为 4 组(对照组,0.03 μg/L、0.3 μg/L、3.0 μg/L 苯并[a]芘处理组),各处理组设 3 个平行。取样时间为 0 d、1 d、3 d、6 d、10 d、15 d、21 d。

2. 实验结果

相关实验结果见图 1-143 至图 1-157。

(1) BaP 对凡纳滨对虾 CYP450 酶及相关基因表达。

如图 1-143 至图 1-146 所示,CYP1A1 mRNA 的表达,AHH 和 EROD 活力以芳烃受体受体(AHR)mRNA 的表达来介导。这些指标都随着染毒浓度的不同和曝光时间的改变有显著变化。结果表明,所有的 BaP 处理组中,凡纳滨对虾的鳃的 AHR、CYP1A1 的 mRNA 的表达于 6 d 或 10 d 达到最高水平($P<0.05$ 或 $P<0.01$),随着染毒时间的延长,所有基因的 mRNA 表达逐渐恢复至对照组水平。在 0.3 μg/L BaP 处理组中,凡纳滨对虾鳃 AHH 和 EROD 于 6 d 或 10 d 达到峰值,之后有一个下降。在 3 μg/L BaP 处理组中,AHH 和 EROD 活力具有时间-剂量效应,AHH 和 EROD 活力均在 6 d 时达到最高值。

(2) BaP 对凡纳滨对虾 EH 活力的影响。

如图 1-147 所示,0.3 和 3 μg/L 处理组中 EH 活力在鳃中均被诱导,于第 6 d 达到最高值,随着染毒时间的延长,0.3 μg/L 处理组 EH 活力逐渐恢复至对照组水平,而 3 μg/L BaP 处理组 EH 活力在整个染毒时间都高于对照组水平,0.03 μg/L 处理组 EH 活力与对照组无显著差异($P>0.05$)。

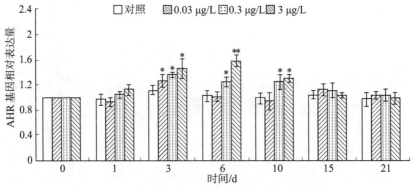

图 1-143　BaP 对凡纳滨对虾鳃 AHR 基因表达的影响

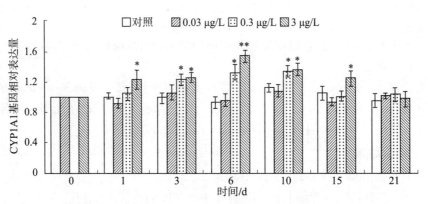

图 1-144　BaP 对凡纳滨对虾鳃 CYP1A1 基因表达的影响

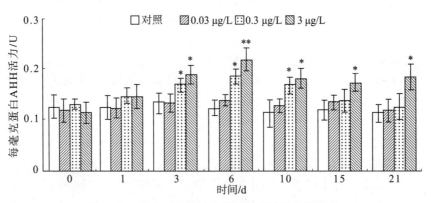

图 1-145　BaP 对凡纳滨对虾鳃 AHH 活力的影响

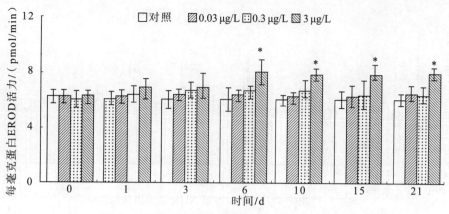

图 1-146　BaP 对凡纳滨对虾鳃 EROD 活力的影响

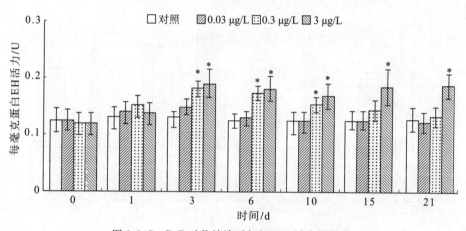

图 1-147　BaP 对凡纳滨对虾鳃 EH 活力的影响

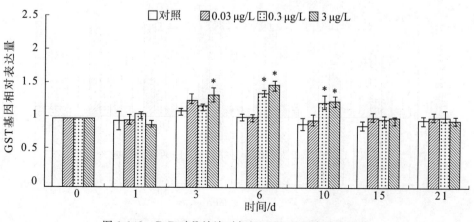

图 1-148　BaP 对凡纳滨对虾鳃 GST 基因表达的影响

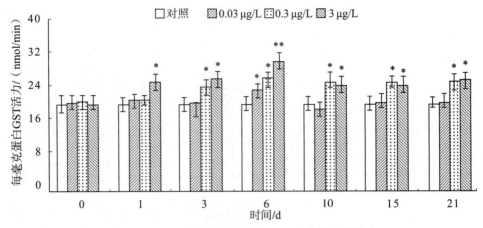

图 1-149　BaP 对凡纳滨对虾鳃 GST 蛋白活力的影响

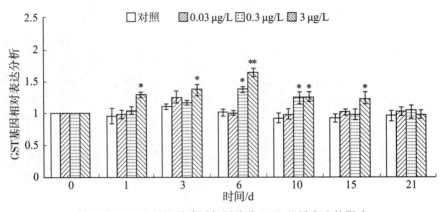

图 1-150　BaP 对凡纳滨对虾肝胰腺 GST 基因表达的影响

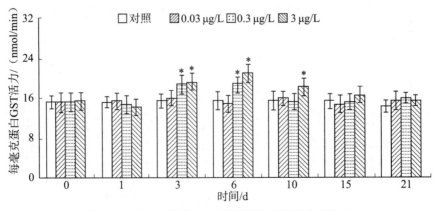

图 1-151　BaP 对凡纳滨对虾肝胰腺 GST 活力的影响

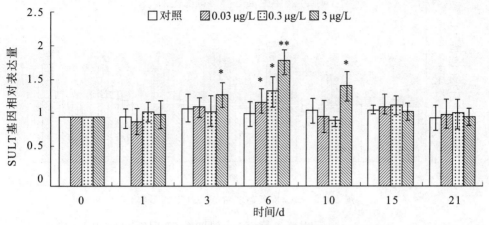

图 1-152　BaP 对凡纳滨对虾鳃 SULT 基因表达的影响

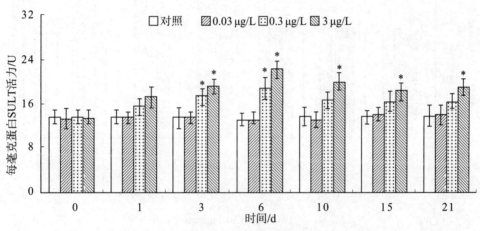

图 1-153　BaP 对凡纳滨对虾鳃 SULT 活力的影响

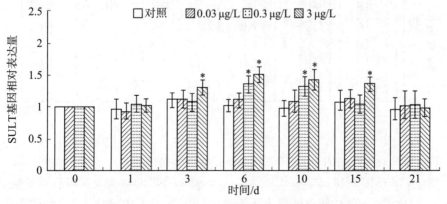

图 1-154　BaP 对凡纳滨对虾 SULT 基因表达的影响

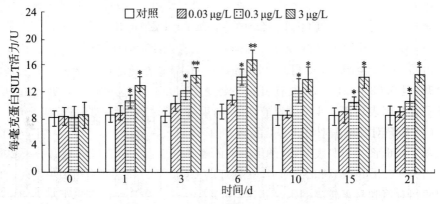

图 1-155　BaP 对凡纳滨对虾 SULT 的影响

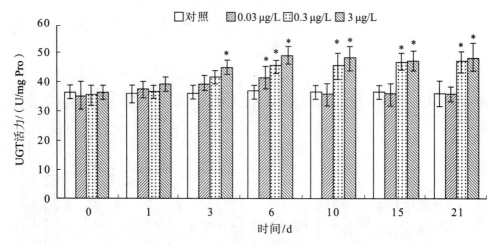

图 1-156　BaP 对凡纳滨对虾鳃 UGT 活力的影响

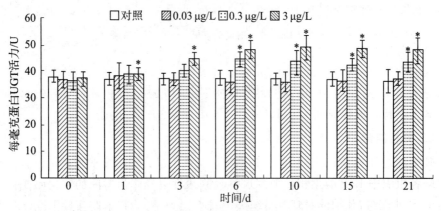

图 1-157　BaP 对凡纳滨对虾肝胰腺 UGT 活力的影响

（3）BaP 对凡纳滨对虾 GST 酶及 GST 基因表达的影响。

图 1-148 至图 1-151 表明，BaP 对凡纳滨对虾 GST 酶活力及基因表达影响显著（$P<0.05$）。0.3 μg/L 处理组鳃和肝胰腺 GST 活力及基因表达于 6 d 时达到峰值，鳃中 GST 活力及基因表达和肝胰腺中 GST 基因表达逐渐恢复至对照组水平，而肝

胰腺中 GST 一直维持较高水平。0.03 μg/L BaP 处理组中 GST 活力、GST 基因表达与对照组无显著差异除肝胰腺中 GST 活力于 6 d 被诱导。

（4）BaP 对凡纳滨对虾 SULT 酶及 SULT 基因表达的影响。

由图 1-152 至图 1-155 可知，0.3 和 3 μg/L BaP 处理组均诱导 SULT 及基因表达上升，但 0.03 μg/L BaP 没有引起显著变化。0.3 和 3 μg/L BaP 处理组均诱导 SULT 及基因表达于 6 d 时达到最高值，随后有下降趋势，但一直高于对照组。

（5）BaP 对凡纳滨对虾 UGT 酶活力的影响。

图 1-156、图 1-157 表明，凡纳滨对虾的鳃和肝胰腺 UGT 活力与 BaP 暴露浓度呈正相关。0.3 μg/L 和 3 μg/L BaP 处理组 UGT 活力在这两个组织中表现出增加它们的相对值和显著较高的水平相比，而 0.03 μg/L BaP 处理组与对照组相比无显著差异。

第 35 节　多环芳烃(苯并[a]芘)对凡纳滨对虾蓄积毒性效应

1. 材料与方法

（1）实验动物。

实验凡纳滨对虾于 2012 年 12 月购于青岛市崂山区沙子口对虾养殖场，体重 15.7 g±2.3 g，生物学体长 10.8 cm±1.2 cm，水温 22.9 ℃±0.5 ℃，盐度为 34，pH 为 8.0±0.3，日换水 2 次，日换水量为 1/2，连续充气，同时投喂对虾配合饲料。

（2）实验设置。

实验在 50 cm×60 cm×40 cm 的塑料水箱内进行，每个箱内养殖 60 尾虾。本实验分为 4 组（对照组、0.03 μg/L、0.3 μg/L、3.0 μg/L 苯并[a]芘处理组），各处理组设 3 个平行。取样时间为 0 d、1 d、3 d、6 d、10 d、15 d、21 d。

2. 实验结果

凡纳滨对虾鳃、肝胰腺中的 BaP 累积量见表 1-50。根据实验数据可以看出凡纳滨对虾各组织中 BaP 的累积量随海水中 BaP 浓度以及曝污时间的变化而变化。在所有 BaP 处理组，凡纳滨对虾各组织 BaP 浓度迅速增加，在暴露实验第 6 d 或 10 d 逐渐趋于稳定，之后在这两个组织中的 BaP 浓度趋于稳定，并显著高于对照组。在染毒的第 21 d，肝胰脏中 BaP 浓度均高于鳃，而对照组无明显变化。在实验过程中，这两个组织对于 BaP 的累积量都随着海水中 BaP 浓度的增高而显著升高（$P<$ 0.05），两种组织中 BaP 的累积梯度为肝胰腺大于鳃。

表 1-50 对照组与 BaP 处理组中凡纳滨对虾鳃及肝胰腺的 BaP 累积量(mean±SD)

组织	BaP处理 浓度/(μg/L)	BaP 累积浓度/[μg/(d·g· wet weight)]						
		0 d	1 d	3 d	6 d	10 d	15 d	21 d
鳃	0	0.046±0.002 0	0.039±0.001 7	0.064±0.003 6	0.082±0.017 3	0.054±0.002 1	0.093±0.002 2	0.080±0.002 4
	0.03		0.113±0.023 3	0.820±0.005 3*	1.113±0.057 4*	1.01±0.006 8*	1.364±0.001 6*	1.297±0.015 3
	0.3		0.164±0.009 4*	1.043±0.013 8*	2.194±0.059 2*	3.029±0.008 8*	3.016±0.003 2*	3.188±0.005 2*
	3		0.263±0.007 0*	1.100±0.002 3*	3.144±0.039 4**	4.081±0.013 9**	4.092±0.014 6**	4.116±0.012 8**
肝胰腺	0	0.631±0.027 8	0.545±0.024 5	0.503±0.053 6	0.379±0.019 2	0.294±0.074 5	0.334±0.024 6	0.152±0.004 6
	0.03		0.522±0.053 6	1.571±0.252*1	1.968±0.112 1	2.704±0.287 4*	1.524±0.494 2*	1.973±0.110 5*
	0.3		0.342±0.063 1*	3.172±0.142 3*	3.823±0.095 9*	4.075±0.340 9**	4.508±0.404 5**	4.158±0.224 0**
	3		0.814±0.093 2*	3.224±0.843 2**	4.314±0.443 1**	6.154±0.433 2**	6.065±0.754 6**	6.138±0.373 4**

注：表中同一行数据右上角 * 表示差异显著(P<0.05)，** 表示差异极显著(P<0.01)。

第 36 节　多环芳烃(苯并[a]芘)对凡纳滨对虾组织损伤效应的研究

1. 材料与方法

(1) 实验动物。

实验凡纳滨对虾于 2012 年 12 月购于青岛市崂山区沙子口对虾养殖场,体重 15.7 g±2.3 g,生物学体长 10.8 cm±1.2 cm,水温 22.9 ℃±0.5 ℃,盐度为 34,pH 为 8.0±0.3,日换水 2 次,日换水量为 1/2,连续充气,同时投喂对虾配合饲料。

(2) 实验设置。

实验在 50 cm×60 cm×40 cm 的塑料水箱内进行,每个箱内养殖 60 尾虾。本实验分为 4 组(对照组,0.03 μg/L、0.3 μg/L、3.0 μg/L 苯并[a]芘处理组),各处理组设 3 个平行。取样时间为 0 d、1 d、3 d、6 d、10 d、15 d、21 d。

2. 实验结果

(1) DNA 损伤。

由图 1-158 可见,0.03 μg/L 的在这两个组织中 BaP 处理比相应的对照组没有显著的变化 F 值。在 0.3 和 3 μg/L BAP 的治疗方法,这两个组织中的 F 值被发现开始下降,在最初的 3 d,在 6 d 达到最低水平,并保持显著低于对照($P < 0.05$)。

(2) MDA 含量(脂质过氧化)。

如图 1-159 所示,MDA 含量在鳃和肝胰脏中随着 BaP 暴露浓度的增加而增加。MDA 含量与 BaP 浓度呈正相关。在 21 d 的暴露时间内,0.03 μg/L BaP 处理组与对照组相比,MDA 含量无明显变化($P > 0.05$)。暴露于 0.3 μg/L 和 3 μg/L BaP 组,MDA 含量在鳃在 6 d 达到最大值,并保持在较高水平;然而,MDA 含量在肝胰腺 6 d 增加至最高水平,然后呈下降趋势,但其含量均显著高于对照组($P < 0.05$)。

(3) 蛋白羰基含量(PC 含量)。

由图 1-160 可见,鳃和肝胰脏组织 PC 含量在 0.3 μg/L 和 3 μg/L BaP 处理组中变化显著($P < 0.05$),而 0.03 μg/L BaP 处理组和对照组无显著变化。0.3 μg/L 和 3 μg/L BaP 处理组在 PC 含量于 6 d 时达到最高值,随染毒时间的延长 PC 含量稍有降低,但仍显著高于对照组。这表明 0.3 μg/L 和 3 μg/L BaP 处理组以剂量依赖的方式引起的遗传毒性,是可以得到修复的。

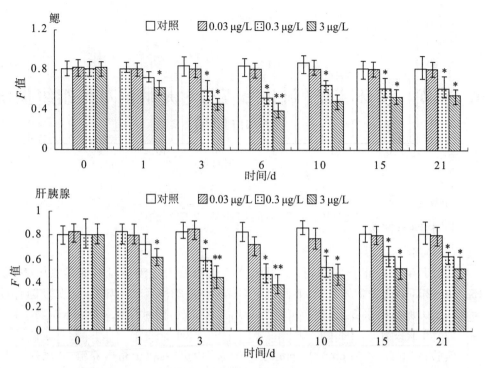

图 1-158　BaP 对凡纳滨对虾鳃丝及肝胰腺组织 DNA 损伤的影响

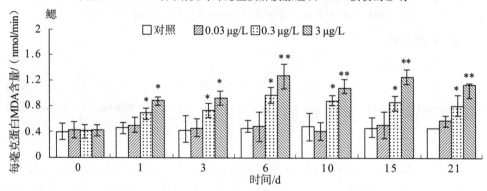

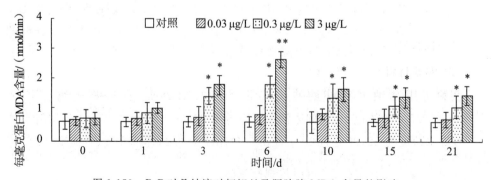

图 1-159　BaP 对凡纳滨对虾鳃丝及肝胰腺 MDA 含量的影响

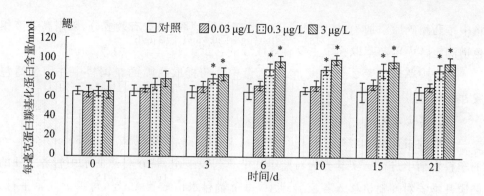

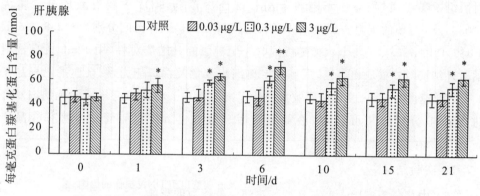

图 1-160　BaP 对凡纳滨对虾鳃丝及肝胰腺巯基化蛋白含量的影响

第 37 节　中草药添加剂对凡纳滨对虾药效与安全性评价研究

1. 材料与方法

（1）实验材料。

实验所用凡纳滨对虾购自青岛市沙子口对虾养殖场，虾生物体长为 10.1 cm±0.5 cm，体色正常，健康活泼。暂养于 67 cm×50 cm×37 cm 的塑料水槽中 7 d，海水盐度为 32，温度为 20 ℃±0.5 ℃，pH 为 8.1，连续充气，日换水 2 次，每次换水量为 1/3～1/2，并投喂对虾配合饲料。

（2）实验梯度设置。

根据已有文献及预实验结果，选定中草药大黄（HD3）和杜仲（HD4）进行实验。

将中草药粉碎后添加 10 倍体积的 85％酒精回流萃取,提取有效成分,采用高效液相色谱测定各中草药萃取物中主要有效成分的含量。

每个中草药设置 3 个梯度,称取适量中草药提取物喷洒在饲料中并用蛋清包膜,晒干后备用。

（3）实验方法。

选取健康凡纳滨对虾进行中草药免疫增强实验,实验在 67 cm×50 cm×37 cm 的塑料水槽中进行。实验分为对照组和中草药投喂组,将在自然海水中暂养 7 d 的健康凡纳滨对虾随机移入各实验组中,每个塑料水槽放置 40 尾,每组设 3 个平行。对照组投喂普通饲料;中草药投喂组投喂含中草药 HD1 主要有效成分含量为 0.05％及 0.1％的饲料 6 d,随后投喂普通饲料 10 d。取样时间分别为 0 d、3 d、6 d、7 d、9 d、12 d、16 d。每个水槽随机抽取 8 尾健康的凡纳滨对虾,用 1 mL 无菌注射器对凡纳滨对虾抽取血淋巴,现场测定血细胞数量及吞噬能力,剩余血淋巴样品于 4 ℃下低速离心 5 min 后,分别收集上清于离心管中。将取血完毕后的凡纳滨对虾进行解剖,分别收集肝胰腺,液氮研磨后分装在 2 mL 离心管中。所有样品于 −80 ℃保存,用于测定其他指标。

2．实验结果

（1）中草药免疫增强剂对凡纳滨对虾免疫能力的影响。

如图 1-161 至图 1-168 所示,大黄和杜仲提取物对凡纳滨对虾血淋巴血细胞数量、吞噬率、抗菌活力、溶菌活力产生显著影响（$P<0.05$）,而对照组无明显变化。在投喂药饵期间（0～6 d）,各处理组免疫指标逐渐上升,与 6 d 时达到最高值。在停止投喂渔药（7～16 d）时间内,各处理组免疫能力逐渐下降,最终恢复正常值。

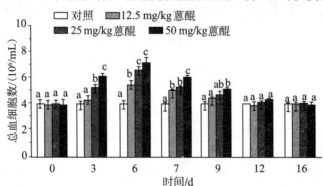

图 1-161　大黄提取物对凡纳滨对虾总血细胞数量的影响

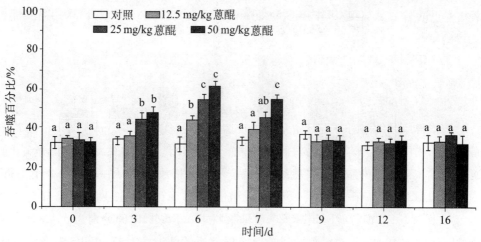

图 1-162　大黄提取物对凡纳滨对虾血细胞吞噬活力的影响

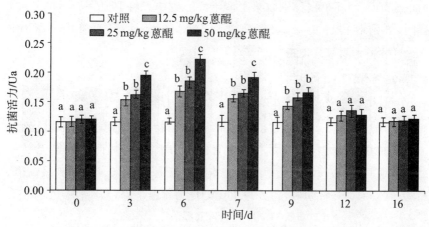

图 1-163　大黄提取物对凡纳滨对虾血细胞抗菌活力的影响

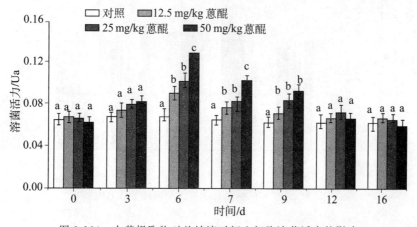

图 1-164　大黄提取物对凡纳滨对虾血细胞溶菌活力的影响

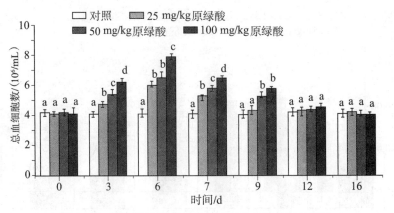

图 1-165　杜仲提取物对凡纳滨对虾血细胞数量的影响

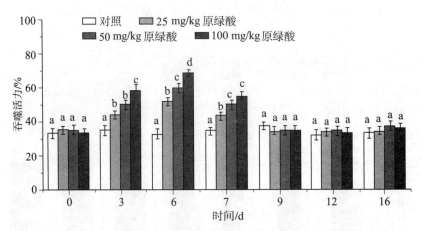

图 1-166　杜仲提取物对凡纳滨对虾血细胞吞噬活力的影响

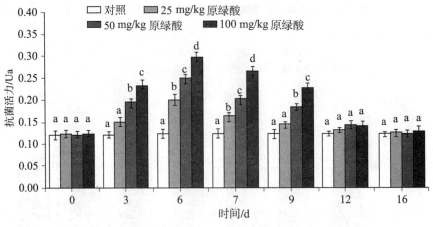

图 1-167　杜仲提取物对凡纳滨血细胞抗菌活力的影响

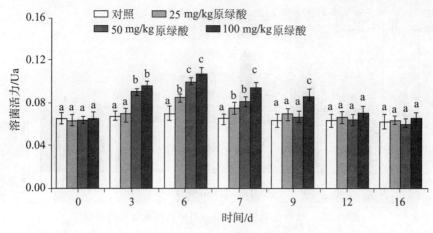

图 1-168　杜仲提取物对凡纳滨对虾溶菌活力的影响

（2）中草药免疫增强剂对凡纳滨对虾抗氧化能力的影响。

如图 1-169 至图 1-176 所示 HD3 和 HD4 提取物对凡纳滨对虾血淋巴总抗氧化活力（T-AOC）、SOD、GSH、GSH/GSSG 活性产生显著影响（$P < 0.05$），而对照组无明显变化。在投喂药饵期间（0～6 d），各处理组抗氧化指标逐渐上升，与 6 d 时达到最高值。在停止投喂渔药（7～16 d）时间内，各处理组抗氧化能力逐渐下降，最终恢复正常值。

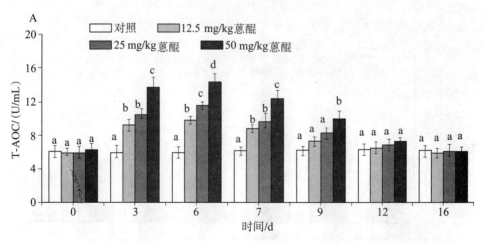

图 1-169　大黄提取物对凡纳滨对虾血淋巴总抗氧化能力（T-AOC）的影响

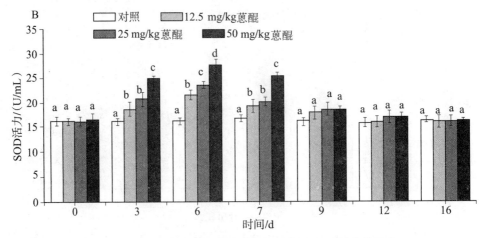

图 1-170　大黄提取物对凡纳滨对虾血淋巴 SOD 活力的影响

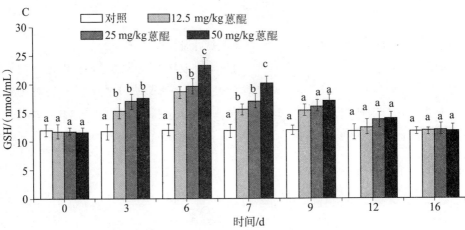

图 1-171　大黄提取物对凡纳滨对虾血淋巴 GSH 的影响

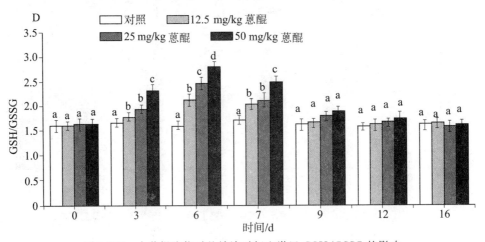

图 1-172　大黄提取物对凡纳滨对虾血淋巴 GSH/GSSG 的影响

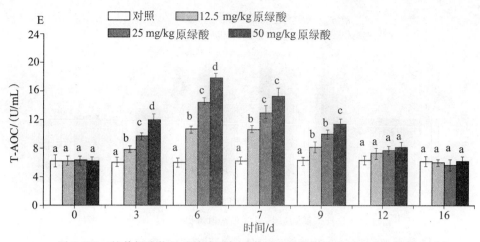

图 1-173　杜仲提取物对凡纳滨对虾血淋巴总抗氧化能力（T-AOC）的影响

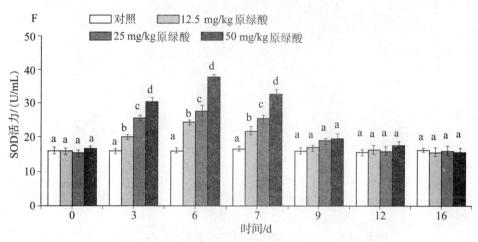

图 1-174　杜仲提取物对凡纳滨对虾血淋巴 SOD 活性的影响

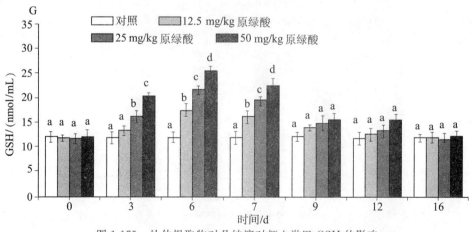

图 1-175　杜仲提取物对凡纳滨对虾血淋巴 GSH 的影响

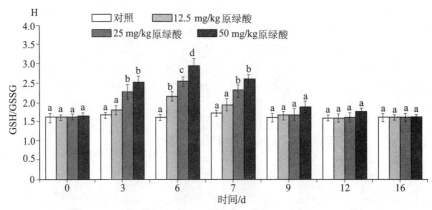

图 1-176　杜仲提取物对凡纳滨对虾血淋巴 GSH/GSSG 的影响

（3）中草药有效成分在凡纳滨对虾体内血药浓度的变化。

如图 1-177 所示，投喂药饵期间（0～6 d），各处理组中 HD3 和 HD4 有效成分含量逐渐上升，与 6 d 时达到最高值。在停止投喂渔药（7～16 d）时间内，各处理组中血药浓度迅速下降，在停药 3 d 后恢复正常值。

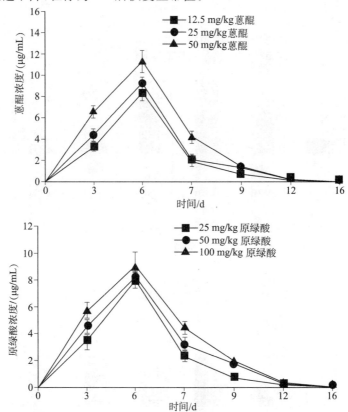

图 1-177　凡纳滨对虾血淋巴中大黄和杜仲有效成分含量的变化

（4）中草药免疫增强剂对凡纳滨对虾肝胰腺损伤效应的影响。

如图 1-178、图 1-179 所示，在投喂药饵期间，F 值 6 d 时各处理组表现出显著下降，停止投喂药饵后，各处理组 F 值逐渐恢复正常，与对照组差异显著。停喂药饵

3 d 后,各处理组 F 值与对照组差别不大。投喂药饵期间,脂质过氧化水平显著上升($P<0.05$),于 6 d 时达到最高值。停止投喂药饵后 3 d 内,各处理组与对照组仍有显著差异,停喂 6 d 后,各处理组脂质过氧化水平恢复正常值。投喂药饵 6 d 内,羰基化蛋白含量显著升高($P<0.05$),在 6 d 达到最高值。停喂药饵后,各处理组羰基化水平逐渐降低,停喂 1 d 后,处理组与对照组无显著差异。

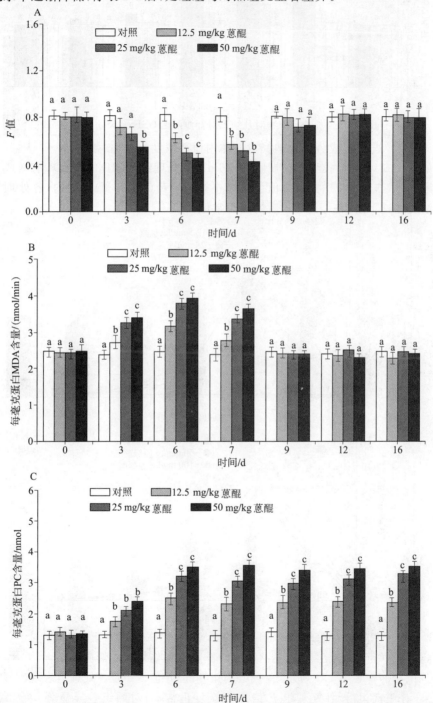

图 1-178　大黄提取物对凡纳滨对虾肝胰腺损伤(A)、蛋白质羰基化(B)及脂质过氧化(C)的影响

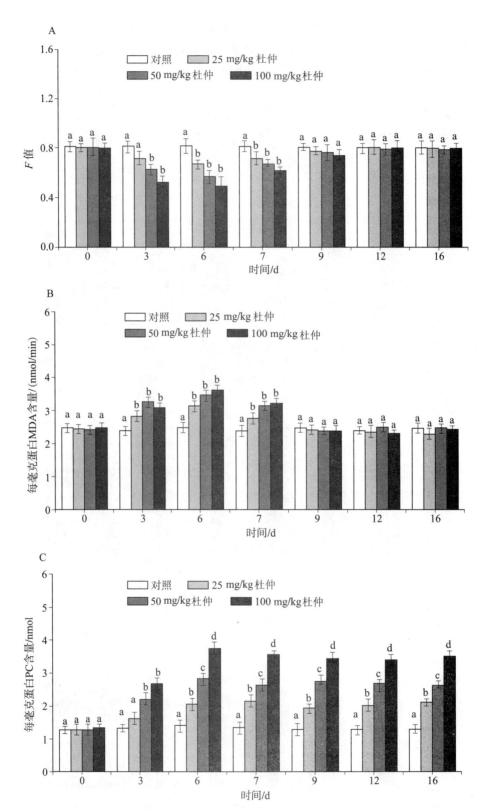

图 1-179　杜仲提取物对凡纳滨对虾肝胰腺 DNA 损伤（A）、蛋白质羰基化（B）及脂质过氧化（C）的影响

3. 实验结论

建立了中草药免疫增强剂对凡纳滨对虾效果评价体系,通过测定中草药免疫增强剂对凡纳滨对虾免疫指标(血细胞数量、吞噬率、抗菌活力、溶菌活力、酚氧化酶活力)、抗氧化指标(总抗氧化能力、SOD、GSH/GSSG)及损伤指标(DNA 损伤、脂质过氧化、蛋白质羰基化),能够筛选出效果较好的中草药。

对 HD3 和 HD4 提取物对凡纳滨对虾免疫效果的研究表明,大黄及杜仲提取物能显著提高凡纳滨对虾免疫能力,在投喂药饵时间内(0~6 d),各免疫指标随着时间的延长而增大。停喂药饵 3 d 后,各免疫指标逐渐恢复正常值。

HD3 和 HD4 提取物对凡纳滨对虾损伤效应显著,与对照组相比,在 0~6 d,各处理组对凡纳滨对虾 DNA 损伤、脂质过氧化、蛋白质羰基化的影响显著差异。停喂药饵后,各处理组损伤效应逐渐降低,至第 6 d 恢复正常值。

第 38 节　对虾中草药免疫增强剂快速筛选技术的研究

1. 实验方法

(1) 实验动物。

实验所用凡纳滨对虾购自青岛市胶州对虾养殖场,虾生物体长为 9.2 cm±0.6 cm,体色正常,健康活泼。暂养于 67 cm×50 cm×37 cm 的塑料水槽中 7 d,海水盐度为 32,温度为 20 ℃±0.5 ℃,pH 为 8.1,连续充气,日换水两次,每次换水量为 1/3~1/2,并投喂对虾配合饲料。

(2) 实验梯度设置。

中草药添加浓度设置分为单独添加组(HD1、HD2、HD3)每种中草药两个浓度梯度,混合添加组(D1-1＋HD2-1、HD1-2＋HD2-2、HD1-1＋HD2-1＋HD3-1、HD1-2＋HD2-2＋HD3-2)和对照组(不添加中草药)。取样时间为 0 h、6 h、12 h、24 h。

(3) 实验方法。

选取活力好的凡纳滨对虾,以洁净海水洗净对虾体表,用含有双抗 (1 000 μg/mL 青霉素、1 000 μg/mL 链霉素) 经过高温消毒的无菌海水暂养 1~2 d。取 20 尾凡纳滨对虾,实验前先用 75% 的酒精棉球消毒对虾体表,然后在超净工作台内用预先吸入已消毒的预冷抗凝剂(0.45 mol/L 氯化钠,0.01 mol/L 氯化钾,0.01 mol/L EDTA-2Na,0.01 mol/L HEPES,pH 7.00,渗透压为 750 mOsm/kg)的无菌注射器,按抗凝剂∶血淋巴为 1∶1 的比例于头胸甲后缘处心脏取血,混合于离心管中,取抗凝血样品,4 ℃,300 g 离心 10 min,弃上清,将沉于底部的血细胞用 2×L-15 培养基重悬,调节血细胞密度后接种于 5 mL 圆底离心管,每管 200 μL。置于 5% 二氧化碳培养箱中 25 ℃ 密闭培养。

2. 实验结果

(1) 中草药单独作用对凡纳滨对虾血细胞免疫活性的影响。

由图 1-180 可知,各处理组在血细胞培养 6 h 时与对照组相比几乎无显著差异,从 12 h 开始,各处理组对凡纳滨对虾血细胞数量产生显著影响($P<0.05$),而对照组之间无明显变化。总的来说,HD1 与 HD2 低浓度处理组中血细胞数量要高于高浓度处理组,而 HD3 高浓度处理组血细胞数量高于低浓度处理组。

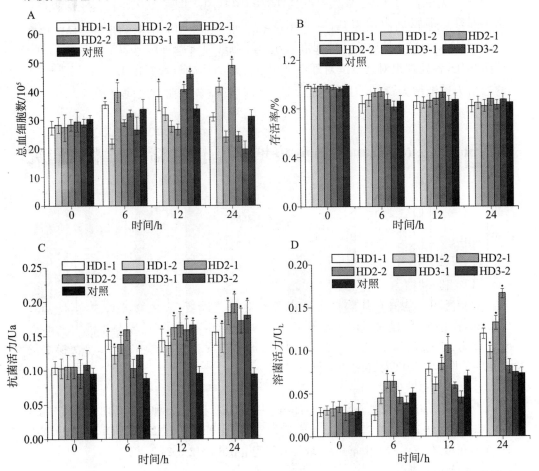

图 1-180 3 种中草药对凡纳滨对虾血细胞数量(A)、吞噬(B)、抗菌活力(C)及溶菌活力(D)的影响

各处理组中血细胞存活率均高于 80% 以上。与对照组相比各处理组高浓度的血细胞存活率高于低浓度。总的来说,在 6 h 内,HD1 与 HD2 两种中草药对凡纳滨对虾血细胞存活率影响显著($P<0.05$)。

在培养 12 h 内,各处理组对凡纳滨对虾血细胞抗菌能力与对照组差别不大,在培养 24 h 时,各处理组抗菌活力远高于对照组抗菌活力。

中草药 HD2 对凡纳滨对虾血细胞溶菌活力影响显著($P<0.05$),而 HD3 对凡

纳滨对虾血细胞溶菌活力影响较小。在血细胞培养 24 h 内,各处理组血细胞溶菌活力呈逐渐升高趋势,在 24 h 达到最高值。

(2)中草药配伍对凡纳滨对虾血细胞免疫能力的影响。

图 1-181 表明,不同中草药有效成分的配伍对凡纳滨对虾血细胞数量的影响不同。在 6 h 时,各处理组血细胞数量较高,其中两两组合效果要高于 3 种组合在实验过程中(0~24 h),各处理组中血细胞存活率均高于 80%。在 24 h 时中草药有效成分配伍对凡纳滨对虾血细胞存活率影响显著($P<0.05$),其中 HD1-1+HD2-1 与 HD1-1+HD2-1+HD3-1 对凡纳滨对虾血细胞存活率的影响较大。各处理组对凡纳滨对虾血细胞抗菌活力在 12 h 内逐渐增高,在 12 h 达到最高值,随即下降。HD1、HD2、HD3 3 种中草药的配伍对凡纳滨对虾血细胞抗菌活力影响显著。与对照组相比,各处理组对凡纳滨对虾血细胞溶菌活力影响较大。在 12 h 内,各处理组溶菌活力逐渐增大,12 h 时达到最高值,随即下降,各对照组之间差别不大。12 时各处理组溶菌活力远高于对照组。

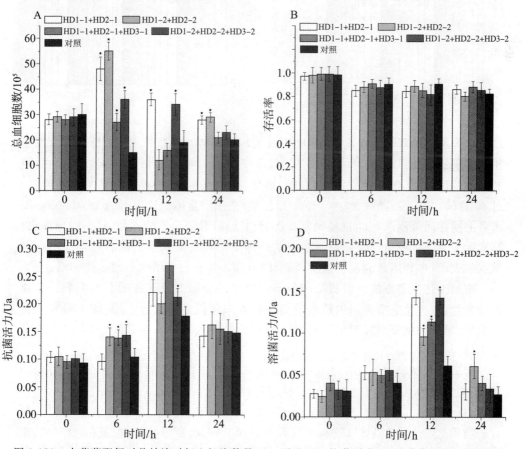

图 1-181　中草药配伍对凡纳滨对虾血细胞数量(A)、吞噬(B)、抗菌活力(C)及溶菌活力(D)的影响

3. 实验结论

在实验室现有研究基础上,探索并完善了凡纳滨对虾血细胞体外悬浮培养技术,确定了凡纳滨对虾血细胞体外培养的最优条件(包括培养基的种类及添加物、pH、培养温度等)。建立了利用凡纳滨对虾血细胞进行中草药有效成分配伍的筛选技术。

研究了不同中草药有效成分单独作用对凡纳滨对虾免疫指标的影响,不同中草药有效成分对免疫指标的影响不同。其中中草药 HD1 对提高凡纳滨对虾免疫能力效果较好。

研究不同中草药有效成分混合作用对凡纳滨对虾免疫指标的影响,HD1-1、HD2 混合作用及 HD1-1、HD2、HD3-1 的混合作用对凡纳滨对虾免疫能力影响较为显著。

第 39 节　对虾免疫增强和抗菌复方中草药制剂的研究

1. 材料与方法

(1)实验材料。

首先制备中草药活性成分,将片状黄芪均匀粉碎后,过 80 目筛,与蒸馏水按照质量体积比为 1∶10 混匀,煎煮 2 次,每次 2 h,合并 2 次滤液,减压浓缩,加适量 95% 酒精,使最终含醇量为 80%,过夜,抽滤,得黄芪多糖;将片状杜仲均匀粉碎后,过 80 目筛,与乙酸乙酯(含 0.05 mol/L 盐酸)按照质量体积比为 1∶8 混匀,在 65 ℃水浴上搅拌回流浸取 3 h,重复提取 2 次,合并滤液分离出乙酸乙酯,获得绿原酸;大蒜素购买自山东济南德高公司。将中草药提取物和大蒜素溶于水后均匀喷洒在基础饲料表面,再利用鱼油包裹饲料,晾干即得到添加有免疫增强剂的基础饲料。

按照上述制备方法分别制备两种不同浓度的增强剂及相应的养殖饲料。以质量分数计,一种免疫增强剂包括每千克饲料添加黄芪多糖 1 份、绿原酸 1 份和大蒜素半份;另一种免疫增强剂包括每千克饲料添加黄芪多糖 1 份、绿原酸 1 份和大蒜素 1 份。

实验用凡纳滨对虾(*Litopenaeus vannamei*)购于青岛市崂山区沙子口对虾养殖场,平均体重为 7.45 g±0.41 g。实验用基础饲料的成分如下:以质量分数计,鱼粉 34%、豆粕 20%、花生粕 16.4%、小麦粉 22%、大豆磷脂 5%、多种维生素 0.6%、复合矿物质 2%。经实验计算饲料中营养成分如下:以质量分数计,粗蛋白 42.4%、粗脂肪 7.2%、灰分 8.4%。

(2)实验方法。

实验用凡纳滨对虾暂养 7 d 后随机分成 3 组,分别为对照组、实验组 1 和实验组

2,每组 70 尾,每组 3 平行,饲养于 100L PVC 桶中,24 h 通气饲养。对照组投喂基础饲料,实验 1 和 2 组分别投喂制备的两种免疫增强剂基础饲料,每天投喂 2 次,均为饱食投喂量。养殖实验共持续 21 d,实验期间,水温、盐度、pH、分别为 25 ℃～27 ℃,34、7.8～8.0。在实验开始的第 0 d、1 d、3 d、6 d、10 d、15 d、21 d 取血,使用消毒的 5 号针头和 1 mL 注射器直接插入对虾头胸甲后缘围心腔内 3 mm 左右进行采血,抽血前注射器内预先吸入了 0.3 mL 改进的预冷凡纳滨对虾抗凝剂(0.34 mol/L NaCl,0.01 mol/L KCl,0.01 mol/L EDTA-2Na,0.01 mol/L HEPES,pH 7.45,渗透压为 780 mOsm/kg),最终使得抗凝剂和血淋巴的比例为 1∶1。一部分血淋巴样品进行血细胞数量及吞噬率的测定,剩余血淋巴样品于 4 ℃下低速离心 10 min,取蓝色上清液,即为血浆样品,于 −80 ℃条件下保存。

血细胞数量的测定使用血球计数板在光学显微镜下进行计数;吞噬活性、酚氧化酶活性和溶菌酶活性测定使用南京建成生物有限公司生产的试剂盒。

2. 实验结果

(1) 复合中草药制剂对凡纳滨对虾血细胞数量的影响。

由图 1-182 可知:投喂含复方中草药免疫增强剂的饲料 21 d 后,凡纳滨对虾血细胞数量有明显增加,实验结束后,与对照组相比,实验组 1 和 2 血细胞数量分别增加 14.2% 和 16.5%,实验组和对照组差异显著($P<0.05$)。但实验组 2 和实验组 1 相比,大蒜素含量的升高未能进一步增加血细胞的数量。

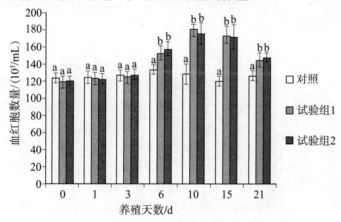

图 1-182　中草药复方对凡纳滨虾血细胞数量的影响

(2) 复合中草药制剂对凡纳滨对虾血细胞吞噬活性的影响。

由图 1-183 可知:投喂含复方中草药免疫增强剂的饲料 6 d 后,凡纳滨对虾血细胞吞噬率开始显著高于对照组,但实验组 1 和实验组 2 差异不显著($P>0.05$)。在养殖中后期,实验组 2 的对虾血细胞吞噬能力增加更加明显,显著高于对照组和实验组 1,表明随着养殖时间的延长,高浓度的大蒜素有利于进一步提升凡纳滨对虾血细胞的吞噬能力。

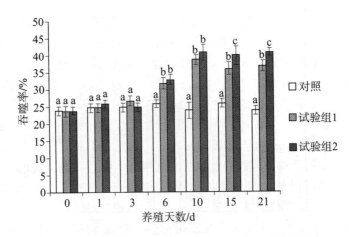

图 1-183　中草药复方对凡纳滨虾血细胞吞噬活性的影响

（3）复合中草药制剂对凡纳滨对虾血细胞吞噬活性的影响。

由图 1-184 可知：投喂含复方中草药免疫增强剂的饲料 3 d 后，凡纳滨对虾血清酚氧化酶活力有明显增加，并且在第 6 d 实验组 1 和实验组 2 血清酚氧化酶活力达到最高值，与对照组差异显著（$P<0.05$）。从第 6 d 到实验结束，两实验组血清酚氧化酶活力略有下降，但仍显著高于对照组。整个实验周期，实验组 1 和实验组 2 血清酚氧化酶活力差异不显著。综合以上结果可得，饲料中添加黄芪多糖、绿原酸和大蒜素能提高凡纳滨对虾血清酚氧化酶活力，但大蒜素含量的进一步提升不能继续增强对虾血清酚氧化酶活力。

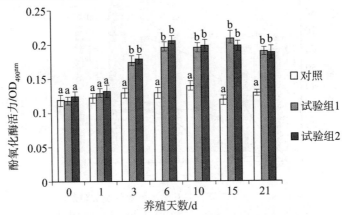

图 1-184　中草药复方对凡纳滨对虾血浆分氧化酶活性的影响

（4）复合中草药制剂对凡纳滨对虾血细胞溶菌酶活力的影响。

由图 1-185 可知：投喂含复方中草药免疫增强剂的饲料 3 d 后，凡纳滨对虾血清溶菌酶活力有明显增加，且在第 10 d 达到最大值，与对照组相比，实验组 1 血清溶菌酶活力增加 2.05 倍，实验组 12 血清溶菌酶活力增加 2.23 倍，但在实验后期各实验组溶菌酶活力均有小幅度下降且与对照组之间差异显著（$P<0.05$）。

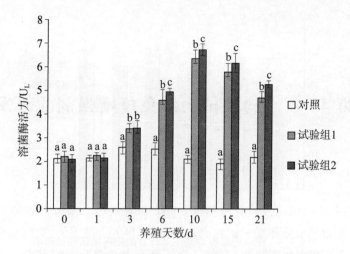

图 1-185　中草药复方对凡纳滨对虾溶菌酶活性的影响

（5）复合中草药制剂对凡纳滨对虾抗弧菌抗能力的影响。

由图 1-186 可知：攻毒 0.5 d 后各组对虾开始出现死亡，每组死亡 1～3 尾，到 1 d 时，对照组对虾累计死亡数明显高于各实验组，到 3 d 时，各组死亡数降低，5 d 后，各组对虾死亡数减小并趋于稳定。攻毒实验结束时，对照组累计死亡率最高达 68.35％，实验组 1 累计死亡率为 33.35％，实验组 2 累计死亡率 30％，表明投喂添加黄芪多糖、绿原酸和大蒜素的饲料能提高凡纳滨对虾抗弧菌能力，并且抗弧菌能力随大蒜素含量的增加而提高。

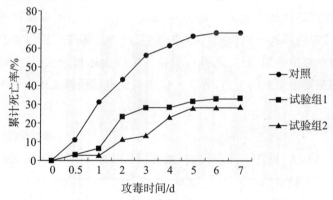

图 1-186　中草药复方对凡纳滨对虾累计死亡率的影响

3. 实验结论

凡纳滨对虾摄食添加黄芪多糖、绿原酸和大蒜素的饲料 21 d 后，可显著增强其免疫能力。

在中草药复方中增加大蒜素的含量可提高对虾对弧菌的抵抗能力，如本实验中将大蒜素在基础饲料中的含量提高，利用弧菌攻毒，结果显示对虾死亡率从 33.35％降至 30％，而空白对照组死亡率为 68.35％。

由黄芪多糖、绿原酸和大蒜素组成的中草药免疫增强剂同时具备增强免疫能力和提高杀菌能力。

第 40 节　刺参植物源免疫增强剂的研发

近年来,随着我国北方仿刺参养殖业的大力发展以及南方海参越冬的开发,海参已成为最大的养殖品种之一。然而,随着海参养殖的规模化、集约化发展,海参病害的发生频率及程度越来越高,这些已受到研究者和养殖者的重视。自海参"腐皮综合征"发生以来,寻求绿色环保、无公害的免疫增强剂便成为预防海参疾病发生的研究热点。仿刺参属棘皮动物,非特异性免疫是抵御外来侵害的重要途径。免疫增强剂可通过提高机体的非特异性免疫来增强对外界病害的抵抗力,对机体本身是安全的。目前,在水产养殖中常用的免疫增强剂主要有细菌提取物、动植物提取物、化学合成物质及维生素类。目前国内外在水产养殖中对植物源免疫增强剂进行了研究且逐步深入,不同的免疫增强剂通过不同的作用机理对机体产生免疫增强作用,可激活体内的巨噬细胞活性,促进 T 细胞转化,提高淋巴细胞和 NK 细胞的数量及活性;可通过提高动物体内的溶菌酶等免疫因子活性大小来提高机体自身的免疫力;亦可作为营养物质调节机体的代谢或微生态平衡,等等。项目组利用不同植物源提取物作为免疫增强剂,研究其对仿刺参各免疫指标的影响,从免疫系统和肠道系统探讨不同免疫增强剂的应用,旨在为仿刺参免疫增强剂或配合饲料的研发提供科学依据。

1. 研究一

仿刺参养殖方法:挑选个体均匀、外观无疾病症状的不同体质量的健康仿刺参随机分配到不同实验水槽(70 cm×30 cm×40 cm)内,温度控制在 15 ℃±1.0 ℃,实验期间连续充气,盐度 3.2,pH 7.8～8.2,溶解氧大于 5 mg/L。每天 15:00 按照仿刺参体质量的 2% 进行饱食投喂(海泥与鼠尾藻粉质量比 1:1)。

对初始体重为 30.00 g±2.00 g 的仿刺参($Apostichopus\ japonicus$ Selenka)注射 500 μL 的黄檗、苦参、枸杞多糖、黄芪多糖、菊粉、天蚕素(质量浓度均为 1.0 mg/mL)6 种免疫增强剂,研究其对仿刺参免疫力的影响(图 1-187 至图 1-192)。结果表明,在注射后第 3 d,黄檗提取物和菊粉实验组仿刺参体腔细胞数量显著增加,最高达 1.5×10^7 cells/mL($P < 0.05$);菊粉实验组的呼吸爆发活性达到 0.38/10^6 cells($P < 0.05$);黄芪多糖、菊粉和苦参提取物实验组仿刺参吞噬活性较高,最高达 0.42/10^6 cells,与对照组均产生显著性差异($P < 0.05$);仿刺参体内酚氧化酶、酸性磷

酸酶活性在第 3 d 达到最高,以黄檗提取物实验组分别达 83 U/mL、6.5 U/100 mL
($P<0.05$);超氧化物歧化酶活性在第 1 d 出现最大值,其中菊粉实验组最显著($P<0.05$),达到 97 U/mL;然而活性大小随着时间的延长呈下降趋势,免疫活性和时间之间无正比关系,且不同的免疫增强剂产生了不同的影响。

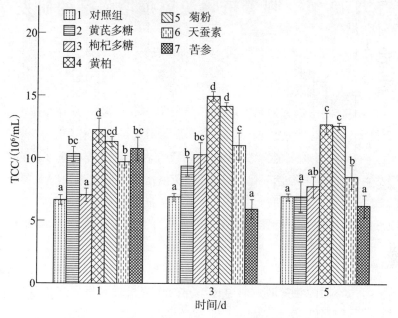

图 1-187　免疫增强剂对仿刺参体腔细胞数量的影响

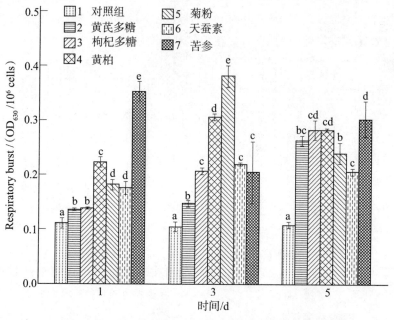

图 1-188　免疫增强剂对仿刺参呼吸爆发活性的影响

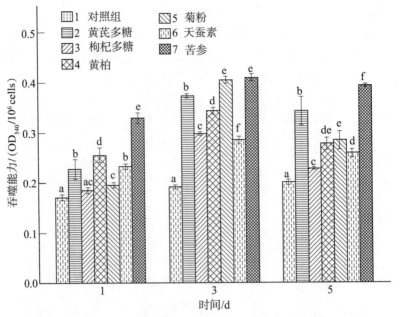

图 1-189　免疫增强剂对仿刺参吞噬活性的影响

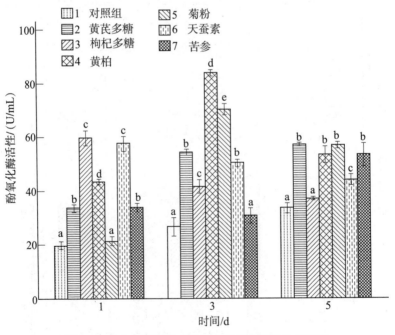

图 1-190　免疫增强剂对仿刺参酚氧化酶活性的影响

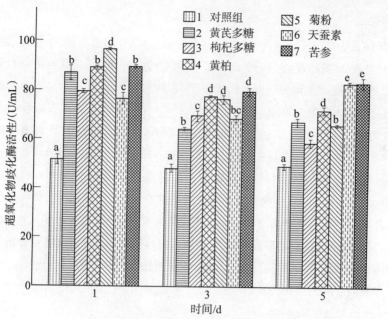

图 1-191 免疫增强剂对仿刺参超氧化物歧化酶活性的影响

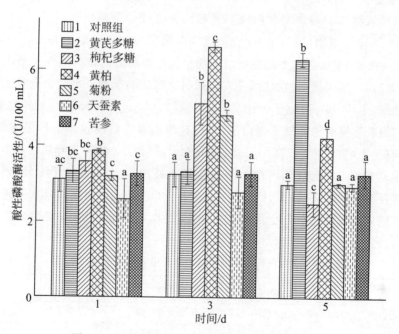

图 1-192 免疫增强剂对仿刺参酸性磷酸酶的影响

2. 研究二

对初始体重为 26.00 g±2.00 g 的仿刺参注射 500 μL 的甜菜碱、牛至提取物、黄芩、党参、菊粉、大黄(质量浓度均为 1.0 mg/mL)6 种免疫增强剂,研究其对仿刺参免疫力的影响,并以无菌生理盐水作为对照。结果表明,在注射后第 2 d,党参提取物仿刺参体腔细胞数量显著增加,最高 1.06×10^7 cells/mL($P < 0.05$),其次是牛至提取物处理组和菊粉处理组,而黄芩处理组仿刺参 TCC 比对照组降低;大黄实验组的呼吸爆发活性达到 $2.3/10^6$ cells($P < 0.05$),其次是牛至提取物 $2.0/10^6$ cells($P < 0.05$);菊粉实验组仿刺参吞噬活性则最高达 $2.0/10^6$ cells,与对照组均产生显著性差异($P < 0.05$),其次是甜菜碱 $1.72.0/10^6$ cells($P < 0.05$);仿刺参酸性磷酸酶活性在第 2 d 达到最高,以牛至提取物实验组最显著,达 3.4 U/100 mL($P < 0.05$),其次是大黄;超氧化物歧化酶活性在第 4 d 出现最大值,其中牛至提取物实验组最显著($P < 0.05$),达到 30 U/mL;仿刺参酚氧化酶活性以大黄实验组最显著,其次是党参处理组;然而活性大小随着时间的延长呈下降趋势,免疫活性和时间之间无正比关系,且不同的免疫增强剂产生了不同的影响。

3. 研究三

在 15 ℃±0.5 ℃条件下,向初始体重为 21.00 g±2.00 g 的仿刺参体内注射 400 μL(质量浓度为 1.2 mg/mL)几种免疫增强剂溶液[黄芪多糖(B)、枸杞多糖(C)、黄檗提取物(D)、苦参提取物(E)、党参提取物(F)、菊粉(G)、天蚕素(H)、神曲提取物(I)、山楂提取物(J)],第 1 d、3 d、5 d 时测定仿刺参肠道消化酶活性,第 5 d 时制作前肠组织切片,研究不同免疫增强剂对仿刺参肠道消化酶活性及组织结构的影响(表 1-51)。结果表明,在注射免疫增强剂后第 3 d,菊粉处理组仿刺参肠道蛋白酶活性最高,达 15.16 μg/(g·min),与对照组[7.07 μg/(g·min)]差异性显著($P < 0.05$),而黄檗提取物抑制了蛋白酶活性;神曲提取物对淀粉酶活性影响最大,达到 72.57 U/dL,与对照组(53.2U/dL)差异性显著($P < 0.05$);只有菊粉和山楂提取物对纤维素酶活性影响显著($P < 0.05$),其他处理组与对照均无明显变化($P > 0.05$);黄芪多糖对褐藻酸酶活性影响最大,达 2.06 μg/(g·min),其次是菊粉。在养殖实验期间淀粉酶比活力变化趋势较稳定,其次是纤维素酶,褐藻酸酶和蛋白酶变化幅度最大。

表 1-51　9 种免疫增强剂对仿刺参肠道消化酶活性的影响

处理组	测定指标			
	蛋白酶/[μg/(g·min)]	淀粉酶/(U/dL)	纤维素酶/[μg/(g·min)]	褐藻酸酶/[μg/(g·min)]
A	7.07 ± 0.26^a	53.20 ± 0.71^a	0.36 ± 0.37^a	0.39 ± 0.00^a
B	15.16 ± 0.60^b	61.93 ± 0.21^b	0.49 ± 0.10^a	2.06 ± 0.07^b
C	10.82 ± 0.63^c	61.34 ± 0.27^b	0.46 ± 0.03^a	1.64 ± 0.17^c

处理组	测定指标			
	蛋白酶/[μg/(g·min)]	淀粉酶/(U/dL)	纤维素酶/[μg/(g·min)]	褐藻酸酶/[μg/(g·min)]
D	6.86 ± 0.86^a	59.81 ± 0.67^b	0.32 ± 0.09^a	0.87 ± 0.35^d
E	9.29 ± 0.03^d	59.40 ± 1.93^b	0.41 ± 0.01^a	1.01 ± 0.04^d
F	11.41 ± 0.84^e	63.01 ± 0.13^c	0.48 ± 0.03^a	1.89 ± 0.06^b
G	15.16 ± 0.15^f	62.51 ± 0.92^{bc}	0.67 ± 0.06^b	2.02 ± 0.06^b
H	9.38 ± 0.49^d	59.10 ± 0.35^b	0.49 ± 0.02^a	1.52 ± 0.04^c
I	10.74 ± 0.56^c	72.57 ± 0.41^d	0.51 ± 0.03^b	1.91 ± 0.04^b
J	11.56 ± 0.43^e	61.09 ± 0.31^b	0.73 ± 0.09^c	1.59 ± 0.14^c

养殖期间,仿刺参肠道消化酶比活力变化如图1-193所示。由图A可知,第3d各处理组蛋白酶比活力均较高,随后降低,第5d比活力仍比第1d稍高,且与对照组差异明显($P<0.05$);不同处理组变化幅度不同,其中黄芪多糖(B)、菊粉(G)对仿刺参肠道蛋白酶比活力影响较大,黄檗(D)、苦参(E)提取物处理组仿刺参肠道蛋白酶比活力差异不显著($P>0.05$),其中黄檗提取物(D)对仿刺参产生抑制现象,比活力比对照组稍低。由图B可见,淀粉酶比活力变化幅度较小,只有神曲提取物处理组(I)出现明显差异($P<0.05$),第3d肠道淀粉酶比活力最高($P<0.05$),第5d降低,变化趋势与蛋白酶比活力基本相同。由图C可见,菊粉(G)、山楂(J)提取物对仿刺参肠道纤维素酶比活力影响较大,在第3d纤维素酶比活力达到最大值,之后随时间延长,比活力降低,其他处理组变化不明显。由图D可见,不同处理组对仿刺参肠道褐藻酸酶比活力影响幅度明显,菊粉处理组(G)变化较稳定;黄芪多糖(B)、党参(F)处理组在第3d酶比活力提升较快,变化幅度大,第5d稍有降低;而黄檗提取物处理组在第3d升高后第5d则降到低于对照组的水平。

4. 研究四

复方制剂1:菊粉10份,黄芪20份,党参25份,黄柏1份,黄芩5份,神曲5份,麦芽5份,山楂5份,天蚕素1份。

复方制剂2:菊粉15份,黄芪25份,党参20份,黄柏0.5份,黄芩8份,神曲8份,麦芽8份,山楂10份,天蚕素2份。

复方制剂3:菊粉20份,黄芪30份,党参30份,黄柏0.5份,黄芩10份,神曲10份,麦芽10份,山楂15份,天蚕素3份。

海参基础饲料:海泥和鼠尾藻粉(二者比例为1∶1),实验过程中达到饱食投喂。制备的复方制剂按照海参基础饲料中鼠尾藻粉质量的3‰进行添加。

结果:复方制剂1实验组体腔细胞总数发生了显著性变化,比对照组1提高了0.23倍,体腔细胞吞噬活性比对照组1提高了0.78倍,酚氧化酶活性提高了0.8

倍,超氧化物歧化酶活性提高了0.55倍,酸性磷酸酶活性提高了0.48倍,蛋白酶活性提高了0.53倍,淀粉酶活性提高了0.15倍(表1-52和表1-53)。

复方制剂2实验组体腔细胞总数发生了显著性变化,体腔细胞总数量比对照组1提高了0.82倍,体腔细胞吞噬活性比对照组1提高了近0.94倍,酚氧化酶活性提高了1.32倍,超氧化物歧化酶活性提高了0.74倍,酸性磷酸酶活性提高了0.58倍,蛋白酶活性提高了1.1倍,淀粉酶活性提高了0.32倍(表1-52和表1-53)。

复方制剂3实验组体各测定指标发生了显著性变化,体腔细胞总数量比对照组1提高了0.84倍,体腔细胞吞噬活性比对照组提高了1.15倍,酚氧化酶活性提高了1.78倍,超氧化物歧化酶活性提高了0.88倍,酸性磷酸酶活性提高了1.04倍,蛋白酶活性提高了约1.2倍,淀粉酶活性提高了0.45倍(表1-52和表1-53)。

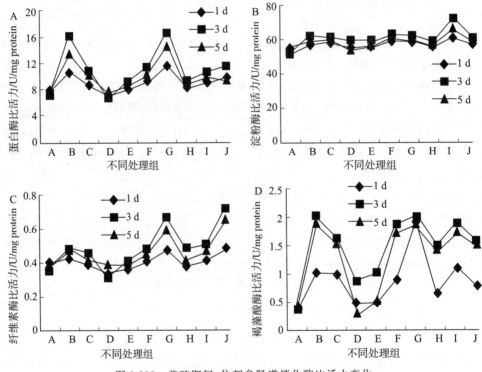

图1-193 养殖期间,仿刺参肠道消化酶比活力变化

表1-52 不同免疫指标检测结果

	TCC/(10^6/mL)	吞噬活性	PO活性/(U/mL)	SOD活性/(U/mL)	ACP活性/(U/100 mL)
对照组1	6.95	0.19	30.16	51.28	3.24
实验组1	8.55	0.34	54.32	79.37	4.81
实验组2	12.65	0.37	70.11	89.07	5.11
实验组3	12.8	0.41	83.80	96.52	6.61

表 1-53　肠道消化酶检测结果

	蛋白酶活性/[μg/(g·min)]	淀粉酶活性/(U/dL)
对照组 1	7.07	53.66
实验组 1	10.82	61.93
实验组 2	15.16	71.26
实验组 3	16.06	77.86

5. 重复实验设计及结果

对照组:未添加。

复方制剂 1:菊粉 10 份,黄芪 20 份,党参 25 份,黄檗 1 份,黄芩 5 份,神曲 5 份,麦芽 5 份,山楂 5 份,天蚕素 1 份。

复方制剂 4:牛至提取物 10 份,黄芪 30 份,黄芩 10 份,麦芽 20 份,神曲 10 份。
复方制剂 5:牛至提取物 5 份,黄芪 30 份,党参 20 份,天蚕素 5 份,山楂 15 份,麦芽 10 份,神曲 10 份,黄芩 5 份,黄檗 0.5 份。

以上复方制剂对仿刺参免疫能力和消化酶影响见表 1-54 和表 1-55。

表 1-54　几种复方制剂对仿刺参免疫能力的影响

	TCC /(10^6/mL)	吞噬活性 /10^6 cells	呼吸爆发活性 /10^6 cells	SOD 活性 /(U/mL)	NOS 活性 /(U/mL)	ACP 活性 /(U/100 mL)
对照组	3.2	0.89	0.71	60.2	3.2	4.1
复方制剂 1	7.0	1.4	1.02	81.2	3.9	7.1
复方制剂 4	5.6	1.2	1.89	77.8	3.6	6.6
复方制剂 5	10.5	1.6	2.31	95.3	4.5	7.6

表 1-55　几种复方制剂对仿刺参消化酶能力的影响

	蛋白酶活性 /[μg/(g·min)]	淀粉酶活性 /(U/dL)	纤维素酶 /[μg/(g·min)]	褐藻酸酶活性 /[μg/(g·min)]
对照组	6.6	53.2	0.36	0.39
复方制剂 1	11.41	61.3	0.67	2.02
复方制剂 4	9.29	59.4	0.51	1.64
复方制剂 5	14.8	72.6	0.73	2.06

攻毒感染实验。攻毒感染实验使用的灿烂弧菌由中国水产科学研究院黄海水产研究所提供,活化后的灿烂弧菌经胰蛋白胨大豆肉汤培养基(TSB)28 ℃培养 24 h,用无菌生理盐水调整浓度为 10^9 CFU/mL[预实验得到半致死浓度(LD50, 7 d)为 5.3×10^8 CFU/mL]。每头海参经体壁注射剂量为 0.1 mL 的灿烂弧菌稀释液两次,对照组注射相同量的生理盐水,继续投喂基础饲料,及时记录刺参的日死亡情况,14 d 后结束感染实验并统计其累积死亡率。计算公式如下:累积死亡率(%)

＝刺参累积死亡数量/初始数量×100％。

对照组：未添加。实验组1：复方制剂1。实验组2：复方制剂4。实验组3：复方制剂5。

如图1-194和图1-195所示，14 d内，复方制剂5明显降低了海参发病率，复方制剂5实验组的发病率仅为24.8％，而对照组海参的发病率达到49.6％。

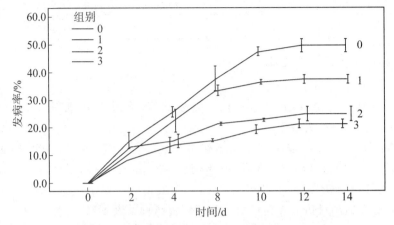

图1-194　灿烂弧菌攻毒后14 d内刺参累积死亡率

攻毒12 h、24 h后观察，仿刺参体征、外观、摄食行为无异常，解剖观察内部肠道、呼吸树等结构也无异常，说明党参提取物对仿刺参无毒害作用。

图1-195　实验室内毒性实验

党参攻毒3个月实验，刺参状态良好，体重较对照组稍有降低，表征上与对照组无明显差别。从慢性毒性实验的体重数据结果分析，可能长时间给予党参提取物会发生抑制作用，对仿刺参本身来说并不是给予时间越长越好、越多越好。

6. 讨论

仿刺参的体腔细胞是其抵御外来侵害的第一道防线和关键部分。体腔细胞可通过自我和非自我的识别、吞噬、包裹形成排除异物，体现吞噬功能的变化，直接参与免疫反应。经免疫增强剂激活后的体腔细胞则可以产生很多活性氧，如 H_2O_2、O_2^- 等杀菌物质，能够提高机体的抗病力。本实验的结果也发现，通过注射不同的免疫增强剂均能在不同程度上影响仿刺参体腔细胞的数量且激活了体腔细胞的呼吸爆发和吞噬活性。TCC数量的增加表明了黄檗提取物和菊粉能够显著刺激仿刺参体腔细胞繁殖分裂,从而提高自身的免疫能力;而苦参提取物对仿刺参 TCC 未发生显著影响,可能其免疫功能的改变与这一检测指标无相关性,未能体现其作用。实验研究结果显示,苦参提取物对仿刺参体腔细胞吞噬活性有显著提高作用,与对照组差异显著,且随着时间的延长下降趋势缓慢,其次是菊粉、黄芪多糖实验组,这可能与不同免疫增强剂的作用机制有关。

对缺乏特异性免疫的棘皮动物来说,PO 系统在免疫防御中起着重要作用。Zhao 等发现 β-glucan 对仿刺参体腔细胞 PO 活性的影响最显著,间接提高了仿刺参的免疫力和抗病力;张琴等在研究中发现,饲料中不添加维生素 E 时,仿刺参 PO 活性随硒酵母的添加量上升而上升,饲喂不同剂量的维生素 E 时仿刺参 PO 活性并不显著;在本实验研究中,黄檗提取物和菊粉在第 3 d 对仿刺参体腔细胞 PO 活性影响最显著,而苦参提取物无显著性差异,这可能是不同的免疫增强剂激活 PO 原系统的作用不同,或仿刺参体腔细胞中对不同免疫增强剂的受体不同造成的。

SOD 是衡量生物体健康状况的一个主要指标,机体内该酶的活性高低反映了抗氧化能力的大小。张琴等研究表明,饲料中添加 100 mg/kg 和 200 mg/kg 的甘草酸可以显著提高刺参体腔细胞的 SOD 活性。本实验结果中仿刺参 SOD 活性同样因为免疫增强剂的注射发生了改变,反映了机体对不同免疫增强剂的刺激产生了不同的承受能力,应对外界的抗氧化能力及抵御敌害的免疫力发生了不同的变化。

ACP 是巨噬细胞溶酶体的标志酶,也是巨噬细胞内最有代表的水解酶之一。本实验通过 ACP 活性进一步体现仿刺参体腔细胞消除异物颗粒的能力,结果表明,不同的免疫增强剂也对仿刺参体腔细胞 ACP 活性产生不同的影响,且出现最高活性的时间不同,这可能与不同免疫增强剂的成分及结构相关。

本项目中选择的菊粉在自然界中分布广泛,主要来源是植物,具有稳定性等众多特征,主要是由呋喃果糖以 β-2,1-D-糖苷键连接形成,能够增殖有益菌,调节肠道功能,促进矿物质元素的吸收,抑制内毒素等物质的产生,激发免疫活性,提高免疫功能,等等。实验结果中菊粉对仿刺参免疫功能的影响即通过以上这些方面体现,最终达到提高仿刺参免疫力的目的。中草药黄檗经研究证实具有抗菌、抗病毒、促进消化系统胰腺分泌等作用,实验中黄檗对仿刺参免疫产生的实验结果可能从这些方面进行解析,对仿刺参产生的免疫抑制作用与其自身具有的免疫应答抑制效果相关;由于中草药的药理作用复杂,其具体的刺激作用需要更加深入的探究;且中草药等各类免疫增强剂的长期服用可引起免疫疲劳,持续投喂免疫增强剂时免疫指标会产生下降的趋势。从本实验中发现,改变投喂方式、将多种免疫增强剂的交替使用或开发复合免疫增强剂等是解决实际应用问题的有效途径。中草药类免疫增强剂在养殖业中应防重于治,其作为一种有效控制疾病的物质在水产动物尤其是仿刺参病害防治中起着重要的角色,具有良好的安全性和可靠性,开发研制复合型的长效、高效、速效的新型免疫增强剂已成为发展的趋势,本项目正为这一趋势提供基础材料和参考数据。

仿刺参肠道消化酶种类很多,主要是蛋白酶、淀粉酶、脂肪酶、纤维素酶和褐藻酸酶等。影响消化酶活性的因素很多,包括生物种类、规格及发育阶段、环境温度、pH 及饲料等。本实验通过消化酶活性研究不同免疫增强剂的作用,效果可靠。袁成玉等研究发现,微生态制剂明显促进了仿刺参肠道中淀粉酶、蛋白酶的活性,对纤维素酶活性影响较小;王吉桥等发现,Hg^{2+} 和 Ag^{2+} 对仿刺参消化道蛋白酶呈现极强的抑制作用。在本实验条件下,仿刺参前肠中蛋白酶活性极高,变化幅度明显,不同免疫增强剂对仿刺参肠道蛋白酶活性具有不同的促进作用,如黄檗提取物致使肠道内蛋白酶活性降低,这可能与黄檗提取物的药理作用相关;菊粉和黄芪多糖、党参提取物对仿刺参前肠蛋白酶表现了明显的增强作用;不同免疫增强剂颗粒链接到不同的细胞受体上,因其本身的结构特征改变细胞膜的结构和呈递作用等,促使细胞分泌和表达。

仿刺参肠道中淀粉酶与蛋白酶同等重要。王羽等推测仿刺参前肠中主要以 β-淀粉酶为主,后肠淀粉酶活力最高,是淀粉消化吸收的主要场所,中肠淀粉酶活力较高,前肠淀粉酶活力最低。本研究中,前肠淀粉酶活性相对较低,变化比较稳定,只有神曲提取物组变化幅度大,这可能是神曲性平、消食调中的作用所致。

王吉桥等认为,仿刺参消化道内的纤维素酶并非自身分泌,是由进入其中的细菌等微生物产生。本实验结果看出,不同免疫增强剂对酶活性的影响不同,分析是从影响微生物菌系和数量的水平上间接产生的效果。王吉桥等已证实,仿刺参消化道具有该酶活性,但仿刺参从幼参到成参褐藻酸酶活力一直处于较低水平,表明仿刺参对海带和裙带菜等富含褐藻酸的大型藻消化能力较弱。这与本研究的结果相似,褐藻酸酶活性较蛋白酶、淀粉酶较低,但变化幅度较大,不同处理组之间的差异性较大,菊粉和黄芪多糖因其自身结构与生物活性特征对褐藻酸酶产生激活效果。

从不同酶在养殖时间内的变化可看出,不同免疫增强剂可影响仿刺参前肠的酶纯度,从而影响消化能力。从图 2 中可知,注射免疫增强剂后第 3 d,不同处理组均产生最高比活力,而黄檗提取物处理组的蛋白酶、纤维素酶比活力降低,第 3 d、第 5 d 均产生了抑制效果,这可能与免疫增强剂特性相关,也可能与机体的整体代谢调控水平相关。在整个养殖期间,机体内消化酶的分泌量受其分泌因素的调控,始终与机体的代谢水平相适应。在配合饲料的研制过程中应全面、深入地研究不同成分对仿刺参自身消化酶活性的适应性和促进程度,更好地提高使用效果和利用率,降低养殖成本。

第 41 节　免疫增强剂对仿刺参补体基因表达的影响

1. 材料与方法

挑选个体均匀、外观无疾病症状的健康仿刺参(体重 19.00 g±2.00 g)随机分配到不同实验水槽内（60 L），温度控制在 15 ℃±1.0 ℃，暂养 2 周。仿刺参随机分为 4 组（对照组、实验组），每组 3 个平行，每个平行 12 只。按照体质量的 2％达到饱食投喂（海泥、鼠尾藻粉按照 1∶1 配制饵料），实验组按照基础饲料（鼠尾藻粉）质量的 1％、2％、4％添加党参免疫增强剂，每天 15∶00 投喂，吸除残饵和粪便，同时补充新鲜海水。实验期间连续充气，盐度 32，pH 7.8～8.2，溶解氧大于 5 mg/L。

在投喂实验的第 28 d 从每个重复中随机挑取 3 个海参，无菌条件下进行解剖，收集体腔液，4 ℃条件下 10 000 r/min 离心 10 min，收集体腔细胞，液氮保存，备用。同时，无菌条件、冰上分离海参肠道组织，−80 ℃保存备用。

总 RNA 提取根据上海生工 the UNIQ-10 Column Total RNA Isolation Kit 方法进行，提取总 RNA 量通过核算检测仪进行检测。

第一链 cDNA 合成反应体系：20 μL 体积［900ng RNA，25 pmol Oligo dT Primer，50 pmol random 6 mers primer，1 PrimeScript buffer，0.5ml PrimeScript RT enzyme Mix I（PrimeScript RT reagent Kit，TaKaRa）］，反应体系在 37 ℃作用 15 min，85 ℃下作用 5 s 完成。

等量的 cDNA 作为模板进行荧光定量 PCR（SYBR PrimeScript RT-PCR Kit II，TaKaRa）。反应体系 20 μL：10 μL 2×SYBR Green Master mix，0.4 μL ROX Reference Dye II，1 μL of cDNA 模板，每一引物浓度为 0.4 m mol/L（表 1-56）。反应程序：95 ℃ 30 s，（95 ℃ 10 s，56 ℃ 25 s，72 ℃ 25 s）40 个循环。Cytb 基因作为参比基因。

表 1-56　PCR 引物

引物名称	序列（5′～3′）	应用
AjC3-F	GCGTTGTTTCGTTCAACAAGGGGA	For AjC3 Real-time PCR
AjC3-R	GCCATTCACTGGAGGTGTGGCA	
AjC3-2-F	CTCTCGTGAGTTCTGGCTCAG	For AjC3-2 Real-time PCR
AjC3-2-R	GCAGCCACTGTTACCATCGCGGA	
Cytb-F	TGAGCCGCAACAGTAATC	For Real-time PCR
Cytb-R	AAGGGAAAAGGAAGTGAAAG	

剩余海参每组 10 只用于攻毒感染实验。攻毒菌株为黄海所提供海参致病菌灿烂弧菌，经 TSA 培养基活化后调整浓度为 10^8 CFU/mL。每头海参经体壁注射剂量为 0.1 mL 的灿烂弧菌稀释液 2 次，对照组注射相同量的生理盐水，及时记录刺参的日死亡情况，14 d 后结束感染实验并统计其累积死亡率。计算公式如下：

累积死亡率＝刺参累积死亡数量/初始数量×100％。

2. 结果

（1）不同剂量的免疫增强剂对刺参体腔细胞中 AjC3 补体基因表达的影响。

应用免疫增强剂党参后 28 d 仿刺参体腔细胞内 AjC3 基因表达水平如图 1-196 所

示。2%实验组 AjC3 基因表达水平最高,与对照组比较差异性显著($P<0.05$),而 1%实验组和 4%实验组之间无显著性差异($P>0.05$),但与对照组之间具有显著性差异($P<0.05$);党参免疫增强剂能够有效增强仿刺参体腔细胞中 AjC3 基因的表达。

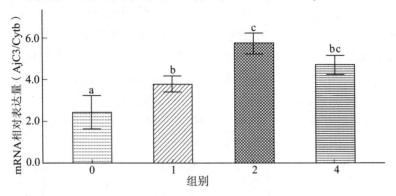

图 1-196　体腔细胞 AjC3 mRNA 的分布

（2）不同剂量的免疫增强剂对刺参肠道中 AjC3 补体基因表达的影响。

应用免疫增强剂党参后 28 d 仿刺参肠道内 AjC3 基因表达水平如图 1-197 所示。2%实验组 AjC3 基因表达水平最高,与对照组比较差异性显著($P<0.05$),而 1%实验组和 4%实验组之间无显著性差异($P>0.05$),但与对照组之间具有显著性差异($P<0.05$);党参免疫增强剂能够有效增强仿刺参肠道中 AjC3 基因的表达,且肠道中 AjC3 基因的表达情况与体腔细胞中相似。

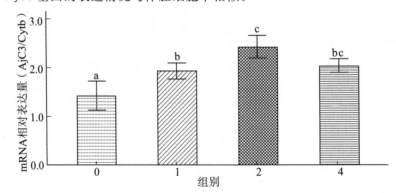

图 1-197　肠腔细胞 AjC3 mRNA 的分布

（3）不同剂量的免疫增强剂对刺参体腔细胞中 AjC3-2 补体基因表达的影响。

从图 1-198 中可看出,免疫增强剂党参对仿刺参体腔细胞中 AjC3-2 基因的表达表现了积极的作用。应用免疫增强剂后 28 d 仿刺参体腔细胞内 AjC3-2 基因表达水平以 2%实验组最高,与对照组和其他实验组比较差异性显著($P<0.05$),而 1%实验组和 4%实验组之间无显著性差异($P>0.05$),但与对照组之间具有显著性差异($P<0.05$);且仿刺参体腔细胞中 AjC3-2 基因表达水平比 AjC3 基因要高。

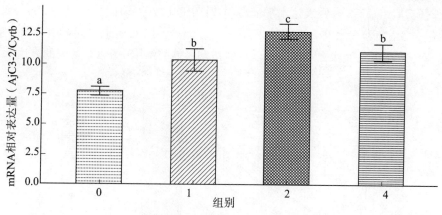

图 1-198　体腔细胞 AjC3-2 mRNA 的分布

（4）不同剂量的免疫增强剂对刺参肠道中 AjC3-2 补体基因表达的影响。

从图 1-199 中可看出，免疫增强剂党参对仿刺参肠道中 AjC3-2 基因的表达表现了积极的作用。应用免疫增强剂后 28 d 仿刺参肠道内 AjC3-2 基因表达水平以 2‰实验组最高，与对照组比较差异性显著（$P<0.05$），与 1‰实验组之间不具有显著性差异（$P>0.05$）；且 1‰实验组和 4‰实验组之间无显著性差异（$P>0.05$），但与对照组之间具有显著性差异（$P<0.05$）。

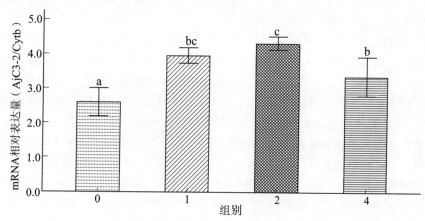

图 1-199　肠腔细胞 AjC3-2 mRNA 的分布

（5）不同剂量的免疫增强剂对刺参抗病力的影响。

在基础饲料中添加党参免疫增强剂可明显提高刺参的抗病力。感染灿烂弧菌 14 d 后，2‰实验组刺参累积死亡率为 28.8‰，显著低于对照组（46.6‰）（$P<0.05$），出现死亡时间延迟。实验组之间的累积死亡率之间无显著差异（$P>0.05$）（图 1-200）。

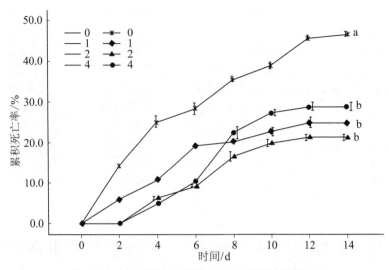

图 1-200　灿烂弧菌攻毒后 14 d 内刺参累积死亡率

0:对照组;1:1%党参免疫增强剂实验组;2:2%党参免疫增强剂实验组;4:4%党参免疫增强剂实验组

3. 讨论

补体系统已进化成为一个由补体成分、血浆补体调节蛋白、膜补体调节蛋白及补体受体等 30 多种糖蛋白组成,对热不稳定、需要钙离子参与,有着精密调控机制的复杂蛋白质反应系统,具有哺乳动物极为相近的补体样活性。用脂多糖刺激海胆体腔细胞后,能够从中检测到 C3 补样体的活性。紫球海胆中存在起调理作用的蛋白质 SpC3 和 SpBf,与脊椎动物补体成分 C3 和 Bf 相类似,现已证实 SpC3 和 SpBf 是原始补体系统替代途径的重要成分紫球海胆注射脂多糖后,体腔液和体腔细胞中 SpC3 的含量明显增加。海胆的补体系统参与对入侵细胞和颗粒的调理作用,增强了体腔吞噬细胞吞噬外来细胞和外源颗粒的活性,是机体类似于高等动物补体反应的一个重要免疫功能。

在棘皮动物机体内除了细胞吞噬等其他功能外,补体 C3 也具有高等脊椎动物的类似功能。C3 转化酶具有两种不同的形式,如在经典途径和凝集素途径中的 C4b2a 和在替代途径中的 C3bBb,C3 转化酶能够催化蛋白 C3 裂解成 C3a 和 C3b。C3a 是一种过敏毒素,可能导致补体介质炎症发生;C3b 则相反,是一种调理素样物质,能够加强细胞的吞噬功能。

海参属于棘皮动物,一直是我国重要的经济养殖动物。然而,疾病问题是发展水产养殖业的主要障碍之一。作为一种棘皮动物,海参仅仅具有先天的免疫系统及防御机制。在后期的研究中,我们发现两种异构体 C3 基因存在于海参的表达序列标签分析中。Zhou 等已报道了一种来自海参的 C3 基因(AjC3-2)的分离、特性及表达分析;而且另一种 C3 基因(AjC3)也已经被研究报道。比较不同组织中两种不同补体基因的表达水平及其变化影响,研究免疫增强剂对补体基因的调控作用是本研究的重点,研究结果将为海参补体演化研究提供数据,为补体 C3 在海参免疫中的作用提供论据。

本研究中探讨了仿刺参不同组织中两种不同的补体基因(AjC3 和 AjC3-2)的表达情况,这两种补体基因的表达情况相似,除了水平上的差异外无特殊的表达方式差别。研究报道,早期胚胎和胚囊的低表达水平是源自于机体的,在幼体阶段,肠道形成,幼体开始摄食消化,可能与免疫相关的补体基因开始高水平的表达,以抵抗微生物的侵害。早期关于海胆胚胎期细胞的研究表明,补体系统能够抵抗异物或有害细菌,在抵抗外界侵害的过程中具有举足轻重的作用,体腔细胞和肠道中补体基因的表达与机体抵抗外界侵害的能力有着直接的联系,C3 补体系统在动物机体先天性免疫系统中起到重要作用。

第 42 节　熊本牡蛎单体苗种生产技术研究

牡蛎由于味道鲜美、营养丰富,深受消费者喜爱,是世界很多国家重要的经济贝类。2013 年中国养殖贝类产量 1272 万吨,占世界总产量的 83.4%,其中牡蛎占我国总产量的 33%。由于牡蛎营群居固着生活,生长过程存在空间和饵料竞争,降低牡蛎商品价值和产量。单体牡蛎呈游离状态,生长不受空间限制,壳形规则美观,易于放养和收获,售价远高于普通牡蛎,为欧美国家普遍采用。

20 世纪 60 年代人们从扇贝等附着基将牡蛎剥离后培养,标志着单体牡蛎养殖的开始。其后人们不断改善附着基和剥离方法,减少了稚贝死亡率,逐渐形成了先固着后脱基的方法,但是相关研究不深入,鲜有大规模生产的报道;Hidu 等开发了颗粒采苗法,即采用眼点幼虫规格的颗粒作为眼点幼虫附着基进行单体牡蛎苗种的培育。随着对无脊椎动物幼虫附着变态机理的深入研究,发现多种神经内分泌物具有诱导幼虫附着、变态的作用,尤其肾上腺素可以诱导牡蛎不固着变态,被用于单体牡蛎苗种生产。我国单体牡蛎的研究从 20 世纪 80 年代末开始,虽然也获得了一定的研究成果,但还没有大规模生产的报道。肾上腺素药物诱导法是国外比较常见的单体苗种生产方法,最高可达 90% 以上单体率。肾上腺素能显著诱导多种牡蛎不固着变态,诱导效果受肾上腺素浓度和诱导时间影响,同时不同种间的变态率和最佳诱导条件有差异,因此,肾上腺素诱导生产单体牡蛎,必须确定该种最佳肾上腺素诱导条件。此外,肾上腺素是一种激素类药物,容易污染环境,亟须一种新的单体牡蛎生产方法来替代。

我国牡蛎养殖业发展迅速,但同时也面临养殖品种单一、种质退化、病害频发等许多问题,养殖牡蛎市场价格低。发展新的牡蛎养殖品种,促进国内牡蛎养殖多样化,是提高牡蛎商品价值的重要措施。熊本牡蛎(*Crassostrea sikamea*)隶属于巨蛎属,主要分布在日本有明海,中国中南部和韩国海区也有少量分布。在美国,熊本牡蛎是重要的牡蛎养殖种类之一,肉质可口细腻,深受消费者喜爱,商品经济价值高。因其产卵期晚,在夏季有良好品质,能够填补夏季因长牡蛎品质下降造成的牡蛎市场的空白,具有广阔的市场空间。目前,熊本牡蛎育苗技术研究较少,单体苗种生产尚未报道,开展单体熊本牡蛎苗种培育技术研究对于开发牡蛎养殖新品种具有重要意义。

本研究采用肾上腺素诱导法和先固着后脱基法,对熊本牡蛎单体苗种生产进行了研究,旨在为单体熊本牡蛎人工养殖提供基础资料。

1．材料和方法

（1）亲本和幼虫培育。

实验所用熊本牡蛎采自美国俄勒冈州,暂养 2～3 d,移至室内培育池中促熟培养,水温 26 ℃,盐度 28～30。性腺发育成熟后,采用解剖法辨别雌雄并采集精卵,将适量的精卵混合 10 min,受精后洗去多余精子。将受精卵放置在盛有过滤海水的水泥池中培育,水温控制在 26 ℃左右,孵化密度 20～30 个/毫升,收集健康 D 形幼虫至 20 m³ 的培育池充气培养,幼虫密度 1～3 个/毫升,每天换水两次,根据生长阶段适量投喂等边金藻（*Isochrysis galbana*）和小球藻（*Chlorella vulgaris*）,显微观察记录幼虫生长发育情况。当牡蛎进入眼点幼虫期后,进行诱导变态处理。

（2）单体苗种生产。

① 肾上腺素诱导法。

为研究不同浓度肾上腺素对单体牡蛎诱导效果的影响,设置肾上腺素 4 个浓度梯度（0 mol/L、10^{-3} mol/L、10^{-4} mol/L、10^{-5} mol/L 和 10^{-6} mol/L）,诱导时间 1 h,眼点幼虫密度 1 000 个/毫升。为研究肾上腺素不同诱导时间对单体牡蛎诱导效果的影响,设置诱导时间 5 个梯度（0.5 h、1.0 h、3.0 h、5.0 h 和 7.0 h）,采用确定的最佳诱导浓度,眼点幼虫密度 1 000 个/毫升。为查清不同眼点幼虫密度对单体牡蛎诱导效果的影响,设置幼虫密度 4 个梯度（100 个/毫升、500 个/毫升、1 000 个/毫升和 2 000 个/毫升）,采用以上确定的最佳诱导浓度和诱导时间。处理结束后,海水流水冲洗 1 h 后,分别置于 5 L 的聚乙烯桶充气培养,12 h 后计算幼虫变态率,观察记录各处理单体稚贝成活率。

② 先附着后脱基法。

实验选用灰色聚乙烯波纹板、筛绢网、黑塑料薄膜、白塑料薄膜、聚丙烯扁条和网衣为附着基,经消毒、浸泡处理后待用。将不同附着基分别适量投放到 100 L 聚乙烯桶中,幼虫密度约为 1 个/毫升,充气培养,以扇贝壳为对照组,每组设 3 个重复。稚贝一周培养后,用保苗袋转移至海区挂养。当稚贝壳高达到 5 000 μm 时,敲打或折叠附着基剥离稚贝,获得单体牡蛎。定期观察记录幼虫附着和生长状况,计算采苗率、剥离率和单体率。

$$剥离率＝剥离下稚贝/附着稚贝×100\%;$$
$$单体率＝剥离下成活稚贝/投放的眼点幼虫×100\%。$$

③ 单体苗种生长状况。

取变态后 3 d 的单体稚贝为实验材料,经过 25 d 培养,定期随机测量 100 个单体稚贝壳高,以固着稚贝为对照组。

（3）统计分析。

用单因素方差分析（ANOVA）比较不同处理的诱导效果,并进行 Duncan 多重比较。统计分析使用 SPSS16.0 软件,以 $P<0.05$ 作为差异显著水平。

2. 结果

（1）肾上腺素诱导幼虫变态。

① 肾上腺素诱导下幼虫的行为。

当幼虫受到肾上腺素作用时,快速下沉到烧杯底部,失去游泳能力,肾上腺素浓度越高幼虫下沉的速度越快,比例越大。诱导 15～30 min,部分幼虫恢复游泳能力,肾上腺素浓度越低,幼虫恢复游泳能力越快;部分幼虫始终在烧杯底部,或者静止,或者用足爬动。

② 肾上腺素诱导幼虫变态率和稚贝成活率。

如图 1-201 所示,肾上腺素能够显著诱导熊本牡蛎眼点幼虫不固着变态。经过 1 h 处理,对照组幼虫变态率为 0,显著低于其他实验组($P<0.05$)。不同肾上腺素浓度组幼虫变态率也有显著差异,低浓度组(10^{-5} mol/L、10^{-6} mol/L)眼点幼虫变态率显著低于高浓度组($P<0.05$)。当浓度升高到 10^{-4} mol/L 时,变态率达到最大值,为 24.66%±11.08%,然而随着浓度继续升高,变态率无显著性变化。肾上腺素对稚贝有毒害作用,高浓度处理,稚贝成活率下降。经过 18 d 培育,10^{-3} mol/L 诱导的稚贝成活率显著低于 10^{-6} mol/L 组($P<0.05$;表 1-57)。

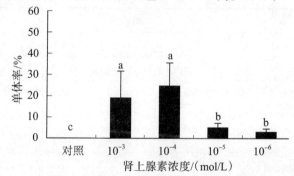

图 1-201　不同肾上腺素浓度下眼点幼虫的变态率

不同的字母代表差异显著($P<0.05$)

肾上腺素诱导时间影响幼虫变态率和成活率。图 1-202 是 10^{-4} mol/L 浓度肾上腺素处理下,诱导时间、幼虫变态率的关系。诱导时间 1 h,幼虫变态率为 20.6%±8.4%,显著高于其他时间组;改变诱导时间,不能提高幼虫变态率。诱导时间对稚贝成活率也有影响,诱导 3 h、5 h、7 h 时,稚贝成活率显著低于 0.5 h 和 1 h($P<0.05$;表 1-57)。

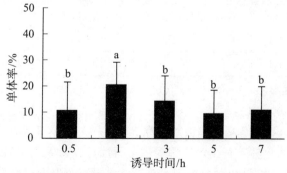

图 1-202　不同诱导时间眼点幼虫的变态率

不同的字母代表差异显著($P<0.05$)

当眼点幼虫密度小于 1 000 个/毫升时,幼虫变态率无显著差异,当密度为 2 000 个/毫升时,幼虫变态率为 3.5%,显著降低($P<0.05$;图 1-203)。不同幼虫密度处理组稚贝成活率无显著差异,高密度(2 000 个/毫升)处理下,幼虫变态率显著下降,但稚贝成活率无显著影响(表 1-57)。

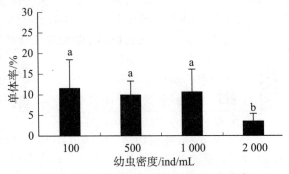

图 1-203 不同密度下眼点幼虫的变态率

不同的字母代表差异显著($P<0.05$)

表 1-57 不同肾上腺素诱导条件下稚贝存活率

处理		成活率/%						
		1 d	4 d	7 d	10 d	13 d	16 d	19 d
浓度/ (mol/L)	10^{-3}	100	100	97.8±1.2	76.9±4.6^a	66.4±3.8^a	65.3±4.1^a	62.5±6.1^a
	10^{-4}	100	100	96.5±2.2	84.0±3.4	73.2±2.6^b	69.1±1.8^b	67.6±3.6^{ab}
	10^{-5}	100	100	94.1±3.1	87.1±2.1	74.9±1.7^b	67.9±2.6^a	68.9±2.4^{ab}
	10^{-6}	100	100	95.7±2.7	85.7±1.8	79.7±2.5^c	74.1±1.3^b	71.3±3.7^b
时间/h	0.5	100	100	96.2±0.6	84.2±2.1^b	74.1±3.2^c	72.5±2.4^b	71.3±3.1^b
	1	100	100	96.4±0.8	76.3±1.9^a	70.6±2.1^{bc}	67.7±1.6^b	69.5±3.9^b
	3	100	100	96.4±1.2	80.4±1.3^b	68.1±2.9^b	62.3±2.5^a	60.2±1.8^a
	5	100	100	100	83.4±1.8^b	63.8±3.1^{ab}	68.2±2.6^b	58.9±2.4^a
	7	100	100	95.1±1.4	80.1±2.7^b	60.8±2.5^a	60.3±3.1^a	54.3±2.8^a
密度/(个/ 毫升)	1	100	100	96.2±3.7	85.3±5.3	72.9±4.1	69.8±7.2	66.2±5.1
	5	100	100	98.6±1.1	86.9±2.9	74.6±5.2	71.3±3.1	64.6±6.3
	10	100	100	97.3±2.3	85.7±4.6	75.7±6.6	72.6±5.9	67.9±5.1
	20	100	100	96.7±1.4	87.6±4.9	77.2±5.1	74.6±4.0	70.0±6.2

注:数字后字母不同表示差异显著($P<0.05$)。

(2)先附着后剥离法。

如图 1-204 所示,灰色聚乙烯波纹板采苗率为 19.4%,采苗率和附着时间与对照组无显著差异,为单体苗种生产应用提供可行性;网衣、聚丙烯扁条和塑料薄膜采苗率显著低于其他实验组和对照组($P<0.05$),最低达到 1.2%,不适合生产应用。牡蛎幼虫对附着基颜色具有明显选择性,黑色塑料薄膜采苗率为 5.3%,是白色塑料

薄膜的 2 倍。除网衣,其他附着基附着时间和对照组无显著差异($P<0.05$)。

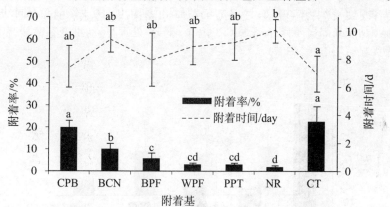

图 1-204　不同附着基幼虫的采苗率和附着时间

CPB. corrugated PE board,聚乙烯波纹板;BCN. bolting-cloth net,筛绢网;BPF. black plastic film,黑色塑料薄膜;WPF. white plastic film,白色塑料薄膜;PPT. polypropylene packing tape,聚丙烯扁条;NR. nylon rope,网衣;CT. control

　　剥离率表示稚贝从附着基剥离的难易程度和对稚贝的机械损伤大小,由稚贝大小和附着基的材料特性共同影响。柔韧、平滑的材料,经敲打或弯折的方式剥离稚贝,操作简单、对稚贝伤害小,剥离率高,波纹板和塑料薄膜稚贝剥离率高达 90％以上,显著高于其他材料($P<0.05$);聚丙烯扁条表面有纹路且缺乏柔韧性,剥离稚贝死亡率高,剥离率为 25.0％±12.5％;网衣附着稚贝和附着基生长到一起,需单个剥离,剥离后稚贝死亡率高,剥离率仅为 10.9％±5.1％,显著低于其他材料($P<0.05$;图 1-205)。

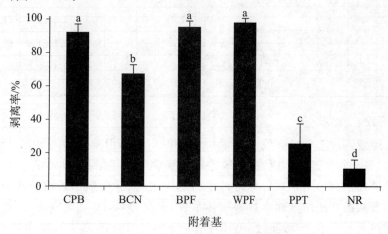

图 1-205　不同附着基稚贝的剥离率

CPB. corrugated PE board,聚乙烯波纹板;BCN. bolting-cloth net,筛绢网;BPF. black plastic film,黑色塑料薄膜;WPF. white plastic film,白色塑料薄膜;PPT. polypropylene packing tape,聚丙烯扁条;NR. nylon rope,网衣

　　单体率是采苗率和剥离率的综合指标,表示附着基生产单体牡蛎的能力。聚丙烯扁条和网衣的采苗率和剥离率都很低,单体率显著低于其他实验组($P<0.05$);

虽然筛绢网采苗率显著高于塑料薄膜,但其稚贝剥离率低,两种材料单体率两者无显著差异;波纹板作为附着基,具有高采苗率和剥离率,16.7%的单体率,显著高于其他实验组($P<0.05$;图1-206)。

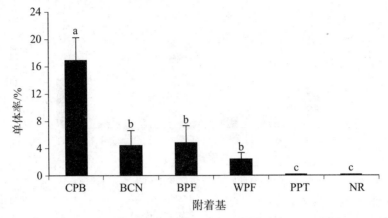

图1-206　不同附着基幼虫的单体率

CPB. corrugated PE board,聚乙烯波纹板;BCN. bolting-cloth net,筛绢网;BPF. black plastic film,黑色塑料薄膜;WPF. white plastic film,白色塑料薄膜;PPT. polypropylene packing tape,聚丙烯扁条;NR. nylon rope,网衣

（3）单体牡蛎和固着牡蛎生长差异。

单体牡蛎和固着牡蛎生长速度分别为60.8 μm/d、56.6 μm/d,经过25 d培养后,两组稚贝生长速度无显著差异($P<0.05$;表1-58)。

表1-58　固着牡蛎和单体牡蛎生长变化

	壳高/μm								
	1 d	4 d	7 d	10 d	13 d	16 d	19 d	22 d	25 d
单体稚贝	434±37	608±80	756±80	832±104	1 074±218	1 251±334	1 519±219	1 744±197	1 953±395
固着稚贝	459±35	617±88	728±104	896±213	1 078±213	1 196±335	1 363±565	1 637±423	1 875±660

3. 结论

肾上腺素诱导法可以高效获得熊本牡蛎单体苗种,但稚贝中间培育过程存在饵料消耗大、劳动和生产成本提高、排放的肾上腺素对环境有潜在污染等负面因素,限制了化学诱导法在熊本牡蛎单体苗种生产的应用;以深色聚乙烯波纹板为附着基,采用先固着后脱基法生产熊本牡蛎单体苗种,取材方便,可重复利用,生产成本低,稚贝中间培育过程在海上进行,单体率高,是一种可行的熊本牡蛎单体苗种生产方法。

第 43 节　紫贻贝雌核发育二倍体的人工诱导研究

人工诱导雌核发育是指通过用物理或化学方法使遗传失活的精子激活卵子,精子不参与合子核的形成,卵仅靠雌核发育形成胚胎的现象。在二倍体生物中这样的胚胎是单倍体,没有存活能力,通过阻止极体排出或卵裂使其恢复二倍性后,便成为具有存活能力的雌核发育二倍体。

近年来,关于水产动物雌核发育二倍体的研究多见于鱼类,并成功地在构建基因-着丝粒图谱、研究性别决定机制、快速建立纯系以及对濒危物种保护等方面进行了应用,为鱼类遗传学和育种学研究提供了非常有价值的资料。与鱼类相比,海洋贝类人工雌核发育的研究开展较晚,已报道的种类有侏儒蛤(*Mulinia lateralis* Say)、皱纹盘鲍(*Haliotis discus hannai*)、太平洋牡蛎(*Crassostrea gigas*)、栉江珧(*Atrina pectinata*)、栉孔扇贝(*Chlamys farreri*)、魁蚶(*Scapharca broughtonii*)等,由于贝类雌核发育二倍体的成活率较低,现阶段的研究大都侧重在人工诱导条件的探索、胚胎发育及细胞学的研究和构建基因-着丝粒图谱等方面。

紫贻贝(*Mytilus galloprovincialis*),俗称海红,是目前我国沿海主要的养殖贝类,以山东、辽宁、广东、福建、浙江等省的养殖规模较大,贻贝在我国具有较大的经济价值。本研究利用紫外线人工诱导紫贻贝雌核发育并探索其最佳条件,以期为紫贻贝雌核发育二倍体品系的开发提供基础数据,为更好地利用紫贻贝这种重要的海产贝类资源积累遗传学资料。

1. 材料与方法

(1)实验材料。

实验所用亲贝系 2011 年 4 月采自山东威海海区性腺发育良好的 2～3 龄贝,在水温 11 ℃～15 ℃的海水中暂养。

(2)精卵的采集。

采用阴干升温法刺激亲贝排出成熟的精卵。具体操作为:将亲贝的足丝剪除,壳表面刷洗干净,放置于阴凉潮湿的环境中阴干 1 h;将阴干后的亲贝分别放入 1 L 玻璃烧杯中,注入 20 ℃的升温海水催产;精卵排出后,通过镜检分辨亲贝性别,排除雌雄同体的个体;将获得的卵子经 30 μm 网目的筛绢过滤收集,用 20 ℃海水将精子和卵子稀释至浓度为 $1.0×10^7$ 个/毫升和 $2.0×10^4$ 个/毫升;受精过程在产卵、排精后 1 h 之内完成。所用海水为四级砂滤海水。

（3）紫外线处理精子和受精。

将 2.0 mL 精悬液均匀分散于直径 9.0 cm 的亲水性塑料培养皿（丹麦 Nalge Nunc 公司）中，置于 15 W 紫外灯下 15 cm 处照射处理。用紫外线强度仪（美国 Cole-Parmer 公司）测得此条件下紫外线强度为 2 561 μW/(cm^2·s)。精子在紫外线下分别处理 0 s、20 s、25 s、30 s、35 s、40 s、45 s、50 s、55 s、60 s、65 s、70 s、75 s、80 s、85 s、90 s、95 s 和 100 s。照射结束后分别与 10 mL 卵液混合受精，在 500 mL 烧杯中孵化培养，温度保持 20 ℃～22 ℃。照射过程以及受精过程中精子处于避光状态。

分别在受精后 2 h、10 h 和 22 h 根据以下公式计算卵裂率、早期胚胎存活率和 D 形幼虫发生率。采用不同的亲贝，该实验重复进行 3 次。

$$卵裂率(\%)=卵裂卵数/总处理卵数×100$$

$$早期胚胎存活率(\%)=单轮幼虫数/总受精卵数×100$$

$$D 形幼虫发生率(\%)=D 形幼虫数/总受精卵数×100$$

（4）雌核发育二倍体诱导。

根据精子紫外线照射条件的筛选，确定紫贻贝精子遗传失活的最佳紫外线照射时间。将最佳紫外线照射时间处理后的精液加入 100 mL 卵液中。受精 25 min 后，用浓度 0.5 μg/mL 的细胞松弛素 B（CB）持续处理受精卵 20 min 以抑制第二极体的释放。处理结束后用 30 μm 网目的筛绢过滤洗卵，再移入 3 L 塑料桶中孵化培养，培养温度为 20 ℃。

（5）DNA 提取及微卫星分析。

利用微卫星分析进行雌核发育二倍体的鉴定，以雄性亲本特异等位基因的有无作为判断是否为雌核发育后代。亲本基因组 DNA 采用 CTAB 法提取，雌核发育二倍体子代采用 22 HD 形幼虫，参照 Li 等用 Chelex 树脂提取。微卫星引物的 PCR 反应体系、反应参数参照 Li 等的方法。微卫星核心序列、引物序列、退火温度、片段大小及 GenBank 登录号见表 1-59。反应程序于 GeneAmp9700 型 PCR 仪（Applied Biosystems 公司）上进行，扩增产物于 6% 变性聚丙烯酰胺凝胶电泳分离，银染显色。

表 1-59 紫贻贝微卫星引物序列和退火温度

位点	核心序列	引物序列(5′～3′)	退火温度/℃	片段大小/bp	GenBank 登录号
MGE005	(TGA)$_6$	F:CGTTGCCATCGTTTATTTT R:GTTGTAAGTCGTGTTGGTTCA	52	220～244	AJ623869

2. 结果

（1）紫外线照射时间对卵裂率、早期胚胎存活率和 D 形幼虫发生率的影响。

紫外线照射时间与卵裂率、早期胚胎存活率和 D 形幼虫发生率的关系见表 1-60。卵裂率总的趋势是随紫外线照射时间的增加而降低，对照组为 94.9％，55 s 照射组为 78.3％，100 s 照射组仅为 28.3％。早期胚胎存活率在一定范围内随照射时间的加大而逐渐下降，对照组为 85.7％，50 s 照射组降为 54.3％，之后随着照射剂量的增加而回升，至 60 s 照射组达到 62.3％，之后再次呈下降趋势，100 s 照射组仅为 32.7％。对照组 D 形幼虫发生率为 83.2％，随着照射时间的增加，D 形幼虫发生率显著降低，自 55 s 照射组开始，其值变为 0。

表 1-60　紫外线照射时间与卵裂率、早期胚胎存活率和 D 形幼虫发生率的关系（平均值±标准误，$n=3$）

实验组编号	照射时间/s	卵裂率/％	早期胚胎存活率/％	D 形幼虫发生率/％
1	0	94.9±0.2*	85.7±2.9	83.2±2.8
2	20	86.8±1.7	68.0±3.4	35.0±3.3
3	25	85.3±2.8	72.6±4.8	27.6±18.6
4	30	82.8±1.5	70.7±6.7	19.7±13.4
5	35	84.0±3.4	70.5±7.5	10.3±2.7
6	40	81.9±1.8	67.6±5.5	3.1±1.6
7	45	79.2±1.1	67.7±5.1	1.0±1.0
8	50	79.3±2.8	54.3±5.6	25.7±6.5
9	55	78.3±1.4	60.0±2.9	0
10	60	77.2±6.0	62.3±4.9	0
11	65	72.9±5.0	58.4±7.9	0
12	70	63.4±5.4	49.6±4.0	0
13	75	62.5±4.8	48.3±4.3	0
14	80	59.3±4.7	50.5±11.1	0
15	85	53.2±9.8	44.6±7.9	0
16	90	47.5±10.3	40.0±3.4	0
17	95	34.8±1.3	40.5±13.4	0
18	100	28.3±11.0	32.7±19.1	0

本实验从不同的紫外线照射时间对精子遗传失活的程度可以看出，紫外线照射 20～45 s 时，均有正常的二倍体幼虫出现，表明 20～45 s 的照射强度不足以使紫贻贝精子染色体完全遗传失活。照射精子的时间达到 50 s 时，正常形态的二倍体幼虫完全消失，全部为畸形的雌核发育单倍体，结合卵裂率和早期胚胎成活率的数据，判

断用强度为 $2\,561\ \mu W/(cm^2 \cdot s)$ 的紫外线照射 60 s 是获得紫贻贝雌核发育单倍体的最适宜剂量。

(2) 人工诱导雌核发育二倍体子代的微卫星鉴定。

从 8 对微卫星引物中筛选得到 1 对父本具有特异等位基因的位点,PCR 扩增结果显示出清晰的亲本差异条带,父本具有两个与母本不同的特有等位基因(图1-207)。比较亲本和子代的基因型,全部子代个体中均未出现父本的等位基因,表明所获幼体是真正的雌核发育二倍体个体,雌核发育二倍体诱导成功率为 100%。

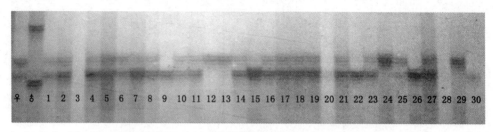

图 1-207 微卫星标记 MGE005 在紫贻贝亲本及雌核发育子代中的扩增

♀.母本;♂.父本;1~30.雌核发育子代

3. 小结

利用紫外线照射使精子遗传物质失活,用细胞松弛素 B(CB)处理受精卵抑制第二极体释放,人工诱导紫贻贝雌核发育二倍体。结果发现随照射时间的增加,卵裂率、早期胚胎存活率和 D 形幼虫发生率总体呈下降趋势,照射 55 s 时 D 形幼虫发生率降为 0。受精后 25 min,用浓度 0.5 μg/mL 的细胞松弛素 B(CB)持续处理受精卵20 min,诱导出紫贻贝第二极体抑制型雌核发育二倍体。微卫星分析表明,雌核发育二倍体诱导成功率为 100%。本研究查明了利用紫外线诱导紫贻贝雌核发育二倍体的适宜条件,为紫贻贝雌核发育的遗传学研究提供了基础数据。

第 44 节 栉江珧 *Wnt* 4 基因 cDNA 克隆表达及 17*β*-雌二醇调控作用研究

Wnt(Wingless-type MMTV integration site family)基因首先发现于小鼠(*Mus musculus*)和果蝇(*Drosophila melanogaster*),是一类高度保守的信号分子家族。*Wnt* 分布广泛,从线虫到哺乳动物都发现该基因家族的存在。*Wnt* 在细胞增殖、性

腺分化和组织内稳定等一系列基础生理功能发挥重要作用。此外,Wnt 表达异常往往导致胚胎发育异常和诱发癌变等。

$Wnt4$ 是 Wnt 家族重要成员之一,在卵巢的分化和雌性特征的维持有十分重要的作用。迄今,在人类以及脊椎动物和无脊椎动物已克隆获得 $Wnt4$ 的 cDNA 全长,并且相关的表达和功能研究也有了程度不同的研究报道。$Wnt4$ 通过调节下游基因(Fst)表达,参与小鼠卵巢发育调控;黑鲷($Acanthopagrus\ schlegelii$)$Wnt4$ 的表达与卵巢组织的分化具有相关性;$Wnt4$ 与日本血吸虫($Schistosoma\ japonicum$)性别表型密切相关,并在雌虫产卵过程中发挥重要作用;$Wnt4$ 发生基因重复,会导致人($Homo\ sapiens$)雄性睾丸发育异常和性反转;$Wnt4$ 缺失的雌性小鼠,表现缪勒氏小体缺失和雄性化。除参与性别决定和性腺发育,$Wnt4$ 还具有其他生物功能。在果蝇和非洲爪蟾($Xenopus\ laevis$)的视觉系统中,$Wnt4$ 蛋白是视网膜成像和眼睛发育所必需的;$Wnt4$ 可能是生肌细胞转移和分化的刺激因子。$Wnt4$ 表达特点和生理功能在多种生物中得到研究,而关于 $Wnt4$ 上游调节因子的研究较少,有关调控机制存在争议。雌激素能够通过雌激素受体介导的信号通路调节小鼠 $Wnt4$ 的表达,而有研究发现,在雌激素受体缺失的小鼠中,雌激素也可以快速上调 $Wnt4$ 的表达。

$Wnt4$ 作为一种重要的信号分子,在软体动物中的表达特点和功能机制至今还没有被揭示。栉江珧($Atrina\ pectinata$)是一种经济价值较高的海产贝类,而有关其性别决定和生殖调控的研究鲜有报道。本研究采用同源克隆和 Race 技术获得了栉江珧的 $Wnt4$ 全长 cDNA 序列,并结合荧光定量 PCR 技术分析了该基因在不同组织、性腺不同发育时期和幼体发育不同时期的表达特点。通过体外注射技术,研究了 17β-雌二醇对生长期栉江珧 $Wnt4$ 的表达调控作用,旨在阐明 $Wnt4$ 在栉江珧发育过程的作用,为进一步开展软体动物 Wnt 家族的研究提供参考资料。

1. 实验材料和方法

(1)实验材料。

栉江珧(壳高:25 cm$\pm$5 cm)采自山东蓬莱海区(38°21′~38°33′N;120°64′~120°71′E)。随机挑选 25 个个体,解剖获取包括外套膜、闭壳肌、鳃、足、肝胰腺、神经节和性腺的各个组织,液氮中速冻后转移到−80 ℃ 冰箱中保存,用于总 RNA 提取。同时取部分性腺组织于波恩氏液中固定 24 h 后,存储于 70% 酒精中,用于组织切片观察,以确定性腺发育时期。

(2)总 RNA 提取和第一链获得。

采用 Trizol 法提取栉江珧成熟期卵巢的总 RNA,用 Nanodrop 2000(Thermo Scientific)检测提取的 RNA 浓度,1.2% 琼脂糖凝胶检测 RNA 完整性。按照 M-MLV 和 SMART™Race cDNA 试剂盒(Clontech)说明书,分别反转录合成 cDNA 和 Race cDNA 第一链,于−20 ℃ 中保存。

（3）全长 cDNA 获得。

从 NCBI 数据库获得栉孔扇贝（*Chlamys farreri*：AFU35435.1）、海胆（*Paracentrotus lividus*：AHY22359.1）、青鳉（*Oryzias latipes*：ACM50932.1）和人（*H. sapiens*：BAC23080.1)等物种的 *Wnt*4 的 cDNA 序列及其表达的氨基酸序列，在保守区域内设计简并引物 P1 和引物 P2，以栉江珧成熟期性腺 cDNA 为模板，进行 PCR 扩增。PCR 反应体系为 20 μL，PCR 反应程序为：94 ℃ 30 s，53 ℃ 30 s，72 ℃ 1 min，40 循环；72 ℃ 10 min。1.5% 的琼脂糖电泳检测 PCR 扩增产物，利用 DNA 凝胶纯化试剂盒回收目的片段产物。回收产物连接到 pEASY-T1 载体上并转化到大肠杆菌 DH5α 感受态细胞中，涂板，37 ℃培养过夜，挑取抗氨苄西林的阳性克隆，经菌液 PCR 检测后测序。所得到的 cDNA 序列与 GenBank 核酸数据库中的序列进行同源性分析。

根据得到的栉江珧 *Wnt*4 cDNA 的序列设计 3′Race 外侧引物 P3 和内侧引物 P4，5′Race 外侧引物 P5 和内侧引物 P6（表 1-61）。以 Race cDNA 第一链为模板，用 *Wnt*4 外侧引物和 UPM 引物进行第一轮 PCR。然后，以第一轮 PCR 产物稀释液为模板，用 *Wnt*4 内侧引物和 NUP 进行第二轮 PCR。2 次 PCR 反应程序为：94 ℃预变性 3 min；94 ℃ 30 s，68 ℃ 30 s，72 ℃ 3 min，35 循环；72 ℃ 10 min。产物检测、胶回收、克隆和测序如上所述。

（4）目的基因核酸序列分析和氨基酸同源性分析。

用 Lasergene 软件包对得到的 3′ 和 5′cDNA 末端及中间序列进行全长拼接；理论相对分子质量和等电点采用 Expasycompute pI/Mw（http://web.expasy.org/compute_pi/）进行预测。氨基酸的多重比对采用 Clustal X 和 DNAMAN 完成。信号肽区域采用 SignalP 4.1 软件预测。糖基化位点采用在线软件 NetNGlyc 1.0 Server（http://www.cbs.dtu.dk/services/NetNGlyc/）预测；系统发生树由 Mega 5.0 程序中的临近法（Neighbor Joining，NJ）进行构建分析。

（5）荧光定量 PCR。

根据 1.2 中的方法分别提取栉江珧不同组织和不同发育时期性腺的 cDNA 模板。根据已获得的 cDNA 全长序列设计荧光定量 PCR 特异性引物 P7 和 P8，同时根据栉江珧 β 蛋白基因设计内参引物 P9 和 P10（表 1-61）。使用 LightCycler 480 荧光定量 PCR 仪进行 *Wnt*4 基因在栉江珧成体不同组织和不同发育时期性腺组织的定量表达分析，每个样本做 3 个平行检测。荧光定量 PCR 反应条件：94 ℃ 5 s，60 ℃ 30 s，45 个循环。采用 $2^{-\Delta\Delta ct}$ 法对基因的相对表达量进行分析。所得数据以 3 样本平均值±标准误（means±SE）来表示，使用 SPSS 16.0 进行单因素方差分析（One-Way ANOVA）和 Turkey B 检验法对其进行统计分析，以 $P < 0.05$ 作为显著性差异水平。

（6）幼体不同发育时期 *Wnt*4 表达。

解剖采集成熟期栉江珧精卵，将适量的精卵混合授精，将受精卵放置于水温 26 ℃的 25 m³ 水体中孵化、培养。收集受精卵、多细胞期、桑葚期、囊胚期、原肠期、担轮幼虫、D 形幼虫和稚贝等不同发育时期样品，置于液氮中速冻，然后转移到－80 ℃冰箱中保存，用于总 RNA 提取。RNA 的提取、cDNA 第一链合成、荧光定量 PCR 和数据分析同前所述。

（7）17β-雌二醇对 $Wnt4$ 表达的影响。

2015 年 4 月，在蓬莱海区采集性成熟期栉江珧成贝 50 个，并随机分为实验组和对照组，室内暂养 3 d。向实验组性腺注射 100 μL 3.0 nmol/L 的 17β-雌二醇溶液，对照组注射 100 μL 过滤海水。注射 48 h 后，每组分别选取 4 个雌性和 4 雄性个体，解剖获取性腺组织，液氮保存。其余个体继续培养，13 d 后进行第二次注射，再经 15 d 培养后进行第二次取样，注射和取样方法同上。实验期间，实验组和对照组在相同条件下培养。样品保存、总 RNA 提取、cDNA 第一链合成、荧光定量 PCR 和数据分析同前所述。

表 1-61　栉江珧 Wnt4 基因引物信息

引物名称	序列(5′～3′)	应用
P1	AGTGTCAGTACCAGTTCAGAAACAGAMGNTGGAAYTG	核心片段扩增
P2	GGATCCGGAGACTCCGTGRCAYTTRCA	
P3	GCAGCACAGTCAATCCTAAATCA	3′Race($Wnt4$)
P4	AAGAATACGGGCAAAAATACAGG	
P5	CTGGGTCCCGTTACAGTTCG	5′Race($Wnt4$)
P6	CTGGGTCCCGTTACAGTTCG	
P7	AACAGGAGACGAAATCTAATGG	qRT-PCR($Wnt4$)
P8	GTACAGAAGAAACCAACACGAAT	
P9	AAGCGGGAAGAGCCCAGCAC	qRT-PCR(β-actin)
P10	AGAGGCGGTCGCCAGTAAA	
P11	CGCCAGGGTTTTCCCAGTCACGAC	pEASY-T1
P12	GAGCGGATAACAATTTCACACAGG	
UPM	CTAATACGACTCACTATAGGGCAAGCAGTGGTAT	Race 接头引物
NUP	AAGCAGTGGTATCAACGCAGAGT	

利用 Lasergene 软件包将测序结果进行拼接，得到了栉江珧 $Wnt4$ 完整的 cDNA 序列。该序列全长 1 493 bp，其中开放阅读框为 1 074 bp，编码 357 个氨基酸，其两翼分别存在 383 bp(5′端)和 36 bp(3′端)非编码区(图 1-208A)。$Wnt4$ 所表达的氨基酸序列含有 153 个保守位点，包括 24 个高度保守的半胱氨酸残基(图 1-209)；2 个位于 N-91 和 N-303 位置的 N-糖基化位点(图 1-208A)；和一段长为 26 个氨基酸残基的信号肽(图 1-209)。预测的栉江珧 Wnt4 蛋白相对分子质量为 3 9540，理论等电点为 8.94(图 1-208B)。预测的 Wnt4 蛋白三维结构与 Wnt 家族显示 39.46％的一致性(图 1-208C)。

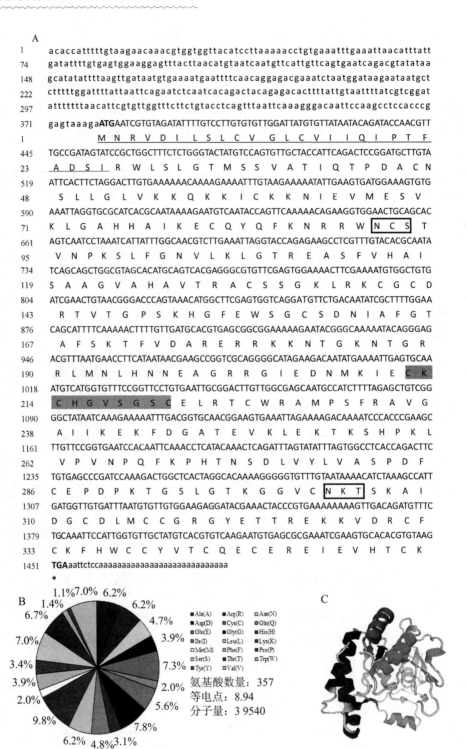

图 1-208　栉江珧 *Wnt*4 基因序列和蛋白特征分析

A.*Wnt*4 基因 cDNA 和推测的氨基酸序列：小写字母表示非编码区序列，大写字母表示编码区序列，加粗字母表示翻译的起点和终点，下划线表示信号肽位置，方框位置表示 N-糖基化位点，阴影区表示 *Wnt* 家族特有保守片段；B.推测的 Wnt4 蛋白氨基酸特征；C.推测的 Wnt4 蛋白三维结构。

2. 结果与分析

（1）栉江珧 *Wnt*4 全长 cDNA 序列特征和系统进化分析。

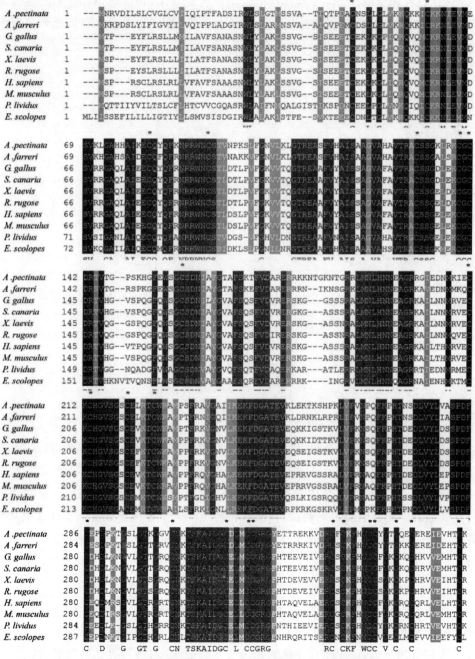

图 1-209　不同物种 Wnt4 蛋白氨基酸序列多重比对分析

阴影区表示同源性氨基酸，其中黑色区表示氨基酸同源性为 100%，灰色区表示氨基酸的同源性 75% 以上。星号表示保守的半胱氨酸残基，方框表示信号肽位置。栉江珧（*A. pectinata*）、栉孔扇贝（*C. farreri*）、原鸡（*G. gallus*）、金丝雀（*Serinus canaria*）、非洲爪蟾（*X. laevis*）、皱皮蛙（*Rana rugosa*）、人（*H. sapiens*）、小鼠（*M. musculus*）、海胆（*P. lividus*）、夏威夷四盘耳乌贼（*E. scolopes*）。

栉江珧 *Wnt*4 与已经报道的序列进行同源比较结果显示,与栉孔扇贝、海胆、原鸡、非洲爪蟾和人的同源性分别为 77.3%、62.5%、60.4%、59.6% 和 58.54%。使用 Mega 软件构建的 Wnt4 氨基酸序列系统进化树显示,栉江珧与栉孔扇贝紧密聚为一支,之后与头足类夏威夷四盘耳乌贼聚为一支,最后与海胆和脊椎动物等聚类(图 1-210)。

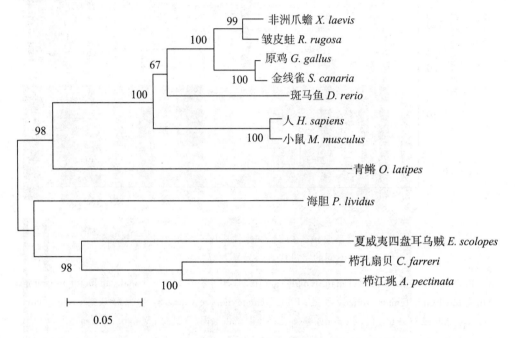

图 1-210　基于 Wnt4 蛋白氨基酸序列绘制的系统发生树

(2) *Wnt*4 在栉江珧不同组织的定量表达分析。

荧光定量 PCR 结果表明,栉江珧 *Wnt*4 在鳃、外套膜、闭壳肌、性腺、肝胰腺、神经节和足中均有表达,但表达水平存在组织和性别差异(图 1-211)。外套膜和性腺中表达量最高,并且雌性个体表达水平显著高于雄性个体($P<0.05$),具有显著的性别二态性。鳃、闭壳肌、肝胰腺、神经节和足中,*Wnt*4 表达量显著低于外套膜和性腺($P<0.05$)。神经节中表达量存在性别二态性,雌性神经节表达量显著高于雄性($P<0.05$)。

(3) *Wnt*4 在栉江珧不同发育时期性腺中定量表达分析。

栉江珧不同发育时期性腺中 *Wnt*4 基因表达量不同,并且卵巢中 *Wnt*4 表达量显著高于精巢($P<0.05$;图 1-212)。*Wnt*4 在生长期表达量最高,此时卵巢的表达量约为精巢的 5 倍;形成期和成熟期表达量显著低于生长期,表达量降低约 50%～70%($P<0.05$);排放期 *Wnt*4 表达量最低,显著低于其他发育阶段($P<0.05$)。耗尽期雌雄无法辨别,*Wnt*4 表达量显著高于排放期,但低于生长期($P<0.05$)。

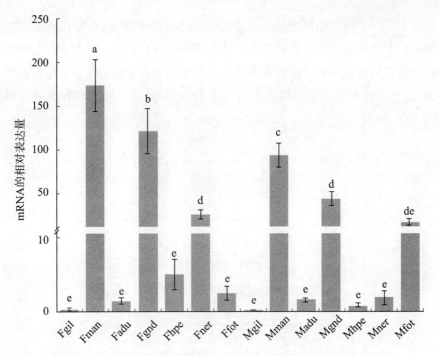

图 1-211　栉江珧 *Wnt* 4 在雌性和雄性成体不同组织中的表达情况
不同的字母代表差异显著（$P<0.05$）

Fgil. female gill，雌性鳃；Fman. female mantle，雌性外套膜；Fadu. female adductor muscle，雌性闭壳肌；Fgnd. female gonad，卵巢；Fhpe. female hepatopancreas，雌性肝胰腺；Fner. female nerve，雌性神经节；Ffot. female foot，雌性足；Mgil. male gill，雄性鳃；Mman. male mantle，雄性外套膜；Madu. male adductor muscle，雄性闭壳肌；Mgnd. male gonad，卵巢；Mhpe. male hepatopancreas，雄性肝胰腺；Mner. male nerve，雄性神经节；Mfot. male foot，雄性足

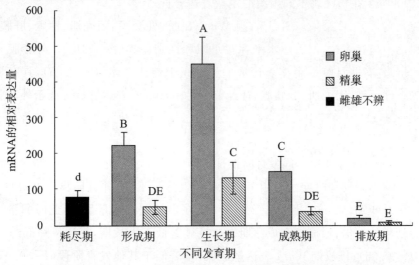

图 1-212　*Wnt* 4 基因在栉江珧不同发育时期性腺中的表达量

不同的字母代表差异显著，大写字母代表同一发育期雌性和雄性差异显著（$P<0.05$）。

（4）*Wnt*4 在栉江珧幼体不同发育阶段的定量表达分析。

如图 1-213 所示，*Wnt*4 在栉江珧幼体不同发育阶段表达有差异。

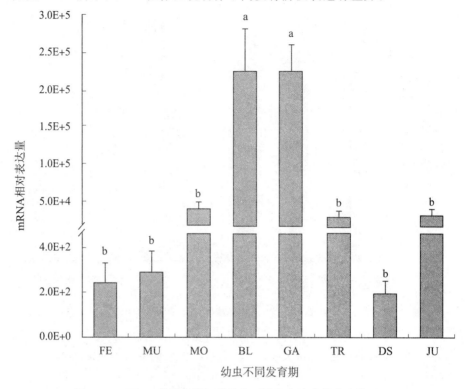

图 1-213　*Wnt*4 基因在栉江珧幼虫不同发育阶段的表达情况

不同的字母代表差异显著（$P<0.05$）

FE. Fertilized Egg, 受精卵；MU. Multicellular Stage, 多细胞期；MO. Morula Stage, 桑葚期；BL. Blastula Stage, 囊胚期；GA. Gastrula Stage, 原肠期；TR. Trochophore Stage, 担轮幼虫；DS. D-Shaped Stage, D 形幼虫；JU. Juvenile Stage, 稚贝

受精卵和多细胞期中 *Wnt*4 几乎没有表达，桑葚期 *Wnt*4 表达量开始升高，但差异不显著（$P>0.05$）；囊胚期和原肠期 *Wnt*4 表达量显著升高，达到最大值，约为桑葚期表达量的 5 倍（$P<0.05$）；担轮幼虫 *Wnt*4 表达量显著下降，到 D 形幼虫达到最低值，仅为囊胚期表达量的 0.08% 左右；稚贝 *Wnt*4 表达量开始升高。

（5）17β-雌二醇对栉江珧性腺中 *Wnt*4 表达的影响。

17β-雌二醇对栉江珧性腺中 *Wnt*4 的调控作用在雌雄个体间存在差异（图 1-214）。17β-雌二醇处理卵巢 2 d 后，与对照组相比，实验组 *Wnt*4 表达量无显著差异（$P>0.05$）；处理 30 d 后，实验组 *Wnt*4 表达量显著降低，仅为对照组表达量 16% 左右（$P<0.05$）。17β-雌二醇处理精巢 2 d，实验组 *Wnt*4 表达量显著提高，约为对照组的 4 倍（$P<0.05$）；而处理 30 d 后，实验组 *Wnt*4 表达量降低，但差异不显著（$P>0.05$）。

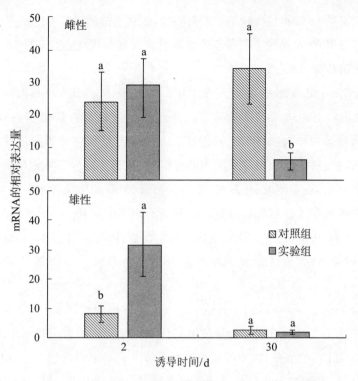

图 1-214 注射 17β-雌二醇后栉江珧性腺中 $Wnt4$ 表达情况

不同字母代表实验组和对照组差异显著($P<0.05$)

3. 小结

本研究首次克隆了栉江珧 $Wnt4$ 基因,阐明 $Wnt4$ 主要参与了栉江珧的早期胚胎发育,并在表达水平受 17β-雌二醇的调控。研究结果为进一步开展软体动物 Wnt 家族功能和表达机制研究提供了重要参考。

第 45 节 刺参 SNP 标记与生长性状的关联分析

刺参($Apostichopus japonicus$)在分类上隶属棘皮动物门(Holothuroidea)海参纲(Echinodermata)楯手目(Aspidochirotida),自古以来作为"海产八珍"之一,以其较高的药用价值和富含丰富的氨基酸、矿物质而受到人们的喜爱,成为我国重要的海水养殖品种。近年来,刺参养殖业发展迅速,2012 年全国刺参产量达到170 830 t。然而,刺参养殖业快速发展的同时，也出现了一系列问题，如刺参苗种质量参差不齐、抗病能力下降和生长缓慢等，严重制约了刺参养殖业的健康发展。因此，选育具有优良经济性状的刺参健康苗种势在必行。

随着分子标记技术的快速发展，分子辅助育种（Marker-assisted Selection，MAS）在动植物中的应用为筛选具有优良经济性状的苗种提供了有效手段，在水稻、辣椒、大豆等农作物取得了可喜进展。关联分析是利用分子标记或者候选基因的遗传变异与经济性状表型联系起来的分析方法，是实现分子标记辅助育种的一种有效方法。目前，在中华鳖、珍珠贝、中华绒螯蟹、尼罗罗非鱼等水产动物，开展了微卫星标记与生长相关性状关联分析。在刺参的研究中，孙国华等运用单标记分析法分析了 10 个微卫星位点与控制体重、体长数量性状的 QTL（Quantitative Trait Loci）的连锁关系，发现 4 个微卫星位点分别与刺参的体重和体长具有显著的相关性。

SNP（Single Nucleotide Polymorphism），即单核苷酸多态性，是真核生物基因组中含量最为丰富最具有应用前景的第三代分子标记。作为一种理想的分子工具，SNP 以其二态性、数目多、易于高通量检出等优点在高密度图谱构建、QTL 分析、评估遗传多样性、家系鉴定和分子育种方面得到了广泛的应用。目前，刺参的 SNP 标记主要从基因组和 EST（Expressed Sequence Tag）数据库中进行开发。其中，从 EST 数据库中开发的 SNP 标记更具有优势，原因在于 EST-SNP 位点位于编码区，发生的突变可能会引起编码区序列的改变，进而可能改变了氨基酸的种类，从而影响到了表型性状。

高分辨率溶解曲线（High Resolution Melting，HRM）是一种高效的突变筛查与基因分型技术，具有高效、精确、成本低及闭管操作等特点，通过可视化的 PCR 产物的熔解曲线轮廓来检测并分析扩增片段的微小差异。在前期研究中，我们运用 HRM 分析方法从刺参 EST 数据库中获得了 51 个 SNP 标记（董玉等，未发表）。本研究选取了其中的 46 个扩增稳定的 EST-SNP 标记，利用一个刺参全同胞家系进行了 EST-SNP 基因型与体长、体宽、体重、体壁重和出肉率性状的关联分析，筛选相关分子标记，以期为刺参经济性状 QTL 定位和分子标记辅助育种提供基础资料。

1. 材料与方法

（1）材料。

实验所用的实验材料为刺参全同胞家系，其母本为日本红刺参，父本为山东沿海采捕野生刺参。家系培育 10 个月后，随机取家系子代个体，测量生长相关性状数据，然后保存于 $-80\ ℃$ 备用。

（2）生长性状测量和 DNA 提取。

由于在不同条件下刺参的体型体重会有很大的差异，为保证测量数据的有效性，将刺参放入培养皿中，加入少量海水，在没有刺激的自然伸展状态下测量刺参的体长和体宽。将刺参用干燥的纱布吸取表面水分，放置在纱布上，30 min 后称量体重。用镊子进行刺激，使其吐出内脏，在干燥纱布上放置 10 min 后称量体壁重。出肉率为刺参体壁重占总体重的百分比。

对家系的 32 个个体采用 CTAB 法提取 DNA，取约 100 mg 刺参体壁组织放入研钵内，加入适量液氮进行研磨至粉状，将切碎的组织与 500 μL CTAB 裂解液（2% CTAB，0.2% β-巯基乙醇，20 mmol/L EDTA，1.4 mol/L NaCl，100 mmol/L Tris-HCl，pH 8.0）和 15 μL 蛋白酶 K（20 mg/mL）混合均匀，放置在 60 ℃金属浴中进行消化直至澄清，再加入等体积氯仿异戊醇（氯仿∶异戊醇＝24∶1）溶液抽提几次后，异丙醇溶液沉淀 DNA，70% 乙醇充分洗涤沉淀 3～4 次并充分烘干后 TE 溶解。

（3）SNP 引物设计和 PCR 反应。

从已开发的 51 个的刺参 EST-SNP，筛选出 46 个扩增稳定、多态性高的标记，引物序列见表 1-62。在 LightCycler® 480 实时定量分析仪（Roche Diagnostics）上进行 PCR 扩增及产物的熔解曲线分析。反应体系为 10 μL，其中包括 0.25 U Taq DNA 聚合酶，2.5 mmol/L 10× PCR buffer，0.2 mmol/L dNTP，1.5 mmol/L $MgCl_2$，上下游引物各 0.2 μmol/L，5 μmol/L SYTO9 染液和 10 ng 模板 DNA。HRM 反应条件：95 ℃预变性 5 min，95 ℃变性 30 s，按每对引物退火温度（60 ℃～62 ℃）反应 30 s，72 ℃延伸 30 s，45～55 个循环；扩增结束后，运行高分辨率熔解曲线程序，收集 60 ℃～95 ℃之间的数据，每升高 1 ℃采集荧光 25 次，升温速率设定为 0.1 ℃/s，以满足对单碱基差异的区分。

表 1-62　刺参 46 个 SNP 位点信息

位点	登录号	引物序列（5′～3′）	退火温度/℃	扩增片段长度/bp	SNP 类型及位置
SNP136	GR706115	F：GGACGGCAAGTTCAACCAGAT R：CCAATAATGACGAAGACCACGAT	60	109	C/T 479
SNP138	GR706048	F：GAGGATGTTAGAGGCAAGAACTGTC R：GACCATAGAGCAATACTTGTCCCTG	62	78	C/T 464
SNP141	GH986450	F：TGAGGGAGTTGAAGGAGCAGTAGT R：ACCTCCATTCCCAGAAAGATACTC	60	120	C/T 488

位点	登录号	引物序列(5′~3′)	退火温度/℃	扩增片段长度/bp	SNP 类型及位置
SNP143	GH985516	F：AATCTGAACTTAGCAAACTCAAACG R：CCTGGAGTTCTCGGCTGGTAT	60	111	C/T 388
SNP146	GR706693	F：GGTAACCAAAGGGTGTAGCAGC R：GTAGGGAATTAACGGACGAACAG	60	59	A/G 244
SNP147	GO253384	F：CTTGCCAGGGTGACAGCG R：CATATCCCCAACTGGTGACTCC	60	87	A/G 736
SNP148	DY625372	F：AGGTTCTTGTTTTGCTATCATTGTT R：AGTTTACCCGTGTTCAGCCAT	60	103	A/G 151
SNP149	GO253404	F：AATGTCATCAGAGTCAACTGGTCC R：GTTAGATGTGGAGACCCCATAGAG	60	63	C/G 415
SNP153	GO270690	F：AACACTGGCTACAACAGAGGACC R：CTCAAAGCGACCGATTGTGC	60	67	A/G 442
SNP154	GH551555	F：GTTGTTTCTGTTTGGTGCTTTTTC R：CCACCAAGCACACCAAAAATG	62	118	C/G 721
SNP155	GR706565	F：CGCAGATGAAACTGTTGAGCAT R：TGACAAGAAGAGGCTTTTCCAGAT	62	126	C/T 742
SNP163	GH550645	F：GACCCTACCCTGGAGGTTGC R：ATCTCCGTGGTGGTGAATGACT	60	155	T/G 765
SNP164	GH551587	F：CCATTGCTCTTTGAAGACTGTTT R：ATTGCTACAGTGCAAAAGACGAG	60	124	A/C 68
SNP166	GO270325	F：GCCAAGGGAACCCAGGACT R：TTCAGTGCCTTGATGATGAGAGAG	62	119	A/C 289
SNP175	GH985470	F：GGAGGAGAAGTTGAACAAGGCAC R：AAACTGTCGCCATCTTGCTTG	62	111	A/C 301
SNP177	DY625159	F：TGAAGTTATTTGGCAAGTGGAGC R：CGGAAACGCTTGACCTGGT	60	113	A/G 188
SNP178	DY625289	F：CAGTGCCCAGCCGTAGAAC R：CATCAGTTTCTTGCCATTGTTTC	60	72	C/T 153
SNP183	GH550884	F：CGGAGAAAATGTCCTGATGTAAAC R：CCAGTGAATGTGTCTGATCAAACG	62	111	C/T 334
SNP186	GR706604	F：CTTACTTGCTGATTTTGTGTGGTG R：TACGGTCTACAAGGAACATACACTG	60	56	A/G 607
SNP187	GR706604	F：ATGCTCTAGTTTCCTTCCATTACAC R：ACAAACTGTTTTCCGATTTATGGT	60	157	A/G 854
SNP189	GH986408	F：GCTCTCAGGGTCAGTGTACTCAAGT R：ATGATGGAACGGTTTGTGTCG	62	64	A/T 263
SNP213	GH549884	F：ACTGGTCAACTTCCAAAGCGTAT R：TCATCTCACAGTAGCCCTTGGTT	60	68	C/T 241
SNP216	GO269843	F：AATGTGCTACTCATGGGGTGATT R：AGTCGGGGATCTCTCTCCTTATT	60	104	A/G 427

位点	登录号	引物序列(5′~3′)	退火温度/℃	扩增片段长度/bp	SNP 类型及位置
SNP217	GH985485	F：AACTGGATGTGGTTACACGAGG R：CTTTGGGGAGGTCTGATGGTC	60	156	C/G 551
SNP222	GH551382	F：CTGCTCTATTCTGTGCTTTATGTCC R：ATTGGGAGTGCTTCAAGTCATAAC	60	60	C/T 351
SNP223	GH550323	F：CAGGGATGGTGCTCTTTACGAT R：ACTGCCACCAGCAATTCCAG	60	92	T/G 175
SNP225	GH550784	F：GTCTTATGGTTGCTTTCCTTATCCT R：AACACCGTTCTCTCTGGTCAAAT	60	140	A/G 565
SNP228	GH551832	F：GCTATCAGACGCCCCCTACTT R：GTAACGTCAGAGAAGGACAGTGGT	60	58	A/C 447

（4）数据分析。

利用 PopGen32 软件进行最小等位基因频率、期望杂合度（He）、观测杂合度（Ho）、哈迪-温伯格平衡（Hardy-Weinberg equilibrium，HWE）和固定指数（Fixation index）的分析和计算。根据 Bostein 等的方法计算位点多态信息含量（PIC），公式如下：

$$PIC = \sum_{i=0}^{n} P_i^2 - \sum_{i=1}^{n-1} \sum_{j=i+1}^{n} 2P_i^2 P_j^2$$

其中，P_i 和 P_j 分别为第 i 个和第 j 个等位基因在群体中的频率，n 为等位基因数。

利用 SPSS19.0 软件对实验数据进行统计分析，采用一般线性模型（General Linear Model，GLM）对刺参各生长性状与 SNP 位点的关联性进行最小二乘分析。采用 $y_{ij} = \mu + a_i + e_{ij}$ 线性模型公式进行最小二乘法分析，式中 y_{ij} 为某性状第 i 个标记第 j 个个体的观测值；μ 为实验观测所有个体的平均值（即总体平均值）；a_i 为第 i 个标记的效应值；e_{ij} 为随机误差。对同一位点不同基因型之间生长性状指标差异显著性进行检验并进行多重比较（LSD），进而分析等位基因的效应。

2. 结果

（1）SNP 多态性。

46 对引物均在刺参家系中表现出了多态性，平均多态信息含量（PIC）为 0.273 8，最大的 PIC 出现在位点 SNP147，为 0.375 0；最小的 PIC 出现在位点 SNP59，为 0.030 2（表 1-63）。最小等位基因频率介于 0.015 6~0.500 0，平均值为 0.263 1。观测杂合度最大值为 SNP141 位点的 0.468 8，最小值为 SNP59 位点的 0.031 2，平均值为 0.242 8；期望杂合度普遍大于观测杂合度，其平均值为 0.351 0。固定指数在 SNP20 等 9 个位点为负值，在其他位点均为正值，平均值为 0.261 7。哈迪-温伯格平衡分析发现有 18 个位点显著偏离平衡（$P < 0.05$）。

表 1-63　刺参家系中 SNP 位点的遗传参数

位点	最小等位基因频率	观测杂合度	期望杂合度	多态信息含量	固定指数	P 值
SNP4	0.306 5	0.290 3	0.432 0	0.334 8	0.317 0	0.067 8
SNP8	0.225 8	0.258 1	0.355 4	0.288 5	0.261 9	0.137 2
SNP20	0.112 9	0.225 8	0.203 6	0.180 2	−0.127 3	0.381 5
SNP26	0.016 1	0.032 3	0.032 3	0.031 2	−0.016 4	1.000 0
SNP27	0.274 2	0.290 3	0.404 5	0.318 8	0.270 6	0.118 9
SNP33	0.435 5	0.419 4	0.499 7	0.370 8	0.147 1	0.362 5
SNP59	0.015 6	0.031 2	0.031 2	0.030 2	−0.015 9	1.000 0
SNP62	0.343 8	0.125 0	0.458 3	0.349 4	0.722 9	0.000 0 *
SNP68	0.015 6	0.031 2	0.031 2	0.030 2	−0.015 9	1.000 0
SNP84	0.250 0	0.375 0	0.381 0	0.304 7	0.000 0	0.927 9
SNP88	0.218 8	0.312 5	0.347 2	0.283 4	0.085 7	0.570 8
SNP92	0.171 9	0.281 2	0.289 2	0.244 2	0.012 0	0.873 4
SNP105	0.015 6	0.031 2	0.031 2	0.030 2	−0.015 9	1.000 0
SNP106	0.062 5	0.062 5	0.119 0	0.110 3	0.466 7	0.046 5 *
SNP115	0.203 1	0.281 2	0.328 9	0.271 3	0.131 2	0.418 3
SNP123	0.359 4	0.281 2	0.467 8	0.354 5	0.389 2	0.022 2 *
SNP126	0.451 6	0.258 1	0.503 4	0.372 6	0.479 0	0.005 0 *
SNP131	0.265 6	0.281 2	0.396 3	0.314 0	0.279 1	0.104 6
SNP136	0.453 1	0.218 8	0.503 5	0.372 8	0.558 6	0.000 9 *
SNP138	0.484 4	0.281 2	0.507 4	0.374 8	0.437 0	0.009 3 *
SNP141	0.328 1	0.468 8	0.447 9	0.343 7	−0.063 1	0.787 2
SNP143	0.316 7	0.233 3	0.440 1	0.339 1	0.460 8	0.009 7 *
SNP146	0.171 9	0.156 2	0.289 2	0.244 2	0.451 1	0.016 9 *
SNP147	0.500 0	0.250 0	0.507 9	0.375 0	0.500 0	0.002 8 *
SNP148	0.015 6	0.031 2	0.031 2	0.030 2	−0.015 9	1.000 0
SNP149	0.312 5	0.187 5	0.436 5	0.337 4	0.563 6	0.001 1 *
SNP153	0.203 1	0.343 8	0.328 9	0.271 3	−0.061 8	0.786 9
SNP154	0.296 9	0.343 8	0.424 1	0.330 3	0.176 6	0.282 6
SNP155	0.453 1	0.218 8	0.503 5	0.372 8	0.558 6	0.000 9 *
SNP163	0.274 2	0.225 8	0.404 5	0.318 8	0.432 7	0.015 1 *

位点	最小等位基因频率	观测杂合度	期望杂合度	多态信息含量	固定指数	P 值
SNP164	0.296 9	0.343 8	0.424 1	0.330 3	0.176 6	0.282 6
SNP166	0.338 7	0.419 4	0.455 3	0.347 6	0.063 9	0.655 5
SNP175	0.312 5	0.250 0	0.436 5	0.337 4	0.418 2	0.015 5 *
SNP177	0.322 6	0.387 1	0.444 2	0.341 5	0.114 3	0.469 5
SNP178	0.312 5	0.437 5	0.436 5	0.337 4	−0.018 2	0.989 5
SNP183	0.483 9	0.258 1	0.507 7	0.374 7	0.483 3	0.004 6 *
SNP186	0.062 5	0.062 5	0.119 0	0.110 3	0.466 7	0.046 5 *
SNP187	0.140 6	0.156 2	0.245 5	0.212 5	0.353 5	0.063 9
SNP189	0.328 1	0.406 2	0.447 9	0.343 7	0.078 6	0.594 2
SNP213	0.375 0	0.437 5	0.476 2	0.358 9	0.066 7	0.640 9
SNP216	0.435 5	0.354 8	0.499 7	0.370 8	0.278 7	0.099 6
SNP217	0.166 7	0.200 0	0.282 5	0.239 2	0.280 0	0.132 8
SNP222	0.421 9	0.156 2	0.495 5	0.368 8	0.679	0.000 0 *
SNP223	0.064 5	0.064 5	0.122 7	0.113 4	0.465 5	0.048 3 *
SNP225	0.421 9	0.343 8	0.495 5	0.368 8	0.295 3	0.077 4
SNP228	0.062 5	0.062 5	0.119 0	0.110 3	0.466 7	0.046 5 *
平均值	0.263 1	0.242 8	0.351 0	0.273 8	0.261 7	0.529 5

注：MAF，minor allele frequency；P 值表示偏离哈迪-温德伯平衡情况；"*"表示显著偏离（P<0.05）

（2）SNP 位点与生长性状相关性分析。

刺参体长、体宽、体重、体壁重和出肉率指标与 46 个 SNP 标记相关性分析结果见表 1-64。共有 10 个 SNP 位点分别与刺参的生长性状具有相关性，位点 SNP146 与体重、体壁重呈极显著相关（P<0.01），与体长和体宽呈显著相关（P<0.05）；位点 SNP216 与体宽、体重和体壁重呈极显著相关（P<0.01），与体长、出肉率呈显著相关（P<0.05）；位点 SNP189 与体长呈极显著相关（P<0.01），而与其他生长性状并没有显著的相关性。

表 1-64　SNP 位点与刺参体长、体宽、体重、皮重和出肉率性状相关性分析

位点	体长	体宽	体重	体壁重	出肉率
SNP4	—	0.016 *	—	—	—
SNP146	0.012 *	0.010 *	0.003 * *	0.004 * *	—
SNP154	—	—	—	0.046 *	

位点	体长	体宽	体重	体壁重	出肉率
SNP163	—	—	0.041 *	0.043 *	—
SNP164	—	0.017 *	0.027 *	0.041 *	—
SNP175	0.039 *	—	—	—	—
SNP178	0.031 *	—	0.044 *	—	—
SNP183	—	—	—	—	0.021 *
SNP189	0.009 * *	—	—	—	—
SNP216	0.010 *	0.002 * *	0.000 * *	0.000 * *	0.049 *

注:表中数值为性状(体重、体宽、体重、体壁重和出肉率)与 SNP 位点关联分析的概率值;"*"表示 $P<0.05$,"* *"表示 $P<0.01$,"—"表示无显著关联性

对显著相关的 SNP 位点进行不同基因型间与生长性状的多重比较发现,8个位点(SNP4、SNP146、SNP154、SNP163、SNP164、SNP175、SNP178 和 SNP216)的基因型 BB 分别与体长、体宽、体重、体壁重性状的部分或全部呈显著相关(表 1-65)。其中,SNP146 和 SNP216 位点的基因型 BB 的个体全部 4 种性状(体长、体宽、体重、体壁重)的平均值高于基因型 AA 和 AB 的个体,并且差异均达到了显著性的水平($P<0.05$)。位点 SNP189 的基因型 AA 个体的体长平均值显著高于基因型 AB 和 BB 的个体($P<0.05$),而基因型 BB 个体的体长平均值则显著低于基因型 AA 个体($P<0.05$)。仅有 SNP183 一个位点与出肉率具有显著相关性($P<0.05$),杂合子 AB 个体的出肉率平均值显著高于纯合子基因型 AA 和 BB 的个体($P<0.05$),但该位点并没有在生长性状的其他方面表现出显著关联(表 1-64)。

表 1-65 不同 SNP 基因型刺参体长、体宽、体重、皮重和出肉率的多重比较

位点	基因型	个体数	体长/mm	体宽/mm	体重/g	体壁重/g	出肉率/%
SNP4	AA	16	27.73±12.36	3.64±1.06	0.36±0.33[ab]	0.23±0.22	0.63±0.09
	AB	9	24.25±6.30	3.20±0.76	0.17±0.09[b]	0.12±0.06	0.65±0.05
	BB	4	31.55±11.36	5.15±2.51	0.65±0.64[a]	0.42±0.41	0.63±0.04
SNP146	AA	23	27.09±10.06[ab]	3.69±1.31[ab]	0.35±0.31[ab]	0.22±0.20[ab]	0.64±0.08
	AB	5	21.19±7.72[b]	2.88±0.61[b]	0.11±0.08[b]	0.07±0.02[b]	0.62±0.05
	BB	3	42.73±5.10[a]	5.76±0.33[a]	0.99±0.34[a]	0.66±0.25[a]	0.66±0.03
SNP154	AA	16	23.59±7.95	3.35±0.82	0.25±0.11	0.16±0.07[b]	0.61±0.06
	AB	10	29.17±7.25	3.95±0.96	0.31±0.21	0.21±0.14[ab]	0.67±0.06
	BB	4	36.32±17.38	4.42±1.22	0.66±0.59	0.42±0.37[a]	0.67±0.06

位点	基因型	个体数	体长/mm	体宽/mm	体重/g	体壁重/g	出肉率/%
SNP163	AA	19	26.42±9.98	3.52±0.94	0.25±0.24[ab]	0.17±0.15[ab]	0.65±0.08
	AB	6	23.08±9.22	3.18±0.70	0.17±0.14[b]	0.10±0.08[b]	0.59±0.09
	BB	4	33.73±13.09	4.70±2.68	0.79±0.70[a]	0.52±0.45[a]	0.66±0.04
SNP164	AA	16	24.10±7.29	3.32±0.78[b]	0.19±0.11[b]	0.13±0.08[b]	0.64±0.09
	AB	11	29.22±13.51	3.68±1.22[ab]	0.43±0.38[ab]	0.28±0.24[ab]	0.63±0.06
	BB	3	35.79±7.51	5.75±2.51[a]	0.83±0.67[a]	0.53±0.43[a]	0.63±0.03
SNP175	AA	18	29.20±10.98[ab]	3.85±1.40	0.44±0.38	0.28±0.25	0.65±0.07
	AB	8	20.77±8.53[b]	3.17±1.1.0	0.19±0.17	0.14±0.12	0.61±0.10
	BB	4	30.63±7.03[a]	4.03±1.44	0.34±0.28	0.22±0.18	0.65±0.03
SNP178	AA	15	22.65±7.72[b]	3.26±0.85	0.17±0.13[b]	0.11±0.08	0.63±0.08
	AB	12	29.93±9.82[ab]	4.07±1.69	0.47±0.44[ab]	0.31±0.29	0.65±0.07
	BB	3	38.50±15.45[a]	4.37±1.39	0.61±0.48[a]	0.37±0.34	0.61±0.07
SNP183	AA	11	27.89±13.03	3.65±1.19	0.34±0.30	0.20±0.18	0.61±0.05[b]
	AB	7	29.63±9.63	4.00±0.88	0.40±0.38	0.28±0.26	0.69±0.06[a]
	BB	11	25.85±8.38	3.57±1.77	0.43±0.32	0.27±0.21	0.64±0.07[ab]
SNP189	AA	15	29.42±9.71[a]	3.77±0.28	0.31±0.28	0.20±0.16	0.65±0.07
	AB	12	27.20±10.70[ab]	3.70±1.80	0.48±0.41	0.32±0.26	0.64±0.07
	BB	3	15.56±6.92[b]	3.29±0.53	0.09±0.05	0.05±0.03	0.59±0.13
SNP216	AA	12	21.68±7.50[b]	2.89±0.61[b]	0.13±0.07[b]	0.08±0.05[b]	0.61±0.09
	AB	9	27.77±12.88[ab]	3.68±1.05[ab]	0.33±0.30[ab]	0.20±0.19[ab]	0.64±0.09
	BB	8	33.15±7.70[a]	4.62±1.64[a]	0.60±0.51[a]	0.40±0.32[a]	0.68±0.03

注：同一栏中不同上标字母数值间差异显著（$P<0.05$）

3. 小结

本研究首次利用刺参基因编码区的 SNP 标记，分析其不同基因型与刺参生长性状的相关性，揭示了标记和性状之间存在一因多效和多因一效现象，筛选出生长性状相关 SNP 位点，为刺参分子标记辅助育种提供了有用工具。

第2章

海水养殖园区环境工程
优化研究的技术集成

第1节　可再生能源现状调查与优化利用技术研究

根据对海水养殖规模化园区光热、光伏能源和地下浅层地能资源等可再生能源利用现状的调查,结合历史数据等资料,确定示范园区利用可再生能源的种类、规模,提出优化高效低碳新能源的利用方案。依靠各种可再生能源的产业优势,结合目前国内海水养殖环境工程现状,进一步优化可再生能源的利用技术。

为加快转变渔业经济发展方式,积极调整传统海水养殖模式,并充分利用可再生能源及节能减排技术发展低碳渔业是必然选择。可再生能源属于清洁能源,是指风能、太阳能、水能、生物质能、地热能、海洋能等非石化能源。可再生能源的渔业利用涉及各方面,主要是改善水温。传统方法是利用工厂废热水、烧锅炉取热。而利用可再生能源,可以免烧锅炉获得温热水,省电省煤。每省一度电,可减少二氧化碳排放 0.78 kg;省 1 t 煤可减少二氧化碳排放 2.5~2.7 t。针对本项目实验园区实际情况,可再生能源可主要集中在地热能、风能和太阳能的利用,但是地热能具有得天独厚的条件和优势。

1. 材料与方法

通过对示范园区可再生能源利用现状的调查,初步制订了可再生能源优化利用方案。海水工厂化养殖已成为我国海水养殖发展的必然趋势。但是,高能耗和环境污染等问题也同样阻碍了海水工厂化养殖的可持续发展。研究了地源热泵技术对循环水系统的温度调控作用,借鉴实践经验和文献资料,组装了地源热泵系统的各部分组件(图 2-1),调试了地源热泵的控温能力,研究了地源热泵调控水温效果的周年变化,跟踪记录了地源热泵系统的能耗。

图 2-1　欧森纳 SNHPUK 地源热泵机组

本项目利用地源热泵技术对一个循环水养殖车间进行了温度调控实验。温度测定每月进行 2 次,月初和月中各 1 次,分别选取早上 7:00 和下午 14:00 各测定 1次取均值的方法,并统计了各月的电表读数,计算了每月消耗的电能。

如图 2-2 所示,地源热泵系统在夏季和冬季需要进行调整以达到制冷和制热的转换,在夏季打开阀门 G、E、F、H,关闭阀门 A、B、C、D,抽取地下水至冷凝器冷却制冷剂,地下水的冷能转移给制冷剂,制冷剂流向蒸发器,通过换热器与养殖池的循环水进行能量交换,冷却循环水;冬季打开阀门 A、B、C、D,关闭阀门 G、E、F、H,抽取地下水至蒸发器加热制冷剂,地下水的热能转移给制冷剂,制冷剂流向冷却器,再通过换热器释放出热能转移给循环水,实现夏季制冷冬季制热的目的。

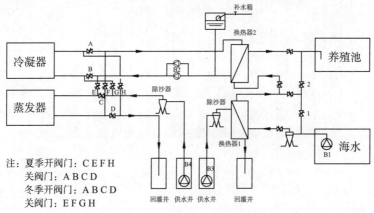

注：夏季开阀门：CEFH
　　关阀门：ABCD
　　冬季开阀门：ABCD
　　关阀门：EFGH

图 2-2　地源热泵的工作原理示意图

2. 结果

总体上看,地源热泵系统可将循环水的温度调控在 14 ℃～22 ℃的范围内,在春、夏、秋三季耗电量随着温度的升高而升高,而在冬季改为制热时耗电量又进一步上升,春秋两季消耗电能最低,这与春秋季温度多在 14 ℃～22 ℃,地源热泵系统经常关停有关。

另外,探讨了渔业建筑节能的理论可行性,屋顶可装风力发电机、太阳能发电装置、太阳能集热器,装热回收或不失热的通风系统。一般房屋墙体可用节能砖,大型建筑墙体加厚 30～50 cm,内外包裹 10～20 cm 隔热环保材料,或在外墙设植物生态墙,阻止室内外的冷热交替,南面墙还可以设太阳能发电装置。渔业建筑室内可装地热泵取地下水调控温度,或采用"被动式"自然调节技术,装可控室内通风装置,温度、湿度进行统一的智能控制。照明用 LED 照明灯,可节电 60％～75％,或采用索乐图日光照明系统,无电力消耗。

3. 讨论

地源热泵由压缩机、冷凝器、蒸发器和膨胀阀四部分组成,利用热量从高温传递到低温原理进行工作(图 2-3),其调控水温的电能耗较低,输入 1 kW 的热量,可以得到 4～5 kW 的热量,与传统供热制冷空调相比可以节约 30％～40％的能量,与锅炉(电、燃料)供热系统相比,可以节约 2/3 以上的电能,提高 10％～30％燃料内能。目前,我们对地源热泵在海水工厂化养殖中的应用积累了丰富的经验,节能减排成效显著。

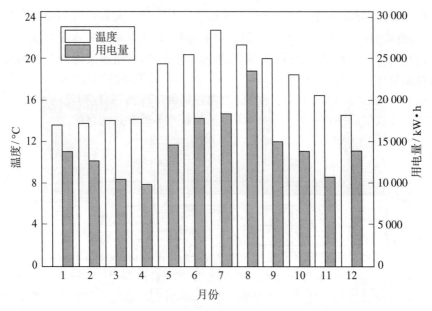

图 2-3　地源热泵系统的耗能和温度调控作用

4. 小结

在蓝黄两区建设稳步推进的背景下,针对海水工厂化养殖中存在的养殖废水大排大放和养殖能耗高的现象,我们进行了海水工厂化养殖节能减排的创新性研究,创建了以地源热泵为主要能源的循环水温度调控系统,形成了一套海水工厂化养殖节能减排新技术。

第 2 节　液态氧、微孔增氧及纳米材料工程优化应用研究

根据区域特点、园区规模及养殖种类的不同,使用液态氧、微孔增氧技术以及高效扩溶设备(U 型管、加压填充筒、射流增氧等)和循环使用技术(氧气回收等),研究液态氧、微孔增氧技术在工厂化养殖及规模化苗种繁育中的应用工艺,优化并创新纯液态氧、微孔增氧设施与工艺使用关键过程的最佳使用条件。根据示范园区水处理能力需要,选取性价比高、安全高效、并具有一定市场占有率的优质纳米材料,优化创新纳米材料在工厂化养殖及规模化苗种繁育中的应用工艺,设计并推广纳米材料在规模化园区工程化应用设施与工艺。

1. 材料与方法

使用液态氧、微孔增氧等技术,研究了液态氧、微孔增氧技术在工厂化养殖及规模化苗种繁育中的应用工艺,优化并创新了纯液态氧、微孔增氧设施与工艺使用关键过程的最佳使用条件(图 2-4)。

图 2-4　液氧储罐与高效溶氧仪

2. 结果

在日照市水产研究所蔡家滩基地刺参养殖车间进行了液态氧增氧实验。结果显示,采用液态氧增氧的养殖池水中溶氧比普通充氧池高出 33.2%。刺参摄食、生长状况也有明显提高。经过实地调研与论证,采用液氧罐向循环水添加液氧的方式进行增氧,并采用微孔气管曝气。已完成循环水车间改造、进排水系统升级及设备的调试安装,系统试运行良好。

采用液氧增氧技术,斑石鲷和珍珠龙胆石斑鱼的养殖效果非常好。2014 年 10 月 22 号开始推广应用。普通鼓风机供氧方法,20 个气头/池,30 g 均重规格的石斑鱼养殖密度为 2 000 尾/池时,使溶解氧低于 3.5 mg/L;为 500 尾/池时,才能使溶解氧达到 4.5 mg/L 以上,而采用液氧增氧和高效溶氧技术后可高达 8.1 mg/L 以上,当养殖密度增加为 1 000 尾/池时溶解氧仍高达 6.0 mg/L 以上,仍可适当增加养殖密度(图 2-5)。目前,鱼个体体质量已增至 115 g,鱼的生长速度和成活率也有显著提高。

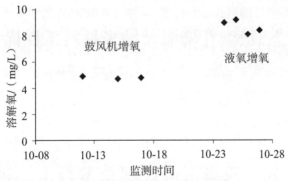

图 2-5　液氧增氧与传统增氧效果比较

本项目引进了目前最先进的纳米气盘(图 2-6),气泡仅 $100\sim400~\mu m$,因而氧气消耗低,且在水中的溶解效率高($>40\%$,水深 1 m)。材质是陶瓷,结实耐用,清洗方便。溶氧效率高。超微细孔曝气产生的气泡,与水的充分接触,上浮流速低,接触时间长,氧的溶解效率高、效果好。采用液氧增氧,压力调到 0.18 时,1 个纳米气盘就能达到 20 个气石的增氧效果。

图 2-6　平板式纳米气盘

3. 讨论

纳米科技是 20 世纪 80 年代末、90 年代初才逐步发展起来的前沿、交叉性新兴学科。选取性价比高、安全高效、并具有一定市场占有率的优质纳米材料。主要优点如下：A. 活化水体。微孔管曝气增氧，犹如将水体变成亿条缓缓流动的河流，充足的溶氧使水体能够建立起自然的生态系统，让死水变活。B. 改善养殖环境。养殖水体从水面到水底，溶氧量逐步降低。池底又往往是耗氧大户。变表面增氧为底层增氧，变点式增氧为全池增氧，变动态增氧为静态增氧，符合水产养殖规律和需要。它大大提高池塘增氧效率，充足的氧气，可加速有机物的分解，改善底部养殖环境。有利于推进生态、健康、优质、安全养殖。C. 使用成本低。微孔增氧，氧的传质效率极高，不到水车或叶轮增氧的 1/4 能耗，可以大大节约电费成本。D. 应用高效微孔增氧曝气技术，可以改善池塘水体生态环境，提高水体溶解氧含量，不但可抑制水体有害物质的产生，而且减少养殖动物的疾病，有利于促进养殖动物的生长，高效微孔增氧曝气技术可减少因机械噪声产生的养殖动物应激反应，降低曝气所需的电力消耗，提高单位面积水面的成活率，饲料的利用率及养殖密度，从而增加单位面积水面的水产品产量和效益。E. 安全、环保。微孔管曝气增氧装置安装在岸上，操作方便，易于维护，安全性能好，不会给水体带来任何污染，特别适合虾蟹养殖。

4. 小结

采用液氧和纳米材料微孔增氧技术，斑石鲷和珍珠龙胆石斑鱼的养殖效果非常好。"微孔增氧"技术就是养殖池微孔增氧技术，也称纳米增氧，能大幅度提高水体溶解氧含量，是一种新的池塘增氧方式。在示范区的推广应用结果表明，采用液氧增氧和高效溶氧技术后溶解氧可高达 8.1 mg/L 以上，当养殖密度增加为 1 000 尾/池时溶解氧仍高达 6.0 mg/L 以上，仍可适当增加养殖密度，鱼的生长速度和成活率也有显著提高。

第 3 节　残饵污染控制技术与工艺研究

针对不同养殖种类的食性和摄食方式，利用饵料形态、摄食行为、最佳投喂量等方面的基础研究，量化投饵过程各关键技术参数，研制并创新饵料投喂机械化设施和工艺方法,最大程度从源头控制残饵对水体及底质的影响。

1. 材料与方法

(1) 海参自动投喂系统研制与应用。

针对刺参的食性和摄食方式,量化了投饵过程各关键技术参数,研制了饵料自动投饵系统,最大程度从源头控制残饵对水体及底质的影响(图 2-7)。本系统集投喂计量、管道压力监测、自动投喂控制、管道自动冲洗、数据统计、故障报警等众多功能于一体,实现了海参养殖车间的自动投喂和精细化管理。本系统由计量电子秤、饵料泵、投喂电动阀、自动冲洗电磁阀及投喂控制器组成。

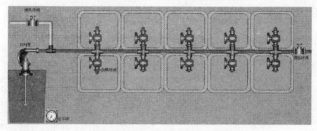

图 2-7　系统运行模拟图

(2) 残饵粪便排出设备研制与应用。

优化了固液分离装置,在保留其功能的同时对其进行简化,初步形成了简易的残饵粪便分离系统,降低了系统成本(图 2-8)。水流由下而上从内套管流入外管,在重力作用下对较大颗粒进行了第一次沉淀,然后水流在外管中短暂停留,进行了第二次沉淀,最后由最上面的侧管流出,在侧管上的筛绢对细小颗粒进行了过滤。沉淀的颗粒物可通过最下面的侧管排出,中间的侧管可调节水流的高度。

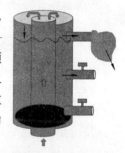

图 2-8　残饵粪便排出装置示意图

(3) 海水鱼自动投饵系统研制与应用。

该系统主要由送料机、输料管道、喷料机构、称重器、控制系统及上位机管理系统组成,具备定量投喂、360°旋转喷料、实时称量、恒温恒压控制、异常报警等五大功能模块,集成定时定量投喂、数据实时统计显示、历史数据查询、系统故障自动预警、自动控制与手动控制自由切换、缺料自动报警、远程实时控制等功能(图 2-9)。

图 2-9　系统结构图

2. 结果

用户通过刺参自动投饵系统触摸屏的人机交互界面对系统中每个投喂点的投喂参数进行设置,包括投喂时间、投喂量及投喂方式等。当系统到达某个投喂点预设的投喂时间,系统自动启动饵料泵,并打开投喂点的电动阀进行投喂,同时系统实时采集电子秤的计量数据,当投喂量达到预设投喂量后,停止投喂。对于同一时间满足投喂条件的投喂点则按照编号顺序依次进行投喂。在现场触摸屏监视界面中,用户可非常直观地查看系统中所有设备的运行状态、系统运行的实时动画、实时数据和历史数据(图2-10)。

在成功研发了刺参自动投饵系统后,2013年我们采用国际最新技术和工艺,合作开发了海水鱼自动投饵系统。海水鱼自动投饵系统主要由支承盘、分度盘、摆臂、风管、电机、料斗、风机和底座等构成(图2-10和图2-11)。

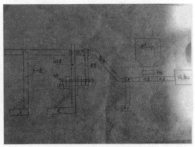

图2-10 刺参自动投饵控制终端与海水鱼自动投饵系统示意图

系统功能。1台投饵机,同时给18个养殖池进行投喂,投喂时间及投喂量可进行实时调节;分为3种料仓,可根据养殖需求同时投喂3种不同大小颗粒饵料,一机多用;饵料仓容量为60 kg、耐腐蚀;360°旋转投料,投喂半径为1 m。送料风机由变频器进行控制可根据投喂距离和投喂速度进行无级调节。下料电机由调速器控制,可根据实际情况进行下料速度的调节。系统参数的设置通过触摸屏进行设置。系统运行状态、实时数据、历史数据可通过触摸屏进行监视和查询。

图2-11 海水鱼自动投饵系统实物图平板式纳米气盘

针对现有过滤设备沙滤罐、微滤机、弧形筛在生产实践中存在的问题,我们开发了一种简易的残饵粪便分离系统,包括伸入养殖池底部的冲水管道1、与养殖池排污口 4 相通的残饵粪便汇集通道 2 和伸入养殖池内排出养殖水的中心管 3。中心管 3 从养殖池排污口穿过。养殖池排污口上设有带孔洞的隔板 5,孔洞直径为 0.5～ 1 cm。当养殖池中残饵粪便较多,或者需要保持较为洁净的养殖底质时,打开冲水管道 1 的控制阀门,根据连通器原理,沉积于养殖池底部的残饵粪便在冲水管道流出的水流作用下,穿过隔板孔洞流出养殖池,进入残饵粪便汇集通道 2。各养殖池的排污口均通过管道连接汇集于残饵粪便汇集通道,残饵粪便汇集通道与残饵粪便收集池连通。当养殖池内残饵粪便基本排净后,关闭冲水管道的控制阀门,打开位于残饵粪便收集池中的排污总管阀门。管内残饵粪便在水流的带动下,排出系统之外。冲水管道水流的速度需根据养殖池内水体面积和其进水速度进行调节,池外排水管要低于养殖池内中心管的排水孔。该技术装置建设简单、不需要动力、过滤精度高、保养维护方便,分离效果良好。

3. 讨论

目前,水产养殖大多采用人工投饵方式,称重工序繁杂、精确度不高、劳动强度大、效率低,甚至浪费鱼饵料,污染水质,影响了鱼类的生长,增加了养殖成本。设施渔业中每一个单元水体较小,养殖的鱼类数量、大小准确,水体温度可知,因此所需饵料投喂量可以计算出来,这就要求投饵机能够定量投喂,并且要求投饵机能够准确调节每一次的下料量及投料间隔。尤其是一些特种鱼类和水生动物在某些生育期内,需要较为严格的定时定量投放饵料。而现有的饵料投放装置,由于没有强制式排料机构,无法满足精量投放饵料的要求。为此,研制一种全自动的能够定时精量投放饵料的装置成为水产养殖、饲料加工行业的共同需求。饲料自动投喂机械化技术解决了传统人工投饵劳动强度大、投放速度慢且产生浪费等问题。

封闭养殖系统水中固体颗粒物主要来自残饵和鱼的排泄物,此外还包括部分鱼体脱落物、藻类、微生物等。循环养殖海水中固体颗粒的有机物含量高,如不及时去除,一旦溶于水中,将大量消耗水中溶解氧,从而使水质快速恶化,氨氮、亚硝酸盐氮等有毒化合物浓度迅速上升,对养殖动物产生毒性,严重的可能会造成养殖失败。本项目研究了目前循环水工厂化养殖系统中的固液分离装置,在保留其功能的同时对其进行简化,初步形成了简易的残饵粪便分离系统,降低了系统成本。

4. 小结

针对刺参和海水鱼的食性和摄食方式,量化了投饵过程各关键技术参数,研制了饵料自动投饵系统,最大程度从源头控制残饵对水体及底质的影响,实现了养殖车间的自动投喂和精细化管理。在成功研发了刺参自动投饵系统后,我们采用国际最新技术和工艺,合作开发了海水鱼自动投饵系统。目前系统运行状况良好。

同时,优化了固液分离装置,在保留其功能的同时对其进行简化,初步形成了简易的残饵粪便分离系统,降低了系统成本。

第4节　养殖排放水无害化处理设施与工艺研究

根据养殖污染物的物理、化学性质,采用分离循环利用技术,对废水废物分级处理,建立并完善大颗粒固体废弃物、大分子胶体分离和氨氮降解、分离排放设施与工艺,进一步优化微动力及固定化生化处理、人工悬浮生物填料等技术,优化并创新养殖废水无害化处理设施与工艺。重点进行生物包菌株附着基、菌株选择与培养对不同种类的适宜性方面研究。

1.　材料与方法

(1)养殖排放水无害化处理设施与工艺。

利用简易过滤棉(弧形过滤筛)、气浮机、生物滤池等对工厂化养殖过程中的排放水进行处理后重新进入养殖池,实现了高效节能式循环利用。

首先,设计和建造了地埋式生物滤池,研究了微生物附着基在生物滤池中处理氨氮和亚硝酸盐氮的效果,构建了地埋式高通量养殖废水处理技术。活化炉渣作为微生物附着基,使用钢筋混凝土在地面以下建造的地埋式生物滤池,在微生物附着基完全熟化的条件下,处理氨氮与亚硝酸盐氮的结果能够满足养殖用水的标准。本项目先后研究了常用的填料(沸石、麦饭石)、新型填料(高分子陶瓷环)以及工业废料(物理化学活化后的炉渣)等对微生物附着和生长的影响、去除氨氮及亚硝酸盐氮的效果以及性价比,最终选择了高效价廉的工业废料——炉渣作为填料,在保证水处理效果的同时,降低了系统成本。在筛选出高效价廉附着基的基础上,构建了地埋式生物滤池,并研究了生物滤池处理氨氮等毒性营养盐的效果。另外,还研究了生物絮团法对养殖排放水的处理效果研究。

地埋式生物滤池的整体结构如图 2-12 所示。水流从一侧进入后,流经布满生物包(装填活化炉渣)的"之"字形生物滤池,最后被泵入地源热泵系统进行调温。该系统由 2 个单元组成,可交替使用,其中一个单元先行熟化后,3 个月后再启动另一个单元的熟化,以保证生物滤池的连续运行。

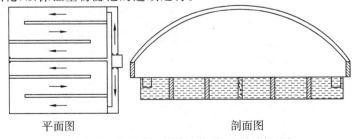

平面图　　　　　　　　　剖面图

图 2-12　地埋式生物滤池的平面图与剖面图

（2）微生态制剂对水质的调控及对刺参生长生理的影响研究。

优化了固液分离装置，在保留其功能的同时对其进行简化，初步形成了简易的残饵粪便分离系统，降低了系统成本。水流由下而上从内套管流入外管，在重力作用下对较大颗粒进行了第一次沉淀，然后水流在外管中短暂停留，进行了第二次沉淀，最后由最上面的侧管流出，在侧管上的筛绢对细小颗粒进行了过滤（图 2-13）。沉淀的颗粒物可通过最下面的侧管排出，中间的侧管可调节水流的高度。

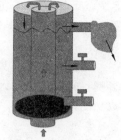

图 2-13　残饵粪便排出装置示意图

（3）水质在线监测监视系统研制与应用。

采用实时在线监测设备，对车间和池塘养殖环境开展实时监控。通过多参数水质仪现场采集水环境参数如：温度、盐度、pH 和溶解氧等，并通过 GPRS 无线网络将数据实时传输至服务器端，服务器端利用数据库进行数据的存储、更新和备份，利用开发的养殖环境监测信息系统实现监测数据的可视化、动态展示，报警和信息提示等功能。

（4）海水养殖园区排放水资源化利用技术研究。

沉淀浓缩收集发酵获得的生物絮团，等量泼洒到排放水池中，每池泼洒量的体积分数以 $70 \times 10^{-6} \sim 100 \times 10^{-6}$ 为宜；每 2 d 添加一次碳源，以水中总氨氮含量计，按 C/N 值在 $10 \sim 20$ 之间进行碳源添加；连续充气和适当搅动，至水中无机氮降至较低水平。

2. 结果

（1）养殖排放水无害化处理设施与工艺。

在示范基地建设了地埋式生物滤池，在填入生物包运行 3 个月（附着基熟化时间）后，选择系统运行平稳的 1 d，分别在投饵前，投饵后，推残饵前和推残饵后等几个时间点在同一养殖池取水样，测定氨氮、亚硝酸盐氮和磷的含量，测定方法同前（图 2-14）。

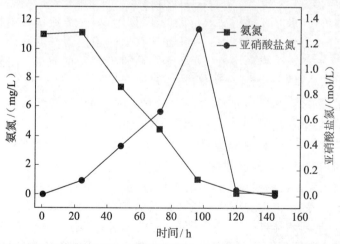

图 2-14　熟化的炉渣生物包对氨氮和亚硝酸盐氮的去除效果

地埋式生物水处理系统对循环水中氮、磷和 pH 的调控，总体上看，在地埋式生物水处理系统正常运作的条件下，循环水的 pH 一般维持在 7.5 左右，氨氮、亚硝酸盐氮和磷的含量一般分别维持在 0.4～0.6 mg/L,0.08～0.10 mg/L 和 2.05～2.70 mg/L范围内,并且白天水质指标普遍比夜间的较高,这与鱼群白天活动多、代谢旺盛有关,而投饵和推残饵等行为并不影响水质指标的变化,同时也表明残饵粪便等排出非常及时,没有进一步分解产生氮、磷(图 2-15)。

通过长期观察发现,上述水质指标对星斑川鲽和大菱鲆的摄食和生长基本没有影响,而且也没有发生严重病害,表明我们利用地埋式生物水处理系统调控水质是成功的。

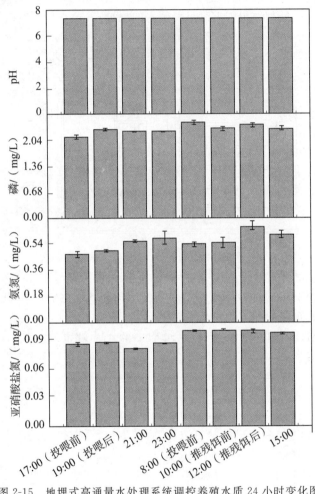

图 2-15　地埋式高通量水处理系统调控养殖水质 24 小时变化图

本项目利用示范基地的资源条件,根据前期研究成果,构建了包括养殖池、与养殖池通过管路顺序连接的残饵粪便分离系统、对水体内固体微颗粒残余物进一步分离的气浮系统、去除水体中有机污染物的地埋式生物水处理系统、对水体进行调温的地源热泵系统、对水体进行消毒处理的高位池和对养殖池内水体补充气体的充气增氧系统等海水工厂化循环水养殖系统,系统的运行过程如图 2-16 所示。

首先利用残饵粪便分离系统对养殖池 f 内的残饵粪便进行分离;在进行分离时,需要根据实际情况调节冲水管道水流的速度和排出时间,一般情况下,保证水流量为 0.1～0.2 m³/h(或水流速为 0.005～0.01 m/s),排出时间视养殖池内的残饵粪便数量情况而定,待养殖池内残饵粪便基本排清之后,关闭冲水管道的控制阀门,打开位于残饵粪便收集池中的排污总管阀门,利用分离管内残存的水将残饵粪便冲出系统之外。

待处理的养殖水通过中心管 3 经中间水沟 a 汇集之后,首先经过气浮系统 b,由气浮机对水体内固体微颗粒残余物进行进一步分离,分离后的杂质经管道排出系统外;然后养殖水进入地埋式生物水处理系统 c,养殖水体中的氨氮和亚硝酸盐氮与以活化煤渣为微生物附着基上的硝化细菌充分反应,在微生物附着基完全熟化的条件下,氨氮与亚硝酸盐氮的处理结果能够满足养殖水的标准;养殖水处理好之后经地源热泵 d 调温,输入高位池 e,在高位池中经紫外消毒,输入养殖池中,完成养殖水的循环使用,整个养殖系统中养殖水的重复利用率可达 90% 以上。充气增氧系统的输气管道由气泵连通 PVC 管道、塑料软管直接接入养殖池和地埋式生物水处理系统中。

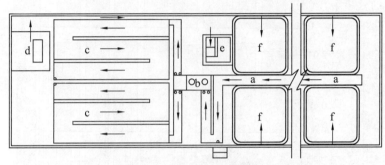

图 2-16　海水工厂化循环水养殖系统示意图

a:管道系统;b:气浮系统;c:地埋式生物水处理系统;d:地源热泵系统;f:养殖池;e:高位水池

(2) 微生态制剂对水质的调控及对刺参生长生理的影响研究。

① 材料与方法。

免疫增强剂由斗山 EcoBizNet 购进的 Eco fi:d up 产品,主要含光合细菌 DS-EBN-7(2.5×10^{10} CFU/kg 以上)、维生素 B_1、B_2、D、E、P、泛酸,各种氨基酸、胆碱等(1.1% 以上)。

在刺参幼参基础饲料中分别添加 0(对照)、0.2 g/kg、1 g/kg 和 5 g/kg 的微生态制剂(斗山 EcoBizNet Eco fi:d up)作为免疫增强剂,进行 28 d 的养殖实验,研究其对育苗水体中氨氮和亚硝酸盐氮浓度、刺参生长、消化和免疫酶活性的影响。

② 结果与分析。

微生态制剂对于刺参养殖水体氨氮和亚硝酸盐氮具有明显的去除效果($P <$ 0.05);对刺参生长也有一定促进作用(表 2-1 和表 2-2)。

表 2-1　水体氨氮和亚硝酸盐氮浓度

组别	14 d		28 d		21 d	
	氨氮/(mg/L)	亚硝酸盐氮/(mg/L)	氨氮/(mg/L)	亚硝酸盐氮/(mg/L)	氨氮/(mg/L)	亚硝酸盐氮/(mg/L)
A	0.077±0.005	0.105±0.030	0.096±0.007	0.095±0.017	0.141±0.025	0.094±0.025
B	0.091±0.003	0.123±0.011	0.092±0.007	0.066±0.016	0.049±0.021 *	0.070±0.012
C	0.092±0.008 *	0.113±0.003	0.058±0.002 *	0.080±0.013	0.037±0.012 *	0.048±0.020
D	0.080±0.003	0.086±0.013	0.065±0.003 *	0.054±0.011 *	0.034±0.003 *	0.031±0.002 *

表 2-2　刺参的特定生长率的与成活率

组别	添加量/(g/kg)	SGR/(%/d)	成活率/%
A	0	5.80±0.42	73.33±13.33
B	0.2	6.24±0.29	71.11±15.40
C	1	6.57±0.42	82.22±7.70
D	5	6.22±0.29	84.44±3.85

处理组体液中的碱性磷酸酶（AKP）、超氧化物歧化酶（SOD）及消化道中淀粉酶（AMS）、蛋白酶活性与对照组相比均有显著提高（$P<0.05$）。该免疫增强剂添加量为 5 g/kg 时，对降低育苗水体氨氮浓度和亚硝酸盐氮浓度及增强刺参幼参消化和免疫活力的效果最佳（图 2-17 和图 2-18）。

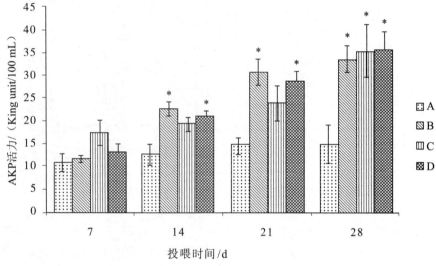

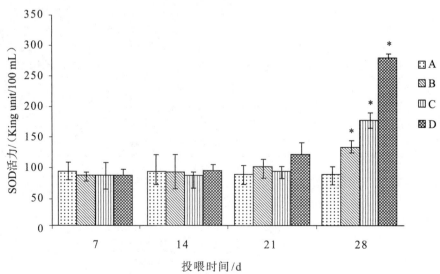

图 2-17　免疫增强剂对刺参体液 AKP、SOD 活性的影响

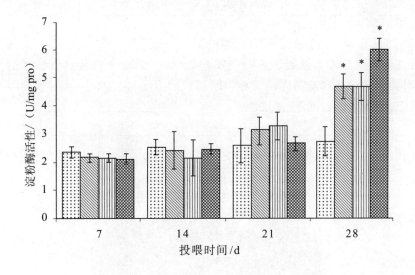

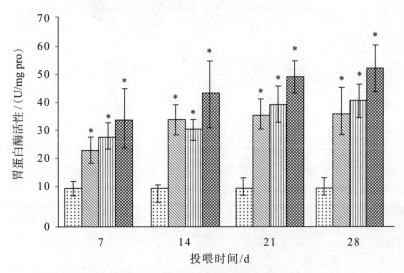

图 2-18   免疫增强剂对刺参消化道淀粉酶、蛋白酶活性的影响

另外,我们初步研究了在养殖池中添加生物絮团发酵液的方法进行原位去除部分无机氮。采用发酵法,利用益生菌粉与碳源一同加入聚乙烯水槽中,自然海水中连续发酵制备生物絮团,过滤浓缩后备用。水温为 22 ℃～25 ℃。持续充氧,每天充分搅拌 2 次。养殖池中水体体积为 17.5 m³,对照 1 组(Ctr1)按正常生产操作进行,每 2 d 倒池并全量换水 1 次,处理组(T)和对照 2 组(Ctr2)每 3～4 d 倒池、换水 1 次,每次换水量为 1/2～2/3;处理组倒池后等量补充发酵获得的生物絮团,每 2 d 向池中加入蔗糖 1 次,蔗糖添加量按 C/N20 计;两个对照组不添加蔗糖和絮团发酵液。海水 pH 为 7.9～8.2,盐度为 27～30,水温为 22 ℃～25 ℃。结果表明,第 60 d,处理组氨氮浓度(0.059 3 mg/L)仍显著低于两个对照,生物絮团的除氨率约为 51%;与 28 d 相比,处理组亚硝酸盐氮含量(0.063 4 mg/L)明显降低,而两个对

照均明显升高($P<0.05$)。在减少换水 2/3～3/4 情况下,生物絮团具有明显的改善水质的作用。

(3) 水质在线监测监视系统研制与应用。

可获取养殖环境水参数的长时间序列数据,可为安全养殖提供必要的信息支撑;同时为养殖环境的监测提供一种物联网式的方法和手段,对安全养殖具有重要的意义(图 2-19)。

图 2-19　系统安装调试现场

① 硬件环境。

处理器:intel G2020 同等配置,内存:2G 容量,硬盘:120G 容量,网卡接口:1 个。

② 软件环境。

操作系统:WinXP 或 Win7 系统,软件运行平台:.NetFramework2.0。

③ 总界面与实时监测界面。

由图 2-20 可知,2015 年 6 月 25 日 15:20 的实时在线监测结果为:pH 7.52,水温为 25.94 ℃,均符合养殖水质要求。

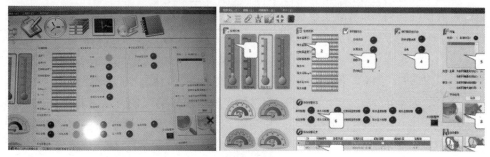

图 2-20　在线监测系统工作界面

采用该监测系统对东营基地养殖池塘 2014 年 6 月 23 日 15 时的各参数实时测定结果显示,水温为 25.7 ℃,电导率 43.59 ms/cm,盐度 28.1,溶解氧 8.75 mg/L,pH 8.99。而从 6 月至 9 月的水温变化来看,月均水温范围 23.3 ℃～27.1 ℃,其中 7 月水温均值最高,之后逐月降低,10 月降至 16.8 ℃;溶解氧 6～10 月呈逐月降低的趋势,最低降至 3 mg/L 左右(图 2-21 和图 2-22)。

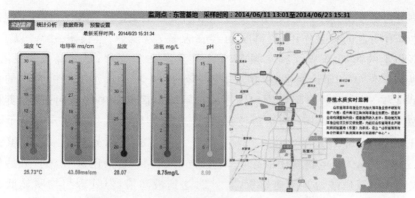

图 2-21　6 月 23 日 15 时的各参数实时监测结果

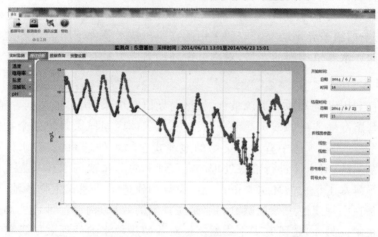

图 2-22　6 月 11～23 日溶解氧实时监测结果统计分析图

（4）海水养殖园区排放水资源化利用技术研究。

通过沉降分离和浓缩处理,获得了富含微生物蛋白和多种活性物质的生物絮团,粗蛋白含量分别约 20%,总脂肪含量分别为 0.26% 和 0.36%,总糖含量分别为 1.02% 和 2.60%;检测出 14～17 种氨基酸,其中必需氨基酸分别为 7～9 种;另外,还含有较丰富的铁、钙、镁和锰等微量元素,也含有一定量的锌和硒(图 2-23)。适当处理后作为养殖生物的优质饵料,实现了养殖废水的养殖废物的资源化利用和达标排放。

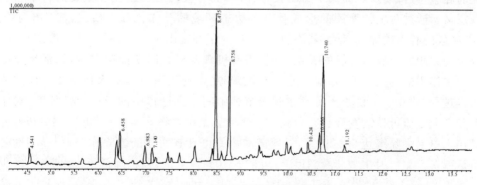

图 2-23　生物絮团的脂肪酸谱图

采用生物絮凝技术 BFT,刺参苗种养殖用水氨氮去除率达 50％以上,对亚硝酸盐氮也具有明显的去除作用;提高了幼参成活率 7％以上、生长率 5.4％以上;可节省 10％以上的饵料,降低了换水频次,减少换水量 2/3~3/4;显著降低了投入品、人力和动力成本,节约了水资源,保护了养殖环境。

2014 年 5 月,又进行了生物絮团技术在星斑川鲽养殖中的应用研究,实验周期为 28 d。结果表明,采用生物絮团技术,整个实验期间处理组养殖水体 pH 同循环水养殖方式的差异不大,均维持在 8.1~8.5 之间;28 d 时,处理组水体中氨氮浓度仅为 0.089 9 mg/L,生物絮团的除氨率达到 63％以上;结果还显示,在 7 d 后处理组和对照组水中亚硝酸盐氮迅速累积,21 d 时达到最高值,但处理组均明显低于对照组;28 d 时均降至和空白组相当的水平。表明,生物絮团对星斑川鲽养殖水中亚硝酸盐氮也具有一定的去除作用。28 d 时,处理组星斑川鲽的特定生长率达每天0.57％,与空白组差异不明显。表明采用生物絮团技术条件下半静水养殖方式也可以获得和循环水养殖相当的产量,对降低循环动力成本具有重要意义。

3. 讨论

本项目利用示范基地的资源条件,根据前期研究成果,构建了包括养殖池、与养殖池通过管路顺序连接的残饵粪便分离系统、对水体内固体微颗粒残余物进一步分离的气浮系统、去除水体中有机污染物的地埋式生物水处理系统、对水体进行调温的地源热泵系统、对水体进行消毒处理的高位池和对养殖池内水体补充气体的充气增氧系统等海水工厂化循环水养殖系统。设计和建造了地埋式生物滤池,研究了微生物附着基在生物滤池中处理氨氮和亚硝酸盐氮的效果,构建了地埋式高通量养殖废水处理技术。另外,还研究了生物絮团法对养殖排放水的处理效果研究。

采用实时在线监测设备,对车间和池塘养殖环境开展实时监控。利用开发的养殖环境监测信息系统实现监测数据的可视化、动态展示,报警和信息提示等功能。可获取养殖环境水参数的长时间序列数据,可为安全养殖提供必要的信息支持;同时为养殖环境的监测提供一种物联网式的方法和技术手段,对安全养殖具有重要的意义。

建立了生物絮团在刺参苗种工厂化培育过程的应用技术,为工厂化刺参苗种产业的健康、可持续发展提供了新的技术保障,具有较强的创新性和重要的科学与实践意义。通过对生物絮团的形成及其与生态环境的互作机理的研究,筛选出了优质、高效的有机碳源,优化了其添加模式;研究了环境因子(如氨氮、pH 和溶解氧等)与生物絮团的形成与功能的关系;分析了有机碳源对絮团功能菌群生长、活性及氨氮同化作用的调控机理,基本阐明了有机碳源、生物絮团与养殖水环境相互作用的关键过程,建立了生物絮团技术在刺参苗种中间培育过程中的应用示范体系,对于刺参产业健康可持续发展具有积极推动作用。采用生物絮凝技术 BFT,刺参苗种养殖用水氨氮去除率达 50％以上,对亚硝酸盐氮也具有明显的去除作用;提高了幼参成活率 7％以上、生长率 5.4％以上;可节省 10％以上的饵料,降低了换水频次,减少换水量 2/3~3/4;显著降低了投入品、人力和动力成本,节约了水资源,保护了养殖环境。

4. 小结

建立了生物絮团在刺参苗种工厂化培育过程的应用技术,为工厂化刺参苗种产业的健康、可持续发展提供了新的技术保障,具有较强的创新性和重要的科学与实践意义。通过对生物絮团的形成及其与生态环境的互作机理的研究,筛选出了优质、高效的有机碳源,优化了其添加模式;研究了环境因子(如氨氮、pH 和溶解氧等)与生物絮团的形成与功能的关系;分析了有机碳源对絮团功能菌群生长、活性及氨氮同化作用的调控机理,基本阐明了有机碳源、生物絮团与养殖水环境相互作用的关键过程,建立了生物絮团技术在刺参苗种中间培育过程中的应用示范体系,对于刺参产业健康可持续发展具有积极推动作用。

第 5 节　功能材料对富营养化水体水质的调控作用研究

近些年,由于我国近海海域受到严重陆源污染,近海水体富营养化的趋势加强,导致多种海洋灾害频发,危及涉海经济的健康发展。水体富营养化是自养型生物(主要是浮游植物)在富含氮、磷、有机物等营养物质的水体中异常繁殖的结果。据载,2004 年我国海域共发生赤潮 96 次,其中渤海 12 次,黄海 13 次,东海 53 次,南海 18 次,累计面积达 26 630 km^2。

电解防污技术是应对海洋海生物污损的主流技术,已在海洋设施中得到广泛采用。研究表明,微电化学功能材料在水体里能形成无数个正负电极和静电场,既能电解水,也能分解藻类等有机物,在此过程还能产生增氧效果和吸附效果,这些都有助于抑制磷、氮的释放和水体的净化,对水体中磷、氮的去除率都不低于 75%,最高可达到 95% 左右。同时,微电化学功能材料具有调节 pH 的突出功能,能把水体的强酸性或强碱性调节至 7.5~8.0 的弱碱性范围,有利于消除水体里的重金属和抑制底泥中磷氮的释放,从而遏制住水体的富营养化进程。

总之,研究表明,微电化学功能材料是治理水体富营养化的全能型、长效型和绿色型的环境功能材料。本报告就新型功能材料对于富营养化水体水质的调控作用进行了初步研究。

1. 材料与方法

将一定量的功能材料(0 g,5 g,10 g,20 g)分别加入到人工富营养化水体中(亚硝酸盐氮0.35 mg/L、氨氮 0.10 mg/L、硝酸盐氮 0.55 mg/L、硝酸盐 0.60 mg/L),并在第 0 h、12 h、1 d、3 d、7 d 时测定水体氮、磷营养盐含量和 pH,分析其对富营养化水体水质的影响。在第 7 d 时,洗去功能材料表面附着海水,将功能材料放入到洁净的自然水体中,并在第 0 h、12 h、1 d、3 d、7 d 时测定水体氮磷营养盐含量。测定方法参照《国家海洋监测规范》(GB 17378.4—2007)进行。不加功能材料的设为空白组,每组 3 个平行。

2. 结果

由图 2-24 可知,在人工富营养化水体中,添加功能材料的水体中磷酸盐和亚硝酸盐含量随时间变化不大,硝酸盐含量呈增加趋势,而氨氮的含量则出现较大程度的下降。

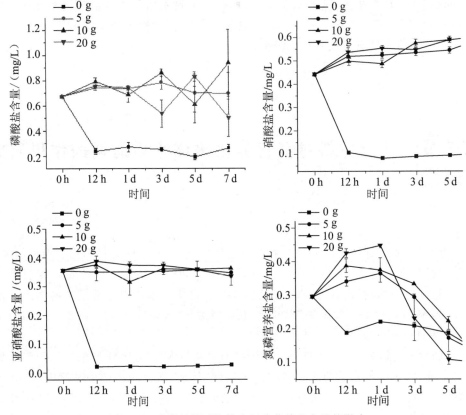

图 2-24　功能材料对水体中氮磷营养盐含量的影响

由图 2-25 可知,将功能材料由富营养化水体转移至洁净自然水体中后,与未添加功能材料的自然水体相比,硝酸盐、亚硝酸盐和氨氮的含量均出现一定程度的下降,而磷酸盐的含量增加,其中,含 20 g 功能材料的水体中磷酸盐含量增加尤为明显。以上结果表明,功能材料中的氮营养盐不易释放到周围水体中,而磷营养盐易于释放。

由图 2-26 可知,与未添加功能材料的水体相比,添加功能材料的水体中磷酸盐和硝酸盐含量有一定程度的减少,但含量变化不显著。而亚硝酸盐的含量出现下降,在添加 10 g 功能材料时下降尤为显著。水体中氨氮含量在添加 5 g 功能材料时出现显著上升,而在添加 10 g 功能材料时含量显著下降,在添加 20 g 功能材料的水体中氨氮含量也出现一定的下降。说明功能材料可能在一定程度上具有减轻富营养化,改善水质的作用。

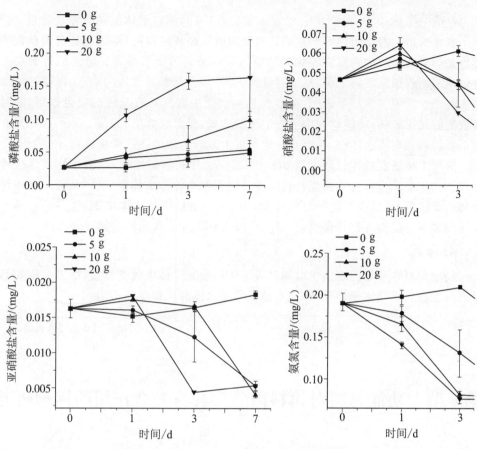

图 2-25　功能材料对吸附氮、磷营养盐的释放

功能材料对富营养化水体中 pH 的影响见图 2-27。添加功能材料的水体中 pH 下降比未添加功能材料的水体慢,并在添加 20 g 功能材料组尤为显著,表明该功能材料可能对水体 pH 具有一定程度的调节作用,更利于海洋水体保持酸碱度的平衡。

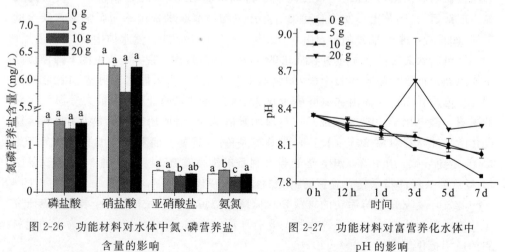

图 2-26　功能材料对水体中氮、磷营养盐含量的影响

图 2-27　功能材料对富营养化水体中 pH 的影响

3. 讨论

水体的富营养化问题已严重威胁到我国的生态环境和可持续发展,富营养化的防治是指阻断引起水体富营养化的污染源和削减其污染的措施。防治的目的在于有效地阻断或削减污染来源,减少过量氮、磷等营养元素对水体的输入,以抑制其初级生产力。吸附实验结果表明,功能材料对水体中氨氮具有较强的吸附作用,同时释放实验结果表明,功能材料中吸附的硝酸盐氮、亚硝酸盐氮、氨氮3种形态氮营养盐不易释放到周围水体中,从而在一定程度上减弱水体的富营养化进程,改善水质。

海洋生物适宜的生长环境是 pH 为 7.5～8.0 的微碱性海水,强碱性或强酸性环境下均不易于生存。该功能材料能在一定程度上保持水体偏碱性,从而减弱海洋生物的附着程度,这也可能是自极化微电化学功能材料与水体中氮、磷营养盐相互作用的结果。随着人们环保意识的增强,开发环境友好型防污涂料成为必然。

4. 小结

功能材料在一定程度上可以通过吸附作用去除水体中氮营养盐,稳定水体 pH,从而降低富营养化水平,具有净化水质及减缓水体酸化程度的作用。

第6节　功能材料对饵料微藻生长与光合作用的影响研究

海洋生物污损问题一直是制约海洋资源开发利用的重大难题。海洋中存在的大量微生物、海洋植物和海洋动物,会吸附在金属表面,并在金属表面上生长繁殖。海洋生物附着在船体表面,不仅会造成运营成本的增加,而且会加剧水下设备的腐蚀。据报道,我国核电厂发生数起由于海洋生物堵塞取水系统从而影响取水安全的事件,而且近年来有增多趋势。

导电涂膜防污技术是一种较先进的环保型防污技术,其对海水环境无污染。其主要原理是把这种涂膜作为阳极,如果通上微小电流,那么海水在其表面就会被电解。导电涂膜的极表面由次氯酸离子覆盖,这样就可以防止藻类、贝类等海洋生物的附着。微电化学功能材料是一种对海水环境无污染的先进环保型功能材料。微电化学功能材料对微藻的生长具有明显的抑制作用,且不会对水体的其他组分产生影响,避免导致二次污染,如金光羊等人制备的海水电解型功能材料——偏二氯乙烯-氯乙烯共聚树脂系列无公害防污涂料及其涂覆体系。

开发环境友好型防污功能材料是目前海洋防污涂料的发展方向,本节重点研究了功能材料对饵料生物角毛藻生长与光合作用的影响,可在一定程度上为该功能材料的应用提供借鉴。

1. 材料与方法

取处于指数生长期的角毛藻藻液,稀释至 10^4 个/毫升,分装,梯度加入 0 g,5 g,10 g,20 g 功能材料,分别在第 0 d、1 d、3 d、5 d、7 d 测定微藻密度、叶绿素含量、角毛藻光合效率(Fv/Fm)以及光量子产额 Y(Ⅱ) 的变化。以不加功能材料的角毛藻液为对照组。每组设 3 个平行。

2. 结果

图 2-28 为角毛藻生长曲线。与未加功能材料的角毛藻生长曲线相比,添加功能材料的角毛藻生长速率较高,说明功能材料的添加促进了角毛藻的生长,可能是功能材料中某种活性物质发挥作用的结果。

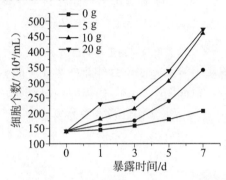

图 2-28　功能材料对角毛藻生长的影响

叶绿素作为植物光合作用的反应场所,为电子传递与光合磷酸化提供了环境。由图 2-29 可知,未添加功能材料的角毛藻叶绿素含量呈下降趋势,此结果说明 Fv/Fm 值的下降可能一定程度上与细胞叶绿素含量的下降有关。添加功能材料的角毛藻叶绿素含量先下降,并在第 1 d 降至最低,其后均有一定程度的上升,在第 5 d 后均高于未添加功能材料角毛藻的叶绿素含量,可能是功能材料中某种物质激活叶绿素相关基因的表达,从而促进了叶绿素的生成。

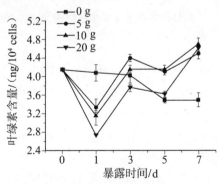

图 2-29　功能材料对角毛藻叶绿素含量变化的影响

Fv/Fm 是最大光能转化效率,反映了植物潜在最大光合能力。由图 2-30 可以看出,未添加功能材料的角毛藻 Fv/Fm 值在第 1 d 后显著下降,之后达到平稳,说明角毛藻的光能转化效率下降。而添加功能材料的角毛藻 Fv/Fm 值呈先下降后上升的趋势,且添加的功能材料越多,Fv/Fm 值也相应越大,说明功能材料在一定程度上能增强角毛藻的光合能力,可能是因为功能材料对植物具有一个刺激作用,诱导了其某种生理机制。

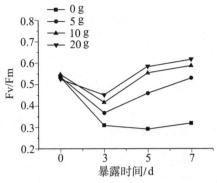

图 2-30 功能材料对角毛藻光合效率的影响

光量子产额 $Y(\text{II})$ 为实光照下光适应环境和生理状况的光系统 II 的效率,它反映了植物的实际光合效率。由图 2-31 可知,添加功能材料水体中的角毛藻在第 3 d $Y(\text{II})$ 达到最高值,这也可能与角毛藻中叶绿素含量升高有关。其后逐渐下降,并趋于稳定。

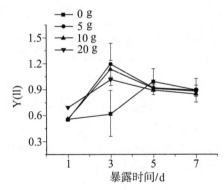

图 2-31 功能材料对角毛藻光量子产额 $Y(\text{II})$ 的影响

3. 讨论

到目前为止,已有关于微电杀灭藻类和抑制光合作用的报道。例如带电水体可使藻类的叶绿素 a 去除率达到将近 100%,也可改变叶绿素 a 的结构。当电流密度维持在 $15\ \text{mA/cm}^2$ 的电流密度即可实现对 $100\ \text{mL}$ 初始浓度为 1×10^6 个/毫升的铜绿微囊藻藻液生长的持续抑制。这可能是由于微电化学材料产生微电流破坏了藻类的细胞膜,影响了细胞代谢功能。

与以上研究结果相反,本节研究发现,该功能材料具有促进角毛藻生长的作用,并在一定程度上提高角毛藻的光合效率,这可能与藻类种属差异有关。且有研究表明,藻类从光合作用中获得能量后,不仅可以将从污水里吸收获得的氮磷元素缔合到碳骨架上,并且为了得到迅速增殖,需要通过在藻细胞内形成复杂的各种有机物,同时也促进氮磷元素的循环利用,使再生产得以实现并且增加了生物量,从而在富营养化水体中氮磷营养素的去除过程中发挥一定的作用。有关功能材料对饵料微藻的生长和光合作用影响仍需进一步研究。

4. 小结

功能材料能一定程度地促进饵料微藻角毛藻生长和增强其光合作用。

第 7 节　功能材料对微生物的影响研究

海洋和河流水体具有大量的微生物,在海洋中,船体等涉海材料表面形成的牢固微生物膜不仅会使船体表面粗糙、增加航行阻力,更会造成对涉海材料的腐蚀,破坏海洋设施,给海洋经济带来巨大损失。化学法杀菌成本低、效果好,但这些药剂均属化学品,在生产、储存、运输和使用过程中存在安全隐患,且大部分使用后对环境不友好。而电化学杀菌是一种环境友好型杀菌技术。微电水体对微生物具有较为明显的杀菌作用。微电化学材料产生的微电流可与微生物产生电子交换,致使细胞内的酶被氧化,细胞因此失去活性。

微电化学功能材料能够抑杀水体中的病原体。有研究表明,未经处理过的水体初始大肠杆菌总数 210 CFU/mL,3 小时后为 232 CFU/mL,6 小时后为 256 CFU/mL。采用微电化学功能材料处理 3 h 后,水体中降至 4 CFU/mL,抑菌率 97.9%;6 h 后降至 0,抑菌率 100%。本节研究了微电化学功能材料对水体中两种常见菌(大肠杆菌、金黄葡萄球菌)生长情况的影响,初步探讨功能材料在微生物生长过程中发挥的作用。

1. 材料与方法

取处于指数生长期的大肠杆菌、金黄葡萄球菌菌液,用无菌海水稀释至约 10^4 CFU/L,梯度加入 0 g、5 g、10 g、20 g 功能材料,分别在第 3 h、6 h、24 h、48 h 和 72 h 测定细菌密度变化。不加功能材料的设为对照组。每组设 3 个平行。细菌浓度以 OD_{600} 处吸光值表示。

2. 结果

由图 2-32 可知,在未添加功能材料的水体中,随着时间的增加,大肠杆菌、金黄葡萄球菌数量均呈下降趋势;在添加功能材料的水体中细菌数量降低的程度有所减缓,尤其在添加 10 g、20 g 功能材料的水体中,24 h 后大肠杆菌还存在恢复生长的现象。

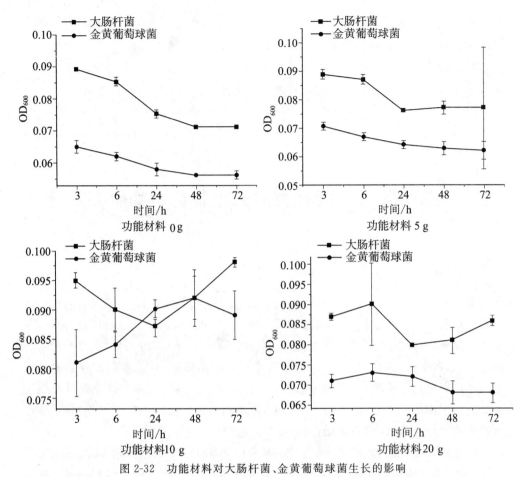

图 2-32　功能材料对大肠杆菌、金黄葡萄球菌生长的影响

3. 讨论

众所周知,革兰氏阴性菌大肠杆菌是寄生在肠道中的菌株,可以入侵人体其他部位而引起感染,大肠杆菌也是人类生活用水的重要检测对象。在生活废水中往往具有较大的含量。而革兰氏阳性菌金黄色葡萄球菌是一种重要的致病菌,可以引起机体严重感染。因此,我们选择这两株菌作为研究微电化学材料的抑菌实验对象。

电化学杀菌是一种高效率、低成本、环境友好的新型杀菌技术,包括电解活性氯杀菌、电解·OH 杀菌、电解 O_3 杀菌、电解 H_2O_2 杀菌等。研究表明电化学技术的多种杀菌机制可以有效控制生物膜的形成,而且具有持续杀菌的作用。同样,在本研究中发现,该微电化学功能材料可以抑制大肠杆菌和金黄色葡萄球菌的生长。在马振青的研究中发现,用于替代传统防污材料的无机防污材料氧化石墨烯/氧化亚铜纳米复合材料不仅具有良好的防污性和环境友好性,还通过释放离子的方式来发挥抑菌作用。新型功能材料因其持久性、光谱性、耐热性、不易产生耐药性、杀菌彻底等优点以及无毒、无味、对皮肤无刺激、具有极高的安全性,受到越来越多的关注以及研究。

另外,2013 年我们还利用该材料在烟台近海和滨州河道扇贝养殖区进行了抗生物附着现场实验,但由于季节原因和附着生物量较少等问题,实验效果不显著。

4. 小结

微电化学功能材料一定程度上可以使大肠杆菌、金黄色葡萄球菌保持繁殖能力,因此,在使用该材料对含有有害致病菌的水体进行净化处理时,应注意检测其微生物数量变化,必要时辅以紫外、臭氧等消毒设备联合使用。另外,在功能材料抗生物附着及其海洋生物卵、幼体及其生态环境的影响等有待开展深入系统的研究。

第 8 节　参-藻海水养殖模式生态优化技术

研究以刺参为主养对象,以大型海藻(鼠尾藻、海黍子、脆江蓠)为植物修复工具藻。实验选择日照任家台刺参养殖池塘 3 处,1♯池塘分别挂养鼠尾藻、海黍子和底播脆江蓠,2♯池塘挂养海黍子,3♯池塘单养刺参。

实验结果如下:经 55 d 实验养殖,参藻混养池塘中鼠尾藻由实验初期 60 千克/亩生长至 188 千克/亩,海黍子由 25 千克/亩生长至 69.4 千克/亩,脆江蓠由 200 千克/亩生长至 438 千克/亩,参藻混养池塘比单养刺参池塘养殖刺参生长率提高 22.7%。

参-藻海水养殖模式所栽培的大型海藻对池塘水质氨氮具有很好的降解效果,参藻混养模式池塘氨氮比单养刺参氨氮含量分别降低了 24.37%,21.93%,如图 2-33 所示:

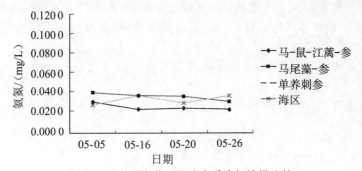

图 2-33　大型海藻对池塘水质降解效果比较

整个实验过程中,各种藻类和刺参生长健壮、生物学特征正常、无病害发生,研究结果表明大型藻类与养殖动物具有生态上的互补性,大型藻类可对养殖环境起到修复和生态调控作用。

第9节　虾-贝-藻海水养殖模式生态优化技术

实验自3月起池塘开始挂养鼠尾藻藻体,其中挂养鼠尾藻苗帘80帘,平均湿重2.5千克/帘;鼠尾藻苗绳20绳(长3 m),平均湿重2.3千克/绳。4月1日起池塘挂养海黍子20绳(长3 m),平均湿重2.0千克/绳。5月8日池塘底播脆江蓠藻体,共底播藻体120千克/亩。

3月29日测量净化养殖池塘刺参平均重量为:13克/头。

5月,在净化养殖池塘投入中国明对虾2 000尾。6月投入菲律宾蛤仔50 kg。

换水:每天由虾蟹养殖池塘换水排出的水经进水口排入净化养殖池塘,换水量为1/3。

充氧:净化养殖池塘设置9个盘式纳米充氧盘,增氧时间以及时段与其他虾蟹养殖池塘相同。

突然天气状况(暴雨)以后,及时排除表层淡水。

结果显示,净化养殖池鼠尾藻苗帘生长至平均湿重:6.7千克/帘,鼠尾藻苗绳平均湿重:6.3千克/绳,海黍子苗绳平均湿重7.2千克/绳,脆江蓠藻体生长至702千克/亩,刺参平均26.5克/头。

实验期间每天对实验水体水样进行快速检测,主要内容有:溶解氧、温度、盐度、pH。每周对实验水体两次取样后进行实验室化验,化验项目有COD、氨氮、亚硝酸盐氮、硝酸盐氮、磷酸盐和底质硫化物等。

检测结果表明,示范园区池塘系统养殖排放水经净化养殖池净化处理后,水质净化效果如图2-34至图2-38。

园区虾蟹养殖排放水经净化养殖池净化处理后,排放水体中氨氮降低率平均为29.62%(图2-34)。

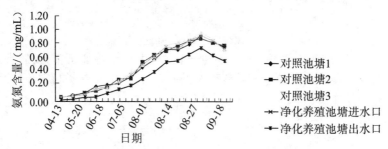

图2-34　净化养殖池对养殖排放水中氨氮降解效果

如图2-35所示,净化养殖池对园区虾蟹养殖池塘底质硫化物降低率平均为36.16%。

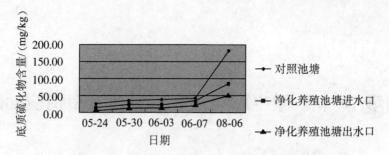

图 2-35　净化养殖池对园区底质硫化物降解效果

如图 2-36 所示:净化养殖池对园区虾蟹养殖池塘 COD 平均降低 41.35%。

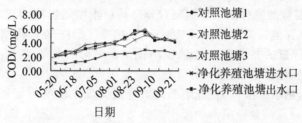

图 2-36　净化养殖池对园区养殖池塘 COD 降解效果

水质检测结果表明,示范园区池塘系统养殖排放水经净化养殖池净化处理后,硝酸盐氮去除率平均为 28.06%(图 2-37)。

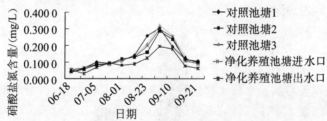

图 2-37　净化养殖池对园区养殖池塘硝酸盐氮降解效果

水质检测结果表明,示范园区池塘系统养殖排放水经净化养殖池净化处理后,磷酸盐去除率平均为 39.16%(图 2-38)。

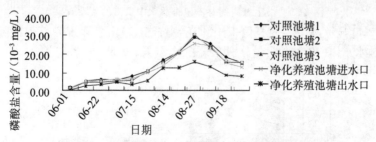

图 2-38　净化养殖池对园区养殖池塘磷酸盐降解效果

第10节　微生态制剂在水质改良中的应用

　　6月起在实验槽进行微生态制剂对养殖排放水水质影响的实验研究,实验模式设计如下:枯草芽孢杆菌、硝化细菌、沸石粉、枯草芽孢杆菌-硝化细菌组合,6实验槽内分别放入不等量的枯草芽孢杆菌和硝化细菌及沸石粉等组合,同时设计3个平行,研究微生态制剂以及沸石粉对养殖排放水中氮、磷等的吸收及降解情况。

　　结果显示,枯草芽孢杆菌-硝化细菌组合对降低水体中的氨氮含量有着最明显的作用。

　　如图2-39显示,枯草芽孢杆菌-硝化细菌组合对降低水体中的氨氮含量有着最明显的作用。枯草芽孢杆菌、枯草芽孢杆菌-硝化细菌、硝化细菌、沸石粉4种组合对水体中氨氮分别降低了35.66％、41.88％、36.82％、35.48％。

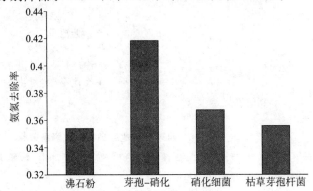

图2-39　微生态制剂对养殖排放水中氨氮的去除效果

　　如图2-40显示,枯草芽孢杆菌-硝化细菌、沸石粉、硝化细菌、枯草芽孢杆菌4种实验组合对排放水水体中磷酸盐含量分别降低了41.45％、49.25％、33.33％、34.63％。

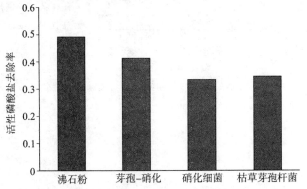

图2-40　微生态制剂对养殖排放水中活性磷酸盐的去除效果

如图 2-41 显示,不同实验组合在投放前、投放 24 h、投放 48 h 对排放水水体中 COD 含量分别降低了 46.81%、55.69%、45.84%、47.44%。

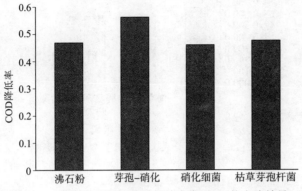

图 2-41 微生态制剂对养殖排放水中 COD 的去除效果

第 11 节 大型海藻对刺参养殖水质的影响研究

在刺参养殖实验槽中投放大型海藻进行养殖水质净化的实验研究,实验模式设计如下:刺参、刺参-鼠尾藻、刺参-海黍子和刺参-脆江蓠实验组合,实验槽内分别放入不同质量的刺参和大型海藻,同时设 3 个平行,研究大型海藻对氨氮吸收及对刺参生长的影响。

如图 2-42 所示,在该实验模式中鼠尾藻-刺参组合氨氮比对照组降低了 39.22%,海黍子-刺参组合氨氮比对照组降低了 41.28%,脆江蓠-刺参组合氨氮比对照组降低了 26.47%。

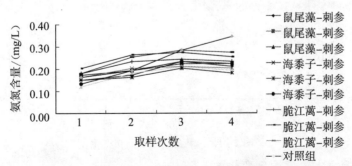

图 2-42 不同组合大型海藻对刺参养殖水体中氨氮降解效果

参藻共生水槽比对照组 40 d 平均规格分别增重:鼠尾藻-刺参 65.15%,海黍子-

刺参59.40％,脆江蒿-刺参57.69％,对照组增长了25.91％(图2-43)。

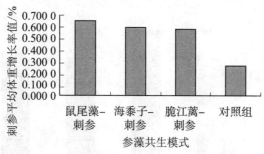

图2-43 不同组合大型海藻对刺参生长的影响

第12节 养殖环境生态优化调控技术集成研究

1. 池塘海水温度周年变化

实验期间,研究了池塘海水温度的周年变化情况,根据实际条件分别测量了池塘表层海水温度和池塘底层海水温度(图2-44)。池塘表层海水温度从1月份月平均水温最低的-0.5℃逐渐上升,一直到8月时月平均水温达到了最高的27.4℃,然后水温开始逐渐下降。其中最低水温出现在1月8日,达到了-1℃(1月上旬池塘出现结冰现象);最高水温出现在8月20日,达到了29.8℃。池塘低层海水温度从1月份月平均水温最低的0.6℃逐渐上升,一直到8月时月平均水温达到了最高的26.8℃,然后水温开始逐渐下降。

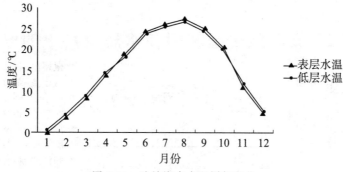

图2-44 池塘海水水温周年变化

2. 池塘海水盐度周年变化

研究了池塘海水盐度周年变化情况,根据实验条件每月定期测量池塘海水盐度6次,然后取其月平均值(图2-45)池塘海水盐度周年变化范围较小,变化范围从29

（2 月）到 31（6 月）。

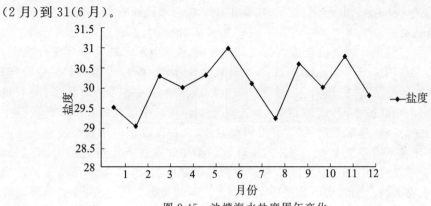

图 2-45　池塘海水盐度周年变化

3. 池塘海水 pH 周年变化

实验期间,还研究了池塘海水 pH 周年变化情况,根据实验条件每月定期测量池塘海水 pH 6 次,然后取其月平均值(图 2-46)池塘海水 pH 周年变化范围也较小,变化范围从 7.8(11 月、12 月)到 8.3(9 月)。

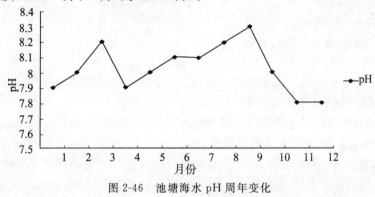

图 2-46　池塘海水 pH 周年变化

第 13 节　微生态制剂在水质改良中的应用

我国是世界首要水产养殖大国,水产养殖技术发展与国际基本同步。但是近年来我国水产品质量安全问题日益突出,在养殖水产品安全控制技术方面严重滞后,主要涉及养殖环境控制和病害防控技术等,已成为水产养殖产业技术进步的瓶颈。

由于养殖过程中人工饵料的持续大量投入,氮磷等营养物质严重富集,水质出现不同程度的恶化,同时阴天暴雨、浮游生物异常增殖和大量死亡均成为养殖环境的有害因素,极易促使病害暴发,如何消除和控制养殖环境中的有害因素已成为水产养殖急需解决的技术难题。水产养殖常用化学类环境改良剂能明显的改善养殖水环境,但易对养殖生物产生毒害和造成药物残留,而微生态制剂以无毒、无残留、无抗药性、生态健康等诸多优点成为近几年来海水养殖中不可替代的环境改良剂,如水产 EM 菌(Effective Microorganisms,有效微生物群)将五大类主要有益菌(包括光合菌群、乳酸菌群、酵母菌群、革兰氏阳性放线菌群及发酵系的丝状菌群)有机地集合成一个功能群体,起到调节养殖生态环境的作用。由于养殖环境改良的微生物菌种研究起步晚、基础理论薄弱、开发种类较少、菌种保藏和应用效果检测方法混乱,尤其在开发不同养殖季节(水温)养殖环境的微生物菌株方面研究较少,至 2007 年我国农业部仅公布了 16 个可以作为饲料添加剂微生物菌种,而未涉及养殖环境改良的微生物菌种。同时水产养殖环境是一个复杂的动态变化过程,在养殖环境评价与控制标准方面大多依据养殖经验评判,缺乏必要的科学依据,国内外已开展了诸多环境因子对鱼类、虾蟹类生理适应性和生理健康评价方面的研究工作,尚未全面开展水产动物对有害因素生物效应评价技术的研究,由此提出养殖水域富营养化因子的控制标准,这在国内外尚属全新的研究领域。

1. 材料与方法

(1)材料。

枯草芽孢杆菌、硝化细菌、沸石粉。

(2)方法。

6 月起在实验槽进行小水体实验研究,实验模式设计如下:枯草芽孢杆菌、硝化细菌、沸石粉、枯草芽孢杆菌-硝化细菌组合,实验槽内分别放入不等量的枯草芽孢杆菌和硝化细菌及沸石粉等组合,同时设计 3 个平行,研究微生态制剂以及沸石粉对养殖排放水中氮、磷等的吸收及降解情况。

2. 结果

结果显示:枯草芽孢杆菌—硝化细菌组合对降低水体中的氨氮含量有着最明显的作用,沸石粉对于降低水中的磷酸盐含量有明显作用。5 d 的实验结果表明,使用枯草芽孢杆菌—硝化细菌组合的水体中氨氮降低了 41.88%,亚硝酸盐氮降低了 34.62%,硝酸盐氮降低了 42.18%;使用沸石粉的水体中磷酸盐含量降低了 41.45%。

结果显示,净化养殖池鼠尾藻苗帘生长至平均湿重:6.7 千克/帘,鼠尾藻苗绳平均湿重:6.3 千克/绳,马尾藻苗绳平均湿重 7.2 千克/绳,脆江蓠藻体生长至 702 kg,刺参平均 30.20 克/头。在整个实验过程中,各种藻类以及刺参生长健壮、生物学特征正常、无病害发生,水质分析报告显示该模式对园区排放水的净化能力明显。

3. 讨论

我国水产动物病害防治研究需要实现从"药物防治"向"免疫防治"的转变。抗生素类药物进行养殖病害防治导致抗药性和药残超标已经引起了国内外专家的高度重视,2006 年,欧盟全面禁止饲料中抗生素的使用,美国和日本等国家也对抗生素的使用作了严格的规定。随着海水养殖产业的迅速发展,急需一种合适的抗生素替代产品,保障养殖水产品的质量安全,开发无毒副作用的植物源免疫添加剂迫在眉睫。我国具有丰富的中草药资源,民间应用中草药防治水产动物疾病有着悠久的历史。中(兽)医学上的研究及渔业生产实践均已证明,中草药作为混饲剂或饲料添加剂尤其适用于当前水产养殖业的集约化、规模化生产的需要,便于进行养殖鱼类病害的群体防治,而且应用中草药防治鱼病完全符合发展无公害水产业、生产绿色水产品的病害防治准则。近年来,随着中药化学和中药免疫药理学研究的进展,现已证明 200 余种中草药有多方面的免疫活性,能影响和调节动物机体的免疫功能。

4. 小结

研究结果表明大型藻类与养殖动物具有生态上的互补性,大型藻类可对养殖环境起到修复和生态调控作用。

第 14 节 凡纳滨对虾在低盐胁迫下鳃丝基因表达谱的构建与分析

1. 材料与方法

(1)实验动物。

实验用凡纳滨对虾购自青岛市沙子口对虾养殖场,体色正常、健康活泼。选取健康凡纳滨对虾 80 尾进行盐度胁迫实验。

(2)实验梯度的设置。

实验设置 2 个盐度梯度,分别为 31 和 16,采用经曝气的自来水来调节。实验在 67 cm×50 cm×37 cm 的塑料水槽中进行。实验开始时将暂养在盐度为 31 海水中的凡纳滨对虾分别放到盐度为 16 的水槽中,盐度为 31 组为对照组,各实验梯度均设 3 个平行组。实验期间的养殖管理与暂养期间的完全相同,实验期间对虾无死亡现象。实验的取样时间为 24 h。

(3)实验方法。

每个平行组随机抽取凡纳滨对虾 10 尾,解剖并迅速取其鳃,液氮研磨,称取 80~100 mg组织放入离心管中,加入 1 mL Trizol,用于总 RNA 的提取。将提取的总 RNA,移送至北京诺禾致源生物信息科技有限公司利用数字基因表达谱(DGE)技术进行建库测序,构建与分析凡纳滨对虾在盐度胁迫下血细胞基因表达谱,并利用实时定量 PCR(RT-qPCR)对数据的可靠性进行验证。

2. 实验结果

使用第二代高通量测序平台 Illumina HiSeq2000 测定了凡纳滨对虾在低盐胁迫下鳃丝基因的差异表达情况。获得差异表达基因 585 种,其中上调基因 292 种,下调基因 293 种。差异基因富集到 1 986 条 GO term 以及 114 条 KEGG 通路。涉及多条渗透调节相关通路,包括多巴胺突触、MAPK 通路、能量相关通路如糖酵解、氧化磷酸化以及三羧酸循环等。测序基本情况见表 2-3。

表 2-3　HiSeq 2 000 高通量测序结果分析

	对照组	实验组
Raw data	10 971 197	10 864 446
Clean data	10 827 411	10 725 789
Error rate/%	0.03	0.03
Q20/%	97.56	97.68
Q30/%	92.46	92.87
GC content	47.19	45.88
Total mapped	8 650 663 (79.90%)	8 466 413 (78.94%)

　　GO 分析表明在低盐胁迫下差异基因富集最多 GO 条目主要如下：A. 生物过程方面包括葡糖胺化合物代谢过程、AMP 生物合成过程、氨基糖代谢过程等；B. 细胞组分方面包括顶部质膜、细胞骨架、肌钙蛋白复合体等；C. 分子功能方面包括腺苷酸琥珀酸合成活性、作用于糖苷键的水解酶活性、几丁质结合等。其中 AMP 生物合成以及 G 蛋白 α 亚基结合都与渗透调节有关（图 2-47）。

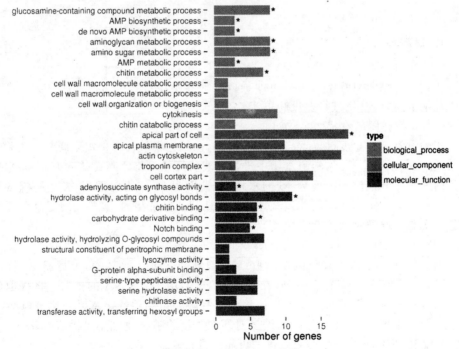

图 2-47　Unigene GO 分类

　　KEGG 通路分析表明，次生代谢产物的合成（ko01100）、细胞黏着（ko04510）、紧密连接（ko04530）、吞噬体（ko04145）等是显著程度最高的通路。此外，涉及渗透调节的通路有多巴胺突触（ko04728）、MAPK 通路（ko04010）、能量相关通路如糖酵解（ko00010）、三羧酸循环（ko00020）以及氧化磷酸化（ko00190）等（表 2-4）。

表 2-4　Unigene KEGG 分析，显示基因数量排名前 20 位的 KEGG 通路

Pathway ID	Pathway	DEGsassociated with the pathway	All genesassociated with the pathway
ko01110	Biosynthesis of secondary metabolites	22	675
ko04510	Focal adhesion	18	651
ko04530	Tight junction	15	567
ko04145	Phagosome	21	382
ko04512	ECM-receptor interaction	10	344
ko04970	Salivary secretion	17	337
ko04972	Pancreatic secretion	14	293
ko04670	Leukocyte transendothelial migration	11	288
ko04360	Axon guidance	9	259
ko04080	Neuroactive ligand-receptor interaction	9	252
ko04974	Protein digestion and absorption	11	242
ko04114	Oocyte meiosis	8	200
ko04971	Gastric acid secretion	7	198
ko04540	Gap junction	7	185
ko00520	Amino sugar and nucleotide sugar metabolism	18	172
ko04727	GABAergic synapse	7	167
ko04723	Retrograde endocannabinoid signaling	8	158
ko04610	Complement and coagulation cascades	6	132
ko00514	Other types of O-glycan biosynthesis	3	34
ko00450	Selenocompound metabolism	2	21
ko01110	Biosynthesis of secondary metabolites	22	675
ko04510	Focal adhesion	18	651
ko04530	Tight junction	15	567
ko04145	Phagosome	21	382
ko04512	ECM-receptor interaction	10	344

　　RT-qPCR 结果显示，12 个验证基因全部与高通量测序结果相符，结果表明高通量结果真实可靠，且验证的基因与盐度胁迫密切相关（图 2-48）。

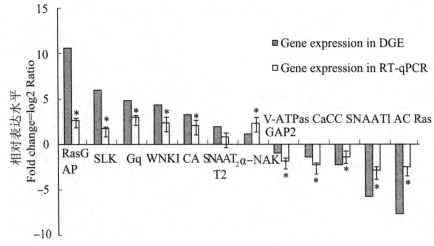

图 2-48　Unigene 表达验证

3. 研究结论

利用 DGE 技术构建凡纳滨对虾在低盐胁迫下鳃丝基因表达谱,获得差异基因与富集通路,为进一步理解凡纳滨对虾在盐度胁迫下的渗透调节机制奠定了基础。

第3章

海水养殖园区环境工程优化技术的工艺模式构建

第1节　不同养殖模式下不同时间水质变化与水体微生物多样性变化

1. 材料与方法

（1）材料。

2013 年 6 月～2013 年 10 月选取日照和东营不同养殖模式的虾蟹养殖池作为采样点。采样类型如下：

日照：虾蟹贝混养模式 2 池（分别记为 1 号池、2 号池）；虾蟹贝鱼混养模式 1 号池（记为 3 号池）；虾蟹混养模式 1 池（记为 4 号池）。

东营：虾蟹混养模式 1（记为 1 号池）；虾蟹混养模式 2（记为 2 号池）；虾蟹混养模式 3（记为 3 号池）。

（2）方法。

① 水质分析方法。

样品采集：采用有机玻璃采水器分别采集养殖池塘的进水口、中间点和出水口的水样和相应位置的底泥，采集到的水样低温运回实验室，并于 24 h 内分析完成。

野外检测：利用温度计、盐度计分析水质的理化指标：温度和盐度。

室内分析：采集到的水样经过 0.45 μm 的纤维滤膜过滤后用于溶解氧、pH、氨氮、亚硝酸盐氮、溶解性总氮（DTN）、可溶性有机碳（TOC）的测定。

水体中溶解氧浓度测定采用碘量法、氨氮浓度测定采用靛酚蓝分光光度法；亚硝酸盐氮的测定采用重氮化偶氮比色法、溶解性总氮浓度的测定采用碱性过硫酸钾消解紫外分光光度法、可溶性有机碳浓度测定采用德国耶拿公司 N/C2100s 进行检测。

② 微生物多样性分析方法。

利用 DGGE 技术分析不同养殖模式下池塘中的微生物多样性，结合水质中的各项理化指标对不同养殖模式下的虾蟹养殖水体进行综合评价。

选取上述的养殖池塘，按月采集每个池塘的进水口、中间点和出水口的水样，保持低温温度运回实验室，固定抽滤 100 mL 水体，收集大小为 0.22～5 μm 的微生物。将收集过滤样品，加入 600 μL CTAB 裂解缓冲液，65 ℃水浴 30 min，每 10 min 混匀一次，离心 3 min，取上清。采用酚-氯仿-异戊醇法提取 DNA，异丙醇沉淀，并用 70%酒精清洗，室温晾干后溶于 TE 溶液中，－20 ℃保存备用。实验前用核酸蛋白仪测定 DNA 样品浓度和纯度。

以提取的 DNA 为模板，扩增细菌的 16S rDNA V3 区序列，扩增引物为含有 GC 夹的正向引物 341f(5′-CGC CCG CCG CGC GCG GCG GGG CGG GGG CGG GGG

GCA CGG GGG GCC TAC GGG AGG CAG CAG-3′)和反向引物 534r(5′-ATT ACC GCG GCT GCT GG -3′)。预期扩增片段长度约为 250 bp。将扩增产物进行变性梯度凝胶电泳 DGGE。借助该技术分析虾蟹养殖池水样中微生物群落多样性。

2. 实验结果

（1）不同月份不同地区虾蟹养殖池塘中水质理化指标变化情况分析。

由图 3-1 可以看出，各养殖池温度变化趋势基本一致，在 7 月达到最高30 ℃，之后呈下降趋势，10 月温度最低于 15 ℃。

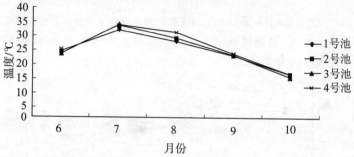

图 3-1　2013 年 6 月～2013 年 10 月日照虾蟹养殖池塘水体中温度变化情况

由图 3-2 可以看出，各养殖池温度基本保持一致，6 月 25 ℃，7 月最高至29 ℃，之后呈下降趋势，9 月最低至 22 ℃左右。

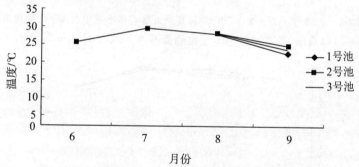

图 3-2　2013 年 6 月～2013 年 9 月东营虾蟹养殖池塘中水体温度变化情况

由图 3-3 可以看出，各养殖池盐度变化趋势基本一致，6 月份盐度最高于 33，7 月份盐度下降至最低于 20，之后上升至平稳，盐度为 30。

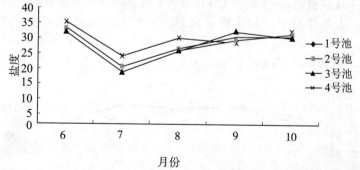

图 3-3　2013 年 6 月～2013 年 10 月日照虾蟹养殖池塘中水体盐度变化情况

由图 3-4 可以看出，各养殖池盐度变化趋势基本一致，盐度值下降至 8 月最低，之后呈上升趋势。

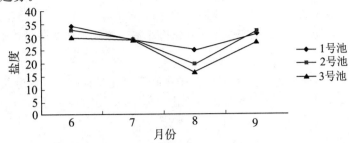

图 3-4　2013 年 6 月～2013 年 9 月东营虾蟹养殖池塘中水体盐度变化情况

由图 3-5 可以看出,各养殖池 pH 变化趋势基本一致,6 月 pH 最高约 8,之后呈下降趋势,10 月最低约为 7.1。

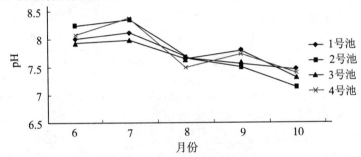

图 3-5　2013 年 6 月～2013 年 10 月日照虾蟹养殖池塘中水体 pH 变化情况

由图 3-6 可以看出,各养殖池 pH 变化趋势基本一致,8 月至最高约 9,之后下降。

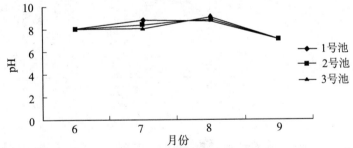

图 3-6　2013 年 6 月～2013 年 9 月东营虾蟹养殖池塘中水体 pH 变化情况

由图 3-7 可以看出,在 6、7 月份,1,2,3,4 号池的溶解氧含量趋于一致,其中 4号、1 号池直呈上升趋势。1 号池变化较大,在 9 月溶解氧含量变化明显,为6.71 mg/L,10 月份上升。2 号、1 号池直处于动态波动中,呈现不稳定状态。3 号池在 9 月份上升到最高,为 8.94 mg/L,到 10 月下降为 7 左右。

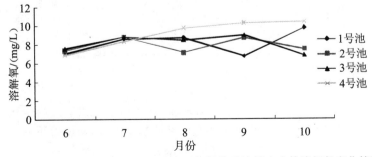

图 3-7　2013 年 6 月～2013 年 10 月日照虾蟹养殖池塘中水体溶解氧变化情况

由图 3-8 可以看出,东营养殖池塘中,溶解氧含量水平整体波动不大,呈现稳定状态。其中,3 个池塘均在 8 月达到最大,为 11 左右,9 月下降为 9 左右。

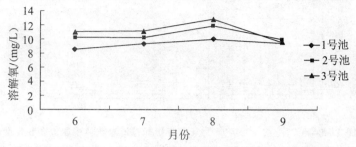

图 3-8　2013 年 6 月～2013 年 9 月东营虾蟹养殖池塘中水体溶解氧变化情况

由图 3-9 可以看出,7 月,1 号池的 NO_2^- 浓度最高为 0.092 6 mg/L,之后呈下降趋势,10 月 NO_2^- 浓度最低为 0.061 2 mg/L。2 号池 NO_2^- 浓度趋于稳定,9 月 NO_2^- 浓度最高为 0.062 2 mg/L,8 月 NO_2^- 浓度最低为 0.050 2 mg/L。3 号池 NO_2^- 浓度趋于稳定,8 月份 NO_2^- 浓度最高为 0.042 7 mg/L,10 月 NO_2^- 浓度最低为 0.033 2 mg/L。4 号池 NO_2^- 浓度趋于稳定,8 月 NO_2^- 浓度最高为 0.024 4 mg/L,7 月 NO_2^- 浓度最低为 0.017 1 mg/L。

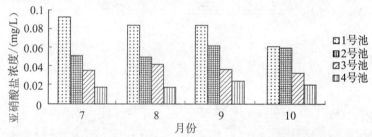

图 3-9　2013 年 7 月～2013 年 10 月日照虾蟹养殖池塘水体中亚硝酸盐含量变化情况

由图 3-10 可以看出,1 号池各月份亚硝酸盐含量呈稳定趋势,为 0.016 mg/L 左右。2 号池 7 月含量最高为 0.022 mg/L,之后呈下降趋势,9 月含量最低为 0.013 7 mg/L。3 号池 7 月含量最高为 0.018 mg/L,之后呈下降趋势,9 月含量最低为 0.008 5 mg/L。

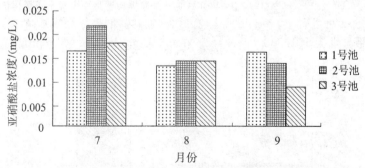

图 3-10　2013 年 7 月～2013 年 9 月东营虾蟹养殖池塘水体中亚硝酸盐含量变化情况

由图 3-11 可以看出,1 号池和 2 号池的氨氮最高分别为 0.72 mg/L 和 0.51 mg/L,在 9 月达到最高,之后下降为 0.06 mg/L 和 0.07 mg/L。3 号池在 7 月达到最高,之后趋于下降,到 10 月为 0.085 mg/L。4 号池氨氮浓度趋于稳定,8 月份氨氮浓度最高为 0.24 mg/L,7 月份和 9 月份氨氮浓度最低为 0.1 mg/L。

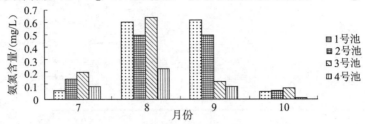

图 3-11　2013 年 7 月～2013 年 10 月日照虾蟹养殖池塘水体中氨氮含量变化情况

由图 3-12 可以看出,1 号池和 2 号池的氨氮浓度变化相对较平稳,最高时间分别出现在 7 月和 9 月,浓度为 0.098 mg/L 和 0.04 mg/L。三号池变化较大,在 7 月最高,浓度为 1.2 mg/L,之后呈下降趋势,8 月份下降到 0.125 mg/L。

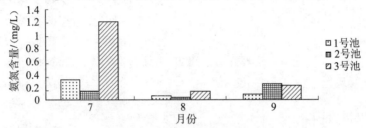

图 3-12　2013 年 7 月～2013 年 9 月东营虾蟹养殖池塘水体中氨氮含量变化情况

由图 3-13 可以看出,各养殖池总氮含量随着时间不断升高,总体趋势一致。

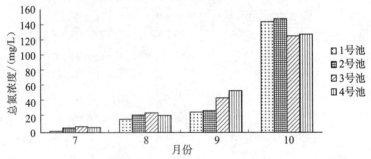

图 3-13　2013 年 7 月～2013 年 10 月日照虾蟹养殖池塘水体中总氮含量变化情况

由图 3-14 可以看出,7 月及 8 月,总氮含量较稳定,9 月忽然升高,1、2、3 号养殖池总氮含量分别为 104.883 7 mg/L、117.953 5 mg/L、203.604 7 mg/L。

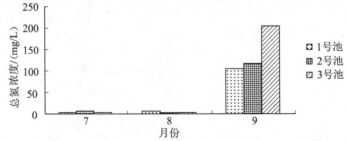

图 3-14　2013 年 7 月～2013 年 9 月东营虾蟹养殖池塘水体中总氮含量变化情况

由图 3-15 可以看出,7 月至 10 月 1 号养殖池可溶性有机碳含量不断上升,7 月含量最低为 2.691 619 5 mg/L,10 月含量最高为 10.971 47 mg/L。

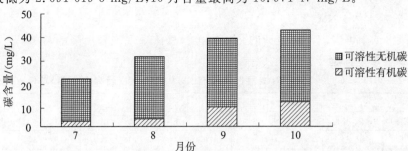

图 3-15　2013 年 7 月～2013 年 10 月日照虾蟹养殖池塘 1 号池水体中可溶性有机碳含量变化情况

由图 3-16 可以看出,2 号养殖池 7 月可溶性有机碳含量最低为 2.709 653 mg/L, 之后迅速上升,8 月可溶性有机碳含量最高为 17.152 03 mg/L,之后逐渐降低,10 月可溶性有机碳含量为 4.914 133 mg/L。

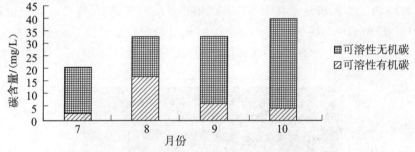

图 3-16　2013 年 7 月～2013 年 10 月日照虾蟹养殖池塘 2 号池水体中可溶性有机碳含量变化情况

由图 3-17 可以看出,3 号养殖池 7 月可溶性有机碳含量低,为 3.947 754 mg/L;8 月最高,为 8.852 884 mg/L,之后不断降低;10 月可溶性有机碳含量为 4.008 583 5 mg/L。

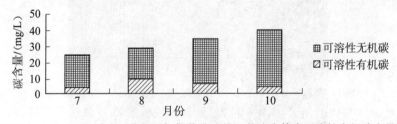

图 3-17　2013 年 7 月～2013 年 10 月日照虾蟹养殖池塘 3 号池水体中可溶性有机碳含量变化情况

由图 3-18 可以看出,4 号养殖池 7 月可溶性有机碳含量低,为3.716 759 5 mg/L;8 月最高,为 9.773 144 mg/L;之后不断降低;10 月可溶性有机碳含量为 4.157 799 mg/L。

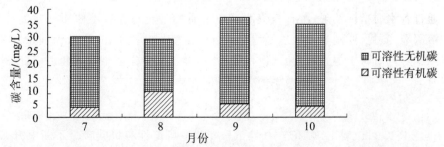

图 3-18　2013 年 7 月～2013 年 10 月日照虾蟹养殖池塘 4 号池水体中可溶性有机碳含量变化情况

（2）DGGE 指纹图谱分析细菌群落多样性。

① 养殖水体 DNA 含量。

由表 3-1 中可看出 4 个池塘的微生物含量总体呈现先升后降的趋势，从 8 月开始微生物含量逐渐趋于平稳。

表 3-1　2013 年 6 月～2013 年 10 月日照养殖水体 DNA 浓度（稀释 10^{-1} 后，单位 μg/μL）

月份	6			7			8			9			10		
池塘编号	进水口	中间点	出水口	进水口	中间点	出水口	进水口	中间点	出水口	进水口	中间点	出水口	进水口	中间点	出水口
1 号池	未测	未测	未测	2.539	1.331	5.903	0.049	0.163	0.032	0.472	0.426	0.179	0.222	0.193	0.225
2 号池	0.893	0.637	1.444	3.082	1.968	4.355	0.292	0.114	0.072	0.246	0.250	0.313	0.301	0.207	0.296
3 号池	6.795	7.948	2.399	3.501	2.363	3.015	0.277	0.144	0.160	0.179	0.180	0.224	0.224	0.241	0.330
4 号池	2.576	7.338	5.247	1.543	3.514	8.894	0.072	0.063	0.124	0.201	0.224	0.231	0.164	0.201	0.180

② DGGE 指纹图谱。

图 3-19 为 2 号养殖池 6 月至 10 月 DGGE 指纹图谱分析，每月取 3 个位置：进水口，中间点，出水口。图中可见 6 月条带数相对较少且条带染色后的光密度值较低，7、8、9、10 月相对条带数较多，光密度值较高。其余地点的 DGGE 指纹图谱正在分析中。

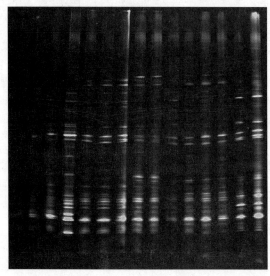

图 3-19　日照虾蟹养殖池塘 2 号池不同月份细菌 DGGE 分离图谱

3. 研究结论

通过各水质指标发现，所有养殖池塘中水质均未超过养殖水体所规定的范围，其中溶解氧、氨氮、亚硝酸盐和总氮均在适合虾蟹生长的范围内，有效保证了虾蟹的正常生长。同时可了解到，不同月份相同地点，微生物多样性是有变化的，这与水质情况有关。

第 2 节　有益菌株间接酶联免疫(ELISA)快速检测技术的建立

1. 材料与方法

有益菌 8DH26(溶藻弧菌)和 7RO29(盐单胞菌),是 2013 年从日照和东营不同养殖模式虾蟹养殖池水样和底泥分离得到的。有益菌 N31(枯草芽孢杆菌)和 O15(苏云金芽孢杆菌),是 2014 年从日照和东营不同养殖模式虾蟹养殖池底泥和絮团中分离得到的。

实验采用间接酶联免疫法(ELISA)定量分析养殖水体中的有益菌。主要包括抗原的制备、多克隆抗体的制备、间接 ELISA 方法的建立、间接 ELISA 定量养殖水体中的有益菌。

(1) 抗原的制备。

将冷冻保存的有益菌活化后,接种于 2216E 液体培养基中,放入摇床(25 ℃,200 r/min)培养 24 h 后,离心收集菌体。

① 鞭毛(H)抗原的制备:将上述收集的菌体沉淀悬浮于 0.3%福尔马林生理盐水,调节浓度至 5×10^8 CFU/mL,放入冰箱备用(4 ℃或-20 ℃)。

② 菌体(O)抗原的制备:将上述收集的菌体沉淀悬浮于少量 0.5%苯酚生理盐水,再加入等量的无水酒精混合,放冰箱过夜然后用生理盐水稀释至 5×10^8 CFU/mL,放入冰箱备用(4 ℃或-20 ℃)。

③ 芽孢杆菌菌体和胞外酶混合抗原制备:将有益菌的制备和灭活以平板划线法将两株芽孢杆菌,接种于固体 2216E 培养基上,37 ℃恒温培养;24 h 后分别挑单菌落接种至 2216E 液体培养基中,160 r/min、37 ℃恒温振荡培养过夜;加入 1%的甲醛于 37 ℃灭活 24 h,通过菌落涂布法检测灭活效果;5 000 r/min 离心 10 min,上清液留作提取胞外蛋白用,菌体暂时放在 4 ℃保存。芽孢杆菌胞外蛋白的提取上清液用截留规格为 10×10^3(相对分子质量)的超滤管超滤,取 10 mL 加入超滤管中,3 200 g/min 离心 30 min,弃下层管中的液体,上层液体倒入菌体中。

接种于 2216E 琼脂培养基培养 24 h,无菌生长,可以使用。菌液的浓度可用麦氏比浊仪来测定。

(2) 多克隆抗体的制备。

实验动物为 7 只新西兰大白兔(购于青岛药检所),其中 1 只作为阴性对照,另外 6 只注射菌液抗原。注射部位分为皮下注射和耳静脉注射,菌浓度是

5×10^8 CFU/mL,注射剂量与日程如表 3-2 注射剂量与日程所示。实验采用间接 ELISA 检测抗血清效价。疫苗与佐剂要充分混匀成乳白色黏稠的油包水乳剂,并且滴到冰水上 5～10 min 不扩散为止,可用针管来回抽拉。免疫为皮下多点注射,第 6 周注射 1 周后试血,ELISA 抗体效价,获得效价后心脏采血。取血后 30 ℃条件下放置 1～2 h,4 ℃过夜,次日分装抗血清到离心管,−20 ℃保存备用。

表 3-2 注射剂量与日程

免疫时间	对照兔	实验兔	注射途径
首次免疫	1.2 mL 完全弗氏佐剂＋生理盐水(1∶2)	1.2 mL 完全弗氏佐剂＋菌液(1∶2)	背部皮下六点注射
第 3 周	1.2 mL 不完全弗氏佐剂＋生理盐水(1∶2)	1.2 mL 不完全弗氏佐剂＋生理盐水(1∶2)	背部皮下六点注射
第 4 周	生理盐水 0.3 mL	菌液 0.3 mL	同上
第 5 周	生理盐水 0.3 mL	菌液 0.3 mL	同上
第 6 周	生理盐水 0.3 mL	菌液 0.3 mL	同上

(3) 间接 ELISA 方法的建立。

① 采用间接 ELISA 测定抗原最适包被浓度。

② 采用间接 ELISA 测定抗血清最适稀释度。

③ 采用间接 ELISA 测定酶标二抗最适稀释度。

④ 采用间接 ELISA 测定抗原抗体最佳反应时间。

⑤ 采用间接 ELISA 测定二抗最佳反应时间。

⑥ 采用间接 ELISA 检测抗血清灵敏度。

⑦ 采用间接 ELISA 检测已制备多克隆抗体的交叉反应。

⑧ 间接 ELISA 定量养殖水体中的有益菌。

根据上述建立的间接 ELISA 检测方法,绘制标准菌浓度与 OD_{450} 的标准曲线。利用上述酶联免疫方法定量检测已知水体中单一有益菌含量。

2. 实验结果

(1) 抗原的制备。

根据上述制备方法,已获得 8DH26(溶藻弧菌)的 O 抗原(破碎和未破碎,分别已注射 2 和 3 号兔子);7RO29(盐单胞菌)的 O 抗原和 H 抗原,分别已注射 4 和 5 号兔子。

(2) 多克隆抗体的制备。

经间接 ELISA 检测,已制备的抗血清效价均在 2 000 以上。

2 号兔子抗血清效价为 1∶8 000;3 号兔子抗血清效价为 1∶64 000;4 号兔抗血清效价为 1∶32 000;5 号兔子抗血清效价为 1∶64 000(图 3-20 至图 3-23)。

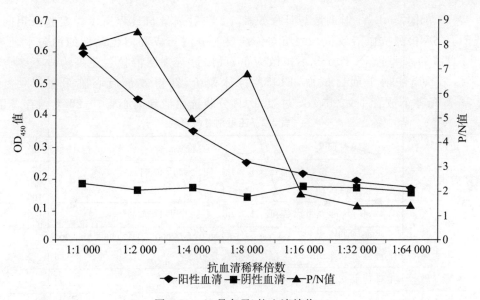

图 3-20　（2 号兔子）抗血清效价

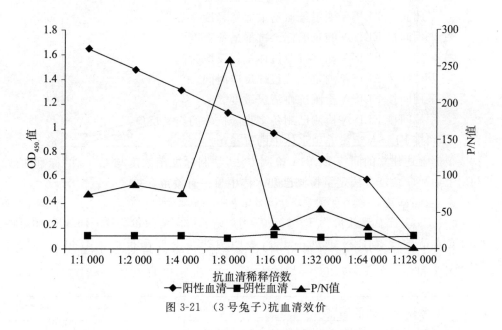

图 3-21　（3 号兔子）抗血清效价

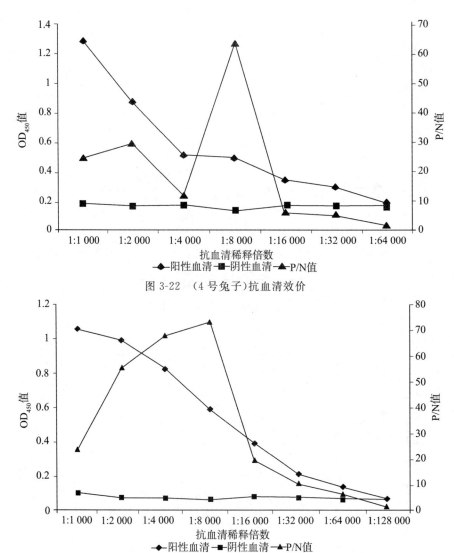

图 3-22 （4 号兔子）抗血清效价

图 3-23 （5 号兔子）抗血清效价

其中,N31 抗血清效价为 1∶2 000;O15 兔子抗血清效价为 1∶16 400;而且两株菌抗血清的交叉 P/N 都远小于 2,表明两株芽孢杆菌抗血清有很高的特异性(表 3-3)。

表 3-3 两株芽孢杆菌抗血清的效价

		100	1 000	2 000	4 000	8 000	16 400
抗血清 P/N 值	N31	69.8	5.6	4.6	0.8	0.4	0.1
	O15	27.0	27.2	47.8	50.5	43.2	30.5
交叉 P/N 值	N31-O15	0.64	0.62	0.81	0.95	0.05	0.07
	O15-N31	0.24	0.25	0.23	0.92	0.01	0.04

（3）间接 ELISA 方法的建立。

① 采用间接 ELISA 测定 2 号、3 号、4 号、5 号兔子的抗原最适包被浓度分别为 10^7 CFU/mL、10^8 CFU/mL、10^7 CFU/mL、10^7 CFU/mL。

② 采用间接 ELISA 测定 2 号、3 号、4 号、5 号兔子的抗血清最适稀释度分别为 1∶500、1∶10 000、1∶500、1∶1 000。

③ 采用间接 ELISA 测定 2 号、3 号、4 号、5 号兔子的酶标二抗最适稀释度均为 1∶3 000、1∶1 000、1∶1 000、1∶3 000。

④ 采用间接 ELISA 测定 3 号、4 号兔子的抗原抗体最佳反应时间均为 30 min，2 号、5 号兔子的抗原抗体最佳反应时间均为 60 min。

⑤ 采用间接 ELISA 测定 2 号、3 号、4 号、5 号兔子的二抗最佳反应时间均为60 min。

⑥ 采用间接 ELISA 检测 2 号、3 号、4 号、5 号兔子的抗血清灵敏度为 10^6 CFU/mL、10^5 CFU/mL、10^5 CFU/mL、10^5 CFU/mL。结果如表 3-4 所示。

表 3-4　不同抗原浓度对应的抗血清 OD_{450} 值

抗原浓度	2 号血清 OD_{450} 值	3 号血清 OD_{450} 值	4 号血清 OD_{450} 值	5 号血清 OD_{450} 值
10^9	0.888 7	1.399 0	1.321 2	0.759 0
10^8	1.020 6	1.315 7	1.248 2	1.017 9
10^7	0.565 6	1.129 1	0.747 6	0.753 9
10^6	0.091 3	0.257 4	0.319 4	0.132 6
10^5	0.071 0	0.094 2	0.156 8	0.068 9
10^4	0.070 2	0.082 0	0.167 5	0.064 5

其中 4 号兔子的抗血清 OD_{450} 值与其抗原浓度有较好的线性关系，其线性范围为 $10^5 \sim 10^8$ CFU/mL，其标准曲线如图 3-24 所示。而另外几只兔子的抗血清 OD_{450} 值与其抗原浓度没有较好的线性关系，但随着抗原浓度的增加，抗血清 OD_{450} 值有显著上升趋势，但在超过一定范围时抗血清 OD_{450} 值增长缓慢或者降低。

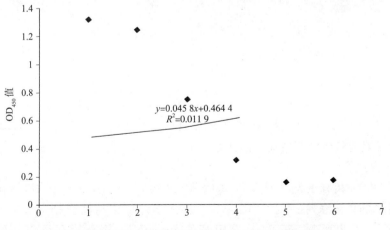

抗原浓度（其中 1-7 分别表示 109、108、107、106、105、104）

图 3-24　4 号兔子的抗血清 OD_{450} 值与其抗原的线性关系

⑦ 采用间接 ELISA 检测 2 号、3 号、4 号、5 号兔子的多克隆抗体与假交替单胞菌、鞘氨醇单胞菌及海杆菌的交叉反应均呈阴性。

（4）两株芽孢杆菌抗原的制备。

根据上述制备方法，已获得 N31 和 O15 的菌体和胞外酶混合抗原。

3. 实验结论

（1）经超声波预处理的 O 抗原制备的抗体效价更高。这说明引起免疫动物机体反应的免疫原物质有可能位于 8DH26 菌体的膜内。分别制备编号为 7RO29 的有益菌的 O 抗原何 H 抗原，分别免疫实验动物，制备出高效价的多克隆抗体，其中 H 抗原制备的抗血清效价更高。

（2）在检测已制备多克隆抗体的交叉反应时，结果表明该间接酶联免疫检测方法有较高的特异性。因此，我们可以采用该间接 ELISA 方法定性检测养殖水体中特定的 8H26 和 7RO29 有益菌。

（3）已经完成了对已制备多克隆抗体效价的测定，并且已经建立了相应抗血清的间接 ELISA，但是仅仅得到 4 号兔子抗血清的 OD_{450} 值与标准菌浓度 7RO29 标准曲线，其线性范围为 $10^5 \sim 10^8$ CFU/mL，可以用于水产养殖水体中有益菌的定量检测。对于 2 号、3 号、5 号兔子，我们没有得到其抗血清 OD_{450} 值与标准菌浓度的线性关系。我们可以从结果看出抗血清的 OD_{450} 值与菌浓度呈正相关，但是，在超过一定范围后，抗血清的 OD_{450} 值增长缓慢或者有下降趋势。

（4）本实验同样获得两株芽孢杆菌的多克隆抗体，结果表明它们有较高的效价和特异性，可应用于养殖池塘中这两株芽孢杆菌的有效活菌定量。

第 3 节　有益菌的 Real-time PCR 快速检测技术的研究

1. 材料与方法

（1）材料。

实验所用菌株 8DO17 是于 2013 年 8 月分离自东营对虾养殖池，并通过初步测定，该菌株具有较强的降解亚硝酸盐氮能力。

（2）方法。

将 8DO17 菌株的测序结果同其他菌株的 16S rDNA 进行比对，找出该菌株 16S rDNA 的特异序列，利用 Primer 5.0 软件设计出该菌株荧光定量的特异性引物，即 RT-qPCR 引物（表 3-5），并用其他菌的 DNA 模板验证该引物的特异性（表 3-6）。扩增产物长度为 329 bp（包含荧光定量 PCR 产物）。

PCR反应体系:模板DNA 2 μL,正向和反向引物各1 μL,2MasterMiX 12.5 μL,超纯水8.5 μL。PCR反应程序:

94 ℃ 3 min;30个循环:94 ℃ 30 s,55 ℃ 30 s,72 ℃ 1 min,72 ℃ 6 min;4 ℃保温。

将所得PCR产物进行琼脂糖凝胶电泳,选择相对分子质量大小符合的目的条带进行切胶、纯化、克隆和提取质粒。

表3-5　引物序列

引物名称	正向(5′~3′)	反向(5′~3′)
通用引物	27F:AGAGTTTGATCCTGGCTCAG	1492R:GGTTACCTTGTTACGACTT
RT-PCR引物	GGGCTTTCACATTCAACTTA	GAGGGAGGGCATTAACCTA
克隆引物	CGCTTTCGCACCTCAGTGT	TTTGGGAGGGAGGGCATT

表3-6　实验所用菌株

菌株序号	菌种	实验室代码	来源
1	*Pseudomonas* sp.	8DO17	养殖水体
2	*Vibrio alginolyticus*	8H26	养殖水体
3	*Marinobacter hydrocarbonoclasticus*	8DO35	养殖水体
4	*Bacillus*	8DN1	养殖水体
5	*Marinomonas* sp.	8DA2	养殖水体
6	*Marinobacterium stanieri*	8DA5	养殖水体
7	*Cobetia marina*	8DA7	养殖水体
8	*Vibrio harveyi*	8DN8	养殖水体

PCR产物的纯化使用普通琼脂糖凝胶DNA回收试剂盒(TIANgel Midi Purification Kit)。

连接、转化及克隆程序如下。

① 在200 μL PCR管中按照顺序加入表3-7所示成分,16 ℃连接反应5 h。注意:连接过程中不可剧烈震动。

表3-7　连接体系

成分	体积/μL
DNA	4.5
克隆载体	0.5
连接酶	5

② 从-70 ℃冰箱中取出感受态细胞DH5α,室温解冻后立即放入冰浴(10 min

之内使用,否则影响转化效率)。

③ 加入 PBS 质粒 DNA 溶液 10 μL,轻轻摇匀,冰上放置 30 min。

④ 在 42 ℃水浴中热激 90 s,之后立即放入冰上冷却 3～5 min。

⑤ 向离心管中加入 1 mL 不含氨苄西林的 LB 液体培养基,混匀,于恒温摇床震荡培养(37 ℃ 1 h)。

⑥ 将上述菌液摇匀,取 50～200 μL 涂布于含氨苄西林的 LB 培养基平板上,于恒温培养箱培养(37 ℃ 16～24 h)。

⑦ 当单菌落长到直径 2 mm 左右即可进行菌落 PCR。

菌落 PCR 程序如下。

① 在 200 μL PCR 管中加入表 3-8 所示成分,混匀。

表 3-8　菌落 PCR 体系

成分	用量/μL
2×Taq MIX	12.5
上游引物 M13～47(25 μmol/L)	1
下游引物 RV-M(25 μmol/L)	1
灭菌水	10.5

② 随机挑选转化板上的转化子,用灭菌的牙签或枪头挑取单个菌落的一半,接种于 LB 液体培养基;然后将菌落的另一半用牙签或枪头转入装有 PCR 混合物的 PCR 管中,盖紧管子。

③ 将上述 PCR 管置于 PCR 仪中扩增,扩增程序同上述 PCR 反应程序。

④ 将上述 PCR 产物电泳检测,若有目的条带则为阳性克隆。

⑤ 将已经接种有菌落的 LB 液体培养基与 37 ℃培养箱震荡培养用于质粒的提取。

标准曲线的制作:质粒的提取使用质粒提取试剂盒(TIANprep Mini Plasmid Kit)按照说明书的步骤进行,得到重组载体;将上述制备的质粒进行 10 倍梯度稀释,$1×10^4-1×10^9$ copies/μL,用于绘制标准曲线。

利用 PikoReal96 Real-Time PCR System(Thermo Scientific.,United States),采用 SYBR Green I 染料法,以上述不同稀释梯度的质粒作为模板,应用上述设计的 RT-qPCR 引物,对目的片段做标准曲线,操作步骤如下。

① RT-qPCR 反应体系如表 3-9,充分混匀,稍离心。

表 3-9　RT-qPCR 体系

试剂	用量/μL
2×SYBR premix Ex taq™(Takara,Shiga,Japan)	5
正向引物(10 μmol/L)	0.2
反向引物(10 μmol/L)	0.2
cDNA 模板	1
纯水	3.6

② 每个样品做 3 个重复,扩增目的片段。RT-qPCR 反应条件:95 ℃ 30 s;40 个循环:95 ℃ 10 s,56 ℃ 20 s,72 ℃ 30 s。反应结束后进行溶解曲线分析(60~95℃),从而检验产物中没有非特异扩增和引物二聚体。

③ DNA 模板拷贝数的计算公式如下(Whelan et al, 2003):

DNA 浓度(copies/μL)$= 6.02 \times 10^{23}$ (copies/mol)$\times$质粒浓度(g/μL)/{DNA 长度(bp)$\times 660$[g/(mol·bp)]}

RT-qPCR 检测限的测定:将上述制备的质粒稀释成每 10 μL 含 $10^2 \sim 10^6$ DNA copies 的模板 DNA;应用 RT-qPCR 技术定量假单胞菌的 16S rDNA 的拷贝数配制 10 mg/L$-$NO$_2^-$ 的水体,置于 4 个锥形瓶,分别接入 4 个不同浓度的假单胞菌,于 12 h、18 h、24 h、36 h、48 h 分别检测亚硝酸盐氮浓度和 DNA 拷贝数。

2. 实验结果

(1) 引物特异性验证及克隆。

为了验证本研究的 RT-qPCR 引物的特异性,以其他菌株的 DNA 作为模板,用 RT-qPCR 引物来扩增,结果显示只有 8DO17 菌株扩增出目的条带。

用克隆引物对 8DO17 菌株的 16S rDNA 进行 PCR 扩增,反应结束后,将扩增产物经 1% 的琼脂糖凝胶电泳观察,如图 3-25 所示。扩增结果大小同预期的特异性目的片段 329 bp 大小一致。

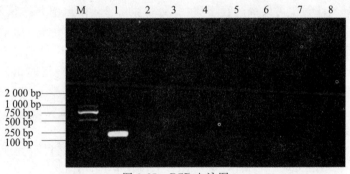

图 3-25　PCR 电泳图

条带 M 和 1~8 分别代表 DL2 000 DNA Marker 和 8DO17 菌株(假单胞菌)、溶藻弧菌、除烃海杆菌、杆菌、海单胞菌、斯氏海杆菌、海科贝特氏菌、哈维氏弧菌

(2) RT-qPCR 技术标准曲线的建立及检测限的测定。

通过利用 PikoReal96 Real-Time PCR System (Thermo Scientific., United States),采用 SYBR Green I 染料法,检测目的片段,建立标准曲线,如图 3-26 所示。标准质粒起始拷贝数同 CT 值在 $1 \times 10^4 \sim 1 \times 10^9$ copies/μL 的范围内具有良好线性关系($R^2 = 0.999$),曲线的扩增效率为 $E = 86.3\%$。

为了测定该 real-time PCR 技术的检测限,设置 6 个浓度的克隆质粒序列进行实验,结果显示,在起始浓度为 10^3 copies 能够准确地反映目的产物的扩增,即表示为可靠地检测并表明在该水平的检测灵敏。

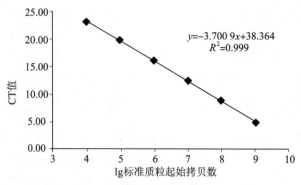

图 3-26 RT-qPCR 标准曲线

（3）RT-qPCR 技术定量检测假单胞菌的应用。

为了验证该 RT-qPCR 技术的实用性，应用该技术分别检测添加不同浓度假单胞菌、含有亚硝酸盐水体，在 12 h、18 h、24 h、36 h、48 h 的假单胞菌 16S rDNA 拷贝数和亚硝酸盐氮浓度（图 3-27）。由图可知，在水样 2 中，假单胞菌 12 h 的亚硝酸盐氮除去率为 2.39%，到 48 h 亚硝酸盐氮除去率已增加至 52.56%；在水样 3 中，24 h 内亚硝酸盐氮的除去率由 2.88% 逐渐升高至 100%。因此，假单胞菌对亚硝酸盐氮的除去率随时间的延长有明显提高。另外，8DO17 菌株可以在含有亚硝酸盐氮的水样中生存，且随着时间的增加，菌株拷贝数迅速增长。比如，在水样 2 中，随时间增加，lg 菌株 16S rDNA 拷贝数一直增加，由 12 h 的 3.18 增至 18 h 的 5.38；在水样 3 中，lg 菌株 16S rDNA 拷贝数由 4.87 增加到 7.12，在 24 h 后达到一定浓度，进入稳定状态。通过比较亚硝酸盐氮的除去率、lg 菌株 16S rDNA 拷贝数同时间的关系，可以得出，亚硝酸盐氮的除去率与 lg 16S rDNA 拷贝数存在一定的相关性。水样 2 中，不同时间点的亚硝酸盐氮的除去率与 lg 16S rDNA 拷贝数具有显著的正相关（$r_2 = 0.927, P < 0.05$）；而在水样 3 中，不同时间点的亚硝酸盐氮的除去率与 lg 16S rDNA 拷贝数具有极显著的正相关（$r_3 = 0.975, P < 0.01$）。不同水样中，在 18 h、24 h、36 h 时间点下，亚硝酸盐氮的除去率与 lg 16S rDNA 拷贝数分别表现为极显著的正相关（$r_{18} = 0.995$ $r_{24} = 0.996$ $r_{36} = 1.000, P < 0.01$）。

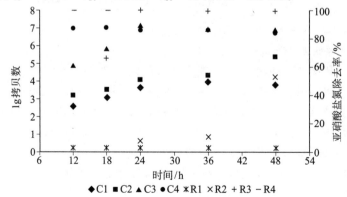

◆C1 ■C2 ▲C3 ●C4 ✳R1 ✕R2 +R3 −R4

图 3-27 4 个不同菌浓度水样的 16S rDNA 拷贝数、亚硝酸盐氮除去率与
时间的关系

注：C1—C4 分别表示 4 个不同菌浓度，R1—R4 分别表示 4 个水样的亚硝酸盐氮除去率。

3. 小结

本研究建立的假单胞菌基于 16S rDNA 定量 PCR 快速检测技术,在 DNA 浓度 $1\times10^4\sim1\times10^9$ copies/μL 范围内,DNA 拷贝数与 CT 值有良好的线性关系($R^2=0.999$),扩增效率为 $E=86.3\%$,检测灵敏度为 10^3 copies/μL。此外,研究证明假单胞菌 16S rDNA 拷贝数同该菌株亚硝酸盐氮除去率有显著正相关关系。因此,本书建立的 RT-qPCR 技术可以作为量化假单胞菌的一种较为灵敏的手段。

第 4 节　凡纳滨对虾在盐度胁迫下免疫基因表达谱的构建与分析

1. 材料与方法

(1)实验动物。

实验用凡纳滨对虾购自青岛市沙子口养殖场,选取健康凡纳滨对虾 60 尾进行盐度胁迫实验。

(2)实验梯度设置。

实验在 67 cm×50 cm×37 cm 的塑料水槽中进行。实验开始时将暂养在盐度为 31 的海水中的凡纳滨对虾分别放到盐度梯度为 16 的水槽中。盐度未变化组为对照组。各盐度梯度采用经曝气的自来水来调节;每个梯度均设 3 个平行组。实验期间的养殖管理与暂养期间的完全相同,换水时分别加入相对应盐度的养殖用水,实验期间对虾无死亡现象。取样时间 24 h。

(3)实验方法。

每个平行组随机抽取凡纳滨对虾 10 尾,用消毒的 5 号针头和 1 mL 注射器由凡纳滨对虾头胸甲后插入心脏中取血,注射器中预先加入已消毒的预冷抗凝剂,使血淋巴与抗凝剂最终比例为 1:1,血淋巴样品则经低速离心 10 min 后,取底部的血细胞加入 1 mL Trizol,用于总 RNA 的提取。并移送至北京诺禾致源生物信息科技有限公司利用数字基因表达谱(DGE)技术进行建库测序,构建与分析凡纳滨对虾在盐度胁迫下血细胞基因表达谱,并利用实时定量 PCR(RT-qPCR)对数据的可靠性进行验证。

2. 实验结果

使用第二代高通量测序平台 Illumina HiSeq2 000 测定了凡纳滨对虾在低盐胁迫下血细胞内免疫基因的差异表达情况。获得高质量基因序列 38 155 条,其中上调 145 条,下调 79 条;涉及多种免疫生理功能与代谢通路,包括免疫信号通路、细胞免疫、体液免疫、细胞凋亡、胞内蛋白合成、脂质运输、能量代谢等。测序基本情况见表 3-10 和图 3-28。

表 3-10　HiSeq 2 000 高通量测序结果分析

	对照组	低盐组
Raw reads	11 626 280	12 682 318
Clean reads	11 453 576	12 468 544
Error rate/%	0.03	0.03
Q20/%	97.34	97.24
Q30/%	91.85	91.56
GC content/%	50.80	52.74
Total mapped	9 483 843（82.80%）	10 501 202（84.22%）

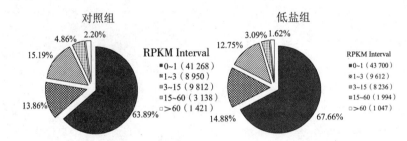

图 3-28　Unigene RPKM 分布

GO 分析表明在低盐胁迫下差异基因富集最多 GO 条目主要包括蛋白质代谢（GO:0019538）、核糖核蛋白复合体（GO:0030529）、结构分子活性（GO:0005198）（图 3-29）。其他 GO 条目涉及免疫信号通路，包括 toll 样受体（5/7/15/21）信号通路（GO:0034146/GO:0034154/GO:0035681/GO:0035682）、mAPK 激活通路（GO:0035419）；细胞免疫反应，如活性氧代谢过程（GO:0072593）；体液免疫过程，包括水解酶活性（GO:0016787）、催化活性（GO:0003824）；细胞凋亡过程，包括细胞过程（GO:0009987）、抗细胞凋亡正调控（GO:0045768）、细胞周期（GO:0007049）；胞内蛋白质代谢，包括翻译（GO:0006412）、蛋白质导向至内质网（GO:0045047）、细胞生物合成过程（GO:0044249）；胞内脂质运输，包括脂质运输正调控（GO:0032370）、GTP 分解代谢过程（GO:0006184）；胞内能量代谢过程，如精氨酸酶活性（GO:0004054）。

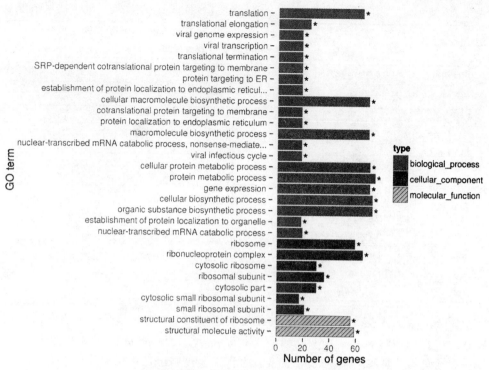

图 3-29　Unigene GO 分类

KEGG 通路分析表明,代谢通路(ko01100)、RNA 运输(ko03013)、生物合成次级代谢(ko01110)是显著程度最高的通路。此外,还涉及的免疫通路有免疫信号通路,如 NOD 样信号通路(ko04621);细胞免疫,包括内吞作用(ko04144)、抗原加工和呈递(ko04612)、吞噬体(ko04145)、溶酶体(ko04142)、抗氧化物酶体(ko04146);细胞凋亡,如 PI3K-Akt 信号通路(ko04151);胞内蛋白质合成,如核糖体(ko03010);胞内能量代谢,如氧化磷酸化作用(ko00190)(表 3-11)。

表 3-11　Unigene KEGG 分析,显示基因数量排名前 20 位的 KEGG 通路

Pathway ID	Pathway	DEGs associated with the pathway	All genes with pathway annotation
ko01100	metabolic pathways	12	2 221
ko03013	RNA transport	6	806
ko01110	Biosynthesis of secondary metabolites	4	675
ko04810	Regulation of actin cytoskeleton	3	667
ko04510	Focal adhesion	6	651
ko03015	mRNA surveillance pathway	1	595
ko04530	Tight junction	2	567
ko03040	Spliceosome	1	550
ko04151	PI3K-Akt signaling pathway	3	517
ko00230	Purine metabolism	2	494

续表

Pathway ID	Pathway	DEGs associated with the pathway	All genes with pathway annotation
ko04520	Adherens junction	2	458
ko04144	Endocytosis	1	436
ko04010	MAPK signaling pathway	1	407
ko04141	Protein processing in endoplasmic reticulum	4	387
ko04145	Phagosome	6	382
ko01120	Microbial metabolism in diverse environments	3	371
ko04512	ECM-receptor interaction	2	344
ko04120	Ubiquitin mediated proteolysis	2	342
ko00240	Pyrimidine metabolism	1	323
ko04062	Chemokine signaling pathway	2	305

RT-qPCR 结果显示,11 个验证的免疫基因中,10 个基因与高通量测序结果相符,仅有一个基因 Phosphatidylinositol 4-kinase beta 与高通量测序结果相反,结果表明高通量结果真实可靠,且验证的免疫基因与盐度胁迫密切相关(图 3-30)。

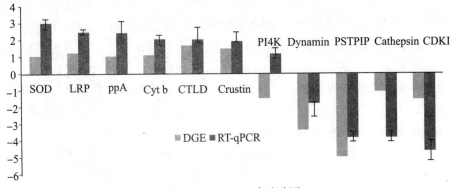

图 3-30 Unigene 表达验证

3. 研究结论

本实验首次使用 DGE 高通量测序技术研究了凡纳滨对虾在低盐胁迫下的免疫机能,筛选出差异基因 224 条,其中上调 145 条,下调 79 条,涉及通路包括免疫信号转导、细胞免疫、体液免疫、细胞凋亡、胞内蛋白合成、脂质运输、能量代谢等。本实验揭示了低盐胁迫下血细胞内复杂的免疫响应网络,为今后研究凡纳滨对虾在低盐胁迫下的免疫机制提供了科学依据。

第 5 节　参藻共生模式技术研究

生态养殖是一种多营养层次的综合养殖技术生产模式,强调养殖系统中的"生物操纵"和"自我修复",优化水域的养殖结构。组合水产养殖是其中的一个重要模式,它是由多个一元化养殖单元组成的复合养殖体系,常包括投饵养殖单元(鱼类、虾类)、吸收无机物养殖单元(藻类)和吸收有机物养殖单元(贝类、海参等)。从池塘到水域,存在着众多的组合养殖模式。组合水产养殖最早是由简单的海水动物混养发展而来,冯永勤等在池塘进行凡纳滨对虾和遮目鱼的混养,避免了对虾疾病的暴发,获得了成功;刘艳春等在黄河三角洲虾池中进行日本对虾和黑鲷的混养也取得了较好的效果。随着大型海藻新的经济价值的发现和不断提高,其养殖规模在近些年不断扩大,同时由于大型海藻对养殖水体具有重要的生物修复作用,学者们已经把大型海藻引入了生态养殖系统中,发挥其净化水质的作用。

1. 材料与方法

(1) 材料。

刺参,马尾藻,鼠尾藻等。

(2) 方法。

通过对特定种类大型海藻不同生长周期和不同生理生态特性的研究,将马尾藻、鼠尾藻和脆江蓠引入池塘进行栽培,实验根据池塘水环境因子及不同种类大型海藻的生长特性设置了不同的栽培模式,根据鼠尾藻的生长特性设置了鼠尾藻池塘筏架水表层栽培实验、中间水层悬挂式栽培实验,根据马尾藻的生长特性设置了马尾藻池塘底部延绳式栽培实验,根据脆江蓠的生长特性设置了脆江蓠池塘底播栽培实验以及建立池底人工藻场等有效栽培模式。利用北方低温品种鼠尾藻、马尾藻在冬、春季生长繁殖期和南方高温品种脆江蓠在夏、秋季生长繁殖期,开发了不同水层、不同生长周期、多种海藻全年轮替栽培技术。这些大型海藻池塘栽培技术的实施,很好地提高了净化养殖池对养殖园区养殖排放水的修复效果。

实验先后选取任家台刺参养殖池塘 2 处和水产所南蓄水池利用筏式挂养进行大型藻类的筛选及栽培实验。要求栽培藻类能够与刺参参藻共生。经过筛选,最终确定挂养品种为马尾藻和鼠尾藻。

在任家台池塘水面面积 25 亩,挂养了鼠尾藻苗帘 200 帘,平均湿重:2.5 千克/帘;鼠尾藻苗绳 100 绳(长 3 m),平均湿重:2.3 千克/绳。在任家台 20 亩池塘挂养马尾藻 200 绳（长 3 m），平均湿重 2.0 千克/绳。在水产所南蓄水池水面面积 3 亩挂养鼠尾藻苗帘 80 帘，平均湿重：2.5 千克/帘。每天按照潮汐规律排放水。实验期间对池塘氨氮、溶解氧、温度、盐度等水质指标进行检测。在实验槽进行小水体实验研究，实验模式设计为：刺参、刺参-鼠尾藻、刺参-马尾藻、刺参-石纯等实验组合，实验槽内分别放入不同质量的刺参和大型海藻，同时设 3 个平行，研究大型海藻对氮、磷吸收情况和刺参排放氮、磷情况。

2. 结果

参藻生长情况：各种藻类和刺身生长健壮，生物学特征正常，无病害发生。长势良好，经过 45 d 的栽培，马尾藻增重 95.65％，鼠尾藻增重 105.00％，参藻共生池塘刺参比对照组 45 d 平均规格增重 42.30％。实验结果显示，参藻共生的水槽中水体温度昼夜变化小，溶解氧含量高。刺参生长旺盛，状态好。单纯养殖刺参的水槽中水温受气温影响大，昼夜温差大。参藻共生水槽比对照组 40 d 平均规格分别增重：鼠尾藻-刺参 65.15％，马尾藻-刺参 59.40％，脆江蓠-刺参 57.69％，对照组增长了 25.91％。

3. 讨论

多元化利用增加了生态系统结构的空间成层性和时空性衔接，提高了生物群落的多样性和环境的稳定性，可以有效减少单位产量的资源消耗，增强了水体的自净能力，降低增养殖业对环境的污染，提高海洋渔业的生态效益，是可持续生产模式的重要组成部分和研究内容。20 世纪 60 年代，我国就开始对虾与贝类混养的生产实验，发展到今天，全国沿海的滩涂、池塘多元化养殖模式多样：蛤、虾混养，虾、蟹、贝混养，虾、贝、藻混养，虾、鱼、贝、藻混养。这些多元化利用模式取得了较好好的经济效益和生态效益。现有的多元化利用一般以虾、蟹等高值品种为核心，贝、藻等环境友好型种类居于从属地位，导致大多养殖模式仍需要较多的物质输入，同时排除大量的养殖废水，稳定性差，缺乏可持续性。另一方面，由于基础研究不足，各种模式养殖容量的确定缺乏科学性的指导，造成了许多不必要的浪费。

因而，充分利用不同养殖生物的生态互补性，建立新型的生态化养殖模式，在保证经济效益的同时，发挥模式系统自身的生物修复功能，通过生态化方法科学调控养殖环境，关于这些方面的研究是生态养殖和规模化海水养殖园区发展亟须解决的技术问题。

4. 小结

贝藻混养的研究结果表明，海藻能够迅速去除贝类生理活动产生的氮、磷等富营养物质，净化了水质，促进了贝类的生长和品质，同时海藻自身的生长速度也得到提高，鱼藻混养的研究也得到了类似的结果。另外，包括投饵养殖单元、吸收无机物养殖单元和吸收有机物养殖单元的鱼虾、藻类、贝类复合养殖模式的研究也取得了一定的成果，这种复合养殖模式充分发挥了各个养殖单元的优势作用，使养殖的经济和环境效果都得到了很大程度的提高。

第 6 节　池塘生物复合利用模式的构建

陆基海水养殖业是我国海水渔业的重要方式。截至 2010 年,仅山东省海水池塘养殖面积 11.25 万公顷,产量 27.52 万吨,分别占全省海水渔业总面积和总产量的 22.45％和 6.95％;工厂化养殖水体 501.76 万立方米,产量 5.87 万吨,产量为总产量的 1.48％。近年来,陆基海水养殖业获得了快速发展,海水虾蟹、海参、鱼类等名优水产品的陆基养殖,成为海洋经济发展的重要支柱产业。

目前陆基海水养殖业的主要生产种类为甲壳类(凡纳滨对虾、日本对虾、三疣梭子蟹、中国明对虾)、刺参、鱼类和贝类;主要生产模式是粗放型单养或混养。其发展面临一系列的问题:A. 产业内无序竞争导致片面追求产量,过度依赖饵料投入、大排大灌加剧了养殖自污染,部分地区沿海海域富营养化严重;B. 养殖种类、养殖方式的单一和高密度养殖造成病害频发,而防治药物使用的不规范加剧了产品安全方面的问题;C. 技术水平低下,陆基渔业资源、环境空间利用不足,造成了严重的浪费,总体生产效率较低。这些问题严重影响了陆基海水养殖业的发展。近年来,随着国家对陆基海水渔业的重视,海水养殖规模化园区建设发展迅速,形成了一大批成片的规模化海水养殖园区。但由于各地往往仅根据本地发展历史和自然条件单独或主要发展某一特定养殖模式,导致园区内不同模式之间相互割裂发展,缺乏共性技术的融合、空间的衔接和物质的循环利用,从而使得园区养殖生产的资源浪费严重、周围环境压力巨大、生态化水平低下等问题尤为突出。

1. 材料与方法

(1)材料。

马尾藻,鼠尾藻,刺参,中国明对虾,菲律宾蛤仔。

(2)方法。

2013 年,在 2 亩的池塘中进行了池塘生物复合利用模式的初步构建。自 2014 年度工作开展以来,在上年度实验基础上对池塘生物复合利用模式的构建进行了更深一步的改善和优化,在关键环节上取得了突破性进展。主要完成的工作如下:进一步优化并完善了池塘生物复合利用模式实验方案;设计并研制了池塘养殖排放水大型气浮聚流装置和蛋白降解生物床,完成了新设备的安装与调试,同时,获取了该设备运行基本参数;在净化养殖池引入一定密度的大型藻类、贝类,通过监测池塘水质、沉积物及大型藻类、贝类的生长等指标,研究该池塘复合利用模式对水质、底质环境的生态修复性能,确定各种类的搭配比例等关键参数。

通过对该生态模式的优化和改进,大幅提高了实验池塘对养殖排放水中氨氮的处理效率,使得在11亩实验池塘对水质中氨氮的处理能力可满足2 600亩对虾池塘的排放水达标排放,满足了考核指标的要求。该模式的成功构建为本项目中对虾池塘养殖环境生态优化技术的集成与创新示范工作的进一步开展的奠定了坚实的基础。

2. 结果

通过各项生态优化技术的集成应用,2013年实现了对150亩池塘养虾废水的达标排放。水质检测结果表明,示范园区池塘系统养殖排放水经净化养殖池净化处理后,水体中氨氮降低率平均为29.62%,COD平均降低41.35%,亚硝酸盐氮去除率平均为38.71%,亚硝酸盐氮去除率平均为28.06%,磷酸盐去除率平均为39.16%;底质硫化物降低率平均为36.16%。净化养殖池对系统养殖排放水水质净化效果显著,经净化处理后的养殖排放水水质达到国家二级排放水水质要求。

2014年5月22日,山东省海洋与渔业厅组织并邀请有关专家组成验收组,海洋公益专项"规模化园区海水养殖环境工程生态优化技术集成与示范"项目子任务"海水养殖园区环境生态优化技术集成与创新"(编号201305005-2)进行了现场验收。专家组听取了课题组研究汇报,并审核有关实验原始记录,查看了在开航渔业示范园区建立的养殖排放水经气浮装置、生物滤床、净化养殖池物理及生物复合利用养殖模式,检验了对园区养殖排放水生态优化调控能力,并随机抽取了净化养殖池鱼虾贝藻,测量其生长指标,最后,采集了示范园区养殖排放水及生态优化调控池出水口水样和底泥,检测氨氮、底质硫化物含量。经讨论和质询,在场专家一致认为项目取得的成果达到了预期的指标,并对项目组的工作给予了高度的评价。项目组现场取样分析表明:生物复合利用养殖模式对养殖园区排放水生态优化调控能力可达600 m³/h,可有效处理虾蟹养殖排放水,实现生态优化无害排放;构建了池塘鱼虾贝藻和益生菌的生物净化系统,设计并自主研发池塘大型气浮和蛋白降解生物床组合装置,可有效分离并去除养殖排放水中的大分子有机泡沫;采用大型涌浪机满足大型海藻生产所需的水流,原理科学、方法可行。现场测量梭鱼全长15.2 cm;中国明对虾平均体长1.9 cm;菲律宾蛤仔平均壳长1.3 cm,2 976粒/千克;鼠尾藻220千克/亩。以上养殖品种生长健康,生物学特征正常、无病害;养殖排放水通过系统净化后氨氮降低61.1%、底质硫化物比其他池降低38.6%。

2015年6月4日,山东省海洋与渔业厅组织有关专家在日照开航水产有限公司,对山东省海洋生物研究院承担的海洋公益专项"规模化园区海水养殖环境工程生态优化技术集成与示范"(编号201305005)进行了现场验收。专家组听取了课题组研究汇报,并审核有关实验原始记录,查看了在开航渔业示范园区建立的生物复合利用净化系统,量化了该模式对园区排放水净化参数,并随机抽取净化养殖池贝、藻观测其生长情况,并检测园区水质及底质硫化物含量。经讨论和质询,在场专家一致认为项目取得的成果达到了预期的指标,并对项目组的工作给予了高度的评价。项目组在日照开航水产有限公司构建了两套生物复合利用净化系统,每套模式构建参数为:净化养殖池面积 10 亩;大型海藻筏式养殖面积 3 亩;底栖贝类 8 亩以上;大型气浮处理水量可达 600 m³/h;蛋白降解生物床容纳水量 60 m³;生物净化沉淀床面积 80 m²。每套净化系统可有效调控 2 500 亩示范园区排放水水质,实现生态优化无害排放。现场取样分析表明:菲律宾蛤仔平均壳长 16 mm,平均 3.75 万粒/亩;中国明对虾平均体长 65 mm,平均 2 000 尾/亩;鼠尾藻平均 819 千克/亩;石花菜 50 绳,平均 563 克/绳。养殖排放水通过系统净化后氨氮降低 71%、底质硫化物比对照池降低 63%。菲律宾蛤仔、中国明对虾、鼠尾藻、石花菜生长健康,生物学特征正常、无病害。

3. 讨论

加强海水养殖园区养殖生产相关先进技术的应用,筛选并推广适宜于不同区域条件的养殖园区环境生态化调控技术,有效降低自身污染,增强养殖生产的产品安全性,提高生产效益和生态效益,是亟待科技人员和从业者解决的迫切问题。

4. 小结

该项目构建的池塘生物复合利用模式能够有效调控 2 500 亩示范园区排放水水质,实现生态优化无害排放。

第7节 黄河岛示范园区养殖环境有害因素的研究

1. 温度、盐度、pH 突变

温度、盐度、pH 突变多由大风降温、暴雨等恶劣天气引起。可采取以下措施:可根据条件适当提高池塘水位,水位深了,池塘中的水体容量变大,水体对环境改变的缓冲平衡能力也相对增强;暴雨发生时,要开动增氧机,保持池塘水体的上下充分对流,及时提闸排出表层池塘水,以防池塘水体发生分层;暴雨发生后,及时使用抗应激类等药物,缓冲水体环境的变化,增加水体中的营养离子,增强虾体的抗病能力,减少应激反应的发生。

2. 溶氧过低

溶氧过低多由高温闷热或阴雨天气气压下降、池塘养殖密度大大、水质和底质有机物含量高、管理不到位藻相变化所引起,常常是以上多因素联合作用所致。可采取以下措施:配备溶氧测定仪,经常检查水体溶氧,特别是在不利天气和养殖后期;加强巡塘,及时发现缺氧征兆,及时开启增氧机,加注新水,必要时泼洒增氧剂;缺氧现象缓解后,使用生物制剂改善水质,防止再次缺氧。

3. 氨氮、亚硝酸盐、硫化氢过高

氨氮、硝酸盐、硫化氢过高多由养殖密度过大、投喂量过高,使得水体、底质有机物含量过高,超出水体的自净能力,有害物质不断积累造成。可采取以下措施:开启增氧机,使用沸石粉,必要时泼洒增氧剂,适量换水,在现象缓解后定期使用微生态制剂改良水质、底质;在养殖中科学的设置养殖密度,加强投喂管理,适量投喂。

以上问题多由于缺乏科学的养殖技术和日常管理松懈所致,所以,在养殖活动中应采用科学的养殖技术,选用优质苗种,根据实际条件控制养殖密度;加强日常管理,定期消毒,使用微生态制剂,调节水质、底质;科学投喂;定时巡塘,发现问题及时处理;遭遇恶劣天气应提前做好应对措施。

4. 敌害生物

园区养殖池塘内发现的主要敌害生物为矛尾复虾虎鱼和天津厚蟹。多由清塘不彻底、进水过滤设施损坏或不完善造成。放苗前应彻底清塘,进水前检查过滤设施完好。

第8节 参藻混合养殖模式野外实验

1. 实验组设置

如图3-31所示,在10♯圈中进行海参与小球藻混合养殖;9♯圈中设置石莼实验区(9♯实),内设扇贝笼,笼内投放石莼;在8♯圈进行海参单独养殖。

(1)采样时间。

6月22日起,进行每隔7 d采样1次,采样8次后,至8月10日,进行每隔10 d采样1次,采样2次后,改为每隔15 d采样1次,至10月14日后,进行每隔1月采样1次。

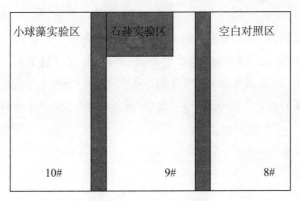

图 3-31　实验组设置图

（2）测定方法。

氨氮:次溴酸盐氧化法;亚硝酸盐氮:萘乙二胺分光光度法;硝酸盐态氮:锌镉还原法;活性磷:钼-锑-抗法。

2. 实验结果

（1）活性磷。

如图 3-32 所示,3 个实验组的活性磷浓度在第 7 d 达到峰值,随后迅速下降在第 14 d 到达最低峰,继而在 0.11～0.23 mg/L 之间波动,但整体呈上升趋势。从第 59 d 起,所有组活性磷浓度均开始下降,在第 69 d 再次到达一个低峰,随后浓度一直上升至第 84 d 为止。从第 84 d 起,浓度均开始下降。9# 的活性磷浓度基本一直处于 3 个圈中的最低浓度水平。

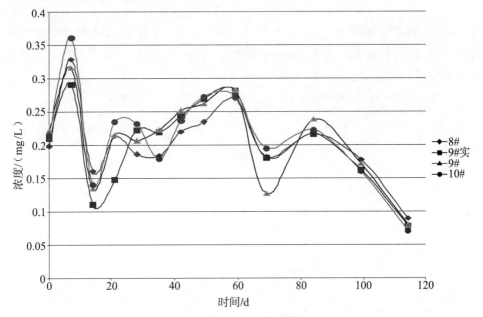

图 3-32　混合养殖模式活性磷变化图

（2）亚硝酸盐氮。

如图 3-33 所示，3 个实验组亚硝酸浓度，除 8♯圈外，在第 21 d 之前，浓度均在下降。在第 21 d 至第 28 d，亚硝酸浓度上升，并在第 28 d 达到高峰值，随后浓度再次下降，在第 49 d 达到低峰值，继而亚硝酸浓度再次上升，于第 69 d 再次达到高峰值。从第 69 d 起，浓度开始再次下降，至第 99 d，浓度有反弹上升迹象。

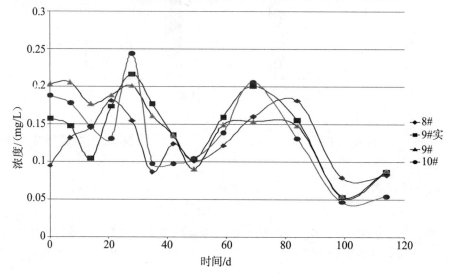

图 3-33　混合养殖模式亚硝酸盐氮变化图

（3）硝酸盐氮。

如图 3-34 所示，3 个实验组硝酸盐氮浓度，除 8♯圈外，在第 21 d 之前，浓度均在下降，在第 21 d 至第 28 d，浓度上升，并在第 28 d 达到峰值，随后浓度再次下降，在第 49 d 到达最低点。从第 49 d 起，浓度再次上升，于第 84 d 再次达到高峰值。从第 84 d 起，浓度又一次开始下降。

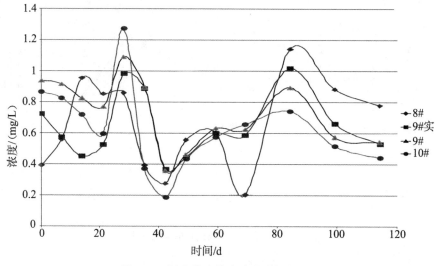

图 3-34　混合养殖模式硝酸盐氮变化图

（4）氨氮。

如图 3-35 所示，8♯圈氨氮浓度一直高于其他海参圈，在 3.5～4.5 mg/L 之间波动。其他实验组氨氮浓度在第 21 d 前呈下降趋势，在第 21 d 和第 28 d 之间上升，并于第 28 d 达到顶点，随后氨氮浓度在 0.5～3 mg/L 之间波动。所有实验组氨氮浓度均在第 99 d 开始上升。

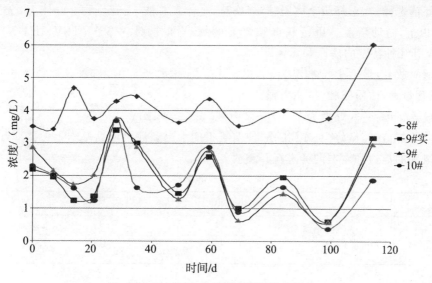

图 3-35　混合养殖模式氨氮变化图

第 9 节　池塘生态、多元化养殖模式

建立了凡纳滨对虾、日本对虾、蜢蜞为主养品种的 5 种池塘生态、多元化养殖模式。

1. 凡纳滨对虾、日本对虾生态养殖模式

（1）池塘条件。

池塘面积 90～200 亩，池深 2 m，水深 1～1.5 m，底部淤泥 10～20 cm，池底平坦且向排水口倾斜，进水口与排水口要严格分开。

（2）放苗前准备。

池塘在放养前用漂白粉 10～12 千克/亩清塘，以杀灭池中有害生物和病原生物；调节盐度 22 左右，溶解氧 5 mg/L 以上，pH 8.0～8.6，透明度 30～40 cm。清塘

2 d 后,培养饵料生物。

（3）虾苗放养。

水质要求:水位 100 cm 左右,水色呈黄绿色,透明度 30～40 cm,肥而嫩爽,池水中基础饵料生物较丰富;pH 为 8.0～8.6,与育苗池 pH 相差不超过 0.5;盐度控制在 22～25 之间,与育苗池盐度相差不超过 5。

虾苗选择:要求虾苗个体肥壮,规格整齐,体表清洁,无寄生物在虾体上,全长在 1 cm 以上,游动活泼。进行病毒和弧菌检测,不得携带 WSSV、TSV、IHHNV 和 IMNV 等几种特定的病原和弧菌。

适时放养:最适生长水温为 22 ℃～35 ℃,此水温范围内,放养虾苗生长速度快,摄食量大,体质健壮,抗病力强。

放养密度:一般虾塘为 1.5 万～2 万尾/亩(表 3-12)。

放养虾苗时,做好"兑水"工作,使虾袋里的水温和池水温度基本上保持一致时,在上风头的池边和左右两旁进行开袋放养。

表 3-12　放养模式

模式	品种	规格	密度/(万尾/亩)
1	凡纳滨对虾	>1 cm	1.5～2
2	日本对虾	>1 cm	1.5～2

（4）养殖管理。

水质调控:养殖中后期宜为 8.0～8.8,日波动小于 0.5;溶解氧含量应不低于 4 mg/L;虾池盐度控制在 25～35 之间。水色黄绿色或茶褐色,定期加水,池水透明度控制在 35～45 cm。如有下列情况,需要换水或采取其他措施:A. pH 日波动幅度大于 0.5,pH<7 或 pH>9;B. 池水透明度大于 50 cm 或过于浑浊而小于 20 cm;C. 池水颜色显著变暗,无机悬浮物的数量增加;D. 池塘水面出现稳定的泡沫,有机物多而耗氧量增加;E. 虾体浮头,池塘底质发黑。

改善池塘底质环境:定期使用微生态制剂改良底质;有益细菌进入虾池后,迅速繁殖成为优势菌种,发挥其氧化,氮化、硝化、反硝化、硫化、固氮等作用。把虾的排泄物、残存饲料、生物残体等有机物迅速分解为二氧化碳、硝酸盐、磷酸盐、硫酸盐等,为单细胞藻类提供营养,促进单细胞藻类繁殖和生长,为养殖对象提供氧气。

保证充足溶氧:充足的氧气是水质稳定及虾快速生长的必要条件。溶解氧丰富,各种生物能够存活,水中的碳酸盐等缓冲体系才能稳定,氧化还原电位高,水体有害还原性物质,如氨、亚硝酸、硫化氢才能减少,同时虾摄食能力加强,消化率提高,能量代谢利用率也高,并抑制致病细菌(如常见的气单胞菌)的繁殖。

饵料投喂:选择适宜的配合饲料进行投喂。投饵量根据虾的大小、成活率、水质、天气、饲料质量等因素而定,一般以检查饵料台不留残饵为原则,掌握在投饵后 1～1.5 h 内吃完为佳,天气闷热或有雷阵雨时,可少喂或不喂。养殖前期日投饵量为虾体重量的 8%～10%,中期 5%～7%;后期 3%～4%。每天多次投喂,晚间投喂量占 60%～70%。

日常管理:每天早、中、晚、午夜巡塘,观察水色及对虾活动情况、生长情况和饱食率,以调节投饵量。

(5)病害防治。

虾病害的防治,必须坚持"预防为主、综合防治"的原则。在放苗后 30～60 d 是病毒性疾病高发期,这期间要按不同疾病预防措施用药:A. 生物防病:使用活性微生态制剂或底质改良剂调节水质,在饲料中添加活性饲用微生物等,能有效改善对虾的肠道功能,增加其对饲料的吸收率,并抑制病菌发生,增强机体免疫能力,促进对虾生长。B. 药物防病:每隔 10～15 d 可全池泼洒溴氯海因、二溴海因、二氯海因等海因类消毒剂 1 次,用量的质量分数为 $0.2×10^{-6}～0.3×10^{-6}$。

2. 蛏蛏单养、混养模式

(1)池塘条件。

池塘面积 160 亩,池深 2 m,底部为软泥质,池底平坦且向排水口倾斜,进水口与排水口要严格分开。

(2)放养前准备。

清淤整修:池塘在放养前必须进行彻底清淤,并检修堤岸、闸门等设施。

建蛏田:如是新塘要在播苗前 20 d,翻耕建造蛏田的池底,翻耕深度为 20～30 cm,蛏田长根据池塘条件而定,宽为每条 2～3 m,畦两侧留有浅沟,面积占池塘总面积的 20%,翻过的泥土碎整平后进水浸泡。老塘只需稍作修整即可。

清塘消毒:放养前半个月,每亩池塘用漂白粉 15 kg 或茶籽饼 15 kg 进行清塘消毒,3 d 后将水放掉,再灌进经 80 目筛绢网过滤的天然海水。

培养浮游生物:在蛏苗放养前 10 d 进水 20～30 cm,水质和底质经生物或物理处理后再进行藻类培育。

(3)苗种放养。

苗种选择:选择优质苗种放养。优质苗种特征为壳厚、半透明、壳前端黄色,壳缘略呈浅绿色,水管有时带有浅红色,肥硕、结实、两壳闭合自然、壳缘平整、个体大小整齐,震动苗筐两壳立即紧闭,发出嗦嗦的声音,响声齐一,再震无反应,优质苗放置稍久无臭味,死苗、碎壳苗低于 5%,杂质少、清洁,将苗置于滩面很快伸足,钻入泥中。

蛏苗播种:播种时间根据生产计划、蛏蛏收获时间、蛏苗的供应情况而定。从 12 月至次年 8 月均可投苗,早投苗,苗种规格小,生长期长,后期苗规格大,生长期短,同一批苗,规格应整齐。播种方法采用抛播,播苗前,用海水洗净泥土,拣去杂质,确保蛏苗不结块。放养面积不超过池塘总面积的 20%。

虾苗放养:目前可养的对虾品种较多,如日本对虾、凡纳滨白对虾等。选养品种也应根据该虾的生活习性来决定放养时间,但考虑是作为混养,密度切不可过高,一般每亩放苗量为 5 000～6 000 尾(表 3-13)。

表 3-13　放养模式

模式	主养品种	放养品种	放养规格	密度
Ⅰ	蛏蜒	蛏蜒	14 000 粒/千克	75 千克/亩
Ⅱ	蛏蜒	蛏蜒	14 000 粒/千克	75 千克/亩
		凡纳滨对虾	>1 cm	5 000～6 000 尾/亩
Ⅲ	蛏蜒	蛏蜒	14 000 粒/千克	75 千克/亩
		日本对虾	>1 cm	5 000～6 000 尾/亩

（4）养殖管理。

经常检查蛏埕：定期疏通水沟，及时补苗。补苗在蛏苗播种后 1～2 d 下埕检查，是否漏补或有"空埕"，发现后应及时补苗，以免影响产量。

水质调节：对虾、蛏蜒混养水质的调控直接影响到整个养殖的效益，因为蛏蜒喜欢生长在藻类丰富的区域，相对水体的透明度要求低，而对虾中、后期生长对水质要求较高。根据这一特点，养殖前期应把水质调肥以利蛏蜒快速生长，但应注意不能过度使用化肥，以免造成重金属离子超标而使蛏蜒中毒死亡。

（5）病害防治与灾害预防。

病害防治：养殖过程中对病害的防治采取"预防为主、防治结合"的原则进行综合防治，应做到每 10～15 d 用二溴海因、溴氯海因、季铵盐络合碘等交叉泼洒消毒。

防备自然灾害：暴雨、洪水、大风、霜雪等都属不可避免的灾害，要做好预防和善后工作，最大限度地减轻损失。

第 10 节　池塘－大尺度滩涂湿地综合开发模式构建

1. 池塘－大尺度滩涂湿地综合利用模式工艺流程

通过对养殖场进行池塘改造及进、排水系统等基础设施建设，以修复池塘生态环境及湿地净化养殖排放水为主线，运用水产养殖学、生物学、微生物学、工程学、水处理等综合性技术，采用水生植物净水、池塘水质调控，有害因素防控，多元化养殖等多级生态系统修复技术，大幅度削减养殖水体的污染物，改善养殖环境，并通过水体流动来促进营养物质的逐级转化和利用，减轻养殖生产对周围水源的依赖，同时避免养殖过程中排放水对环境的污染，形成池塘－大尺度滩涂湿地综合利用模式。主要工艺流程见图 3-36。

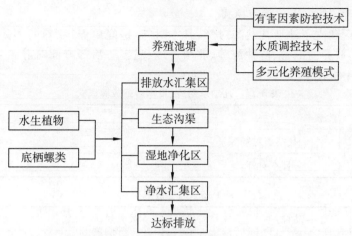

图 3-36　池塘—大尺度滩涂湿地综合利用模式流程图

2. 池塘—大尺度滩涂湿地综合利用模式设计和布局

应用水质调控技术、有害因素防控技术、多元化养殖模式控制和改善养殖环境，利用湿地和生态沟渠等处理设施对养殖排放水进行净化处理。该系统由养殖池塘、排放水汇集区、生态沟渠、湿地净化区、净水汇集区、闸门等组成。

（1）养殖池塘。

① 池塘现状。

项目区养殖池塘为并联结构，池塘面积 60～200 亩，池塘规整，总面积为 10 000 亩。养殖区进排水设施、电力设施、沟渠涵闸、管理用房等基础配套设施完善，道路硬化。

② 池塘水质调控和有害因素防控。

养殖过程中应用了科学的池塘水质调控技术。针对示范区现状，应用了科学的养殖管理措施，通过完善进排水设施、定期使用微生态制剂、定期消毒、合理设置养殖密度、科学投喂、定时巡塘等措施控制养殖水质。

在有害因素防控方面，根据出现问题采取了相应的应对措施。针对温度、盐度、pH 突变，可采取以下措施：可根据条件适当提高池塘水位，水位深了，池塘中的水体容量变大，水体对环境改变的缓冲平衡能力也相对增强；暴雨发生时，要开动增氧机，保持池塘水体的上下充分对流，及时提闸排出表层池塘水，以防池塘水体发生分层；暴雨发生后，及时使用抗应激类等药物，缓冲水体环境的变化，增加水体中的营养离子，增强虾体的抗病能力，减少应激反应的发生。针对水体溶氧过低，可采取以下措施：配备溶氧测定仪，经常检查水体溶氧，特别是在不利天气和养殖后期；加强巡塘，及时发现缺氧征兆，及时开启增氧机，加注新水，必要时泼洒增氧剂；缺氧现象缓解后，使用生物制剂改善水质，防止再次缺氧。针对水体氨氮、亚硝酸盐、硫化氢过高，可采取以下措施：开启增氧机，使用沸石粉，必要时泼洒增氧剂，适量换水，在现象缓解后定期使用微生态制剂改良水质、底质；在养殖中科学的设置养殖密度，加强投喂管理，适量投喂。针对矛尾复虾虎鱼和天津厚蟹等敌害生物，放苗前进行了彻底清塘，进水前严格检查过滤设施状况，保证无损坏。

③ 池塘生态、多元化养殖模式。

在项目区建立了池塘凡纳滨对虾,日本对虾,蛏蜓单养、混养的多元养殖模式;从池塘条件、放养前准备、苗种放养、养殖管理、病害防治等方面对养殖生产进行了规范(表 3-14 和表 3-15)。

表 3-14　凡纳滨对虾、日本对虾放养模式

模式	品种	规格	密度(万尾/亩)
1	凡纳滨对虾	>1 cm	1.5~2
2	日本对虾	>1 cm	1.5~2

表 3-15　蛏蜓放养模式

模式	主养品种	放养品种	放养规格	密度
I	蛏蜓	蛏蜓	14 000 粒/千克	75 千克/亩
II	蛏蜓	蛏蜓	14 000 粒/千克	75 千克/亩
		凡纳滨对虾	>1 cm	5 000~6 000 尾/亩
III	蛏蜓	蛏蜓	14 000 粒/千克	75 千克/亩
		日本对虾	>1 cm	5 000~6 000 尾/亩

(2) 排放水汇集区。

排放水汇集区用于整个循环系统养殖排放水的收纳汇集,主要为靠近养殖池塘的部分较宽的排水渠。

(3) 生态沟渠。

生态沟渠是利用进排水渠道构建的一种生态净化系统,由多种动植物组成,具有净化水体和生产功能。生态沟渠工程主要包括沟渠渠体、生态拦截坝、拦水节制闸坝及透水坝设计。生态沟渠能减缓流速,促进颗粒物质的沉淀,有利于构建植物对沟壁、水体和沟底溢出营养物的立体吸收和拦截。为排放水汇集区至湿地净化区的连接沟渠部分,长度约 4 000 m。

(4) 湿地净化区。

湿地净化区是一个综合的生态系统,它应用生态系统中物种共生、物质循环再生原理,在促进排放水中污染物质良性循环的前提下,获得尾水处理与资源化的最佳效益。在湿地净化区中,水生植物定期收获,可有效输出系统中的营养物质,避免了二次污染。项目区湿地面积 750 亩,主要水生植物为芦苇,底栖动物为螺类。

(5) 净水汇集区。

为湿地净化区末端至排放口的部分沟渠,达标排放水经净水汇集区排放。

3. 湿地净化能力及湿地池塘比

净化湿地在整个模式中起着至关重要的作用,其决定了整个系统对养殖尾水污染物降解吸收的效能。净化湿地面积设置大小是系统设计构建中的一个重要问题。通过实验初步确定,项目区湿地水力停留时间为 11 d 时,使养殖排放水总氮、氨氮、总磷分别降低 68.84%、44.36%、65.19%,初步估算园区湿地年净化本地池塘养殖排放水的能力为 3 301 650 m³,湿地池塘比为 1:16.5。

4. 大尺度滩涂湿地综合利用模式建设情况

（1）形成标准化池塘 141 个，共 15 000 亩，对部分池塘进行了衬砌护坡，增强景观效果和防潮、防洪能力，形成精品池塘 1 800 亩。

（2）建设生态沟渠 4 000 m，使养殖池塘的养殖排放水与 750 亩湿地进行连接，构建了池塘－湿地生态养殖模式。

（3）建设轻钢管理房 13 栋 26 间。

（4）硬化道路 14.15 km。

（5）改造供电线路 1 000 m。

第 11 节　海水养殖病害数据库资料的收集和整理

近年来，随着我国水产养殖业的发展，病毒、细菌、寄生虫等引发的养殖动物疾病也日趋严重并迅速蔓延，已严重影响和制约了养殖产业的发展。由于在水产养殖动物病害诊断和有效治疗药物筛选方面尚无一套简便易行、适合现场操作和广大渔农学习掌握的技术方法，使得目前药物滥用现象严重。这不仅使病原体的耐药性增强、使养殖生产的药物成本增加，而且造成整个生态环境的药物污染、药残问题严重，直接威胁到我们人类的健康安全。

有关水产养殖生物病害快速初诊检索系统，国内外开发出一部分相关的信息管理软件。国内已有"鱼病诊断专家系统"（针对淡水鱼类）、海洋渔业病害在线诊断与咨询系统等。但这些系统基本都是以病名为单元、以病原、症状、流行情况、防治方法为顺序，平铺直叙地介绍，由于大部分养殖业者对具体的疾病不了解，加上许多疾病都有类似的症状表现，所以要快速准确地找到符合自己需要的初诊结果比较困难。

通过对不同养殖生物病害特异症状的比较鉴别，借鉴生物分类检索表的形式，建立起海水养殖病害初诊简易快速检索系统，做成便携式单机或可拷贝到手提电脑上进行检索的 PPS 版，形成一套可在远离实验室和远程会诊网络的偏远养殖现场应用的海水养殖病害简易快速诊疗技术。及时控制疾病的暴发及流行，有效降低养殖风险和药残对人类生存环境的潜在危害，提升渔业经济效益和生态效益，对我国海水养殖业的健康发展有重要的意义。

1. 材料与方法

资料来源于专业书籍、专业期刊、专业网站。

（1）文字材料整理。

① 病原库资料：将广泛收集到的资料按中文名称、学名、形态特征、生态特性、

鉴定方法、感染对象、危害情况、导致疾病等进行汇总编辑。如下例所示。

1. 出血性败血症病毒 VHSV

学名:弹状病毒属 *Novirhabdovirus*。

形态特征:有囊膜,呈子弹型或玉米型。

生态特性:对酸(pH 3)、碱(pH 11)和热(56 ℃,30 min)不稳定。

鉴定方法:RT-PCR 法、脏器压片间接荧光抗体法、FHM 细胞分离病毒法。

感染对象:比目鱼、真鲷等。

危害情况:病鱼快速旋转游泳、从口唇处到腹鳍有擦痕、脾脏肥大。比目鱼病鱼外观可见体色变黑、腹部膨大;剖检可见腹腔和围心腔腹水潴留、肝脏淤血或褪色、肝脾肿大;有时可见肝脏点状或斑状出血、生殖腺出血、肌肉出血。主要在 8 ℃～18 ℃水温发病。

导致疾病:鱼类病毒性出血性败血症(VHS)。

② 病种库资料:将广泛收集到的资料按病名、病原(因)、症状、流行情况、防治方法等进行汇总编辑。如下例所示。

11. 淀粉卵涡鞭虫病

病原:淀粉卵涡鞭虫。

症状:主要寄生于鱼的鳃上,亦见于体表和鳍条。病征类似于前述的刺激隐核虫,体表亦有许多小白点,但镜检可以发现虫体明显比隐核虫小,且不是寄生在上皮组织内,而在其表面。病鱼浮于水面,鳃盖开闭不规则,鳃呈灰白色,鳃组织破坏,死于呼吸机能障碍。

流行情况:苗种、成鱼都可受其危害,育苗中亦有所见。多发于每年 5～9 月,水温 20 ℃～30 ℃时,传播速度快,危害大,在河口低盐地区发病程度较轻。

预防措施:淀粉卵涡鞭虫营养体成熟或离开鱼体后亦形成包囊,故预防方法同刺激隐核虫。

治疗方法:A. 淡水中加入抗生素 20 mg/L 浸洗 5～10 min,大部分虫体可脱落,但有少部分可能残留在鳃黏液里,所以间隔 2～3 d 重复治疗一次。B. 硫酸铜和硫酸亚铁(5∶2)合剂 10 mg/L 用海水增氧浸洗 10 min。C. 200 mg/L 福尔马林,用海水增氧浸洗 20 min。

③ 病征库资料:选择常见病征,对其特征和出现此病征可能患病种类进行描述和编辑。如下例所示。

体色变深

体色变深是指养殖生物体色出现比正常体色加深的现象,常是疾病的伴随症状或前期症状。体色变深有时也与环境背景改变有关,在深色背景的环境中的养殖动物,如无其他病征伴随,属正常现象。

出现此病征的海水养殖生物常见病害种类主要如下:

鱼类:皮肤溃疡病;鲈鱼内脏白点病;烂鳃病;盾纤虫病;鱼虱病;车轮虫病;双阴道虫病;肤孢虫病;淀粉卵甲藻病;鲈鱼鲶害水虱病;传染性胰脏坏死病;传染性造血组织坏死病;病毒性出血败血病;病毒性神经坏死病;脾肾白浊病(两截鱼);弧菌病;

细菌性败血症；细菌性肠炎病；蠕虫病等。

　　贝类：冷水性病毒病；肌肉萎缩症病等。

　　藻类：紫菜丝状体单丝生长亢进等。

（2）图片材料整理。

将广泛收集到的图片资料转换成文件大小适宜的 JPG 格式，并按病原图片、病征图片和病种图片进行归档。

2. 结果

（1）病原库资料。

查找到海水养殖病原 222 种（类），已按中文名称、学名、形态特征、生态特性、鉴定方法、感染对象、危害情况、导致的疾病等进行汇总编辑出海水养殖常见病原 102 种（类），其中包括病毒类 20 种；细菌类 31 种；真菌类 4 种；寄生虫 40 种；敌害生物 7 种。

海水养殖常见病原种类见表 3-16。

表 3-16　海水养殖常见病原

序号	病原归类	病原名称	备注
1	病毒	出血性败血症病毒 VHSV，弹状病毒属 *Novirhabdovirus*	*
2	病毒	比目鱼弹状病毒 HIRRV	*
3	病毒	牙鲆弹状病毒病 HRDV	
4	病毒	传染性造血器官坏死病毒 IHHNV	
5	病毒	流行性造血器官坏死病毒 EHNV	
6	病毒	神经坏死病毒 NNV	*
7	病毒	β 型诺达病毒 Betanodavims（神经坏死病毒 NNV）分成 4 个基因型：赤点石斑神经坏死病毒 RGNNV、拟鲹神经坏死病毒 SJNNV、红鳍东方鲀神经坏死病毒 TPNNV、条斑星鲽神经坏死病毒 BFNNV	
8	病毒	鲑鱼传染性贫血症病毒 ISAV	
9	病毒	鲑鱼疱疹病毒 HSV	
10	病毒	大菱鲆疱疹病毒 *Herpesvirus scophthalmi*	
11	病毒	马苏大麻哈鱼病毒 OMV	
12	病毒	鰤鱼腹水病毒 YTAV，水生双 RNA 病毒属 *Aquabirnavirus*	*

序号	病原归类	病原名称	备注
13	病毒	传染性胰脏坏死病毒 IPNV，水生双 RNA 病毒属 *Quabirnavirus*	*
14	病毒	真鲷虹彩病毒 RSIV	*
15	病毒	大菱鲆红体病虹彩病毒 TRBIV	*
16	病毒	鲈鱼虹彩病毒 WVIV	
17	病毒	虹彩病毒 LYCIV	*
18	病毒	淋巴囊肿病毒 LCDV	*
19	病毒	比目鱼疱疹病毒 FHV	*
20	病毒	红细胞感染症病毒 viral erythrocytic infection virus	*
21	病毒	呼肠孤病毒 TRV	*
22	病毒	白斑综合征病毒 WSSV	*
23	病毒	桃拉综合征病毒 TSV	*
24	病毒	肝胰腺细小样病毒 HPV	*
25	病毒	传染性皮下和造血组织坏死病毒 IHHNV	*
26	病毒	黄头病毒 YBV、YHA	*
27	病毒	斑节对虾型杆状病毒 MBV	*
28	病毒	中肠腺坏死杆状病毒 BMNV	*
29	病毒	对虾杆状病毒 BP	*
30	病毒	呼肠孤病毒 REO	
31	病毒	淋巴样器官细小病毒 LOPV	
32	病毒	C 型杆状病毒 TCBV	
33	病毒	淋巴组织空泡化病毒 LOVV	
34	病毒	淋巴组织杆状病毒 LOBV	
35	病毒	澳洲对虾杆状病毒 PBV	
36	病毒	对虾血细胞杆状病毒 PHRSV	
37	病毒	血细胞非包涵体杆状病毒 HNBV	
38	病毒	类呼肠孤病毒 RLV	
39	病毒	日本对虾非包涵体杆菌状病毒 PjNBV	
40	病毒	系统性外胚层和中胚层杆状病毒 MBV	
41	病毒	疱疹状病毒 HLV	
42	病毒	牡蛎面盘病毒 OVV	

序号	病原归类	病原名称	备注
43	病毒	肿疡病毒 Papovaviruses	
44	病毒	葡萄牙牡蛎虹彩病毒	
45	病毒	牡蛎呼肠孤病毒	
46	病毒	大珠母贝乳多空病毒	
47	病毒	栉孔扇贝球形病毒	
48	立克次体	立克次体样生物 Richettsia-like Organisms，RLO	
49	支原体	支原体样生物 Myeoplasma-like organisms，MLO	
50	衣原体	衣原体样生物 Chlamydia-like organisms，CLO	
51	细菌	副溶血弧菌 *Vibrio parahaemolyticus*	*
52	细菌	鳗弧菌 *Vibrio anguillarum*	*
53	细菌	溶藻弧菌 *Vibrio alginolyticus*	*
54	细菌	哈维氏弧菌 *Vibrio harveyi*	*
55	细菌	创伤弧菌 *Vibrio vulnificus*	*
56	细菌	拟态弧菌 *Vibrio mimicus*	*
57	细菌	产气弧菌 *Vibrio gazogenes*	*
58	细菌	河弧菌 *Vibrio fluvialis*	*
59	细菌	河流弧菌Ⅱ *Vibrio fluvialis* Ⅱ	
60	细菌	梅氏弧菌 *Vibrio metschinikonii*	
61	细菌	费氏弧菌 *Vibrio fischeri*	
62	细菌	杀鲑弧菌 *Vibrio salmonicida*	
63	细菌	坎氏弧菌 *Vibrio campbelli*	
64	细菌	藻弧菌 *Vibrio algosus*	
65	细菌	霍乱弧菌非-01 *Vibrio cholerae* non-01	
66	细菌	漂浮弧菌 *Vibrio natriegen*	
67	细菌	海弧菌 *Vibrio pelagius*	
68	细菌	美人鱼弧菌 *Vibrio damaela*	
69	细菌	病海鱼弧菌 *Vibrio ordalii*	*
70	细菌	鲨鱼弧菌 *Vibrio carchariae*	
71	细菌	杀对虾弧菌 *Vibrio penaeisida*	
72	细菌	鱼肠道弧菌 *Vibrio ichthyoenteri*	
73	细菌	亮弧菌 *Vibrio splendidus*	

序号	病原归类	病原名称	备注
74	细菌	沙蚕弧菌 *Vibrio nereis*	
75	细菌	大菱鲆弧菌 *Vibrio scothalmi*	
76	细菌	弗尼斯弧菌 *Vibrio furnissii*	
77	细菌	塔氏弧菌 *Vibrio tubiashii*	
78	细菌	灿烂弧菌 *Vibrio splendidus*	*
79	细菌	灿烂弧菌生物变种 II *Vibio splendidus* biovar II	
80	细菌	黑美人弧菌 *Vibrio nigripulchritudo*	
81	细菌	海弧菌生物变种 I *Vibro pelagius* biovar I	*
82	细菌	海产弧菌 *Vibro marnue*	
83	细菌	解蛋白弧菌 *Vibro proteolyticus*	
84	细菌	病原弧菌 *Vibrio tapetis*	*
85	细菌	病原弧菌 *Vibrio lentus*	*
86	细菌	病原弧菌 *Vibrio cyclitrophicus*	
87	细菌	病原弧菌 *Vibrio tasmaniensis*	
88	细菌	腐败假单胞菌 *Pseudomonas putrefaciens*	*
89	细菌	恶臭假单胞菌 *Pseudomonas putida*	
90	细菌	荧光假单胞菌 *Pseudomonas fluorescens*	*
91	细菌	嗜麦芽寡糖假单胞菌 *Pseudomonas maltophilia*	*
92	细菌	假单胞菌 *Pseudomonas aeruginosa*	
93	细菌	假交替单胞菌 *Pseudoalteromonas nigrifaciens*	*
94	细菌	假单胞菌 *Pseudoalteromonas ifaciens*	
95	细菌	柠檬假交替单胞菌 *Pseudoalteromonas citrea*	
96	细菌	杀鲑气单胞菌杀鲑亚种 *Aeromonas salmonida* subsp. *salmonicida*	*
97	细菌	杀鲑气单胞菌 *Aeromonas salmonicida*	
98	细菌	中间气单胞菌 *Aeromonas media*	*
99	细菌	斑点气单胞菌 *Aeromonas punctata*	
100	细菌	豚鼠气单胞菌 *Aeromonas caviae*	
101	细菌	气单胞菌 *Aeromonas venina*	*
102	细菌	嗜水气单胞菌 *Aeromonas hydrophila*	*
103	细菌	病菌 *Marinomonas dokdonensis*	*

序号	病原归类	病原名称	备注
104	细菌	海豚链球菌 *Streptococcus iniae*	*
105	细菌	副乳房链球菌 *Streptococcus parauberis*	
106	细菌	变异微球菌 *Micrococcus varians*	
107	细菌	鲕肠球菌 *Enterococcus seriolicida*	
108	细菌	鲕鱼诺卡氏菌 *Nocardia seriolae*	*
109	细菌	卡姆帕奇诺卡氏菌 *Nocardia kampachi*	
110	细菌	兔莫拉氏菌 *Moraxella cuniculi*	
111	细菌	美人鱼发光杆菌杀鱼亚种 *Photobacterium damselae* subsp. *piscicida*	*
112	细菌	蜡样芽孢杆菌 *Bacillus cereus*	
113	细菌	海分枝杆菌 *Mycobacteriu marinum*	
114	细菌	龟分枝杆菌 *Mycobacterium chelonae*	
115	细菌	无色病原杆菌 *Achromobacter*	
116	细菌	病菌 *Photobacterium* sp.	
117	细菌	嗜纤维菌 *Cytophaga*	
118	细菌	迟钝爱德华氏菌 *Edwardsiella tarda*	*
119	细菌	杀鱼巴斯德氏菌 *Pasteurella piscicida*	*
120	细菌	溶血巴斯德氏菌 *Pasteurella haemolytica*	*
121	细菌	液化沙雷氏菌 *Serratia liquefaciens*	
122	细菌	柱状屈桡杆菌 *Flexibacter columaris*	*
123	细菌	沿海屈桡杆菌 *Flexibacter maritimus*	*
124	细菌	丝状细菌（包括毛霉亮发菌 *Leucothrix mucor*、发硫菌 *Thiothrix* sp.、曲发状白丝菌 *Leucothrix mucor*）	*
125	细菌	土壤丝菌 *Nocardia*	
126	细菌	放线菌 *Actinomyces*	
127	真菌	霉菌 *molds*	*
128	真菌	密尔福海壶菌 *Haliphthoros milfordensis*	*
129	真菌	海洋动腐离壶菌 *Siropidium zoophthorum*	*
130	真菌	链壶菌 *Lagenidium*	
131	真菌	镰刀菌 *Fusarium*	
132	真菌	腐质霉属赫霉菌 *Ochroconis humicola*	*

序号	病原归类	病原名称	备注
133	真菌	拟油壶菌 *Olpidiopsis* sp.	
134	真菌	绞扭伤壳菌 *Ostracoblabe implexa*	
135	真菌	海水肤囊菌 *Dermocystidium marinus* = *Larynt homyx marinus*	
136	真菌	半知菌 *Deuteromycotina*	
137	寄生虫	盾纤毛虫 *Scuticociliatida*	*
138	寄生虫	盾纤虫 *Philasterides dicentrarchi*1	
139	寄生虫	指状拟舟虫 *Paralembus digitiformis* Kahl,1933	
140	寄生虫	蟹栖异阿脑虫 *Mesanophrys carcini* Groliere Leglise1977	*
141	寄生虫	嗜腐拟阿脑虫 *Paranophrys sarcophaga*	
142	寄生虫	舌齿鲈嗜污虫 *Philasterides dicentrarchi*	
143	寄生虫	尾丝虫 *Uronema*	
144	寄生虫	弗州拟尾丝虫 *Parauronema virginianum*	
145	寄生虫	海洋尾丝虫 *Uronema marinum*	
146	寄生虫	暗尾丝虫 *Uronema nigricans*	
147	寄生虫	高盐拟康纤虫 *Pseudoco-nilembus persalinus*	
148	寄生虫	纤毛虫 *Mantoscyphidia* sp.	
149	寄生虫	纤毛虫 *Mantoscyphidia spadiceae*	
150	寄生虫	刺激隐核虫 *Cryptocaryon irritans*	*
151	寄生虫	漂游鱼波豆虫 *Ichthyobodo necatrix*	
152	寄生虫	聚缩虫 *Zoothamnium* sp.	*
153	寄生虫	车轮虫 *Trichodina* spp.	*
154	寄生虫	后口虫 *Boveria* sp.	*
155	寄生虫	血细胞虫 *B. ostreae*	
156	寄生虫	微细胞病原生物 *Mikrocytos mackini*	
157	寄生虫	瓣体虫 *Petalosoma* spp.	*
158	寄生虫	杯体虫 *Apiosoma*	*
159	寄生虫	槌虫 *Marteilia*（包括 *M. refringen*、*M. sydneyi*、*M. maurini*、*M. christenseni*）	
160	寄生虫	黏孢子虫 *Myxosporea*	*
161	寄生虫	大菱鲆肠道黏孢子虫 *Enteromyxum scophthalmi*	

序号	病原归类	病原名称	备注
162	寄生虫	安永七囊虫 *Septemcapsula yasunagai*	*
163	寄生虫	微孢子虫 *Microsporidium*	*
164	寄生虫	大菱鲆微孢子虫 *Tetramicra brevifilum*	
165	寄生虫	单孢子虫 *Haplosporidium*(包括尼氏单孢子虫 *H. nelsoni*、原生质型单孢子虫 *H. plasmodid forms*、*H. costale*、*H. tumefacientis*、*H. tapetis* 等)	*
166	寄生虫	肾球虫 *Margolisiella*(＝*Pseudoklosis*)*haliotis*	
167	寄生虫	眼点淀粉卵涡鞭虫 *Amyjoodiniurn ocellaturn*	*
168	寄生虫	血卵涡鞭虫 *Hematodinium* spp.	
169	寄生虫	阿米巴虫 *Platyamoeba*	
170	寄生虫	大菱鲆血簇虫 *Haemogregarina sachai*	
171	寄生虫	帕金虫 *Perkinsus*(包括海水派琴虫 *P. marinus*、奥氏帕金虫 *P. olseni*、*P. usmarinus*、*P. karlssoni*、*P. atalaticus*、*P. qugwadi* 等)	*
172	寄生虫	牡蛎包那米虫 *Bonamia ostreae*	*
173	寄生虫	折光马尔太虫 *Marteilia refringens*	*
174	寄生虫	闭合孢子虫(包括马可尼小囊虫 *Mikrocytos mackini* 和鲁夫莱小囊虫 *M. roughleyi*)	*
175	寄生虫	单殖吸虫 *Monogenea*	*
176	寄生虫	鉳新本尼登虫 *Neobenedenia girellae*	*
177	寄生虫	梅氏新本尼登虫 *Neobenedenia melleni*	*
178	寄生虫	真黑鲷海盘虫 *Haliotrema eukurodai*	
179	寄生虫	螺管海盘虫 *Haliotrema spirotubiforum*	*
180	寄生虫	宽顶海盘虫 *Haliotrema ampliocuspidis* Bychowsky & Nagibina,1971	*
181	寄生虫	裸颊鲷海盘虫 *Haliotrema fleti* Young,1968	*
182	寄生虫	四叉虫 *Tetrancistrus* sp.	
183	寄生虫	片盘虫属 *Lamellodiscus* sp.	*
184	寄生虫	日本片盘虫 *Lamellodiscus japonicus* Ogawa & Eugus,1978	*
185	寄生虫	石斑拟合片盘虫 *Pseudorhabdosynochus epinepheli* Yamaguti,1938	*

序号	病原归类	病原名称	备注
186	寄生虫	鲍盘蜷虫 *Labyrinthuloides haliotidis*	
187	寄生虫	拉氏远交虫 *Telegamatrix ramalingami* Bychowsky & Nagibina,1976	*
188	寄生虫	微杯虫 *Microcotyle* sp.	*
189	寄生虫	似多唇虫 *Polylabroides* sp.	*
190	寄生虫	匹里虫 *Pleistophora*	*
191	寄生虫	异尾异斧虫 *Heteraxine heterocerca*	*
192	寄生虫	鈍异沟虫 *Heterobothrium tetrodonis*	*
193	寄生虫	刺参扁虫	*
194	寄生虫	吸虫 Trein atode（包括贝西吸虫 *Bacciger* sp.、吸虫 *Cerecaria metretrix* sp. Nov、牛首科 Bucephalidae 吸虫等）	*
195	寄生虫	厦门独睾吸虫囊蚴 *Monorchis xiamenensis*,Liu,1995	*
196	寄生虫	食蛏泄肠吸虫 *Vesicocoelium solenphagum*	
197	寄生虫	刺缘吸虫囊蚴 *Acanthoparyphium* sp.	
198	寄生虫	寄生性鱼钩虫属 *Ancistrum*（包括纤毛虫尖鱼钩虫 *A. acutum*、日本鱼钩虫 *A. japonicum* 和厚鱼钩虫 *A. crassum*）	
199	寄生虫	缨鳃类多毛虫 *Terebrasabella heterouncinata* Fitzhugh& Rouse1999	
200	寄生虫	钻壳类多毛虫:才女虫 *Polydora*（包括凿贝才女虫 *P. ciliate*、有刺才女虫 *P. armata*、韦氏才女虫 *P. vehsteri*、东方才女虫 *P. flavaorientalis*、贾氏才女虫 *P. giardi*、*P. hoplura*、*P. limicola*、*P. ligni* 和 *P. websteri* 等）	
201	寄生虫	钻壳类多毛虫:蛇稚虫 *Boccardia* spp.（*B. knoxi* 等）	
202	寄生虫	穿贝海绵 *Cliona* sp.	
203	寄生虫	假沟棘头线虫 *Echinocephalus pseudouncinatus*	
204	寄生虫	尼氏六鞭虫 *Hexamita neisoni*	
205	寄生虫	蟹奴 *Sacculina* sp.	*
206	寄生虫	豆蟹 *Pinnotheres*（包括牡蛎豆蟹 *P. ostreum*、中华豆蟹 *P. sinensis*、近缘豆蟹 *P. cyclinus*、戈氏豆蟹 *P. gordonae* 等）	

序号	病原归类	病原名称	备注
207	寄生虫	贻贝蚤 *Mytilicola*（包括东方贻贝蚤 *M. orientalis*、肠贻贝蚤等）	
208	寄生虫	线簇虫 *Nematopsis*（包括牡蛎线簇虫 *N. ostrearum*、普氏线簇虫 *N. prytherchi* 和 *N. ematopsis* 等）	
209	寄生虫	茗荷儿 *Lepas anatifera anatifera* Linnaeus	
210	寄生虫	鳃虫 *Sabellids*	
211	寄生虫	鹅颈藤壶 *Lepas anserifera*	*
212	敌害生物	桡足类 *Ostrincola koeko*	*
213	敌害生物	猛水蚤 *Microsetella* sp.	*
214	敌害生物	婆罗异剑水蚤 *Apocyclops borneoensis*	
215	敌害生物	日本尾突水虱 *Cymodoce japonica*	
216	敌害生物	刚毛藻 *Cladophrales*	*
217	敌害生物	麦杆虫 *Caprellidae*	*
218	敌害生物	软节蜂海绵 *Haliclona subarmifera*	
219	敌害生物	海鞘 *Ciona intestinalis*	*
220	敌害生物	海葵 *Actiniaria*	*
221	敌害生物	穴居类生物（包括矛尾刺虾虎鱼、穴居蟹类等）	*
222	敌害生物	赤潮（包括夜光藻、甲藻类单胞藻等）	*

*为已进行汇总编辑的种类

（2）病种库资料。

按病名、病原（因）、症状、流行情况、防治方法等进行汇总编辑，已整理出包括鲍鱼、牡蛎、扇贝、对虾养成期、虾蟹苗期、三疣梭子蟹、大黄鱼、大菱鲆、鲈鱼、鲑鳟鱼类、海参、紫菜、海带等海水养殖生物常见病种类 292 种，包括贝类病害种类 62 种，虾蟹类病害种类 63 种，鱼类病害种类 105 种，海参病害种类 20 种，藻类病害种类 42 种。合计文字材料约 7 万余字、图片 145 幅。

海水养殖常见病种类见表 3-17。

表 3-17　海水养殖常见病种类

序号	感染生物	病种名称	备注
1	鲍鱼	弧菌病	细菌病
2	鲍鱼	鲍盘蜷虫病	寄生虫病
3	鲍鱼	海壶菌病	真菌病
4	鲍鱼	冷水性病毒病	病毒病

序号	感染生物	病种名称	备注
5	鲍鱼	肌肉萎缩症病	类立克次体病
6	鲍鱼	帕金虫病	寄生虫病
7	鲍鱼	颚口类线虫病	寄生虫病
8	鲍鱼	脓毒败血症	细菌病
9	鲍鱼	破腹病	细菌病
10	鲍鱼	裂壳病	病毒病
11	鲍鱼	缨鳃类多毛虫病	寄生虫病
12	鲍鱼	钻壳类多毛虫病	寄生虫病
13	鲍鱼	水肿病	细菌病
14	鲍鱼	气泡病	其他
15	鲍鱼	脓疱病	细菌病
16	鲍鱼	溃烂病	细菌病
17	鲍鱼	纤毛虫病	寄生虫病
18	鲍鱼	肾球虫病	寄生虫病
19	牡蛎	牡蛎幼体离壶菌病	真菌病
20	牡蛎	牡蛎幼体单孢子虫	寄生虫病
21	牡蛎	牡蛎幼体细菌性溃疡病	细菌病
22	牡蛎	牡蛎幼体表面弧菌病	细菌病
23	牡蛎	牡蛎幼体足病	细菌病
24	牡蛎	牡蛎幼虫面盘病毒病	病毒病
25	牡蛎	牡蛎幼体疱疹病毒病	病毒病
26	牡蛎	包那米虫病	寄生虫病
27	牡蛎	豆蟹病	寄生虫病
28	牡蛎	闭合孢子虫病	寄生虫病
29	牡蛎	马尔太虫病	寄生虫病
30	牡蛎	派琴虫病	寄生虫病
31	牡蛎	鳃坏死病毒病	病毒病
32	牡蛎	肤囊菌病	真菌病
33	牡蛎	土壤丝菌病	细菌病
34	牡蛎	牡蛎的足病	细菌病

序号	感染生物	病种名称	备注
35	牡蛎	槌虫病	寄生虫病
36	牡蛎	呼肠孤病毒病	病毒病
37	牡蛎	贻贝蚤病	寄生虫病
38	牡蛎	鞭毛虫病	寄生虫病
39	牡蛎	点状坏死病	细菌病
40	牡蛎	放线菌病	细菌病
41	牡蛎	牡蛎壳病	真菌病
42	牡蛎	卵巢囊肿病	病毒病
43	牡蛎	血淋巴细胞病毒病	病毒病
44	牡蛎	乳多空病毒病	病毒病
45	扇贝	扇贝幼虫离壶菌病	真菌病
46	扇贝	海生残沟虫病	敌害
47	扇贝	海湾扇贝幼虫面盘解体病	病毒病
48	扇贝	扇贝幼体期流行性弧菌病	细菌病
49	扇贝	蠕虫病	寄生虫病
50	扇贝	扇贝豆蟹病	寄生虫病
51	扇贝	栉孔扇贝车轮虫病	寄生虫病
52	扇贝	齿口螺类病	寄生虫病
53	扇贝	海湾扇贝漂浮弧菌病	细菌病
54	扇贝	海湾扇贝性腺萎缩症	病毒病
55	扇贝	海湾扇贝哈氏弧菌病	细菌病
56	扇贝	海湾扇贝外套膜糜烂病	细菌病
57	扇贝	栉孔扇贝急性病毒坏死症	病毒病
58	扇贝	养殖扇贝贝类立克次体病	类立克次体病
59	扇贝	海湾扇贝类衣原体寄生病	衣原体病
60	扇贝	贝螅病	寄生虫病
61	扇贝	扇贝才女虫病	寄生虫病
62	扇贝	钻孔海绵病	寄生虫病
63	对虾养成期	烂眼病	细菌病
64	对虾养成期	拟阿脑虫病	寄生虫病

序号	感染生物	病种名称	备注
65	对虾养成期	荧光病	细菌病
66	对虾养成期	细菌性败血症	细菌病
67	对虾养成期	镰刀菌病	真菌病
68	对虾养成期	褐斑病	细菌病
69	对虾养成期	鳃虱病	寄生虫病
70	对虾养成期	蓝藻中毒病	其他
71	对虾养成期	肠炎病	细菌病
72	对虾养成期	红腿病	细菌病
73	对虾养成期	白斑病毒病	病毒病
74	对虾养成期	桃拉病毒病	病毒病
75	对虾养成期	痉挛病	其他
76	对虾养成期	黑白斑病	其他
77	对虾养成期	微孢子虫病	寄生虫病
78	对虾养成期	肌肉坏死病	其他
79	对虾养成期	传染性皮下与造血组织坏死病	病毒病
80	对虾养成期	维生素 C 缺乏病	其他
81	对虾养成期	肝胰腺细小病毒病	病毒病
82	对虾养成期	黄头病	病毒病
83	对虾养成期	烂鳃病	细菌病
84	对虾养成期	黑鳃病	其他
85	对虾养成期	丝状细菌病	细菌病
86	对虾养成期	固着生物病	寄生虫病
87	对虾养成期	藻类附生病	其他
88	对虾养成期	软壳病	其他
89	对虾养成期	其他病毒类疾病	病毒病
90	对虾养成期	红体病	细菌病
91	对虾养成期	虾簇虫病	寄生虫病
92	对虾养成期	虾波豆虫病	寄生虫病
93	对虾养成期	浮头	其他
94	对虾养成期	黄曲霉毒素中毒	其他

序号	感染生物	病种名称	备注
95	对虾养成期	虾气泡病	其他
96	对虾养成期	传染性肌肉坏死病毒病	病毒病
97	虾蟹苗期	真菌病（包括海壶菌病、离壶菌病、链壶菌病）	真菌病注
98	虾蟹苗期	荧光病	细菌病
99	虾蟹苗期	菌血病	细菌病
100	虾蟹苗期	肌肉坏死病	其他
101	虾蟹苗期	细菌性坏死病	细菌病
102	虾蟹苗期	红线病	未知
103	虾蟹苗期	中肠腺坏死病毒病	病毒病
104	虾蟹苗期	头叶簇虫病	寄生虫病
105	虾蟹苗期	肠道细菌病	细菌病
106	虾蟹苗期	棘毛萎缩畸形病	其他
107	虾蟹苗期	丝状细菌病	细菌病
108	虾蟹苗期	固着生物病	寄生虫病
109	虾蟹苗期	粘污病	其他
110	虾蟹苗期	才女虫病	寄生虫病
111	虾蟹苗期	红圈病	细菌病
112	三疣梭子蟹	蜕壳不遂症	其他
113	三疣梭子蟹	应激性掉腿病	其他
114	三疣梭子蟹	细菌性掉腿病	细菌病
115	三疣梭子蟹	拟阿脑虫病	寄生虫病
116	三疣梭子蟹	弧菌病	细菌病
117	三疣梭子蟹	甲壳溃疡病	细菌病
118	三疣梭子蟹	血卵涡鞭虫病	寄生虫病
119	三疣梭子蟹	肌肉乳化病	细菌病
120	三疣梭子蟹	水肿病	其他
121	三疣梭子蟹	病毒病	病毒病
122	三疣梭子蟹	烂鳃病	细菌病
123	三疣梭子蟹	丝状细菌病	细菌病
124	三疣梭子蟹	固着类纤毛虫病	寄生虫病

序号	感染生物	病种名称	备注
125	三疣梭子蟹	其他生物固着病	寄生虫病
126	大黄鱼	细菌性体表溃疡病	细菌病
127	大黄鱼	细菌性肠炎病	细菌病
128	大黄鱼	大黄鱼弧菌病	细菌病
129	大黄鱼	链球菌病	细菌病
130	大黄鱼	爱德华氏菌病	细菌病
131	大黄鱼	巴斯德氏菌病	细菌病
132	大黄鱼	球菌病	细菌病
133	大黄鱼	细菌性烂鳃病	细菌病
134	大黄鱼	腐皮病	细菌病
135	大黄鱼	出血病	细菌病
136	大黄鱼	本尼登虫病	寄生虫病
137	大黄鱼	刺激隐核虫病（海水鱼白点病）	寄生虫病
138	大黄鱼	纤毛虫病	寄生虫病
139	大黄鱼	蠕虫病	寄生虫病
140	大黄鱼	线虫病	寄生虫病
141	大黄鱼	海盘虫病	寄生虫病
142	大黄鱼	布娄克虫病	寄生虫病
143	大黄鱼	瓣体虫病	寄生虫病
144	大黄鱼	水霉病	真菌病
145	大黄鱼	车轮虫病	寄生虫病
146	大黄鱼	淀粉卵涡鞭虫病	寄生虫病
147	大黄鱼	缺氧泛箱	其他
148	大黄鱼	应激反应	其他
149	大黄鱼	饲饵中毒	其他
150	大菱鲆	淋巴囊肿病	病毒病
151	大菱鲆	病毒性红体病	病毒病
152	大菱鲆	皮疣病	病毒病
153	大菱鲆	病毒性神经坏死病	病毒病
154	大菱鲆	传染性胰腺坏死病	病毒病

序号	感染生物	病种名称	备注
155	大菱鲆	病毒性红细胞感染症	病毒病
156	大菱鲆	大菱鲆疱疹病毒病	病毒病
157	大菱鲆	呼肠孤病毒病	病毒病
158	大菱鲆	病毒性出血败血症	病毒病
159	大菱鲆	弹状病毒病	病毒病
160	大菱鲆	烂鳍症	细菌病
161	大菱鲆	腹水病	细菌病
162	大菱鲆	肠道白浊症（细菌性肠炎）	细菌病
163	大菱鲆	疖疮病	细菌病
164	大菱鲆	凸眼症	细菌病
165	大菱鲆	脾肾白浊病	细菌病
166	大菱鲆	滑走细菌病	细菌病
167	大菱鲆	链球菌病	细菌病
168	大菱鲆	细菌性败血症	细菌病
169	大菱鲆	鱼苗白鳍病	细菌病
170	大菱鲆	黑瘦症	细菌病
171	大菱鲆	白便症	细菌病
172	大菱鲆	盾纤虫病	寄生虫病
173	大菱鲆	鞭毛虫病	寄生虫病
174	大菱鲆	变形虫病	寄生虫病
175	大菱鲆	微孢子虫病	寄生虫病
176	大菱鲆	黏孢子虫病	寄生虫病
177	大菱鲆	白点病	寄生虫病
178	大菱鲆	车轮虫病	寄生虫病
179	大菱鲆	鱼波豆虫病	寄生虫病
180	大菱鲆	孢子虫病	寄生虫病
181	鲈鱼	淋巴囊肿病	病毒病
182	鲈鱼	疱疹病毒病	病毒病
183	鲈鱼	鲈鱼出血病	病毒病
184	鲈鱼	皮肤溃疡病	细菌病

序号	感染生物	病种名称	备注
185	鲈鱼	鲈鱼内脏白点病	细菌病
186	鲈鱼	肠炎病	细菌病
187	鲈鱼	柱状屈桡杆菌病	细菌病
188	鲈鱼	烂尾病	细菌病
189	鲈鱼	烂鳃病	细菌病
190	鲈鱼	赤皮病	细菌病
191	鲈鱼	鱼虱病	寄生虫病
192	鲈鱼	车轮虫病	寄生虫病
193	鲈鱼	指环虫病	寄生虫病
194	鲈鱼	双阴道虫病	寄生虫病
195	鲈鱼	肤孢虫病	寄生虫病
196	鲈鱼	水霉病	真菌病
197	鲈鱼	淀粉卵甲藻病	寄生虫病
198	鲈鱼	白点病	寄生虫病
199	鲈鱼	海盘虫病	寄生虫病
200	鲈鱼	本尼登虫病	寄生虫病
201	鲈鱼	鱼怪病	寄生虫病
202	鲈鱼	三代虫病	寄生虫病
203	鲈鱼	鲈鱼鲶害水虱病	寄生虫病
204	鲈鱼	脊柱弯曲综合征	其他
205	鲑鳟鱼类	传染性胰脏坏死病（IPN）	病毒病
206	鲑鳟鱼类	传染性造血组织坏死病	病毒病
207	鲑鳟鱼类	病毒性出血性败血病	病毒病
208	鲑鳟鱼类	红细胞包涵体综合征（EIBS）	病毒病
209	鲑鳟鱼类	疱疹病毒病	病毒病
210	鲑鳟鱼类	传染性胰脏坏死病	病毒病
211	鲑鳟鱼类	病毒性旋转病	病毒病
212	鲑鳟鱼类	病毒性吻部基底细胞上皮瘤	病毒病
213	鲑鳟鱼类	水霉病	真菌病
214	鲑鳟鱼类	烂鳃病	细菌病

序号	感染生物	病种名称	备注
215	鲑鳟鱼类	烂鳍病	细菌病
216	鲑鳟鱼类	弧菌病	细菌病
217	鲑鳟鱼类	内脏真菌病	真菌病
218	鲑鳟鱼类	肠道真菌病	真菌病
219	鲑鳟鱼类	鳔真菌病	真菌病
220	鲑鳟鱼类	鱼醉菌病	真菌病
221	鲑鳟鱼类	疖疮病	细菌病
222	鲑鳟鱼类	细菌性肾病(BKD)	细菌病
223	鲑鳟鱼类	链球菌病	细菌病
224	鲑鳟鱼类	小瓜虫病	寄生虫病
225	鲑鳟鱼类	车轮虫病	寄生虫病
226	鲑鳟鱼类	鳕鱼虱子病	寄生虫病
227	鲑鳟鱼类	鱼波豆虫病	寄生虫病
228	鲑鳟鱼类	睡眠病	病毒病
229	鲑鳟鱼类	微孢子虫病	寄生虫病
230	鲑鳟鱼类	四钩虫病	寄生虫病
231	海参	烂边病	细菌病
232	海参	延迟变态	其他
233	海参	烂胃病	细菌病
234	海参	化板症	细菌病
235	海参	气泡病	其他
236	海参	盾纤毛虫病	寄生虫病
237	海参	参苗溃烂病	细菌病
238	海参	脱板病	细菌病
239	海参	红斑病	细菌病
240	海参	桡足类危害	敌害
241	海参	海鞘危害	敌害
242	海参	急性口围肿胀病	细菌病
243	海参	腐皮综合征(化皮病)	细菌病
244	海参	霉菌病	真菌病

序号	感染生物	病种名称	备注
245	海参	扁形动物病	寄生虫病
246	海参	后口虫病	寄生虫病
247	海参	摇头病	细菌病
248	海参	"僵尸"病	其他
249	海参	佝偻病	其他
250	海参	烂皮病	其他
251	紫菜	丝状体黄斑病	细菌病
252	紫菜	丝状体泥红病	细菌病
253	紫菜	丝状体假泥红病	其他
254	紫菜	丝状体白圈病	细菌病
255	紫菜	丝状体生长迟缓	其他
256	紫菜	丝状体单丝生长亢进	其他
257	紫菜	丝状体龟裂病	细菌病
258	紫菜	丝状体白雾病	其他
259	紫菜	丝状体绿变病	其他
260	紫菜	丝状体鲨皮病	其他
261	紫菜	叶状体赤腐病(红泡病)	真菌病
262	紫菜	拟油壶菌病(原壶状菌病)	真菌病
263	紫菜	叶状体白腐病	其他
264	紫菜	叶状体拟白腐病	细菌病
265	紫菜	叶状体绿变病	其他
266	紫菜	绿斑病	细菌病
267	紫菜	丝状细菌附着症	细菌病
268	紫菜	叶状体烂苗病	细菌病
269	紫菜	叶状体"癌肿"病	其他
270	紫菜	叶状体缩曲症	其他
271	紫菜	叶状体绿藻附生症	其他
272	紫菜	叶状体细菌性红烂病	细菌病
273	紫菜	硅藻附着症	其他
274	紫菜	冻烂症	其他

序号	感染生物	病种名称	备注
275	海带	幼苗绿烂病	细菌病
276	海带	幼苗白尖病	其他
277	海带	幼体畸形病	其他
278	海带	幼孢子体畸形分裂症	其他
279	海带	变形烂	其他
280	海带	"脱苗、烂苗"病	其他
281	海带	绿烂病	细菌病
282	海带	白烂病	其他
283	海带	孔烂病	细菌病
284	海带	点状白烂病	其他
285	海带	白斑病	其他
286	海带	泡烂病	其他
287	海带	柄粗叶卷病	细菌病
288	海带	叶片卷曲病	其他
289	海带	日本尾突水虱病害	敌害
290	海带	黄白边	其他
291	海带	黑斑病	其他
292	海带	附着生物危害	敌害

3. 讨论

病原收集工作能够获得第一手病害资料,客观真实,为下一步的病害检索系统构建提供了客观依据,通过"海水养殖病害初诊检索系统"使养殖人员能及时发现病害并有效治疗,降低养殖病害造成的损失,同时降低滥用抗生素的负面影响,提高养殖产品质量和产量。

4. 小结

目前收集海水养殖病原 200 种(类)以上,收集海水养殖常见病种 280 种以上,收集常见病征类型 5 种以上,能够满足大部分常见水产动物病害检索。

第12节　海水养殖常见病害初诊速查检索表的编写

1. 材料与方法

本项目组收集、整理的海水养殖病害数据库资料,对海水养殖生物常见病症进行归纳、整理、比较、鉴别,选择出共同点和异同点,如表 3-18 所示。

表 3-18　常见病症一览表(以三疣梭子蟹为例)

疾病名称	病原/病因	流行情况	外观症状	内部症状
蜕壳不遂症	水中溶氧不足,离水时间太长等	主要发生在养殖后期	头胸甲后缘与腹交界处已出现裂口,却不能蜕去旧壳,导致蟹的死亡	
牛奶病	假丝酵母菌、溶藻弧菌、恶臭假单胞菌等	以春、秋为主,9月为发病高峰期	外壳的颜色有点发黄,变软,折断步足可流出大量白色体液,患病严重时肌肉可全部液化如牛奶一般	肝胰腺弥散严重,肌肉糜化、白浊、无弹性、呈不透明的乳白色,血淋巴液变为乳白色
血卵涡鞭虫病	血卵涡鞭虫	多发生在每年 6～11 月,其中以 7～9 月高水温期为发病流行期,尤其是在温度和盐度变化较大的梅雨季节和台风季节,会在短时间内出现死亡高峰	病蟹蟹体消瘦,体色暗淡,关节膜处呈黄色或浊白色,部分附肢关节的外壳呈粉红色,步足关节失去弹性、易脱落。剖开步足或大螯,可见肌肉因感染而出现不同程度的白浊液化	肝胰腺模糊,呈乳白色,肠胃空,鳃呈土黄色或黑褐色,个别病蟹并发黑鳃病;甲壳腔内的血液由正常时的蓝青色具较强凝聚性转变为浊白色牛奶状且不能凝固的变性液体
……	……	……	……	……
……	……	……	……	……

检索表是采用平行式检索方式,即根据不同病害的表现特征,将每一对互相对应的特征编以同样的项号,并紧接并列,依次检索。如:

1. 显微检测病苗(包括卵)体内可见直径几微米到几十微米的直的或分支的菌丝体 …………………………………………………………………………………… 2

1. 显微检测病苗体内未见直径几微米到几十微米的直的或分支的菌丝体 … ……………………………………………………………………………………… 4

如果符合前一项,继续查找"2",如果符合后一项,则继续查找"4",依此类推。

检索表采用的病害表现特征主要为目测或 $10 \times 10 \sim 10 \times 40$ 倍显微观察确定的特征。选取患病群体中具有明显病征的个体作为取样对象,显微检测取样为取病苗、病灶组织或血淋巴液做成水浸片。

检索表的诊断结果为养殖生物常见病害的初诊结论,确诊尚需进一步进行病原鉴定。

2. 结果

(1) 贝类常见病害初诊速查检索表。

鲍鱼常见病害初诊速查检索表

1. 目测鲍鱼足部有脓疱溃疡或隆起症状 ……………………………………… 2

1. 目测鲍鱼足部无脓疱溃疡或隆起症状 ……………………………………… 3

2. 镜检鲍鱼足部脓疱溃疡或隆起处可见寄生虫或孢子囊 …………………… 4

2. 镜检鲍鱼足部脓肿溃疡或隆起处未见寄生虫或孢子囊 …………………… 5

3. 病鲍消化腺、胃肿大或萎缩,足部僵硬发白,镜检鲍病灶组织可发现大量短杆状和弧状细菌 ……………………………………………………………… 弧菌病

3. 病鲍消化腺、胃未明显肿大或萎缩,镜检鲍病灶组织未见大量细菌 ……… 6

4. 病鲍头部出现肿胀,镜检足部及头部被侵染组织,可发现大量球形孢子 … ……………………………………………………………………………… 鲍盘蜷虫病

4. 病鲍头部未出现肿胀 ………………………………………………………… 9

5. 水浸片镜检病鲍足部或外套膜隆起或溃疡处可见成团菌丝 …… 海壶菌病

5. 水浸片镜检病鲍足部或外套膜隆起或溃疡处未见成团菌丝 …………… 10

6. 目测鲍壳有呼吸孔相互联通或严重变形或穿孔等症状 …………… 12

6. 目测鲍壳无呼吸孔相互联通或严重变形或穿孔等症状 …………… 7

7. 鲍足部及外套膜出现收缩症状 …………………………………………… 8

7. 鲍足部及外套膜未出现收缩症状 ………………………………………… 15

8. 病鲍足部肌肉收缩变硬、变黑,外套膜收缩,口器外翻 ……… 冷水性病毒病

8. 病鲍足部及外套膜萎缩,足部褐色素增加,触角收缩,鳃部色素沉淀 ……… ……………………………………………………………………………… 肌肉萎缩症

9. 病鲍足部与外套膜出见脓疱,形成直径可达 8 mm 的球形褐色含干酪样沉淀物脓肿 ……………………………………………………………………… 帕金虫病

9. 镜检鲍鱼斧足水疱状包囊,可见体长 $18 \sim 21$ mm,含有一个 $6 \sim 8$ 排钩的球状头茎的寄生虫 ………………………………………………………… 鄂口类线虫病

10. 病鲍的围心腔过分膨大,镜检血淋巴液可见大量弧菌 ……… 脓毒败血症

10. 病鲍的围心腔无膨大现象 ………………………………………………… 11

11. 病鲍外套膜与鲍壳连接处变为褐色并易分离,外套膜多在内脏角状处破裂,内脏裸露 …………………………………………………………………… 破腹病

11. 病鲍外套膜与鲍壳连接处未变色分离 ·········· 14

12. 目测或镜检受损鲍壳,未发现寄生虫,贝壳变薄,壳外缘稍向外翻卷,壳孔之间因贝壳的腐蚀而呈现相互联通状 ·········· 裂壳病

12. 目测或镜检受损鲍壳,能发现寄生虫 ·········· 13

13. 病鲍有一个明显呈穿形变形的壳,当壳浸入海水,沿壳的前边在解剖镜下可见虫体鳃冠 ·········· 缨鳃类多毛虫病

13. 鲍壳有腐蚀和穿孔现象,壳内可见黑褐色疱痂,将鲍壳对亮的光线可见直径 1～2 mm 的迂回洞穴 ·········· 钻壳类多毛虫病

14. 病鲍足部及外套膜肿大,肌肉失去光泽,变得有点透明,针刺肿大足部可见大股的淡黄色水样物质从刺孔迅速涌出 ·········· 水肿病

14. 病鲍外套膜无明显肿大现象 ·········· 16

15. 病鲍消化道内有许多小气泡,吸附力下降 ·········· 气泡病

15. 病鲍消化道内未见小气泡 ·········· 17

16. 病鲍足肌有多处微微隆起的白色脓疱,破裂后流出大量白色脓汁,并留下 2～5 mm 不等的深孔,镜检脓汁可见杆状菌 ·········· 脓疱病

16. 病鲍足肌溃烂但无隆起的白色脓疱,吸附力减弱,镜检溃烂处可见细菌 ·········· 溃烂病

17. 病鲍出现轻度机械损伤,体内各个器官均可见椭圆形的半透明椎体状寄生虫不定向游动 ·········· 纤毛虫病

17. 病鲍肾上皮细胞极度肥大,压片镜检可发现大的成熟大配子体 ·········· 肾球虫病

牡蛎成体常见病害初诊速查检索表

1. 患病牡蛎外套膜溃疡、肿胀 ·········· 2

1. 患病牡蛎外套膜无溃疡、肿胀 ·········· 3

2. 目测或镜检牡蛎外套腔能发现寄生虫 ·········· 4

2. 目测或镜检牡蛎外套腔未能发现寄生虫 ·········· 8

3. 患病牡蛎消化道褪色、肿胀 ·········· 11

3. 患病牡蛎消化道无症状 ·········· 16

4. 患病牡蛎消化腺无明显症状 ·········· 5

4. 患病牡蛎消化腺有变色等症状 ·········· 7

5. 患病牡蛎外套膜和鳃感染后褪色成黄色,高倍镜检可见寄生虫 ·········· 包那米虫病

5. 患病牡蛎外套膜和鳃无明显褪色症状 ·········· 6

6. 患病牡蛎身体瘦弱,解剖外套腔目测可见个体较大寄生虫 ·········· 豆蟹病

6. 患病牡蛎壳上有褐色的伤痕,病变组织切片镜检可见寄生虫体 ·········· 闭合孢子虫病

7. 患病牡蛎消瘦,消化腺变色,停止生长并死亡 ·········· 马尔太虫病

7. 患病牡蛎消化腺变白,外套膜萎缩,贝壳不能闭合,生殖腺发育受到抑制,高

倍镜检可见寄生虫体 ……………………………………………… 派琴虫病

8. 患病牡蛎的鳃出现溃疡、肿胀症状 ……………………………… 9

8. 患病牡蛎的鳃未出现溃疡、肿胀症状 …………………………… 10

9. 鳃和触手表面有1个或数个不断扩大的黄色斑点,中央组织坏死形成空洞,镜检未发现细菌 …………………………………… 鳃坏死病毒病

9. 患病牡蛎组织肿胀,细胞溶解,镜检可见变形虫状真菌 ………… 肤囊菌病

10. 外套膜正常或有黄色、绿色、褐色小结节;组织切片生殖腺滤泡、消化道周围的囊样结缔组织可见菌体为丝状和分支状的菌落 ……………… 土壤丝菌病

10. 外套膜退缩,消化腺苍白,肌肉组织变得粗糙、水泡状和退化 ……………………………………………………………… 牡蛎的足病

11. 目测或镜检牡蛎消化道能发现寄生虫 …………………………… 12

11. 目测或镜检牡蛎消化道未能发现寄生虫 ………………………… 13

12. 虫体较小,需低倍镜检肠道可见虫体,患病牡蛎消化腺褪色消瘦,肝糖损失严重 ………………………………………………………… 槌虫病

12. 虫体较大,解剖肠道目测可见 …………………………………… 14

13. 镜检患病牡蛎肠道组织内未见细菌或菌丝体,其消化腺血细胞浸润并导致其结缔组织坏死 ………………………………………… 呼肠孤病毒病

13. 镜检患病牡蛎肠道组织内能发现细菌或菌丝体 ………………… 15

14. 解剖牡蛎肠道,发现有淡黄色虫或微红色蠕虫状虫体 ………… 贻贝蚤病

14. 镜检牡蛎消化道,发现虫体呈梨形,体前端生毛体上长有8根鞭毛 ……………………………………………………………… 鞭毛虫病

15. 患病牡蛎消化道变苍白、壳张开、散发性死亡,镜检病变组织可见大量杆菌 ……………………………………………………… 点状坏死病

15. 牡蛎消瘦,消化管上皮变薄,染色切片可见小型菌丝体 ……… 放线菌病

16. 目测牡蛎外壳无穿孔症状 ………………………………………… 17

16. 目测牡蛎外壳有穿孔症状,内壁表面有云雾状白色区域,并形成1个或几个黑色、淡棕色或淡绿色疣状突起 ………………………………… 牡蛎壳病

17. 患病牡蛎生殖腺上皮细胞肥大,卵巢有囊肿现象 ……………… 卵巢囊肿病

17. 患病牡蛎生殖腺无异常 …………………………………………… 18

18. 受感染牡蛎器官结缔组织内的血淋巴细胞不典型,并伴有大量功能不明的褐色细胞 ……………………………………………… 血淋巴细胞病毒病

18. 牡蛎的唇须上皮细胞的细胞核肿胀,核染色质边缘化,中心充满不定型的嗜酸性包涵体 ……………………………………………… 乳多空病毒病

牡蛎幼体常见病害初诊速查检索表

1. 水浸片镜检牡蛎幼体,发现有弯曲生长的菌丝 ………… 牡蛎幼体离壶菌病

1. 水浸片镜检牡蛎幼体,未发现有生长的菌丝 …………………… 2

2. 镜检患病幼体牡蛎可见寄生虫虫体,幼体鳃和外套膜变成红褐色 ………………………………………………………………… 单孢子虫病

2. 镜检患病幼体牡蛎未见寄生虫虫体 ⋯⋯⋯⋯⋯⋯⋯⋯⋯⋯⋯ 3

3. 患病牡蛎面盘脱落或活动不正常 ⋯⋯⋯⋯⋯⋯⋯⋯⋯⋯⋯ 4

3. 患病牡蛎面盘未见异常 ⋯⋯⋯⋯⋯⋯⋯⋯⋯⋯⋯⋯⋯⋯⋯ 5

4. 镜检患病牡蛎幼体可发现体内有大量细菌,幼体组织溃疡、崩解 ⋯⋯⋯
⋯⋯⋯⋯⋯⋯⋯⋯⋯⋯⋯⋯⋯⋯⋯⋯⋯ 牡蛎幼体细菌性溃疡病

4. 镜检患病牡蛎幼体未发现体内有大量细菌 ⋯⋯⋯⋯⋯⋯⋯⋯ 6

5. 幼体牡蛎外壳表面有未钙化的几丁质区,两壳张开不正常,肠道无食物 ⋯
⋯⋯⋯⋯⋯⋯⋯⋯⋯⋯⋯⋯⋯⋯⋯⋯⋯⋯⋯⋯⋯⋯ 表面弧菌病

5. 幼体附着基下部及附近变得粗糙,水泡状,退化,外套膜退缩,消化腺苍白
⋯⋯⋯⋯⋯⋯⋯⋯⋯⋯⋯⋯⋯⋯⋯⋯⋯⋯⋯⋯ 牡蛎的足病

6. 幼虫活力减退,内脏团缩入壳中,面盘上皮组织细胞失掉鞭毛,伴有细胞分
离脱落 ⋯⋯⋯⋯⋯⋯⋯⋯⋯⋯⋯⋯⋯⋯⋯⋯⋯ 牡蛎幼虫面盘病毒病

6. 患病牡蛎幼体消化腺膨大呈苍灰色,幼体面盘、外套膜、鳃及围绕消化管的
结缔组织均见病灶 ⋯⋯⋯⋯⋯⋯⋯⋯⋯⋯⋯⋯⋯⋯⋯⋯ 疱疹病毒病

扇贝常见病害初诊速查检索表

1. 病害发生于育苗期 ⋯⋯⋯⋯⋯⋯⋯⋯⋯⋯⋯⋯⋯⋯⋯⋯⋯ 2

1. 病害发生于养成期 ⋯⋯⋯⋯⋯⋯⋯⋯⋯⋯⋯⋯⋯⋯⋯⋯⋯ 5

2. 患病扇贝幼体面盘正常 ⋯⋯⋯⋯⋯⋯⋯⋯⋯⋯⋯⋯⋯⋯⋯ 3

2. 患病扇贝幼体面盘不正常 ⋯⋯⋯⋯⋯⋯⋯⋯⋯⋯⋯⋯⋯⋯ 4

3. 镜检患病幼体体内可见弯曲生长的菌丝体,有时还可见到菌丝末端膨大的
含有游动孢子的孢子囊 ⋯⋯⋯⋯⋯⋯⋯⋯⋯⋯⋯⋯ 扇贝幼虫离壶菌病

3. 镜检扇贝幼虫体内和水体中可见大量具 2 条鞭毛的不对称卵圆形虫体
⋯⋯⋯⋯⋯⋯⋯⋯⋯⋯⋯⋯⋯⋯⋯⋯⋯⋯⋯⋯⋯ 海生残沟虫病

4. 患病幼虫游泳器官面盘解体,靠近壳缘的面盘、口沟、肛门、足等部位的细胞
或组织渐渐散落 ⋯⋯⋯⋯⋯⋯⋯⋯⋯⋯⋯⋯ 海湾扇贝幼虫面盘解体病

4. 患病幼虫胃空、面盘肿胀、伸缩力逐渐丧失,有的幼体面盘纤毛部分甚至整
块脱落,镜检幼体体内可见细菌 ⋯⋯⋯⋯⋯⋯⋯ 扇贝幼体期流行性弧菌病

5. 患病扇贝外套膜未见有变化 ⋯⋯⋯⋯⋯⋯⋯⋯⋯⋯⋯⋯⋯ 6

5. 患病扇贝外套膜萎缩或糜烂 ⋯⋯⋯⋯⋯⋯⋯⋯⋯⋯⋯⋯⋯ 7

6. 患病扇贝闭壳肌变为淡褐色,寄生虫在寄生处形成包囊 ⋯⋯⋯ 蠕虫病

6. 患病扇贝闭壳肌无症状异常 ⋯⋯⋯⋯⋯⋯⋯⋯⋯⋯⋯⋯⋯ 11

7. 目测或镜检患病扇贝外套腔内有寄生虫 ⋯⋯⋯⋯⋯⋯⋯⋯⋯ 8

7. 目测或镜检患病扇贝外套腔内无寄生虫 ⋯⋯⋯⋯⋯⋯⋯⋯⋯ 9

8. 患病扇贝身体瘦弱,伴随着鳃损伤、触须溃疡症状,目测可见白色或淡红色
较大个体的豆蟹 ⋯⋯⋯⋯⋯⋯⋯⋯⋯⋯⋯⋯⋯⋯⋯⋯⋯ 扇贝豆蟹病

8. 患病扇贝鳃丝明显变细,上皮组织损伤,鳃丝和外套腔内有大量黏液,镜检鳃
丝和外套腔可见寄生虫 ⋯⋯⋯⋯⋯⋯⋯⋯⋯⋯⋯ 栉孔扇贝车轮虫病

9. 病贝壳外面无寄生虫寄生 ⋯⋯⋯⋯⋯⋯⋯⋯⋯⋯⋯⋯⋯ 10

9. 病贝壳外面有寄生虫寄生,具有长管状向外翻的吻,扇贝的外套膜和内脏团受到破坏 ………………………………………………………… 齿口螺类病

10. 患病扇贝肠道及肾肿胀,生殖腺及外套膜萎缩,壳内面变黑 …………………
………………………………………………………… 海湾扇贝漂浮弧菌病

10. 患病扇贝肠道及肾无肿胀 ……………………………………………… 12

11. 患病扇贝性腺出现萎缩,软体部消瘦,鳃苍白并有轻度糜烂,肠道内含物少,呈空或半空状 ………………………………… 海湾扇贝性腺萎缩症

11. 患病扇贝生殖腺正常 ……………………………………………… 15

12. 患病扇贝鳃呈橘红色,重者鳃丝糜烂,外套膜收缩甚至成片脱 ……………
………………………………………………………… 海湾扇贝哈氏弧菌病

12. 患病扇贝鳃未呈明显的橘红色 ………………………………………… 13

13. 患病扇贝外套膜呈糜烂状,约 2/3 的外套膜溃烂成胶水状,鳃灰白色并呈轻度糜烂,闭壳肌开合无力 ………………………… 海湾扇贝外套膜糜烂病

13. 患病扇贝外套膜未呈糜烂状 …………………………………………… 14

14. 患病扇贝外套膜向壳顶方向萎缩甚至脱落,外套腔内和内脏团表面黏液增多,继而内脏团脱落 ……………… 栉孔扇贝急性病毒坏死症(AVND)

14. 患病扇贝外套膜萎缩、脱落,鳃丝灰暗,闭壳肌无力且呈灰白色,内脏团外观上无明显症状 ………………………… 养殖扇贝贝类立克次体病

15. 病贝外壳无损伤或变形,内脏干瘪,易从附着基上脱落,在病贝消化腺上皮细胞内可见嗜碱性的类衣原体包涵 …………… 海湾扇贝类衣原体寄生病

15. 目测或镜检病贝外壳有损伤或变形 ………………………………… 16

16. 贝壳表面无钻孔,其边缘加厚或局部畸形,扇贝壳口处可见寄生虫 ………
………………………………………………………………… 贝螅病

16. 贝壳表面有钻孔症状 ………………………………………………… 17

17. 病贝外壳黏附细长而弯曲的泥管,壳内表面也可见有隆起于壳面的管道,内侧珍珠层失去光泽变为黑色或褐色 ………………………… 扇贝才女虫病

17. 扇贝外壳被钻成蜂窝状,壳基质在壳内面过渡沉积,扇贝软体部瘦弱、缩小
………………………………………………………………… 钻孔海绵病

(2) 虾蟹类常见病害初诊速查检索表。

虾蟹苗期常见病害初诊速查检索表

1. 病苗(包括卵)体内可见直径几微米到几十微米的直的或分支的菌丝体
………………………………………………………………………… 2

1. 病苗体内未见直径几微米到几十微米的直的或分支的菌丝体 ………… 4

2. 游动孢子在菌丝内形成,菌丝无隔壁 ……………………………… 海壶菌病

2. 游动孢子在孢子囊内形成,孢子囊与其他菌丝间有隔膜 ……………… 3

3. 孢子排放管顶端在病苗体外形成球形的顶囊,游动孢子冲破顶囊排放
………………………………………………………………… 链壶菌病

3. 孢子排放管顶端在病苗体外不形成球形的顶囊,游动孢子直接排放
………………………………………………………………… 离壶菌病

对虾养成期常见病害初诊速查检索表

4. 低倍显微检测血淋巴无寄生虫,高倍显微检测血淋巴可见大量细菌 ⋯⋯ 5

5. 病虾断触须,鳃、头胸部、腹部的腹肌在黑暗处发荧光 ⋯⋯⋯⋯⋯ 荧光病

5. 病虾无荧光现象,血淋巴浑浊,凝固性差,血淋巴和鳃丝中均有细菌活动
⋯⋯⋯⋯⋯⋯⋯⋯⋯⋯⋯⋯⋯⋯⋯⋯⋯⋯⋯⋯ 细菌性败血症

6. 病虾体表有黑色坏死斑块,低倍显微检测病灶组织可见镰刀形大分生孢子
和细小多分支的菌丝体 ⋯⋯⋯⋯⋯⋯⋯⋯⋯⋯⋯⋯⋯⋯⋯ 镰刀菌病

6. 病虾体表甲壳和附肢上附有黑色溃烂斑,溃疡边缘呈白色,溃疡的中央凹
陷。低倍显微检测病灶组织中无镰刀形大分生孢子和细小多分支的菌丝体 ⋯⋯⋯
⋯⋯⋯⋯⋯⋯⋯⋯⋯⋯⋯⋯⋯⋯⋯⋯⋯⋯⋯⋯⋯⋯ 褐斑病

7. 病虾鳃区头胸甲外观膨出呈疣状,鳃腔内可见扁椭圆形虱状生物寄生 ⋯⋯
⋯⋯⋯⋯⋯⋯⋯⋯⋯⋯⋯⋯⋯⋯⋯⋯⋯⋯⋯⋯⋯⋯ 鳃虱病

7. 病虾鳃区头胸甲外观无疣状膨出 ⋯⋯⋯⋯⋯⋯⋯⋯⋯⋯⋯⋯ 8

8. 病虾消化道呈异常的红色或白色,有膨大或肿胀现象 ⋯⋯⋯⋯⋯ 9

8. 病虾消化道无异常 ⋯⋯⋯⋯⋯⋯⋯⋯⋯⋯⋯⋯⋯⋯⋯ 11

9. 病虾消化道呈红色,胃及中肠变红且肿胀 ⋯⋯⋯⋯⋯⋯⋯⋯ 10

9. 病虾肠道变成白色、变粗,呈膨大状,尤以直肠为甚,剖检在肠内可见寄生虫
体,形成肠阻塞 ⋯⋯⋯⋯⋯⋯⋯⋯⋯⋯⋯⋯⋯⋯⋯⋯ 虾簇虫病

10. 低倍显微检测病虾肠道中或养殖水体中可见大量丝状蓝藻类 ⋯⋯⋯⋯
⋯⋯⋯⋯⋯⋯⋯⋯⋯⋯⋯⋯⋯⋯⋯⋯⋯⋯⋯ 蓝藻中毒病

10. 低倍显微检测病虾肠道中和养殖水体中未见大量丝状蓝藻类 ⋯ 肠炎病

11. 病虾体表或附肢变红 ⋯⋯⋯⋯⋯⋯⋯⋯⋯⋯⋯⋯⋯⋯⋯ 12

11. 病虾体表和附肢无明显变红现象 ⋯⋯⋯⋯⋯⋯⋯⋯⋯⋯⋯ 14

12. 病虾附肢变为红色,特别是游泳足及尾肢最为明显。高倍显微检测血淋巴
可见细菌 ⋯⋯⋯⋯⋯⋯⋯⋯⋯⋯⋯⋯⋯⋯⋯⋯⋯⋯ 红腿病

12. 高倍显微检测病虾血淋巴中无细菌 ⋯⋯⋯⋯⋯⋯⋯⋯⋯⋯ 13

13. 病虾甲壳硬,濒死虾体色微红,头胸甲及腹甲易剥开,有的甲壳可见白斑
⋯⋯⋯⋯⋯⋯⋯⋯⋯⋯⋯⋯⋯⋯⋯⋯⋯⋯⋯⋯ 白斑病毒病

13. 病虾体表呈淡红色,尾扇及游泳足变红明显,身体从尾扇开始发红,发红部
位逐渐前移 ⋯⋯⋯⋯⋯⋯⋯⋯⋯⋯⋯⋯⋯⋯⋯⋯⋯ 桃拉病毒病

14. 病虾腹部弯曲僵硬,用手不能拉直 ⋯⋯⋯⋯⋯⋯⋯⋯ 痉挛病

14. 病虾身体不僵硬 ⋯⋯⋯⋯⋯⋯⋯⋯⋯⋯⋯⋯⋯⋯⋯ 15

15. 病虾腹部每节甲壳两侧的下缘各有一块明显可见的白斑或黑斑,排列整齐
⋯⋯⋯⋯⋯⋯⋯⋯⋯⋯⋯⋯⋯⋯⋯⋯⋯⋯⋯⋯ 黑白斑病

15. 病虾腹部每节甲壳两侧的下缘无明显可见的排列整齐的白斑或黑斑
⋯⋯⋯⋯⋯⋯⋯⋯⋯⋯⋯⋯⋯⋯⋯⋯⋯⋯⋯⋯⋯⋯ 16

16. 病虾腹部肌肉可见白色、不透明区域或全部白浊 ⋯⋯⋯⋯⋯ 17

16. 病虾腹部肌肉未见白色、不透明现象 ⋯⋯⋯⋯⋯⋯⋯⋯⋯ 21

17. 高倍显微检测病虾变白肌肉组织可见有长 $8\sim10\ \mu m$ 的梨形、卵形或椭球
形微孢子寄生 ⋯⋯⋯⋯⋯⋯⋯⋯⋯⋯⋯⋯⋯⋯⋯⋯⋯ 微孢子虫病

三疣梭子蟹常见病害初诊速查检索表

　　2. 病蟹附肢无大量脱落现象 ……………………………………………　5

　　3. 病蟹出现短时间(≤2 d)附肢集中脱落现象,体表无溃烂症状…………

……………………………………………………………　应激性掉腿病

　　3. 病蟹附肢逐渐脱落 2 个以上,有时体表可见创伤、溃烂斑点 …………　4

　　4. 显微检测病蟹血淋巴中可见"钻动"的葵花籽形纤毛虫 ……… 拟阿脑虫病

　　4. 显微检测病蟹血淋巴中无葵花籽形纤毛虫,血淋巴中有大量细菌 …………

……………………………………………………………　细菌性掉腿病

　　5. 病蟹甲壳上可见黑褐色溃疡性斑点或斑块 ……………… 甲壳溃疡病

　　5. 病蟹甲壳上无黑褐色溃疡性斑点或斑块 ……………………………　6

　　6. 病蟹肌肉组织出现不同程度的腐烂、白浊或液化现象 …………………　7

　　6. 病蟹肌肉组织无腐烂、白浊或液化现象 ………………………………　9

　　7. 显微检测病蟹步足肌肉组织可见 5～10 微米的卵形寄生原虫 …………

……………………………………………………………　血卵涡鞭虫病

　　7. 显微检测病蟹步足肌肉组织未见寄生原虫 ……………………………　8

　　8. 病蟹肌肉组织呈白浊液化状态,折断步足可流出大量白色体液 …………

……………………………………………………………　肌肉乳化病

　　8. 高倍显微检测病蟹步足肌肉组织可见大量弧状细菌,但肌肉组织不液化

……………………………………………………………　弧菌病

　　9. 病蟹步足基节等部位呈水肿状,严重时步足脱落,缓慢死亡 ……… 水肿病

　　9. 病蟹步足基节等部位无水肿现象 ……………………………………　10

　　10. 病蟹鳃丝有溃烂或有其他生物固着 ……………………………　11

　　10. 病蟹鳃丝无明显异常,但行动迟钝呈昏睡状,血淋巴变白,肝胰腺脓肿变白
甚至腐烂发臭 ………………………………………………………　病毒病

　　11. 病蟹鳃丝腐烂多黏液,高倍显微检测鳃丝溃烂处可见大量细菌 … 烂鳃病

　　11. 病蟹鳃丝无腐烂现象,高倍显微检测血淋巴中无细菌 …………………　12

　　12. 显微检测病蟹鳃丝可见大量透明无色、头发状、不分支的菌丝固着

……………………………………………………………　丝状细菌病

　　12. 显微检测病蟹鳃丝无大量透明无色、头发状、不分支的菌丝固着 ………　13

　　13. 显微检测病蟹鳃丝可见大量以柄固着的纤毛虫 ……… 固着类纤毛虫病

　　13. 低倍显微检测病虾体表或鳃丝可见其他生物固着 ……… 其他生物固着病

(3) 鱼类常见病害初诊速查检索表。

鲈鱼常见病害初诊速查检索表

1. 目测病鱼身体弯曲,做转圈样游泳 …………………………… 脑七囊虫病

1. 病鱼未见转圈样的特征性游泳 ………………………………………　2

2. 病鱼腹部肿胀,肛门红肿突出,有时可挤出黄色黏液 ……………… 肠炎病

2. 病鱼腹部未见肿胀和肛门红肿突出 …………………………………　3

3. 目测病鱼体表或鳍有充血出血现象 …………………………………　4

3. 目测病鱼体表或鳍未有充血出血现象 ………………………………　5

4. 病鱼体表有天鹅绒似的白斑,解剖可见病鱼腹腔积水,胃全部呈白色,肝脏

失血 ·· 淀粉卵甲藻病

4. 病鱼体表未见有天鹅绒似的白斑 ························ 7

5. 病鱼鳃丝有大量黏液或水肿糜烂 ······················ 6

5. 病鱼鳃丝未见有大量黏液或水肿糜烂 ··················· 16

6. 目测或镜检病鱼鳃丝可见寄生虫体 ····················· 12

6. 目测或镜检病鱼鳃丝未见寄生虫体 ····················· 13

7. 目测或镜检充血患处可见寄生虫 ······················· 8

7. 目测或镜检充血患处未见寄生虫 ······················· 9

8. 病鱼鳃及皮肤分泌大量黏液,表皮破损 ··············· 鱼怪病

8. 病鱼鳃及皮肤未分泌大量黏液 ························· 11

9. 解剖病鱼肝脏肿大,色泽不均,有浊斑;体表溃烂,鳞片脱落 ··· 皮肤溃疡病

9. 解剖病鱼未见肝脏肿大 ······························· 10

10. 病鱼尾柄部分充血发炎,皮肤腐烂,鳞片脱落,肌肉骨骼外露 ····· 烂尾病

10. 病鱼尾柄部分未见充血发炎 ·························· 18

11. 肉眼可见体长 1～3 cm、略呈卵形的寄生虫体,病鱼眼球外凸,体表有脱鳞或刮伤现象 ·· 鲈鱼鲶害水虱病

11. 病鱼体表极度发黑,目测病灶处可见呈香肠状的孢囊盘曲在体表或皮肤、鳃组织上 ··· 肤孢虫病

12. 目测病鱼体表和鳃可见大量小白点,镜检小白点可见寄生虫体 ··· 白点病

12. 目测病鱼体表和鳃未见大量小白点 ···················· 14

13. 病鱼鳃丝呈现斑块状,并有局部黏附脏物 ··········· 嗜水气单胞菌病

13. 病鱼鳃、体表、鳍条等处有溃疡和缺损 ············· 柱状屈挠杆菌病

14. 目测病鱼体色发黑及个体较大寄生虫体 ················ 15

14. 目测病鱼未见体色发黑及个体较大寄生虫体 ············· 20

15. 病鱼鳃盖张开,目测寄生虫体体长 3～7 mm,体宽 0.2～0.5 mm,扁平而细长 ··· 双阴道虫病

15. 病鱼体表有擦伤,目测寄生虫体体长 3.6～5.5 mm,背腹扁平,背甲盾形 ··· 鱼虱病

16. 病鱼体表、吻部、背鳍和尾鳍可见夹有血丝的白色疣状物 ····· 淋巴囊肿病

16. 病鱼体表、吻部、背鳍和尾鳍未见夹有血丝的白色疣状物 ········ 17

17. 病鱼体表可见棉絮状白毛 ··························· 水霉病

17. 病鱼体表未见棉絮状白毛 ···························· 19

18. 病鱼鳞片脱落,尤以鱼体两侧及腹部最为明显,鳍末端腐烂(常烂去一段),鳍条间的软骨组织被破坏 ································· 赤皮病

18. 病鱼两颌、吻部充血,鳞片部分脱落,严重时造成溃疡斑 ····· 鲈鱼出血病

19. 病鱼体表有大量黏液,表皮局部变白,镜检患处可见长 6～7 mm、呈椭圆形、背腹扁平、身体前后端均有吸盘的寄生虫体 ·················· 本尼登虫病

19. 病鱼体表未见大量黏液 ······························· 22

20. 病鱼体表鳃部形成一层黏液层,镜检可见侧面如毡帽状,反口面为车轮状

的寄生虫体 ··· 车轮虫病

　　20. 镜检病鱼未见侧面如毡帽状,反口面为车轮状的寄生虫体 ············ 21

　　21. 镜检病鱼鳃丝可见鳃丝的毛细血管内充满大量的黏孢子虫的孢子,血管被堵塞 ··· 心脏尾孢虫病

　　21. 镜检病鱼鳃丝可见带有成对钩状结构的寄生虫体,毛细血管内无黏孢子虫的孢子 ·················· 三代虫病

　　22. 病鱼鳃丝呈鲜红色,鳃盖张开,镜检鳃丝可见扁平、长形、具有两对眼点的虫体 ······················· 海盘虫病

　　22. 病鱼鳃丝未见上述寄生虫 ··································· 23

　　23. 病鱼头部、躯干部、尾部、鳍和眼球等表面可见银白色疱样异物,常集合成块状 ····················· 疱疹病毒病

　　23. 病鱼体色发黑,解剖肝脏可见表面有白点 ············ 鲈鱼内脏白点病

鲑鳟鱼常见病害初诊速查检索表

　　1. 目测病鱼像睡着了一样横卧于池底,只见鳃盖活动。体侧肌肉有痉挛症状 ···················· 睡眠病

　　1. 目测病鱼侧肌肉无痉挛症状 ····························· 2

　　2. 目测病鱼旋转游泳(幼鱼)或横躺于池壁、池底或像树叶一样上下漂游···病毒性旋转病

　　2. 目测病鱼无旋转或漂游现象 ··························· 3

　　3. 目测病鱼口腔,特别是颊部至腭部发生肿瘤 ···························· 病毒性吻部基底细胞上皮瘤

　　3. 目测病鱼颊部至腭部无肿瘤 ··························· 4

　　4. 目测病鱼鳍条有残缺,病鱼鳍条分散,背鳍或尾鳍外缘的上皮组织增生呈灰色 ···················· 烂鳍病

　　4. 目测病鱼鳍条无残缺 ································ 5

　　5. 剖检病鱼肌肉内有出血现象 ··························· 7

　　5. 剖检病鱼肌肉内无出血现象 ··························· 6

　　6. 剖检病鱼肌肉内有大量白色营养型团块 ·············· 微孢子虫病

　　6. 剖检病鱼肌肉内无白色营养型团块 ··················· 8

　　7. 病鱼体侧可见线状或 V 状出血,鳃、肾脏明显贫血 ···················· 传染性造血组织坏死病

　　7. 病鱼体侧未见线状或 V 状出血,可见肝、肾等脏器出血 ···················· 病毒性出血性败血病

　　8. 病鱼鳃丝出血腐烂,鳃盖常开启 ·················· 烂鳃病

　　8. 病鱼鳃丝未出血腐烂 ································ 9

　　9. 病鱼鳃丝上有肉眼可见的有两个眼点和 2 对钩的寄生虫 ········ 四钩虫病

　　9. 病鱼鳃丝上无肉眼可见的寄生生物体 ················· 10

　　10. 目测病鱼腹部膨胀 ·································· 11

大黄鱼常见病害初诊速查检索表

　　1. 目测病鱼肛门无红肿或外凸 ………………………………………………… 2

　　2. 病鱼体表有白色或灰白色的棉絮状覆盖物,镜检可见有菌丝和孢子囊等
………………………………………………………………………………… 水霉病

　　2. 病鱼体表无白色或灰白色的棉絮状覆盖物 ……………………………… 3

　　3. 病鱼皮肤褪色,有瘀斑,体表疖疮或溃烂,鳍条缺损 …… 细菌性体表溃疡病

　　3. 病鱼皮肤无褪色现象 ……………………………………………………… 4

　　4. 病鱼体表肉眼可见白点 …………………………………………………… 5

　　4. 病鱼体表无肉眼可见的白点 ……………………………………………… 8

　　5. 目测病鱼可见寄生虫体,虫体长 6～7 mm,呈椭圆形,背腹扁平,身体前后端
均有吸盘 ……………………………………………………………… 本尼登虫病

　　5. 目测病鱼未见有上述寄生虫体 …………………………………………… 6

　　6. 病鱼的鳞片脱落,肌肉发炎、溃烂,眼睛白浊,镜检可见上皮组织内有卵圆
形、身披均匀一致纤毛的,内有 4～8 个卵圆形组成的念珠状大核的不透明虫体
………………………………………………………………………………… 白点病

　　6. 病鱼的鳞片未脱落,鳃呈灰白色 ………………………………………… 7

　　7. 病鱼胸鳍从体侧向外伸直,近于紧贴鳃盖,镜检患处可见有大量椭圆形,背
腹扁平,在其前部及背部前缘有纤毛的半透明虫体 ………………………… 瓣体虫病

　　7. 病鱼胸鳍未从体侧向外伸直,镜检可见上皮组织表面有大量一端有假根状
突起附着于鳃表、体表上的寄生虫体 ………………………………… 淀粉卵涡鞭虫病

　　8. 病鱼头部、下颌、腹部、鳃丝及鳍部位有充血现象,解剖可见肠胃胀气或瘀
血、肝充血、肾积水肿大、出血,镜检患处可见有大量短杆状细菌 ………… 出血病

　　8. 病鱼头部、下颌、腹部、鳃丝及鳍部位无充血现象 ……………………… 9

　　9. 病鱼皮肤有大面积出血性溃烂,上、下颌溃疡,背腹部有椭圆形溃疡病灶,鳃
丝上布满芝麻大的小白点,剖检肾、脾脏有许多小白点,镜检患处有大量细菌
…………………………………………………………………………… 爱德华氏菌病

　　9. 病鱼皮肤无大面积出血性溃烂 ………………………………………… 10

　　10. 病鱼鳃丝上肉眼可见有体长 0.5～0.8 mm 的蠕虫,鳃、皮肤黏液增多
………………………………………………………………………………… 海盘虫病

　　10. 病鱼鳃丝上无肉眼可见的蠕虫 ………………………………………… 11

　　11. 病鱼有烂鳃症状 ………………………………………………………… 12

　　11. 病鱼无烂鳃症状 ………………………………………………………… 13

　　12. 镜检患处可见具有纤毛呈毡帽状的寄生虫体 ………………………… 车轮虫病

　　12. 镜检患处未见具有纤毛呈毡帽状的寄生虫体,高倍镜下可看到能滑行的长
杆菌 ………………………………………………………………………… 细菌性烂鳃病

　　13. 病鱼鳃褪色,剖检可发现肝脏肿大褪色,胃肠积水 ……………………… 球菌病

　　13. 病鱼鳃不褪色 …………………………………………………………… 14

　　14. 病鱼肝、肾、脾等内脏上有许多白点,特别是肾脏的白点类似结节,镜检患
处可见有大量细菌 …………………………………………………… 巴斯德氏菌病

　　14. 病鱼肝、肾、脾等内脏上无白点,但肝脏呈点状出血,或肝尖充血发红,肾脏

浮肿、出血或表面有气泡鼓起,镜检患处可见有大量链状球形细菌 ········· 链球菌病

鲆鲽类常见病害初诊速查检索表

沫,解剖可见腹部有积水,肠管上皮充血,肝脏肿大 ………………………… 孢子虫病

30. 病鱼体色发黑,口腔鳃充血出血,解剖可见病鱼肝发黄,脾暗红色,消化道积水 ………………………………………………………………… 细菌败血症

30. 病鱼鳍发红,解剖可见腹水潴留,肌肉内出血 ………………… 弹状病毒病

31. 镜检病鱼背部表皮和鳃组织可见大量异常的巨大细胞 …………………
……………………………………………………………… 大菱鲆疱疹病毒病

31. 病鱼体色变黑,腹部膨大,解剖可见腹腔和围心腔腹水潴留,肝脏瘀血或褪色,肝脾肿大 …………………………………………… 病毒性出血败血症

（4）海参常见病害初诊速查检索表。

13.显微镜检病参体表病灶处有大量生物病原体 ·················· 14

13.显微镜检病参体表病灶处无大量生物病原体 ············· 烂皮病

14.显微镜检病参体表组织溃烂处有大量细长呈线状的扁虫 ····· 扁形动物病

14.显微镜检病参体表组织溃烂处无大量细长呈线状的扁虫 ······· 15

15.显微镜检病参体表组织水肿或腐烂处有大量霉菌寄生 ············ 霉菌病

15.显微镜检病参体表组织溃烂处无霉菌寄生,但有大量细菌 ·················
················· 化皮病(腐皮综合征)

16.病参体后部附着不动,前部频繁扭曲、摇动 ·············· 摇头病

16.病参无摇头现象 ············· 17

17.病参体消瘦,多有排脏反应,镜检病参呼吸树囊膜内外均有大量体长 40
～75 μm 的虫体寄生 ·················· 后口虫病

17.病参无排脏现象,镜检病参呼吸树囊膜内无虫体寄生,但身体萎缩或僵直
不动 ··················· 18

18.病参萎缩、不伸展,生长缓慢 ·············· 佝偻病

18.病参开始时身体僵直不动,渐呈灰白色,最后体壁坏死、呈钙化状的白色
··················· "僵尸"病

(5)藻类常见病害初诊速查检索表。

藻类常见病害初诊速查检索表

1.病害发生于海带幼体培育阶段 ·················· 2

1.病害发生于海带养殖阶段 ········· 7

2.病害主要发生于海带育苗前期阶段 ·················· 3

2.病害主要发生于海带育苗中、后期阶段 ·············· 5

3.病害主要出现在配子体到 4 列细胞的孢子体阶段 ··········· 4

3.病害主要发生在 8～32 列细胞的孢子体阶段,其上下部细胞大小明显不齐,
中下部细胞列数少,膨大延长或呈指状或须状突出体外 ··················
··················· 海带幼孢子体畸形分裂症

4.显微观察可见发病的细胞膨大为球状,较普通细胞大几十倍 ········ 变形烂

4.显微观察发病的细胞无明显膨大现象,但可见配子体原生质体收缩出现质
壁分离、卵不能排出或流失形成空卵囊、幼孢子体不能正常细胞分裂形成畸形孢子
体等现象 ··················· 海带幼体畸形病

5.发病藻体出现整株幼苗腐烂死亡或整株幼苗叶片脱落现象 ·········· 6

5.发病藻体前端的 1/3 处突然变白,而后脱落,但一般不会扩大到叶片的中、
下部,藻体还能继续生长 ·············· 海带幼苗白尖病

6.病烂现象开始从叶片的尖端变绿、变软而逐渐腐烂脱落,而后发展到整个叶
片 ··················· 海带幼苗绿烂病

6.幼苗出现自行脱落、腐烂等现象,尤其是洗刷时大量脱落 ··················
··················· 海带"脱苗、烂苗"病

7.目测藻体上有大量附着生物,如海鞘、石灰虫、苔藓、藻钩虾,麦秆虫等附生
··················· 敌害生物危害

紫菜常见病害初诊速查检索表

3. 讨论

项目通过分析比较养殖生物典型病害的特异症状,采用平行式检索方式建立不同养殖生物的病害检索表,并建立海水养殖生物病害初诊平行式检索数据库。

开发的海水养殖生物病害初诊平行式检索数据库以简便、直观的诊断推导模式——即从临床表现症状入手,逐步深入查找病因,配以图文并茂的检索页面,以平行检索的方式进行海水养殖病害初诊检索系统的构建,更适合于专业知识不多的基层从业人员自助检索。

4. 小结

根据细菌病、寄生虫病、真菌病等海水养殖生物常见病害种类,归纳整理各养殖生物的病害,分析比较养殖生物典型病害的特异症状,采用平行式检索方式建立不同养殖生物的病害检索表;借鉴农业现代信息化手段,根据不同养殖生物的病害检索表开发海水养殖病害平行式检索数据库,建立可在线检索、在线升级、在线交流以及多系统客户端下载等服务功能的"海水养殖病害初诊检索系统"网络平台,以满足基层养殖业者对发病生物进行现场快速初诊及时防治的需求。

第 13 节　"海水养殖病害初诊检索系统"的编制

1. 材料与方法

（1）资料来源。

编写完成的《海水养殖常见病害初诊速查检索表》。

（2）编制方法。

① 检索系统（PPS 版）的编制方法。

采用 Microsoft office PowerPoint 2007 软件编辑，编辑完成后转换成 PPS 格式。

② 检索系统（单机版）的编制方法。

依据海水养殖病害初诊检索系统（PPS 版）检索方式和内容，进行检索系统单机版的编制。

2. 结果

（1）检索系统设计（图 3-37）。

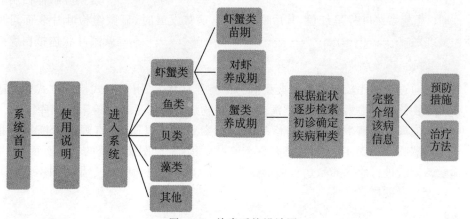

图 3-37　检索系统设计图

（2）检索系统 PPS 版。

海水养殖病害初诊检索系统（PPS 版）编写内容包括相关说明、操作指南（包括前期准备、观察方法、解剖方法、取样方法、检索方法等）及 13 种（类）海水养殖生物常见 292 种病害的初诊检索程序。检索系统软件包括 PPS 版和便携式单机版 2 种形式。PPS 版共编辑检索页 600 余页，建立超链接 1 000 余个。检索方法见图 3-38 至图 3-40。

点击进入

版权页

点击系统使用指南查看

说明页

选择查看准备工作或相关方法

选择项目点击查看

查看完毕后返回

点击查看内部结构

图 3-38　海水养殖病害初诊检索系统（PPS 版）检索图示（1）

返回

继续选择查看或返回

点击进入检索系统

继续选择查看或返回

选择检索大类

选择检索种类

选择符合项后点击进入

进入检索

图 3-39　海水养殖病害初诊检索系统(PPS 版)检索图示(2)

选择符合项后点击进入

查看疾病详细情况后选择查看"预防方法"

点击查看《治疗方法》

查看后点击返回

查看后点击返回

点击继续进入检索或返回

点击继续进入检索或退出

点击继续进入检索或返回

图 3-40　海水养殖病害初诊检索系统(PPS 版)检索图示(3)

（3）检索系统（单机版）。

正在完善海水养殖常见病害检索系统（安卓版）（图 3-41）。

图 3-41　海水养殖病害检索系统（安卓版）示例

3. 讨论

病害初诊检索系统单机版和网络版的制成能够极大地方便养殖户网上查询，为水产动物病害快速诊断提供新途径，另外手机安卓版的开发也在有条不紊地进行，该系统下能够更方便地让养殖户随时随地查询水产动物病害，这为病害初诊提供了又一新途径。

4. 小结

目前项目的检索系统主要技术已攻克，这为项目的顺利进行提供了保障。后期将进一步完善系统操作的便利性和准确性。

第 14 节　池塘养殖综合效益评价指标体系和数学模型构建研究

我国海水养殖业发展迅猛，使得这一产业本身与海岸带的其他活动，如旅游、航运、捕捞、排废等的矛盾越来越大。一方面海水养殖的生产过程和发展需要清洁的、未污染的水域,其发展受到海岸带其他人类活动的影响;另一方面某些海水养殖方式自身又是一个对近岸生态环境产生影响的污染源,对环境和社会经济活动都会产生负面影响。因此,如何科学全面地评价水产养殖产业的效益变得越发重要。

目前,仅有少数学者从经济效益、社会效益和生态效益中的单方面或两个方面进行了评价。随着水产养殖业的开展,需要综合评价其经济效益、生态效益和社会效益。在这3个准则层开展综合效益的评价尚未见报道。

在我国,综合效益的研究多采用AHP分析法和模糊综合评价法。其中,层次分析法是由美国运筹学家,匹兹堡大学萨迪(Saaty T L)教授于20世纪70年代初提出,并由萨迪教授的学生高兰尼柴(Gholamnezhad H)于1982年11月召开的中美能源、资源、环境学术会议上首先向中国学者介绍的。层次分析法是一种定性与定量相结合,将人的主观判断用数量形式表达和处理的方法,它将定性指标进行量化处理,把目标多、定性指标比重大的复杂问题数据化,从而运用数学模型进行决策分析。本书运用层次分析法(AHP分析法)和德尔菲法(Delphi法)对水产养殖业进行定性和定量分析,建立池塘养殖综合效益评价的指标体系,并构建了评价的数学模型。

本研究是"规模化园区海水养殖环境工程生态优化技术集成与示范"项目的有机组成部分,通过构建的评价指标体系和数学模型,对各示范区环境工程生态优化技术的实施效果作以客观的评价和判定,将对环境工程生态优化技术的进一步优化以及在不同模式海水养殖规模化园区的推广应用提供坚实的理论基础。

1. 池塘养殖综合效益评价指标体系的构建

(1)评价指标体系的构建原则。

科学构建池塘养殖综合效益的评价指标体系,是客观评价池塘养殖综合效益好坏的重要基础,评价指标的类别、数量、层次将直接影响评价结果的准确性。本研究在构建池塘养殖的评价指标体系时,遵循科学、实用、客观和简明的原则。

① 科学性原则。

评价指标在选择时需要建立在科学的基础上,具有明确的概念、准确的定义、科学的内涵,能够客观准确地说明池塘养殖经济效益、生态效益、社会效益以及综合效益之间的关系结构,同时还能度量池塘养殖所产生的多种效益,反映这种养殖模式的特点、问题以及以后的发展方向。指标的获取、数据的来源要有科学的理论依据。指标体系要全面,能够科学客观地反映不同地区、不同养殖模式的养殖水平。对不同评价目标进行评价时,要选择一致的评价标准及评价方法,以便对不同的指标进行比较分析,避免人为的主观干涉,以便客观合理的评价整个系统的综合效益。

② 可操作性原则。

评价对象一般都是由多个指标因素构成,但是在评价过程中不能把所有的指标都列入评价指标体系中。评价指标越多,数据的获取、指标的量化、指标的计算就会越复杂,可行性也就越低。因此,在选择指标时要考虑实际情况,选择易于量化、内容简单明了、便于调查收集的指标,提高指标体系的可操作性。

③ 独立性原则。

在对评价对象进行评价时,各指标应具有相对的独立性,避免指标之间相互重复、相互覆盖,当指标之间存在较强相关性时,应采取保留重要指标删除次要指标的原则,在减少指标数量,简化指标体系的同时也保证了重要指标的完整性。

④ 可量化原则。

选择评价指标时应尽量筛选能用数字表示的指标,每项指标反映的效益都可以通过具体的数值代替,在评价过程中通过具体的计算对评价对象进行分析比较。

⑤ 一致性原则。

评价结果通常是以数值的形式进行比较,数值越大表示养殖效益越好,反之表示养殖效益越差,因此需要一个评价标准,使数值的变化趋势能够反映指标效益的变化趋势,如果指标的效益趋势与数值变化相反,则需要对其进行一致性处理,从而使得两者的变化趋势相同,以便最后进行结果的比较。

⑥ 层次性原则。

池塘养殖综合效益包括经济效益、生态效益、社会效益 3 个方面,由不同层次、不同指标构成。选取指标时需要将总目标分解成几个层次,从不同方面和角度筛选影响评价对象的因素,全面反映评价对象的效益,体现出评价系统的层次性以及各层次之间的相关性和独立性。

(2) 池塘养殖综合效益评价指标体系构建方法。

构建科学合理的池塘养殖综合效益评价指标体系,是对池塘养殖综合效益进行评价的基础,以上述 6 项构建原则为依据,池塘养殖综合效益评价指标的筛选步骤如下:

第一步,以池塘养殖综合效益为目标层,将其分解为经济效益、生态效益、社会效益 3 个方面,构成评价指标体系的准则层,从准则层的三大效益出发,继续细化为不同的具体指标,构成评价指标体系的指标层,形成池塘养殖综合效益评价的基本框架。

第二步,对评价指标体系的指标层进行广泛的筛选。在此过程中,指标的筛选不受指标体系构建原则的限制,尽可能全面地陈列出能够反映准则层的指标,防止重要指标的遗漏。

第三步,初步确立评价指标体系。在研究国内外相关资料的基础上,选择出现频率较高的指标,进行重复指标或相近指标的筛选,对指标进行调整和重组,将初步筛选的结果通过德尔菲法广泛征求相关专家的意见,初步确立指标层。

第四步,确立评价指标体系。在初步确立评价指标体系后对其进行进一步的筛选,通过专家五分制打分法计算评价指标体系的有效性和可靠性,删除专家认识差别较大的指标,确立科学合理的评价指标体系。

通过上述 4 个步骤,构建池塘养殖综合效益评价指标体系(表 3-19)

表 3-19　水产养殖综合效益评价指标体系

目标层	准则层	指标层
A 综合效益	B₁ 经济效益	C_{11} 亩产值
		C_{12} 亩投入
		C_{13} 亩利润
		C_{14} 投入产出比
		C_{15} 劳均渔产值
	B₂ 生态效益	C_{21} 水层利用率
		C_{22} 内部环境
		C_{23} 养殖水达标排放
		C_{24} 渔药使用强度
	B₃ 社会效益	C_{31} 蛋白贡献率
		C_{32} 劳均用量
		C_{33} 万元成本劳动力投入量
		C_{34} 劳均收入
		C_{35} 万元产值耗能

（3）评价指标内涵。

① 亩产值 C_{11}。

亩产值是指利用社会折现率将调查年份的池塘养殖亩收入折算成基准年的亩收入,是反映池塘养殖经济效益的重要指标。

② 亩投入 C_{12}。

投入由固定成本和可变成本构成,固定成本主要包括池塘建造投入、池塘租金、维护费、设备投入,可变成本主要包括苗种投入、饲料投入、渔药投入、人工费、电费、车辆使用费,通常用单位面积的成本投入表示。

③ 亩利润 C_{13}。

亩利润是指利用社会折现率将调查年份的池塘养殖亩均净收益折算成基准年的现值,是反映池塘养殖对国民经济贡献的重要指标。

④ 投入产出比 C_{14}。

投入产出比是指单位投入所获得的效益,用池塘养殖单位面积投入与单位面积产值的比率表示,是反映池塘养殖经济效果的重要技术经济指标。

⑤ 劳均渔产值 C_{15}。

劳均渔产值是指一个劳动力平均每年创造的价值,用池塘养殖总收入与劳动力人数的比率表示,是反映池塘养殖劳动生产效率的重要指标。

⑥ 水层利用率 C_{21}。

水层利用率是指池塘养殖品种生存空间占养殖池塘空间的比率,该指标能够反映养殖池塘的利用程度。

⑦ 内部环境 C_{22}。

内部环境是指池塘养殖品种的生存环境,主要包括池塘养殖水的 pH、溶解氧、氨氮、亚硝酸盐,是反映池塘养殖生态环境的重要指标。

⑧ 养殖水达标排放 C_{23}。

养殖水达标排放是指池塘养殖水排放时的水质质量情况,通过对养殖排放水的溶解氧、氨氮、亚硝酸盐等指标的监测分析来确定水质情况。

⑨ 渔药使用强度 C_{24}。

渔药使用强度是指在养殖期间向单位池塘水体中投放的药物使用剂量,是衡量海水污染程度的重要生态指标。

⑩ 蛋白贡献率 C_{31}。

蛋白贡献率是指每亩水面生产粗蛋白的重量,是反映池塘养殖单位面积蛋白生产能力的指标。

⑪ 劳均用量 C_{32}。

劳均用量是指单位养殖面积需要的劳动力人数,用从业人数与养殖面积的比率表示。

⑫ 万元成本劳动力投入量 C_{33}。

万元成本劳动力投入量是指万元投入带动的劳动力就业人数,用就业人数与项目总投入的比率表示,是反映池塘养殖对农民就业贡献的重要指标。

⑬ 劳均收入 C_{34}。

劳均收入是指一个劳动力平均每年创造的利润,用池塘养殖总利润与劳动力人数的比率表示。

⑭ 万元产值耗能 C_{35}。

万元产值耗能是指池塘养殖每产生 1 万元的产值所消耗的总能量。

2. 池塘养殖综合效益评价指标权重的确定

(1) 评价指标体系有效性和可靠性判断。

在问题决策过程中,由于专家的认知领域、知识结构各不相同,对相同评价指标可能会有不同的见解,若分歧太大则会导致评价指标不够严谨,从而影响评价结果的可靠性,因此,检验评价指标体系的有效性及可靠性尤为重要(林本喜,2011)。

评价指标体系的效性判断和可靠性判断的计算方法(李随成等,2001)如下。

① 评价指标体系的有效性判断。

共请 6 位专家参加评价,采用五分制打分法,得到评价指标体系的效度系数(表2)。

设评价指标体系 $A=\{a_1,a_2,\cdots,a_n\}$,参加评价的专家人数为 P,专家 j 对评价目标的评分集为 $X_j=\{x_{1j},x_{2j},\cdots,x_{nj}\}$,评分平均值为 $\overline{x_i}$,指标 a_i 的效度系数为 β_i,评价指标体系 A 的效度系数为 β,M 为指标 a_i 的评语集中评分最优值。

$$\beta_i=\sum_{j=1}^{s} |\overline{x_i}-x_{ij}| /P\times M \qquad\qquad 式(3\text{-}14\text{-}1)$$

$$\overline{x_i}=\sum_{j=1}^{s}\overline{x_{ij}}/P \qquad\qquad 式(3\text{-}14\text{-}2)$$

$$\beta = \sum_{j=1}^{n} \beta_i / n \qquad\qquad 式(3\text{-}14\text{-}3)$$

目前,关于评价指标体系的效度系数尚没有一个统一的标准,根据已有的文献记载,当效度系数小于 0.2 时,可认为此指标体系具有较好的有效性(林本喜,2011)。

② 评价指标体系的可靠性判断。

设评价指标体系 A 的可靠性系数为 ρ,专家 j 的可靠性系数为 ρj。

$$\rho = \sum_{j=1}^{s} \rho_j / P \qquad\qquad 式(3\text{-}14\text{-}4)$$

$$\rho_j = \sum_{i=1}^{n} (x_{ij} - \overline{x_j})(\overline{x_i} - \overline{y}) / \sqrt{\sum_{i=1}^{n} (x_{ij} - \overline{x_j})^2 \sum_{i=1}^{n} (\overline{x_i} - \overline{y})^2} \qquad 式(3\text{-}14\text{-}5)$$

$$\overline{x_j} = \sum_{i=1}^{n} \overline{x_{ij}} / n \qquad\qquad 式(3\text{-}14\text{-}6)$$

$$\overline{x_i} = \sum_{j=1}^{s} \overline{x_{ij}} / P \qquad\qquad 式(3\text{-}14\text{-}2)$$

$$\overline{y} = \sum_{i=1}^{n} \overline{x_i} / n \qquad\qquad 式(3\text{-}14\text{-}7)$$

当 $\rho(0.80, 0.95)$,说明此体系符合可靠性要求,若 $\rho(0, 0.80)$,则说明此体系不符合可靠性要求,需要对其进行相应的调整(李随成等,2001)。评价指标体系的可靠性系数(表 3-20)。

表 3-20　池塘养殖综合效益评价指标体系效度和可靠性系数计算表

综合效益指标	x_{i1}	x_{i2}	x_{i3}	x_{i4}	x_{i5}	x_{i6}	$\overline{x_i}$	$\sum \lvert x_i - x_{ij} \rvert$	β_i
亩产值	5	5	5	4	5	5	4.833	1.667	0.056
亩投入	5	5	4	5	5	5	4.833	1.667	0.056
亩利润	5	5	5	5	5	5	5.000	0.000	0.000
投入产出比	5	5	4	5	5	5	4.833	1.667	0.056
劳均渔产值	3	3	2	2	3	2	2.500	3.000	0.167
水层利用率	2	2	1	1	1	1	1.333	2.667	0.222
内部环境	5	5	5	5	5	4	4.833	1.667	0.056
养殖水达标排放	4	3	3	4	2	3	3.500	3.000	0.125
渔药使用强度	3	2	2	2	2	2	2.167	1.667	0.093
蛋白贡献率	3	2	2	2	2	2	2.167	1.667	0.093
劳均用量	3	2	2	2	2	2	2.167	1.667	0.093
万元成本劳动力投入量	3	2	2	2	2	3	2.333	2.667	0.148
劳均收入	5	5	5	5	4	5	4.833	1.667	0.056
万元产值耗能	4	3	3	3	4	3	3.333	2.667	0.111
合计							48.667	27.333	1.329

由公式(3-14-3)计算可得:效度系数 $\beta = 0.095$。

由公式(3-14-5)计算可得：$\rho_1 = 0.854$；$\rho_2 = 0.836$；$\rho_3 = 0.836$；$\rho_4 = 0.839$；$\rho_5 = 0.827$；$\rho_6 = 0.830$。

由公式(3-14-4)计算可得：可靠性系数 $\rho = 0.837$。

由表 3-20 可知，指标体系的效度系数为 0.095，小于临界值 0.2，可靠性系数为 0.837(0.80，0.95)，说明此评价指标体系具有较好的有效性及可靠性。

(2) 运用层次分析法确定指标权重。

运用 AHP 对评价目标进行分析时，要对评价目标进行梳理，将复杂的问题细化成清晰的递阶层次；递阶层次结构建立以后对每一层的指标按照 1—9 比例标度进行赋值，建立两两比较判断矩阵；运用相应的数学方法计算最大特征根和特征向量，得到各指标的重要性排序，进行层次单排序，并检验其一致性；在对各指标进行层次单排序后，还需要求"合成权重"，即各元素对于总目标的相对权重，合成权重的计算要自上而下，从最高层次的权重到最低层次的权重逐层相乘，直到最低层元素为止。

运用层次分析法确定指标权重的步骤如下。

① 构造两两比较判断矩阵。

通过德尔菲法进行专家匿名咨询，由专家利用 1—9 比例标度法分别对每一层次的评价指标的相对重要性程度进行赋值，并用准确的数字进行量化表示，不同数字代表不同的含义(表 3-21)。

表 3-21　1—9 比例标度法

标度	含义
1	表示两个元素相比，具有同样重要性
3	表示两个元素相比，前者比后者稍微重要
5	表示两个元素相比，前者比后者明显重要
7	表示两个元素相比，前者比后者强烈重要
9	表示两个元素相比，前者比后者极端重要
2、4、6、8	表示上述相邻判断的中间值
倒数	若元素 i 与元素 j 的重要性之比为 a_{ij}，那么元素 j 与元素 i 重要性之比为 $a_{ji} = 1/a_{ij}$

通过专家调查问卷，考察同一层次指标相对于上一层次对应指标的相对重要性，得到两个层次间的判断矩阵(表 3-22)。

表 3-22　判断矩阵

A	B_1	B_2	……	B_n
B_1	1	a_{12}	……	a_{1n}
B_2	a_{21}	1	……	a_{2n}
……	……	……	1	……
B_n	a_{n1}	a_{n2}	……	1

其中，a_{ij} 表示指标 B_i 与指标 B_j 相对于指标 A 的重要性的比例标度，由于每个指标相对于自身的重要性为 1，因此判断矩阵对角线的数值皆为 1。

② 求解两两比较判断矩阵。

将构建的判断矩阵按行分别相加：

$$\overline{w}_i = \sum_{j=1}^{n} \frac{a_{ij}}{n}$$ 式（3-14-8）

得到列向量：

$$\overline{w} = [\overline{w}_1, \overline{w}_2, \overline{w}_3 \cdots \overline{w}_n]$$

公式（5-1-8）中，a_{ij} 为指标 B_i 与指标 B_j 的重要性之比，n 为指标个数。

将所得的 $\overline{w}$ 向量分别做归一化处理，得到单一准则下各被比较指标的权重：

$$w_i = \frac{\overline{w}_1}{\overline{w}_1 + \overline{w}_2 + \overline{w}_3 + \cdots + \overline{w}_n}$$ 式（3-14-9）

③ 一致性检验。

判断矩阵一致性检验的步骤如下：

第一步，计算一致性指标 CI（consistency index）。

$$CI = (\lambda_{max} - n)/(n-1)$$ 式（3-14-10）

$$\lambda_{max} = \frac{1}{n} \sum_{i=1}^{n} \frac{\sum_{j=1}^{n} a_{ij} w_j}{w_i}$$ 式（3-14-11）

上式中，λ_{max} 为判断矩阵最大特征值，n 为指标个数。

第二步，查找相应的平均随机一致性指标 RI（random index）（表 3-23）。

表 3-23　平均随机一致性指标 RI

矩阵阶数	1	2	3	4	5	6	7	8	9
RI	0	0	0.58	0.90	1.12	1.24	1.32	1.41	1.45

第三步，计算一致性比例 CR（consistency ratio）。

$$CR = CI/RI = \frac{(\lambda_{max} - n)/(n-1)}{RI}$$ 式（3-14-12）

对于 $n < 3$ 的判断矩阵，$CR = 0$，矩阵总是一致的；对于 $n \geq 3$ 的判断矩阵，当 CR < 0.1 时，认为判断矩阵具有满意的一致性，即权重的分配是合理的，当 CR ≥ 0.1 时，需要对判断矩阵做适当修正，一直到满足一致性比例要求为止。

（3）指标权重的计算。

通过德尔菲法进行专家匿名打分，去掉专家打分的最大值和最小值，取几何平均值，依据平均值建立判断矩阵（表 3-24 至表 3-27），然后根据判断矩阵计算权重并进行一致性检验。一致性检验时，需计算一致性指标 CI $= (\lambda_{max} - n)/(n-1)$，查找平均随机一致性指标 RI，当一致性比例 CR $=$ CI/RI < 0.1 时，认为判断矩阵具有满意的一致性，即权重的分配是合理的；否则，需要将问卷反馈给专家，重新构造判断矩阵。

表 3-24　A—B 判断矩阵

A	B_1	B_2	B_3	权重
B_1	1	1.316 1	3.873	0.504 4
B_2	0.759 8	1	2.340 4	0.355 1
B_3	0.258 2	0.4273	1	0.140 5
合计				1.000 0

由公式(3-14-11)计算可得:$\lambda_{max}=3.005\ 8$。

由公式(3-14-10)计算可得:$CI=(\lambda_{max}-n)/(n-1)=0.002\ 9$。

由表 3-23 可以得出:$RI=0.58$。

由公式(3-14-12)计算可得:$CR=CI/RI=0.005\ 0<0.1$,这说明矩阵 A—B 符合一致性要求。

由表 3-24 可以得出,对于"池塘养殖综合效益"的总目标来说,准则层中各因素重要程度的排序及权值为:经济效益(0.504 4)＞生态效益(0.355 1)＞社会效益(0.140 5)。

表 3-25　B_1—C 判断矩阵

B_1	C_{11}	C_{12}	C_{13}	C_{14}	C_{15}	权重
C_{11}	1	1	0.531 8	0.411 1	0.438 7	0.114 2
C_{12}	1	1	0.508 1	0.312 9	0.310 2	0.099 9
C_{13}	1.880 4	1.968 1	1	1	0.840 9	0.228 9
C_{14}	2.432 5	3.195 9	1	1	0.840 9	0.265 6
C_{15}	2.279 5	3.223 7	1.189 2	1.189 2	1	0.291 4
合计						1.000 0

由公式(3-14-11)计算可得:$\lambda_{max}=5.027\ 4$。

由公式(3-14-10)计算可得:$CI=(\lambda_{max}-n)/(n-1)=0.006\ 9$。

由表 5 可以得出:$RI=1.12$。

由公式(3-14-12)计算可得:$CR=CI/RI=0.006\ 1<0.1$,这说明矩阵 B_1—C 符合一致性要求。

由表 3-25 可以得出,对于经济效益来说,其隶属指标的排序及权值为:劳均渔产值(0.291 4)＞投入产出比(0.265 6)＞亩利润(0.228 9)＞亩产值(0.114 2)＞亩投入(0.099 9)。

表 3-26　B_2—C 判断矩阵

B_2	C_{21}	C_{22}	C_{23}	C_{24}	权重
C_{21}	1	1.968 1	1.087 8	1.087 8	0.303 2
C_{22}	0.508 1	1	1	0.577 4	0.180 7

B_2	C_{21}	C_{22}	C_{23}	C_{24}	权重
C_{23}	0.919 3	1	1	1	0.240 4
C_{24}	0.919 3	1.731 9	1	1	0.275 7
合计					1.000 0

由公式(3-14-11)计算可得：$\lambda_{max}=4.041\ 1$。

由公式(3-14-10)计算可得：$CI=(\lambda_{max}-n)/(n-1)=0.013\ 7$。

由表3-23可以得出：$RI=0.9$。

由公式(3-14-12)计算可得：$CR=CI/RI=0.015\ 2<0.1$，这说明矩阵B_2—C符合一致性要求。

由表3-26可以得出，对于生态效益来说，其隶属指标的排序及权值为：水层利用率(0.303 2)＞渔药使用强度(0.275 7)＞养殖水达标排放(0.240 4)＞内部环境(0.180 7)。

表3-27　B_3—C判断矩阵

B_3	C_{31}	C_{32}	C_{33}	C_{34}	C_{35}	权重
C_{31}	1	0.903 6	0.795 3	0.759 8	1	0.176 4
C_{32}	1.106 7	1	1	0.707 1	1.057	0.191 7
C_{33}	1.257 4	1	1	1	1.257	0.218 2
C_{34}	1.316 1	1.414 2	1	1	1	0.225 5
C_{35}	1	0.945 7	0.795 3	1	1	0.188 2
合计						1.000F0

由公式(3-14-11)计算可得：$\lambda_{max}=5.019\ 7$。

由公式(3-14-10)计算可得：$CI=(\lambda_{max}-n)/(n-1)=0.004\ 9$。

由表3-23可以得出：$RI=1.12$。

由公式(3-14-12)计算可得：$CR=CI/RI=0.004\ 4<0.1$，这说明矩阵B_3—C符合一致性要求。

由表3-27可以得出，对于社会效益来说，其隶属指标的排序及权值为：劳均收入(0.225 5)＞万元成本劳动力投入(0.218 2)＞劳均用量(0.191 7)＞万元产值耗能(0.188 1)＞蛋白贡献率(0.176 4)。

在对各指标进行层次单排序后，还需要对各指标进行层次总排序，求合成权重。根据层次单排序结果，用上一层各指标的权值与其下一层的对应权值相乘，如此从最高层次到最低层次递层进行，直到计算到最低层元素的权值为止(表3-28)。

层次总排序的一致性检验仍然运用公式：

$$CR=CI/RI=\sum_{i=1}^{n}W_i\ CI_i/(\sum_{i=1}^{n}W_i\ RI_i) \qquad 式(3-14-13)$$

公式(3-14-13)中，CR为层次总排序一致性比例；CI为层次总排序一致性指标；

CI_i 为层次单排序时 B_i 所对应的一致性指标；RI 为层次总排序平均随机一致性指标；RI_i 为层次单排序时 B_i 所对应的平均随机一致性指标；W_i 为层次单排序时 B_i 所对应的权值。

表 3-28　指标组合权重

指标	经济效益	生态效益	社会效益	权值	排序
	0.504 4	0.355 1	0.140 5		
C_{11} 亩产值	0.114 2			0.057 6	8
C_{12} 亩投入	0.099 9			0.050 4	9
C_{13} 亩利润	0.228 9			0.115 5	3
C_{14} 投入产出比	0.265 6			0.134 0	2
C_{15} 劳均渔产值	0.291 4			0.147 0	1
C_{21} 水层利用率		0.303 2		0.107 7	4
C_{22} 内部环境		0.180 7		0.064 2	7
C_{23} 养殖水达标排放		0.240 4		0.085 4	6
C_{24} 渔药使用强度		0.275 7		0.097 9	5
C_{31} 蛋白贡献率			0.176 4	0.024 8	14
C_{32} 劳均用量			0.191 7	0.026 9	12
C_{33} 万元成本劳动力投入量			0.218 2	0.030 7	11
C_{34} 劳均收入			0.225 5	0.031 7	10
C_{35} 万元产值耗能			0.188 2	0.026 4	13

由公式(3-14-13)计算可得,本研究构建的判断矩阵层次总排序的一致性比例 $CR=[(0.504\ 4\times0.006\ 9)+(0.355\ 1\times0.013\ 7)+(0.140\ 5\times0.004\ 9)]/[(0.504\ 4\times1.12)+(0.355\ 1\times0.9)+(0.140\ 5\times1.12)]=0.008\ 7<0.1$,符合一致性要求。

14 个评价指标的排序及组合权重如下：劳均渔产值(0.147)＞投入产出比 (0.134)＞亩利润(0.115 5)＞水层利用率(0.107 7)＞渔药使用强度(0.097 9)＞养殖水达标排放(0.085 4)＞内部环境(0.064 2)＞亩产值(0.057 6)＞亩投入 (0.050 4)＞劳均收入(0.031 7)＞万元成本劳动力投入量(0.030 7)＞劳均用量 (0.026 9)＞万元产值耗能(0.026 4)＞蛋白贡献率(0.024 8)。

3. 池塘养殖综合效益评价模型的建立

(1)指标标准化处理。

由于指标体系中各个指标的含义不同,单位不同,指标值的量纲不同,数量级不同,为了能够将各指标数据进行量化综合,必须对所有的评价指标进行标准化处理,即无量纲化处理。指标无量纲化处理的方法很多,一般分为直线型、折线型和曲线型 3 种(邱东,1997)。本研究采用直线型标准化法中的极值法对原始数据进行处理。计算公式如下：

$$y_{ij} = \begin{cases} \dfrac{x_{ij} - x_{ij\min}}{x_{ij\max} - x_{ij\min}} & (\text{当 } x_{ij} \text{ 为正作用指标时}) \\[2ex] 1 - \dfrac{x_{ij} - x_{ij\min}}{x_{ij\max} - m_{ij\min}} & (\text{当 } x_{ij} \text{ 为负作用指标时}) \end{cases}$$

式(3-14-14)

公式(3-14-14)中，x_{ij} 为指标的原始数据；$x_{ij\max}$，$x_{ij\min}$ 分别为同一指标不同养殖模式的最大值和最小值。

（2）综合效益评价模型。

在构建了评价指标体系后，为了全面分析评价不同养殖模式的状况，还需要将指标层的指标进行综合，即构造一个综合评价模型。利用构造的评价模型将所有指标综合成一个具体数值，从而比较不同养殖模式的综合效益。其综合评价模型公式如下：

$$Y = \sum_{i=1}^{3} W_i \left(\sum_{j=1}^{n} W_{ij} a_{ij} \right)$$

式(3-14-15)

公式(3-14-15)中，W_i，W_{ij} 分别为准则层和指标层不同指标的权重系数；a_{ij} 为指标层指标的标准化数值。

4. 小结

本研究建立了水产养殖综合效益评价指标体系，为水产养殖综合效益评价提供了重要途径。以往关于水产养殖业的效益研究，主要集中在经济效益方面。但是，随着可持续发展战略的提出以及全球性资源与环境问题的加剧，改善生态环境、加强水产品质量安全管理、提高居民生活水平等问题已经在世界各国开始得到普遍关注。生态效益评价和社会效益评价也将成为水产养殖业综合效益评价的重要组成部分。从经济、生态、社会 3 个方面筛选 14 个指标对水产养殖业进行综合效益评价，可以为水产养殖业的发展提供更全面、更科学的依据。

第 15 节 基于 14 个指标的 4 种规模化园区海水养殖模式的效果评估报告

采用层次分析法和已建立的水产养殖综合效益评价指标体系，对规模化园区参藻池塘生物复合利用、参藻虾池塘生物复合利用、虾贝藻池塘生物复合利用和工厂化－池塘耦合利用等 4 种池塘养殖模式的经济效益、社会效益和生态效益 3 个方面进行了分析和比较，并对 4 种池塘养殖模式的综合效益进行排序。

1. 调查数据整理

（1）参藻池塘生物复合利用模式（大连）。

① 调查结果。

对参藻生物复合利用模式开展现场调查和调访。经整理，调查结果见表 3-29。

表 3-29　参藻生物复合利用模式调查结果

调查内容		调查结果
池塘养殖面积/亩		300
管理与生产总人数/人		4（2 个工人，2 个技术员）
刺参总产量/kg		产量：150 斤①/亩，300 亩产量 22 500 kg
刺参销售价格/（元/千克）		价格：100 元/千克；规格：4～5 头/斤
藻类品种和产量/kg		品种：石莼；产量：2 700 kg
藻类销售价格/（元/千克）		未销售，企业自用
固定成本/万元	建池费（含土地、挖池、护坡和闸门等）	2 000 元/亩（该成本按照 10 年折旧计算年均投入）
	参礁费	参礁种类：编织袋＋；费用：1 000 元/亩（按照 4 年折旧，计算出的年均投入＝250 元/亩/年）
	看管房	1 万（按照 10 年折旧计算年均投入＝3.33 元/亩/年）
	设备投入	增氧机和管路，300 亩 3 万元（按照 4 年折旧，计算年均投入＝25 元/亩/年）
	其他附属设施	100 亩 600 个网箱，100 元/个，300 亩 6 万（按照 4 年折旧，计算年均投入＝50 元/亩/年）
	池塘租金	（自有池塘不填此项）
	池塘维护费	每 5 年清一次圈，每次 20 万（亩年均费用＝133.33 元/亩/年）
可变成本/万元	苗种投入	50 斤/亩，70 元/斤（2015 年），每斤＜1 万头。（亩年均＝3 500 元/亩/年）
	饲料投入	无
	渔药投入	300 亩 1 万元，1 年 100 亩 150 斤（亩年均＝33.33 元/亩/年）
	人工费	工人每人 3.5 万/年，技术员每人 6 万/年。（亩年均＝633.33 元/亩/年）
	电费（燃油换算成电能）	电价：0.3 元/千瓦时；电费：90 d×7.5 kW×6 h＝4 050 kW·h，共计 1 215 元（100 亩圈）（亩均＝12.15 元/亩/年）
	车辆使用费	0.5 万。购置费以 8 万元计，10 年折旧，年均 0.8 万元。车辆保险年均 0.3 万元，油耗 0.4 万。年均合计 1.5 万元。亩年均＝50 元/亩/年

---

① 斤为非法定计量单位，但因生产中经常使用，本书保留。1 斤＝500 克。

调查内容		调查结果
水层利用率/%	表层	养殖品种:海参幼参1万头/斤,网箱保苗1万头/斤,体长1cm左右,价格:海参苗70元/斤,网箱保苗到50～100头/斤时就投池塘里了。池塘产量在150斤/亩,规格4～5头/斤
	中层	养殖品种:无
	底层	养殖品种:海参
	底内	养殖品种:日本对虾,5 000尾虾苗/亩,30头/斤,产量20斤/亩,价格45元/斤(2015年)虾苗150元/万尾
池内水环境	pH	8.06
	溶解氧/(mg/L)	7.21
	氨氮/(mg/L)	0.054 8
	亚硝酸盐/(mg/L)	0.019 6
排水质量	pH	(达标排放)
	溶解氧/(mg/L)	(达标排放)
	氨氮/(mg/L)	(达标排放)
	亚硝酸盐/(mg/L)	(达标排放)

② 数据分析。

池塘养殖面积:300亩。

管理与生产人员:4人,其中2名工人,2名技术员。

养殖品种和销售价格:刺参亩产量75 kg,300亩产量达22 500 kg,销售价格为100元/千克,规格4～5头/斤;石莼300亩产量达2 700 kg,企业自用。

建池费:2 000元/亩/年。

参礁费:1 000元/亩,按照4年折旧。

看管房:1万元,按照10年折旧。

设备投入:300亩3万元,按照4年折旧。

其他附属设施:网箱300亩6万元,按照4年折旧。

池塘租金:无,自有池塘。

池塘维护费:每5年清一次圈,每次20万元。

苗种投入:50斤/亩,70元/斤。

渔药投入:300亩1万元,1年100亩150斤。

人工费:工人每人3.5万元/年,技术员每人6万元/年。

电费:电价:0.3元/千瓦时;电费:90 d×7.5 kW×6 h=4 050 kW·h,共计1 215元(100亩圈)。

车辆使用费:购置费以8万元计,8年折旧,年均0.8万元。年均车辆保险0.3

万元,油耗 0.4 万。年均合计 1.5 万元。

亩产值:亩产值 = 刺参亩产量(千克)×销售价格(元/千克)= 75×100 = 7 500 元。

亩投入:亩投入 = 可变成本 + 固定成本 = 2 000(建池费)+ 250(参礁费)+ 10 000/10/300(看管房)+ 30 000/4/300(设备投入)+ 60 000/4/300(其他附属设施)+ 200 000/5/300(池塘维护费)+ 50×70(苗种投入)+ 10 000/300(渔药投入)+ 95 000×2/300(人工费)+ 1 215/100(电费)+(8 000 + 3 000 + 4 000)/300(车辆使用费)= 6 690.48 元。

亩利润:亩利润 = 亩产值 - 亩投入 = 7 500 - 6 690.48 = 809.52 元。

投入产出比:投入产出比 = 亩投入/亩产值 = 6 690.48/7 500 = 1/1.12。

劳均渔产值:劳均渔产值 = 总产值/养殖人数 = 300×7 500/4/10 000 = 56.25 万元。

水层利用率:水层利用率 = 养殖品种生存水体/总水体。将池塘养殖品种生存空间分为表层、中层、底层和底内 4 个层次,参藻池塘养殖品种利用水层为表层和底层,因此,水层利用率为 50%。

内部环境:池塘养殖用水的 pH 8.06、溶解氧 7.21 mg/L、氨氮含量 0.054 8 mg/L、亚硝酸盐浓度 0.019 6 mg/L。

排水质量:池塘养殖排水的溶解氧 7.17 mg/L、氨氮含量 0.002 19 mg/L、亚硝酸盐浓度 0.004 70 mg/L(赖龙玉等,2014)。

渔药使用强度:一年 100 亩 150 斤,则 75 千克/100 亩 = 0.75 千克/亩。

蛋白贡献率:蛋白贡献率 = 刺参亩产量(kg)×体壁指数(%)×粗蛋白含量(%)+ 石莼亩产量(kg)×粗蛋白含量(%)= 75×65%×4.92% + 9×(1 - 90%)×17.67% = 2.56 kg(李丹彤等,2006;张起信,1998;李秀辰等,2011)。

劳均用量:劳均用量 = 养殖人数/养殖面积 = 4/300 = 0.013 人/亩。

万元成本劳动力投入量(人/万元):万元成本劳动力投入量 = 养殖人数/养殖总投入 = 4/(6 690.48×300/10 000)= 0.020 人/万元。

劳均收入:劳均收入 = 养殖总利润/养殖人数 = 809.52×300/4/10 000 = 6.07 万元/人。

万元产值耗能:万元产值耗能 = 池塘养殖每产生 1 万元的产值所消耗的总能量 = 4 050×3/(7 500×300/10 000)= 54 千瓦时/万元。

(2)参藻虾池塘生物复合利用模式(大连)。

① 调查结果。

调查结果见表 3-29。

② 数据分析。

池塘养殖面积:300 亩。

管理与生产人员:4 人,其中 2 名工人,2 名技术员。

养殖品种和销售价格:刺参亩产量 75 kg,300 亩产量达 22 500 kg,销售价格为 100 元/千克,规格 4~5 头/斤;石莼 300 亩产量达 2 700 kg,企业自用;日本对虾,亩产量 10 千克/亩,价格 90 元/千克。

建池费：2 000 元/亩/年。

参礁费：1 000 元/亩，按照 4 年折旧。

看管房：1 万元，按照 10 年折旧。

设备投入：300 亩 3 万元，按照 4 年折旧。

其他附属设施：网箱 300 亩 6 万元，按照 4 年折旧。

池塘租金：无，自有池塘。

池塘维护费：每五年清一次圈，每次 20 万元。

苗种投入：刺参苗 50 斤/亩，70 元/斤；虾苗 150 元/1 万尾，5 000 尾虾苗/亩，30 头/斤。

渔药投入：300 亩 1 万元，1 年 100 亩 150 斤。

人工费：工人每人 3.5 万元/年，技术员每人 6 万元/年。

电费：电价：0.3 元/千瓦时；电费：90 d×7.5 kW×6 h＝4 050 kW·h，共计 1 215 元（100 亩圈）。

车辆使用费：购置费以 8 万元计，8 年折旧，年均 0.8 万元。年均车辆保险 0.3 万元，油耗 0.4 万。年均合计 1.5 万元。

亩产值：亩产值＝刺参亩产量（kg）×销售价格＋日本对虾亩产量（kg）×销售价格（元/千克）＝75×100＋10×90＝8 400 元。

亩投入：亩投入＝可变成本＋固定成本＝2 000（建池费）＋250（参礁费）＋10 000/10/300（看管房）＋30 000/4/300（设备投入）＋60 000/4/300（其他附属设施）＋200 000/5/300（池塘维护费）＋50×70＋150/10 000×5 000（苗种投入）＋10 000/300（渔药投入）＋95 000×2/300（人工费）＋1 215/100（电费）＋（8 000＋3 000＋4 000）/300（车辆使用费）＝6 765.48 元。

亩利润：亩利润＝亩产值－亩投入＝8 400－6 765.48＝1 634.52 元。

投入产出比：投入产出比＝亩投入/亩产值＝6 765.48/8 400＝1/1.24。

劳均渔产值：劳均渔产值＝总产值/养殖人数＝300×8 400/4/10 000＝63 万元/人。

水层利用率：水层利用率＝养殖品种生存水体/总水体。将池塘养殖品种生存空间分为表层、中层、底层和底内 4 个层次，参藻虾池塘养殖品种利用水层为表层、底层和底内，因此，水层利用率为 75%。

内部环境：池塘养殖用水的 pH 8.06、溶解氧 7.21 mg/L、氨氮含量 0.054 8 mg/L、亚硝酸盐浓度 0.019 6 mg/L。

排水质量：池塘养殖排水的溶解氧 7.17 mg/L、氨氮含量 0.002 19 mg/L、亚硝酸盐浓度 0.004 70 mg/L（赖龙玉等，2014）。

渔药使用强度：一年 100 亩 150 斤，则 75 千克/100 亩＝0.75 千克/亩。

蛋白贡献率：蛋白贡献率＝刺参亩产量（kg）×体壁指数（%）×粗蛋白含量（%）＋石莼亩产量（kg）×粗蛋白含量（%）＋日本对虾亩产量（kg）×肌肉指数（%）×粗蛋白含量（×）＝75×65%×4.92%＋9×（1－90%）×17.67%＋10×58.59%×17.74%＝3.60 kg（李丹彤等，2006；张起信，1998；李秀辰等，2011）。

劳均用量：劳均用量＝养殖人数/养殖面积＝4/300＝0.013 人/亩。

万元成本劳动力投入量(人/万元):万元成本劳动力投入量=养殖人数/养殖总投入=4/(6 765.48×300/10 000)=0.020 人/万元。

劳均收入:劳均收入=养殖总利润/养殖人数=1 634.52×300/4/10 000=12.26 万元/人。

万元产值耗能:万元产值耗能=池塘养殖每产生 1 万元的产值所消耗的总能量=4 050×3/(8 400×300/10 000)=48.2 千瓦时/万元。

(3)虾贝藻池塘生物复合利用模式(日照)。

① 调查结果。

对虾贝藻生物复合利用模式开展现场调查和调访。经整理,调查结果见表3-30。

表 3-30　虾贝藻生物复合利用模式调查结果

调查内容		调查结果
池塘养殖面积/亩		11
管理与生产总人数/人		2
中国明对虾		总产量:500 kg;规格:20 只/千克;价格:80 元/千克
菲律宾蛤仔		总产量:1 000 kg;规格:20 只/千克;价格:4 元/千克
鼠尾藻		总产量:3 000 kg;藻体高:1.2 cm;价格:3.5 元/千克
海黍子		总产量:1 000 kg;藻体高:1.45 cm;价格:3 元/千克
固定成本/万元	建池费(含土地、挖池、护坡和闸门等)	9(按照 10 年折旧计算年均投入)
	看管房	1(按照 10 年折旧计算年均投入)
	设备投入	9(按照 5 年折旧计算年均投入)
	其他附属设施	1.5(按照 5 年折旧计算年均投入)
	池塘租金	(自有池塘无此项)3.85
	池塘维护费	0.5
可变成本/万元	苗种投入	0.3
	饲料投入	1.5
	渔药投入	0.1(投入重量:50 kg)
	人工费	2.6
	电费(燃油换算成电能)	3(电价为 1 元/千瓦时。开航公司对全体养殖户收取电费按照每千瓦时 1 元的标准,高于普通标准,具体原因不明)
	车辆使用费	1(含保险和油耗。购置费以 8 万元计,10 年折旧,年均 0.8 万元。车辆保险年均 0.3 万元,油耗 0.4 万。没有专用车辆,取前述 2 项的 20%,即车辆使用费约为 0.3 万元/年)

调查内容		调查结果
水层利用率/%	表层	养殖品种:鼠尾藻、海黍子
	中层	养殖品种:中国明对虾
	底层	养殖品种:无
	底内	养殖品种:菲律宾蛤仔
池内水环境	pH	8.56
	溶解氧/(mg/L)	8.05
	氨氮/(mg/L)	0.710 2
	亚硝酸盐/(mg/L)	0.112 05
排水质量	pH	8.32
	溶解氧/(mg/L)	8.01
	氨氮/(mg/L)	0.086 4
	亚硝酸盐/(mg/L)	0.001 86

② 数据分析。

池塘养殖面积:11 亩,管理和生产总人数 2 人。

养殖品种:中国明对虾:总产量 500 kg;规格:20 只/千克;价格:80 元/千克;

菲律宾蛤仔:总产量:1 000 kg;规格:20 只/千克;价格:4 元/千克;

鼠尾藻:总产量:3 000 kg;藻体高:1.2 cm;价格:3.5 元/千克;

海黍子:总产量:1 000 kg;藻体高:1.45 cm;价格:3 元/千克。

建池费:9 万元,按照 10 年折旧。

看管房:1 万元,按照 10 年折旧。

设备投入:9 万元,按照 5 年折旧。

其他附属设施:1.5 万元,按照 5 年折旧。

池塘租金:3.85 万元。

池塘维护费:0.5 万元。

苗种投入:0.3 万元。

饵料投入:1.5 万元。

渔药投入:0.1 万元,投入重量:50 kg。

人工费:2.6 万元。

电费:电价:1 元/千瓦时;电费:3 万元。

车辆使用费:购置费以 8 万元计,10 年折旧,年均 0.8 万元。车辆保险,年均 0.3 万元,油耗 0.4 万。没有专用车辆,取前述 3 项的 20%,即车辆使用费约为 0.3 万元/年。

亩产值:亩产值=中国明对虾亩产量(千克)×销售价格(元/千克)+菲律宾蛤仔亩产量×销售价格(元/千克)+鼠尾藻亩产量(千克)×销售价格(元/千克)+海

黍子亩产量（千克）×销售价格（元/千克）＝500/11×80＋1 000/11×4＋3 000/11×3.5＋1 000/11×3＝5 227.27 元。

亩投入：亩投入＝10 000/10/11（看管房）＋90 000/5/11（设备投入）＋15 000/5/11（其他附属设施）＋38 500/11（池塘租金）＋5 000/11（池塘维护费）＋3 000/11（苗种投入）＋15 000/11（饵料投入）＋1 000/11（渔药投入）＋26 000/11（人工费）＋30 000/11（电费）＋（8 000＋3 000＋4 000）×20％/11（车辆使用费）＝13 045.45 元。

亩利润：亩利润＝亩产值－亩投入＝5 227.27－13 045.45＝－7 878.18 元。

投入产出比：投入产出比＝亩投入/亩产值＝13 045.45/5 227.27＝1/0.400 7。

劳均渔产值：劳均渔产值＝总产值/养殖人数＝5 227.27×11/2/10 000＝2.875 万元/人。

水层利用率：水层利用率＝养殖品种生存水体/总水体。将池塘养殖品种生存空间分为表层、中层、底层和底内 4 个层次。该模式利用水层为表层、中层和底内，虾贝藻池塘养殖的水层利用率为 75％。

内部环境：池塘养殖用水的 pH 8.56、溶解氧 8.05 mg/L、氨氮含量 0.710 2 mg/L、亚硝酸盐浓度 0.112 05 mg/L。

排水质量：池塘养殖排水的 pH 8.32、溶解氧 8.01 mg/L、氨氮含量 0.086 4 mg/L、亚硝酸盐浓度 0.001 86 mg/L。

渔药使用强度：总投入重量为 50 kg，则 50 千克/11 亩＝4.55 千克/亩。

蛋白贡献率：蛋白贡献率＝中国明对虾亩产量（kg）×肌肉指数（％）×粗蛋白含量（％）＋菲律宾蛤仔亩产量（kg）×肌肉指数（％）×粗蛋白含量（％）＋鼠尾藻亩产量（kg）×粗蛋白含量（％）＋海黍子亩产量（kg）×粗蛋白含量（％）＝500/11×56.61％×20.6％＋1 000/11×28.3％×5.3％＋3 000/11×（1－13.11％）×19.35％＋1 000/11×13.8％＝65.06 kg（王娟，2013；殷邦忠等，1996；谌素华等，2010；吴海歌等，2008；李来好，1997；李丽，2012）。

劳均用量：劳均用量＝养殖人数/养殖面积＝2/11＝0.18 人/亩。

万元成本劳动力投入量（人/万元）：万元成本劳动力投入量＝养殖人数/养殖总投入＝2/（13 045.45×11/10 000）＝0.14 人/万元。

劳均收入：劳均收入＝养殖总利润/养殖人数＝－7 878.18×11/2/10 000＝－4.3 万元/人。

万元产值耗能：万元产值耗能＝池塘养殖每产生 1 万元的产值所消耗的总能量＝30 000/（5 227.27×11/10 000）＝5 217.4 千瓦时/万元。

（4）工厂化－池塘耦合利用模式。

① 调查结果。

对工厂化－池塘耦合利用模式开展现场调查和调访。经整理，调查结果见表3-31。

表 3-31 工厂化－池塘耦合利用模式调查结果

调查内容		调查结果
池塘养殖面积/亩		10
管理与生产总人数/人		2
工厂化养殖品种 A:半滑舌鳎		产量:15 000 kg;价格:140 元/千克
耦合池塘养殖品种 a:太平洋牡蛎		产量:250 kg(10 亩池塘总产量);价格:6 元/千克
固定成本/万元	建池费(含土地、挖池、护坡和闸门等)	26(含生物流化床等水处理系统,10 年折旧;年均 2.6 万元)
	看管房	0
	设备投入	10(应含水处理系统,10 年折旧;年均 1 万元)
	其他附属设施	3(10 年折旧,年均 0.3 万元)
	池塘租金	(自有池塘不填此项)
	池塘维护费	约为 0.5 万元/年
可变成本/万元	苗种投入	0.15
	饲料投入	0
	渔药投入	实验。没有用药
	人工费	2
	电费(燃油换算成电能)	1.2(电价为 0.6 元/千瓦时)
	车辆使用费	4.24(偏高。购置费以 8 万元计,10 年折旧,年均 0.8 万元。车辆保险年均 0.3 万元,油耗 0.4 万。没有专用车辆,取前述 2 项的 20%,即车辆使用费约为 0.3 万元/年)
耦合池塘水层利用率/%	表层	养殖品种:太平洋牡蛎(网笼养殖)
	中层	养殖品种:无
	底层	养殖品种:无
	底内	养殖品种:无
工厂化排水(入耦合池塘前)质量	pH	8.15
	溶解氧/(mg/L)	5.38
	氨氮/(mg/L)	3.012
	亚硝酸盐/(mg/L)	0.363

续表

调查内容		调查结果
耦合池塘内水环境	pH	8.35
	溶解氧/(mg/L)	9.98
	氨氮/(mg/L)	0.320
	亚硝酸盐/(mg/L)	0.042
耦合池塘排水质量	pH	8.26
	溶解氧/(mg/L)	9.86
	氨氮/(mg/L)	0.296
	亚硝酸盐/(mg/L)	0.040

② 数据分析。

池塘养殖面积:10 亩,管理和生产总人数 2 人。

工厂化养殖品种:半滑舌鳎,总产量 15 000 kg;价格:140 元/千克;耦合池塘养殖品种:太平洋牡蛎;总产量:250 kg;价格:6 元/千克。

建池费:26 万元,按照 10 年折旧。

设备投入:10 万元,按照 10 年折旧。

其他附属设施:3 万元,按照 10 年折旧。

池塘维护费:约为 0.5 万元。

苗种投入:0.15 万元。

渔药投入:实验,没有用药。

人工费:2 万元。

电费:电价:0.6 元/千瓦时;电费:1.2 万元。

车辆使用费:购置费以 8 万元计,10 年折旧,年均 0.8 万元。车辆保险年均 0.3 万元,油耗 0.4 万。没有专用车辆,取前述 3 项的 20%,即车辆使用费约为 0.3 元/年。

亩产值:亩产值＝太平洋牡蛎亩产量(kg)×销售价格(元/千克)＝250/10×6＝150 元。

亩投入:亩投入 = 260 000/10/10(建池费)+ 100 000/10/10(设备投入)+30 000/10/10(其他附属设施)+ 5 000/10(池塘维护费)+1 500/10(苗种投入)+20 000/10(人工费)+12 000/10(电费)+(8 000+3 000+4 000)×20%/10(车辆使用费)＝8 050 元。

亩利润:亩利润＝亩产值－亩投入＝150－8 050＝－7 900 元。

投入产出比:投入产出比＝亩投入/亩产值＝8 050/150＝1/0.018 6。

劳均渔产值:劳均渔产值＝总产值/养殖人数＝150×10/2/10 000＝0.075 万元/人。

水层利用率:水层利用率＝养殖品种生存水体/总水体。将池塘养殖品种生存空间分为表层、中层、底层和底内 4 个层次,工厂化－池塘耦合养殖的水层利用率为 25%。

内部环境:池塘养殖用水的 pH 8.35、溶解氧 9.98 mg/L、氨氮含量 0.320 mg/L、亚硝酸盐浓度 0.042 mg/L。

排水质量:池塘养殖排水的 pH8.26、溶解氧 9.86 mg/L、氨氮含量 0.296 mg/L、亚硝酸盐浓度 0.040 mg/L。

渔药使用强度:0。

蛋白贡献率:蛋白贡献率＝太平洋牡蛎亩产量(kg)×可食用指数(%)×粗蛋白含量(%)＝25×14.56%×9.83%＝0.36 kg(李苹苹,2014)。

劳均用量:劳均用量＝养殖人数/养殖面积＝2/10＝0.2 人/亩。

万元成本劳动力投入量(人/万元):万元成本劳动力投入量＝养殖人数/养殖总投入＝2/(8 050×10/10 000)＝0.248 人/万元。

劳均收入:劳均收入＝养殖总利润/养殖人数＝－7 900×10/2/10 000＝－3.95 万元/人。

万元产值耗能:万元产值耗能＝池塘养殖每产生 1 万元的产值所消耗的总能量＝12 000/0.6/(150×10/10 000)＝133 333.3 千瓦时/万元。

2. 池塘养殖综合效益分析

(1) 4 种池塘养殖综合效益分析。

① 原始数据无量纲化处理。

各评价指标原始数据汇总(表 3-32)。

表 3-32　指标原始数据

评价指标		原始数据			
		参藻	参藻虾	虾贝藻	工厂化—池塘
亩投入合计/元		6 690.5	6 765.5	13 045.5	8 050.0
亩产值/元		7 500.0	8 400.0	5 227.3	150.0
亩利润/元		809.5	1 634.5	−7 818.2	−7 900.0
投入产出比		1/1.12	1/1.24	1/0.40	1/0/02
劳均渔产值/万元/人		56.3	63.0	2.9	0.1
水层利用率		0.5	0.75	0.75	0.25
内部环境	溶解氧/(mg/L)	7.21	7.21	8.05	9.98
	氨氮含量/(mg/L)	0.054 8	0.054 8	0.710 2	0.32
	亚硝酸盐/(mg/L)	0.019 6	0.019 6	0.112 05	0.042
排水质量	溶解氧/(mg/L)	7.17	7.17	8.01	9.86
	氨氮含量/(mg/L)	0.002 19	0.002 19	0.086 4	0.296
	亚硝酸盐/(mg/L)	0.004 7	0.004 7	0.001 86	0.04

评价指标	原始数据			
	参藻	参藻虾	虾贝藻	工厂化—池塘
渔药使用强度/(千克/亩)	0.75	0.75	4.55	0
蛋白贡献率	2.56	3.6	69.67	0.36
劳均用量/(人/亩)	0.013	0.013	0.18	0.2
万元成本劳动力投入量/(人/万元)	0.020	0.020	0.14	0.248
劳均收入/万元	6.07	12.26	−4.3	−3.95
万元产值耗能	54.0	48.2	5 217.4	133 333.3

由于指标体系中各个指标的含义、单位、指标值的量纲、数量级不同,为了能够将各指标数据进行量化综合,必须对所有的评价指标进行标准化处理,即无量纲化处理。指标无量纲化处理的方法很多,一般分为直线型、折线型和曲线型三种(邱东,1997)。本研究采用直线型标准化法中的极值法对原始数据进行处理。计算公式如下:

$$y_{ij} = \begin{cases} \dfrac{x_{ij} - x_{ij\min}}{x_{ij\max} - x_{ij\min}} & (\text{当 } x_{ij} \text{ 为正作用指标时}) \\ 1 - \dfrac{x_{ij} - x_{ij\min}}{x_{ij\max} - m_{ij\min}} & (\text{当 } x_{ij} \text{ 为负作用指标时}) \end{cases} \qquad \text{式}(3\text{-}15\text{-}1)$$

公式(3-15-1)中,x_{ij} 为指标的原始数据;$x_{ij\max}$,$x_{ij\min}$ 分别为同一指标不同养殖模式的最大值和最小值。

根据直线型标准化公式(3-15-1),各指标无量纲化处理结果(表3-33)。

表 3-33　指标无量纲化结果

评价指标		无量纲化处理结果			
		参藻	参藻虾	虾贝藻	工厂化—池塘
亩投入合计		1.000 0	0.988 2	0.000 0	0.786 1
亩产值		0.890 9	1.000 0	0.615 4	0.000 0
亩利润		0.913 5	1.000 0	0.008 6	0.000 0
投入产出比		0.998 4	1.000 0	0.968 0	0.000 0
劳均渔产值		0.892 7	1.000 0	0.044 5	0.000 0
水层利用率		0.500 0	1.000 0	1.000 0	0.000 0
内部环境	溶解氧	0.000 0	0.000 0	0.303 2	1.000 0
	氨氮含量	1.000 0	1.000 0	0.000 0	0.595 4
	亚硝酸盐	1.000 0	1.000 0	0.000 0	0.757 7

评价指标		无量纲化处理结果			
		参藻	参藻虾	虾贝藻	工厂化—池塘
排水质量	溶解氧	0.000 0	0.000 0	0.312 3	1.000 0
	氨氮含量	1.000 0	1.000 0	0.713 4	0.000 0
	亚硝酸盐	0.925 4	0.925 4	1.000 0	0.000 0
渔药使用强度		0.835 0	0.835 0	0.000 0	1.000 0
蛋白贡献率		0.034 0	0.044 7	1.000 0	0.000 0
劳均用量		1.000 0	1.000 0	0.097 4	0.000 0
万元成本劳动力投入量		0.999 0	1.000 0	0.476 9	0.000 0
劳均收入		0.626 3	1.000 0	0.000 0	0.021 1
万元产值耗能		1.000 0	1.000 0	0.961 2	0.000 0

② 综合效益评价结果。

根据综合效益评价模型,各养殖模式的评价结果见表3-34。

表 3-34　不同养殖模式评价结果

评价指标	无量纲化处理结果			
	参藻	参藻虾	虾贝藻	工厂化—池塘
亩投入合计	0.050 4	0.049 8	0.000 0	0.039 6
亩产值	0.051 3	0.057 6	0.035 4	0.000 0
亩利润	0.105 5	0.115 5	0.001 0	0.000 0
投入产出比	0.133 8	0.134 0	0.129 7	0.000 0
劳均渔产值	0.131 2	0.147 0	0.006 5	0.000 0
水层利用率	0.053 9	0.107 7	0.107 7	0.000 0
内部环境	0.042 8	0.042 8	0.006 5	0.050 4
排水质量	0.054 8	0.054 8	0.057 7	0.028 5
渔药使用强度	0.081 7	0.081 7	0.000 0	0.097 9
蛋白贡献率	0.000 8	0.001 1	0.024 8	0.000 0
劳均用量	0.026 9	0.026 9	0.002 6	0.000 0
万元成本劳动力投入量	0.030 7	0.030 7	0.014 6	0.000 0
劳均收入	0.019 9	0.031 7	0.000 0	0.000 7
万元产值耗能	0.026 4	0.026 4	0.025 4	0.000 0

根据表 3-34 评价结果,将准则层中经济效益、生态效益和社会效益包括的各指标得分分别相加,即可得到各池塘养殖模式的经济效益得分、生态效益得分、社会效益得分和综合效益得分(表 3-35)。

表 3-35　不同养殖模式综合评价得分

评价指标	无量纲化处理结果			
	参藻	参藻虾	虾贝藻	工厂化—池塘
经济效益	0.472 2 Ⅱ	0.503 9 Ⅰ	0.172 6 Ⅲ	0.039 6 Ⅳ
生态效益	0.233 2 Ⅱ	0.287 0 Ⅰ	0.171 9 Ⅳ	0.176 8 Ⅲ
社会效益	0.104 7 Ⅱ	0.116 8 Ⅰ	0.067 4 Ⅲ	0.000 7 Ⅳ
综合效益	0.810 1 Ⅱ	0.907 7 Ⅰ	0.411 9 Ⅲ	0.207 1 Ⅳ

由表 3-35 可以看出,参藻池塘养殖模式综合效益得分为 0.810 1,其中经济效益得分为 0.472 2,生态效益得分为 0.233 2,社会效益得分为 0.104 7;参藻虾混养池塘养殖模式综合效益得分为 0.907 7,其中经济效益得分为 0.503 9,生态效益得分为 0.287 0,社会效益得分为 0.116 8;虾贝藻池塘养殖综合效益得分为 0.411 9,其中经济效益得分为 0.172 6,生态效益得分为 0.171 9,社会效益得分为 0.067 4;工厂化—池塘养殖综合效益得分为 0.207 1,其中经济效益得分为 0.039 6,生态效益得分为 0.176 8,社会效益得分为 0.000 7。

3. 小结

利用构建的评价模型对 4 种池塘养殖模式的综合效益进行了评价,结果显示:从综合效益而言,参藻虾池塘生物复合利用模式的综合效益得分最高,为 0.907 7,其次就是参藻生物复合利用模式和虾贝藻池塘生物复合利用模式,综合效益得分分别为 0.810 1、0.411 9,而工厂化—池塘耦合利用模式的综合效益得分仅 0.207 1,位于最后。按照综合效益,4 种池塘养殖模式的排序为:参藻虾池塘养殖>参藻池塘养殖>虾贝藻池塘养殖>工厂化—池塘养殖。

第16节　基于6个指标的规模化园区生态化养殖模式综合效益评估报告

基于生态效益、经济效益和社会效益3个方面的视角,选取排污强度、生物质量、生物产量、产值、劳动效率和能源消耗等6个评价指标,对规模化园区参藻池塘生物复合利用、参藻虾池塘生物复合利用、虾贝藻池塘生物复合利用和工厂化—池塘耦合利用等四种池塘养殖模式的经济效益、社会效益和生态效益3个方面分别进行打分评估。

1. 生态化养殖模式综合效益评估指标体系与方法

（1）生态化养殖模式综合效益评估指标体系。

生态化养殖模式综合效益考虑生态效益、经济效益和社会效益3个方面,具体评估指标体系见表3-36。其中,生态效益主要考虑养殖活动对环境质量的压力和养殖生物体质量,经济效益主要考虑养殖生物的产量和产值,社会效益主要考虑单位劳动力投入的产出水平和单位养殖产值的能源消耗。

表 3-36　生态化养殖模式综合效益评估指标体系

综合指标	一级指标	二级指标
生态化养殖模式综合效益	生态效益	养殖排污强度
		养殖生物质量
	经济效益	养殖生物产量
		养殖生物产值
	社会效益	劳动效率
		能源消耗

（2）生态化养殖模式综合效益评估指标计算方法。

① 养殖排污强度指标计算方法。

I_1＝养殖排污总量/养殖生物总产值

这里,养殖排污总量包括养殖生物排放的总氮、总磷和COD总量;养殖生物总产值指海域养殖净收益,即养殖收入扣除养殖成本。养殖排污总量根据产污系数线性估算。

非投饵性异养生物产污系数测算方法如下。

养殖过程不需要额外的人工饵料供给,但养殖生物为异养,自身不能合成有机质,需要过滤天然水体中的有机颗粒,理应属于海洋生态系统营养盐的支出部分,但从养殖水域局部来看,滤食性贝类像一只只有机颗粒"过滤器",将流过养殖区的有机颗粒过滤,被过滤到的食粒一部分用于贝类的生长,一部分主要以氨和磷酸盐的形式排泄到水中,更有相当一部分以生物沉积的形式累积在养殖区底部,导致了养殖系统的自身污染。这些养殖生物主要是滤食性贝类,如浮筏养殖的牡蛎、扇贝、贻贝和底播增殖的蛤、蚶以及蛏等。

目前,滤食性贝类养殖区自身污染源强评估主要是基于文献方法。一个养殖周期内单位养殖面积排放的颗粒氮和颗粒磷量的评估公式如下:

$$L_p = (N \times R_b \times C_i \times T)/G$$

这里,L_p:养殖周期内单位养殖面积颗粒态氮磷排放量;N:全海域养殖贝类数量;C_i:粪便和假粪中总氮、总磷的百分含量;R_b:养殖贝类的生物沉积速率(g/ind/d);G:增养殖区养殖面积;T:一个养殖周期的天数。

一个养殖周期内单位养殖面积氨氮和活性磷酸盐的排泄量估算公式如下:

$$L_d = (N \times R \times T)/G$$

这里,L_d:养殖周期内单位养殖面积溶解态氮磷排放量;N:全海域贝类养殖数量;R:单位时间内养殖贝类的氮、磷排泄速率;G:增养殖区养殖面积;T:一个养殖周期的天数。滤食性贝类单位个体产污速率见表 3-37。

表 3-37　滤食性贝类单位个体产污速率

双壳贝类	生物沉积速率/[克/(个·天)]	排氨率/[毫克/(个·天)]	排磷率/[毫克/(个·天)]
太平洋牡蛎	2.76	1.57	0.33
杂色蛤	0.61	0.17	0.13
海湾扇贝	1.67	0.95	0.11
栉孔扇贝	3.92	1.40	0.25
虾夷扇贝	1.75	1.02	0.75
贻贝	1.10	0.78	0.07
蚶	0.88	0.69	0.08

投饵性异养生物产污系数测算方法如下。

像鱼类、虾蟹类、海参及海胆等的养殖,既需要饵料的投入,养殖生物又是异养生活方式,其排污主要是通过残饵和粪便以及养殖生物的代谢产物产生。

一个养殖周期内全海域养殖生物产污量采用以下公式计算:

产污量＝产污系数×养殖生物增产量

其中,养殖生物增产量＝养殖生物产量－苗种投放量,由于苗种投放量数据无法获得,且所占比例较小,所以评估过程中苗种投放量予以忽略不计。

投饵异性养殖生物产量和产污系数见表 3-38。

表 3-38　投饵异养性养殖生物产量和产污系数

养殖品种		主要养殖模式	产污系数/(g/kg)			
			适用范围	总氮	总磷	COD
贝类	鲍、螺	池塘养殖	全国	8.791	0.749	7.572
鱼类	鲈鱼	池塘养殖	黄渤东海区	17.33	0.963	17.407
			南海区	1.08	0.014	2.18
	鲆鱼	工厂化养殖	黄渤海区	2.059	1.314	81.447
			东南海区	6.653	0.933	41.926
	鲽鱼	工厂化养殖	黄渤海区	2.059	1.314	81.447
			东南海区	6.653	0.933	41.926
	河鲀	池塘养殖	黄渤东海区	17.33	0.963	17.407
			南海区	1.08	0.014	2.18
甲壳类	对虾	池塘养殖	黄渤海区	0.875	0.32	41.665
			东海区	2.122	0.353	34.548
			南海区	3.368	0.387	27.431
	三疣梭子蟹	池塘养殖	全国	2.45	1.062	39.224
			全国	2.841	1.14	17.151
	青蟹	池塘养殖				
其他类	海参	池塘养殖	全国	4.975	0.117	32.473
	海胆	池塘养殖	全国	4.975	0.117	32.473
	海蜇	池塘养殖	全国	4.035	0.455	22.204

② 养殖生物质量指标计算方法。

考虑养殖生物体内重金属等有害物质含量，根据《海洋生物质量（GB 18421—2001）》国家标准测定和计算，主要考虑养殖海洋贝类生物质量。其中，海洋生物质量的分类采用第一类，即适用于海洋渔业水域、海水养殖区、海洋自然保护区、与人类食用直接有关的工业用水区。具体标准值见表 3-39。

表 3-39　海洋贝类生物质量第一类标准值

项目	标准值/(mg/kg)	项目	标准值/(mg/kg)
总汞	0.05	铜	10
镉	0.2	锌	20
铅	0.1	石油烃	15
铬	0.5	六六六	0.02
砷	1.0	滴滴涕	0.01

③ 养殖生物产量指标计算方法。

养殖生物产值指单位养殖面积的养殖生物总产量。

I_3＝养殖生物总产量/养殖面积

④ 养殖生物产值指标计算方法。

养殖生物产值指单位养殖面积的养殖生物总产值。

I_4＝养殖生物总产值/养殖面积

这里,养殖生物总产值同本节"(2)"中"①"部分所述。

⑤ 劳动效率指标计算方法。

劳动效率指单位劳动力的有效产出水平。

I_5＝养殖生物总产值/劳动力总投入

这里,养殖生物总产值同本节"(2)"中"①"部分所述。

⑥ 能源消耗指标计算方法。

能源消耗指每万元养殖产值消耗的能源(换算值标准煤吨数)。

I_6＝养殖消耗能源总量/养殖生物总产值

这里,养殖生物总产值同本节"(2)"中"①"部分所述。根据国家统计局采用的折算标准煤系数,将各类能源消耗量换算为标准煤吨数。根据《山东统计年鉴——2007》,电力折算标准煤的当量系数为 1.229(吨标准煤/万千瓦时)。

(3) 生态化养殖模式综合效益估算方法。

① 二级指标归一化方法。

对各二级指标评估结果进行归一化处理,对于正向、负向指标分别采取越大越小和越小越好的归一化方法。

N_P＝min $(1, I/I_0)$

N_N＝min $(1, I_0/I)$

这里,N_P 为正向指标得分,即指标取值越大,综合效益越高,适用于养殖生物产量、养殖生物产值和劳动效率这 3 个二级指标;N_N 为负向指标,适用于其他 3 个二级指标。

② 一级指标和综合指标计算方法。

一级指标和综合指标的计算采取加权平均法,同级指标采用相等的权重。

③ 指标分等定级。

评价结果为 0～1 之间的数值,0 表示效益最差、1 表示效益最好,根据数值大小判断养殖模式的综合效益等级。指标取值在 0～0.2、0.2～0.4、0.4～0.6、0.6～0.8 和 0.8～1.0 的,综合效益等级分别为低、较低、中等、较高和高。

2. 4 种生态化养殖模式综合效益评估结果

(1) 虾贝藻池塘生物复合利用模式(日照市)综合效益评估。

根据日照市的虾贝藻池塘生物复合利用模式调查,表层养殖品种为鼠尾藻和海黍子,中层为中国明对虾,底层为菲律宾蛤仔。养殖总产量为 5.5 t,养殖收入为 5.75 万元(表 3-40)。根据养殖生物产量及其产污系数(表 3-40)计算得到,该养殖池塘异养生物总氮、总磷和 COD 排放量分别为 24.8 kg、10.8 kg 和 28.2 kg。

池塘养殖面积11亩,管理与生产总人数为2人。包括建池费、看管房、设备投入、其他附属设施、池塘租金和池塘维护费在内的固定成本为24.85万元,包括苗种投入、饲料投入、渔药投入、人工费、电费和车辆使用费在内的可变成本为8.5万元,其中苗种投入费为0.3万元。用电量为3万千瓦时,折算为3.687标准煤吨数。

根据各指标计算结果可知(表3-41),日照市虾贝藻池塘生物复合利用模式综合效益得分为0.704 3,等级为较高;其中,生态效益、经济效益和社会效益得分分别为1.0、0.719 8和0.393 2,等级分别为高、较高和较低。

(2)工厂化-池塘耦合利用模式(滨州市)综合效益评估。

根据滨州市的工厂化-池塘耦合利用模式调查,工厂化养殖品种为半滑舌鳎,耦合池塘养殖品种为牡蛎。养殖总产量为15.25 t,养殖收入为210.15万元。根据养殖生物产量及其产污系数(表3-40)计算得到,该养殖池塘异养生物总氮、总磷和COD排放量分别为34.0 kg、20.7 kg和1 224.1 kg。

池塘养殖面积10亩,管理与生产总人数为20人。包括建池费、设备投入、其他附属设施和池塘租金在内的固定成本为24.85万元,包括苗种投入、人工费和电费在内的可变成本为3.35万元,其中苗种投入费为0.15万元。用电量为2万千瓦时,折算为2.458标准煤吨数。

根据各指标计算结果(表3-41)可知,滨州市工厂化-池塘耦合利用模式综合效益及其生态效益、经济效益和社会效益得分均为1.0,等级均为高。

(3)参藻池塘生物复合利用模式(大连市)综合效益评估。

根据大连的参藻池塘生物复合利用模式调查,表层采用网箱保苗海参苗,底层养殖刺参总产量为22.5 t,养殖藻类为石莼,产量为2.7 t;由于养殖藻类为企业自用,因此养殖总收入为225.0万元。根据养殖生物产量及其产污系数(表3-40)计算得到,该池塘异养生物总氮、总磷和COD排放量分别为111.9 kg、2.6 kg、730.6 kg。

表3-40 主要养殖生物生产情况及其产污系数

项目	总产量/kg	总产值/万元	产污系数		
			总氮/(g/kg)	总磷/(g/kg)	COD/(g/kg)
中国明对虾	500	4	0.875	0.320	41.665
菲律宾蛤仔	1 000	0.4	24.387	10.656	7.384
半滑舌鳎	15 000	210	2.059	1.314	81.447
牡蛎	250	0.15	12.602	3.937	9.526
海参	22 500	225	4.975	0.117	32.473
凡纳滨对虾	375 000	1 425	0.875	0.32	41.665
缢蛏	15 000 000	26 250	16.218	7.086 6	7.384

表 3-41　各类指标取值及得分

指标	参考值	日照市		滨州市		大连市		黄河岛	
		取值	得分	取值	得分	取值	得分	取值	得分
养殖排污强度/（吨/万元）	0.060	0.012	1	0.006	1	0.011	1	0.017	1
养殖生物质量	—	—	1	—	1	—	1		1
养殖生物产量/（吨/平方千米）	835	750	0.898 1	2 080	1	126	0.159 3	2 437.5	1
养殖生物产值/（万元/平方千米）	1 372	743	0.541 6	28 636	1	391.4	0.467 8	2 756.3	1
劳动效率/（万元/人）	4.05	2.73	0.673 1	10.50		19.57		183.8	1
能源消耗/（吨标准煤/万元）	0.077	0.677	0.113 3	0.012	1	0.006	1	—	1

注：由于数据可获取性，各指标参考值选取分别依据山东省 2010 年养殖排污强度、山东省 2013 年海水养殖生物产量和产值、山东省 2010 年海洋渔业劳动效率、山东省 2013 年农业能耗；其中养殖生物质量数据缺失，假设均符合标准值。

池塘养殖面积 300 亩，管理与生产总人数为 4 人。包括建池费、参礁费、看管房、设备投入、网箱费、池塘维护费等在内的固定成本折旧费约为 19.85 万元/年，包括苗种投入、鱼药投入、人工费、电费、车辆使用费等在内的可变成本约为 146.71 万元/年。用电量为 4 050 kW·h，折算为 0.498 标准煤吨数。

根据各指标计算结果（表 3-41）可知，大连市参藻池塘生物复合利用模式综合效益得分为，0.771 2，等级为较高；其中，生态效益、经济效益和社会效益得分分别为 1.0、0.313 5 和 1.0，等级分别为高、较低和高。

（4）池塘—大维度滩涂湿地综合开发模式（黄河岛）综合效益评估。

根据黄河岛的池塘—大维度滩涂湿地综合开发模式调查，底层养殖凡纳滨对虾，底内养殖缢蛏，滩涂湿地存在芦苇，总产量为 2.44 万吨，总收入为 2.86 亿元。根据养殖生物产量及其产污系数（表 3-40）计算得到，养殖生物总氮、总磷和 COD 排放量分别为 243.6 t、106.4 t 和 126.4 t。

养殖面积 15 000 亩，管理与生产总人数为 150 人。包括池塘租金和池塘维护费等在内的固定成本费约为 795 万元/年，包括苗种投入、饲料投入和人工费等在内的可变成本约为 216.6 万元/年。采用自然纳潮，因而不需要用电。

根据各指标计算结果可知（表 3-41），黄河岛池塘—大维度滩涂湿地综合开发模式综合效益及其生态效益、经济效益和社会效益得分均为 1.0，等级均为高。

3. 小结

经评估，虾贝藻池塘生物复合利用模式综合效益得分 0.70，等级为较高；生态效益、经济效益和社会效益得分分别为 1.0、0.72 和 0.39，等级分别为高、较高和较低。参藻池塘生物复合利用模式综合效益得分 0.77，等级为较高；生态效益、经济效益和社会效益分别为 1.0、0.31 和 1.0，等级分别为高、较低和高。工厂化—池塘耦合利用模式综合效益及其生态效益、经济效益和社会效益得分均为 1.0，等级均为高。池塘—大维度滩涂湿地综合开发模式综合效益及其生态效益、经济效益和社会效益得分均为 1.0，等级均为高。

第 17 节　池塘养殖综合效益评价系统计算机软件开发

为提高评价效率和可操作性,给管理部门和养殖单位提供快速决策工具,项目开发了综合效益评价系统电子支持平台;该软件界面友好、可移植性强、使用简单,具有较好的应用性和可扩展性。

1. 指标体系构建及权重计算

（1）指标体系构建。

本评价系统以池塘养殖综合效益为目标层,将其分解为经济效益、生态效益、社会效益三个方面,构成评价指标体系的准则层,从准则层的三大效益出发,继续细化为不同的具体指标,构成评价指标体系的指标层,形成池塘养殖综合效益评价的基本框架。查阅国内外相关文献,对评价指标体系的指标层进行广泛的筛选,确定评价指标体系(表 3-42)。

表 3-42　水产养殖综合效益评价指标体系

目标层	准则层	指标层
A 综合效益	B_1 经济效益	C_{11} 亩产值
		C_{12} 亩投入
		C_{13} 亩利润
		C_{14} 投入产出比
		C_{15} 劳均渔产值
	B_2 生态效益	C_{21} 水层利用率
		C_{22} 内部环境
		C_{23} 养殖水达标排放
		C_{24} 渔药使用强度
	B_3 社会效益	C_{31} 蛋白贡献率
		C_{32} 劳均用量
		C_{33} 万元成本劳动力投入量
		C_{34} 劳均收入
		C_{35} 万元产值耗能

（2）权重计算。

层次分析法（Analytic Hierarchy Process，简称 AHP）是由美国运筹学家，匹兹堡大学萨迪（Saaty T L）教授于 20 世纪 70 年代初提出，并由萨迪教授的学生高兰尼柴（Gholamnezhad H）于 1982 年 11 月召开的中美能源、资源、环境学术会议上首先向中国学者介绍的。层次分析法是一种定性与定量相结合，将人的主观判断用数量形式表达和处理的方法，它将定性指标进行量化处理，把目标多、定性指标比重大的复杂问题数据化，从而运用数学模型进行决策分析。层次分析法的确定各指标的权重，基本步骤如下：

① 构造两两比较判断矩阵。

通过德尔菲法进行专家匿名咨询，由专家利用 1—9 比例标度法分别对每一层次的评价指标的相对重要性进行赋值，并用准确的数字进行量化表示，不同数字代表不同的含义（表 3-43）。

表 3-43　比例标度法

标度	含 义
1	表示两个元素相比，具有同样重要性
3	表示两个元素相比，前者比后者稍微重要
5	表示两个元素相比，前者比后者明显重要
7	表示两个元素相比，前者比后者强烈重要
9	表示两个元素相比，前者比后者极端重要
2、4、6、8	表示上述相邻判断的中间值
倒数	若元素 i 与元素 j 的重要性之比为 a_{ij}，那么元素 j 与元素 i 重要性之比为 $a_{ji}=1/a_{ij}$

通过专家调查问卷，考察同一层次指标相对于上一层次对应指标的相对重要性，得到两个层次间的判断矩阵（表 3-44）。

表 3-44　判断矩阵

A	B_1	B_2	...	B_n
B_1	1	a_{12}	...	a_{1n}
B_2	a_{21}	1	...	a_{2n}
...	...	...	1	...
B_n	a_{n1}	a_{n2}	...	1

其中，a_{ij} 表示指标 B_i 与指标 B_j 相对于指标 A 的重要性的比例标度，由于每个指标相对于自身的重要性为 1，因此判断矩阵对角线的数值皆为 1。

② 求解两两比较判断矩阵。

将构建的判断矩阵按行分别相加：

$$\overline{w}_i = \sum_{j=1}^{n} \frac{a_{ij}}{n}$$

得到列向量，$\overline{w}=\left[\overline{w}_1,\overline{w}_2,\overline{w}_3,\cdots,\overline{w}_n\right]$

a_{ij} 为指标 B_i 与指标 B_j 的重要性之比，n 为指标个数。

将所得的 $\overline{w}$ 向量分别做归一化处理，得到单一准则下各被比较指标的权重：

$$w_i=\frac{\overline{w}_1}{\overline{w}_1+\overline{w}_2+\overline{w}_3+\cdots+\overline{w}_n}$$

③ 一致性检验。

判断矩阵一致性检验的步骤如下：

第一步，计算一致性指标 CI(consistency index)。

$$CI=(\lambda_{max}-n)/(n-1)$$

$$\lambda_{max}=\frac{1}{n}\sum_{i=1}^{n}\frac{\sum_{j=1}^{n}a_{ij}w_j}{w_i}$$

上式中，λ_{max} 为判断矩阵最大特征值，n 为指标个数。

第二步，查找相应的平均随机一致性指标 RI(random index)(表 3-45)

表 3-45　平均随机一致性指标 RI

矩阵阶数	1	2	3	4	5	6	7	8	9
RI	0	0	0.58	0.90	1.12	1.24	1.32	1.41	1.45

第三步，计算一致性比例 CR(consistency ratio)。

$$CR=CI/RI=\frac{(\lambda_{max}-n)/(n-1)}{RI}$$

对于 $n<3$ 的判断矩阵，$CR=0$，矩阵总是一致的；对于 $n\geqslant3$ 的判断矩阵，当 CR <0.1 时，认为判断矩阵具有满意的一致性，即权重的分配是合理的，当 CR$\geqslant0.1$ 时，需要对判断矩阵做适当修正，一直到满足一致性比例要求为止。

2. 软件开发及使用方法

(1) 欢迎界面。

池塘养殖综合效益评价系统在 Visual Basic 平台上开发，调用 matlab 提供的矩阵运算功能实现层次分析法的矩阵运算。

运行软件后，首先进入软件的欢迎界面，如图 3-42 所示。

图 3-42　软件欢迎界面

（2）软件基本介绍和使用流程说明。

点击"关于"按钮，进入软件基本介绍界面（图 3-43），在此界面可以了解软件的版本信息，并可查看计算机的硬件配置（图 3-44）。点击"流程详解"按钮，进入软件操作流程介绍界面（图 3-45），在此界面详细介绍软件操作的基本流程，首次使用此软件的用户通过阅读此流程，了解软件的使用方法，正确使用软件。

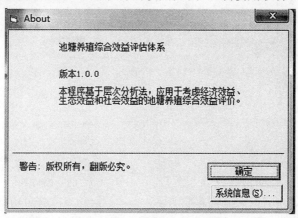

图 3-43 软件基本介绍界面

图 3-44 计算机系统信息

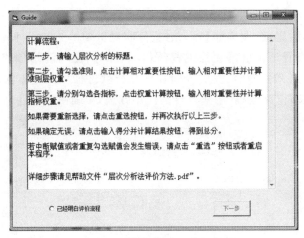

图 3-45　软件操作流程介绍界面

（3）软件操作主界面。

当已认真阅读，并明白软件操作流程，点击图 3-45 的"下一步"按钮，进入软件的主界面（图 3-46）。主界面可以输入准则层和各指标层的专家打分值，计算结果显示在界面左侧的文本框中，最终计算结果会自动存储到软件运行目录下的文本文件中。

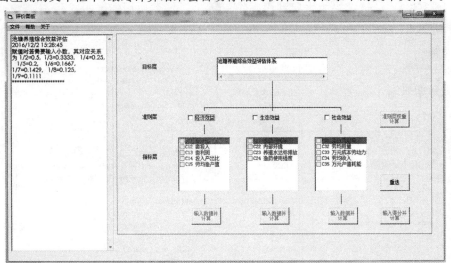

图 3-46　软件操作主界面

在综合考虑经济效益、生态效益和社会效益，通过专家打分确定准则层各指标的打分平均值如表 3-46 所示。

表 3-46　准则层专家打分平均值

A	B_1	B_2	B_3
B_1	1	1.316 1	3.873
B_2	0.759 8	1	2.340 4
B_3	0.258 2	0.427 3	1

注：B_1：经济效益；B_2：生态效益；B_3：社会效益

（4）计算各准则层的权重值。

通过软件输入界面（图 3-47）输入各准则相对重要性的专家打分平均制，软件基于层次分析法，计算得出各准则层的权重值（图 3-48）。计算结果如下：经济效益权重为 0.504 7；生态效益权重为 0.354 7；社会效益权重为 0.140 6。

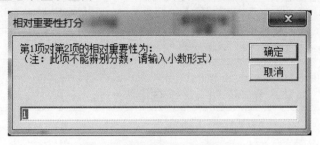

图 3-47　专家打分值输入窗口

输入经济效益各指标专家打分平均值（表 3-47），可计算得出各指标权重（图 3-49）。计算结果为劳均渔产值（0.291 3）＞投入产出比（0.266 1）＞亩利润（0.228 8）＞亩产值（0.114 0）＞亩投入（0.099 8）。

输入生态效益指标个专家打分平均值（表 3-48），可计算得出生态效益各指标权重（图 3-50）。结算结果为水层利用率（0.303 6）＞渔药使用强度（0.275 3）＞养殖水达标排放（0.240 2）＞内部环境（0.180 8）。

输入社会效益指标个专家打分平均值（表 3-49），可计算得出社会效益各指标权重（图 3-51）。计算结果为劳均收入（0.225 3）＞万元成本劳动力投入（0.218 1）＞劳均用量（0.192 1）＞万元产值耗能（0.187 9）＞蛋白贡献率（0.176 5）。

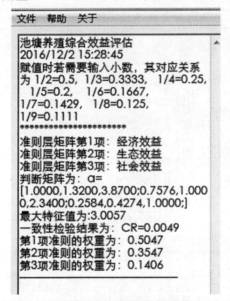

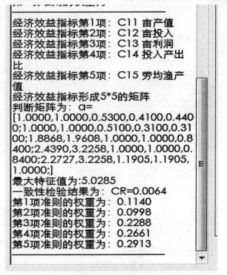

图 3-48　准则层权重计算结果　　　　图 3-49　经济效益指标权重计算结果

表 3-47　经济效益各指标专家打分平均值

B_1	C_{11}	C_{12}	C_{13}	C_{14}	C_{15}
C_{11}	1	1	0.531 8	0.411 1	0.438 7
C_{12}	1	1	0.508 1	0.312 9	0.310 2
C_{13}	1.880 4	1.968 1	1	1	0.840 9
C_{14}	2.432 5	3.195 9	1	1	0.840 9
C_{15}	2.279 5	3.223 7	1.189 2	1.189 2	1

注：C_{11}亩产值；C_{12}亩投入；C_{13}亩利润；C_{14}投入产出比；C_{15}劳均渔产值

表 3-48　生态效益各指标专家打分平均值

B_2	C_{21}	C_{22}	C_{23}	C_{24}
C_{21}	1	1.968 1	1.087 8	1.087 8
C_{22}	0.508 1	1	1	0.577 4
C_{23}	0.919 3	1	1	1
C_{24}	0.919 3	1.731 9	1	1

注：C_{21}水层利用率；C_{22}内部环境；C_{23}养殖水达标排放；C_{24}渔药使用强度

表 3-49　生态效益各指标专家打分平均值

B_3	C_{31}	C_{32}	C_{33}	C_{34}	C_{35}
C_{31}	1	0.903 6	0.795 3	0.759 8	1
C_{32}	1.106 7	1	1	0.707 1	1.057
C_{33}	1.257 4	1	1	1	1.257
C_{34}	1.316 1	1.414 2	1	1	1
C_{35}	1	0.945 7	0.795 3	1	1

注：C_{31}蛋白贡献率；C_{32}劳均用量；C_{33}万元成本劳动力投入量；C_{34}劳均收入；C_{35}万元产值耗能

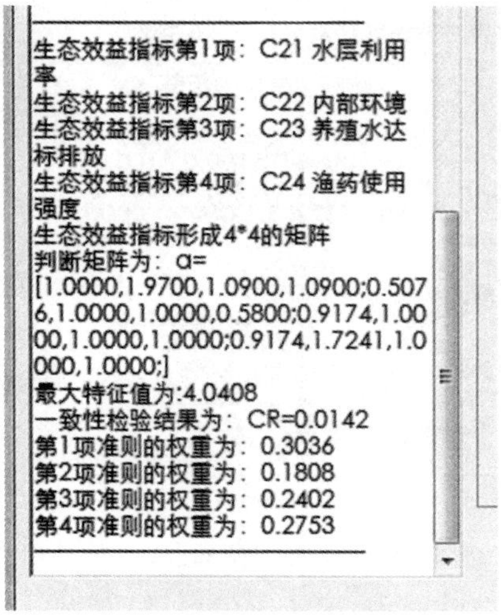

图 3-50　生态效益指标权重计算结果

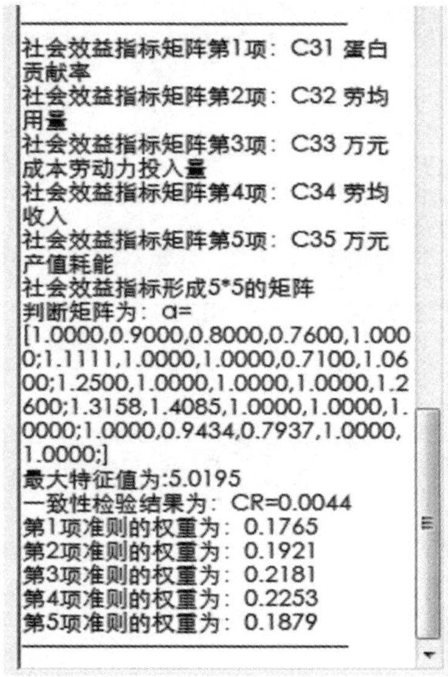

图 3-51　社会效益指标权重计算结果

（5）计算各指标分值。

准则层及各指标权重计算结果都显示在软件主界面左侧的文本框内（图 3-52）。计算得出各指标权重后，可根据调查结果，计算各指标的得分情况，进行池塘养殖不同养殖方式的综合效益评价。

以 2012～2014 年对胶东沿海的刺参养殖池塘的抽样调查数据、2012～2014 年对海阳、胶州、日照、东营等地虾蟹混养池塘养殖开展调查的数据、2012～2014 年对胶州、日照、东营等地的中国明对虾池塘养殖进行的现场调查及问卷调查数据和 2012～2014 年对荣成、海阳、东营的凡纳滨对虾池塘养殖问卷调查数据为基础，计算 4 种常见养殖方式的综合效益。

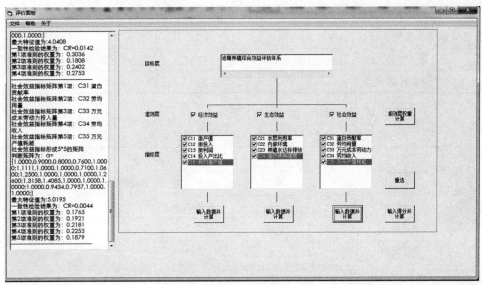

图 3-52　软件计算结果界面

原始数据如表 3-50 所示。

表 3-50　指标调查原始数据

评价指标		原始数据			
		刺参	虾蟹混养	中国明对虾	凡纳滨对虾
亩产值/元		43 100	11 633	6 505	6 930
亩投入/元		22 188	3 015	1 591	1 657
亩利润/元		20 912	8 618	4 914	5 273
投入产出比		1/1.94	1/3.86	1/4.09	1/4.18
劳均渔产值/(元/人)		862 000	193 883	130 100	138 600
水层利用率		25%	75%	50%	50%
内部环境	溶解氧/(mg/L)	6.42	5.6	5.4	6.55
	氨氮/(mg/L)	0.24	0.38	0.35	0.4
	亚硝酸盐/(mg/L)	0.37	0.34	0.28	0.16

评价指标		原始数据			
		刺参	虾蟹混养	中国明对虾	凡纳滨对虾
养殖水达标排放	溶解氧/(mg/L)	4.14	3.6	4.2	4.3
	氨氮/(mg/L)	0.42	0.62	0.43	0.65
	亚硝酸盐/(mg/L)	0.55	0.52	0.54	0.49
渔药使用强度/(千克/亩)		2.97	1.88	1.78	1.44
蛋白贡献率		16.81	17.47	13.53	19.05
劳均用量/(人/亩)		0.04	0.06	0.05	0.05
万元成本劳动力投入量/(人/万元)		0.02	0.2	0.31	0.3
劳均收入/元		522 800	143 600	98 900	99 000
万元产值耗能		198.8	245.9	439.7	324.2

原始数据经无量纲处理后,如表 3-51 所示。

表 3-51　原始数据指标无量纲化结果

评价指标		原始数据			
		刺参	虾蟹混养	中国明对虾	凡纳滨对虾
亩产值		1	0.140 1	0	0.011 6
亩投入		0	0.930 9	1	0.996 8
亩利润		1	0.231 5	0	0.022 4
投入产出比		0	0.927 3	0.980 5	1
劳均渔产值		1	0.087 1	0	0.011 6
水层利用率		0	1	0.5	0.5
内部环境	溶解氧	0.887	0.173 9	0	1
	氨氮	1	0.125	0.312 5	0
	亚硝酸盐	0	0.142 9	0.428 6	1
养殖水达标排放	溶解氧	0.771 4	0	0.857 1	1
	氨氮	1	0.130 4	0.956 5	0
	亚硝酸盐	0	0.5	0.166 7	1
渔药使用强度		0	0.712 4	0.777 8	1
蛋白贡献率		0.594 2	0.713 8	0	1
劳均用量		1	0	0.5	0.5
万元成本劳动力投入量		0	0.620 7	1	0.965 5
劳均收入		1	0.105 4	0	0.000 2
万元产值耗能		1	0.804 5	0	0.479 5

（6）各养殖方式综合效益结果输出。

在池塘养殖综合效益评价系统中，输入各指标的无量纲打分制（图 3-53），可计算得出各养殖方式的综合效益。某一养殖方式的综合效益计算结果显示在主界面左侧的文本框内（图 3-54），软件计算过程中，准则层及准则层下各指标权重及最终计算得出的综合效益值自动存储在软件运行目录下的文本文件中。

图 3-53　各指标打分制输入窗口

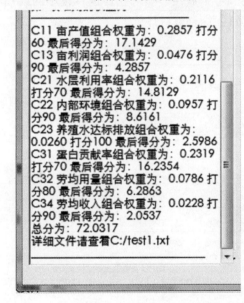

图 3-54　某一养殖方式的综合效益

基于刺参、虾蟹混养、中国明对虾和凡纳滨对虾池塘养殖调查数据，输入各调查指标的无量纲值，计算得出各养殖方式的经济效益、生态效益、社会效益和综合效益，计算结果如表 3-52 所示。

表 3-52　四种常见养殖方式综合效益评价得分

评价准则	刺参	虾蟹混养	中国明对虾	凡纳滨对虾
经济效益	0.320 1	0.218 8	0.181 8	0.189 2
生态效益	0.090 8	0.204 8	0.202 2	0.251 4
社会效益	0.099 7	0.061 3	0.044 2	0.080 6
综合效益	0.510 6	0.484 9	0.428 2	0.521 2

计算结果显示,养殖刺参的经济效益和社会效益最高,但生态效益较低,综合效益较高;虾蟹混养的经济效益和生态效益较高,社会效益和综合效益较低;养殖中国明对虾的经济效益和社会效益最低,但生态效益较高;养殖凡纳滨对虾的经济效益和社会效益较低,但生态效益最高。

3. 小结

本研究在可视化开发环境下,采用组件技术,开发了池塘养殖综合效益评价系统。软件界面友好、可移植性强,对于没有数学基础的养殖户,也可按照软件操作流程,评价某一养殖方式的经济效益、生态效益、社会效益及综合考虑以上 3 个准则的综合效益。养殖户可能更多关注某一养殖方式的经济效益,而海域管理部门在考虑养殖户经济收入的同时,更多关注池塘养殖对水域环境的污染,故池塘养殖综合效益评价系统,为海域管理部门在评估池塘养殖效益时,提供电子支持平台。池塘养殖综合效益评价系统软件通过用户友好的可视化界面,封装的层次分析法的矩阵运算,具有极强的应用性和可扩展性。如对软件进行很小的改动,即可进行其他用海项目(如人工鱼礁、旅游区)综合效益评价。

第4章

海水养殖园区环境工程优化技术的产业化推广应用及示范

第 1 节　免疫增强剂的推广示范工作

1. 免疫增强剂的推广示范工作实例

自 2013 年 11 月至 2014 年 4 月在山东东营华春渔业有限公司进行党参免疫增强剂的推广示范工作,设空白对照和免疫增强剂示范组,每组分别放养规格 0.25～0.5 g/头的刺参,每组两个车间(一、二车间为示范组,一车间 23 个池子,二车间 33 个池子;六、七车间为对照组,六车间 35 个池子,七车间 33 个池子),池子面积约 25 m²,实验过程中连续充气,每天换水,下午投喂,每个车间内相互倒池。

以 3% 植物源免疫增强剂连续投喂 3 d,停喂 15 d,实验进行 4 个月。在项目研制的免疫增强剂应用示范过程中,示范组幼参 210 万头,成活 152.3 万头,成活率为 72.5%;对照组幼参 252 万头,成活 149.6 万头,成活率为 59.4%,示范组比对照组幼参成活率提高 22.1%,增产约 7 200 kg,新增产值 79.2 万元,新增利税 47.5 万元,节约药费开支 5 万元,增收节支总额 52.5 万元。通过免疫增强剂的应用基本取代了使用抗生素类药物,同时大大减少了病害造成的损失,降低了药物使用成本,提高了经济效益和社会效益。

2014 年 5 月开始,在日照水产研究所养殖基地进行免疫增强剂的应用推广示范工作,推广示范面积 2 000 m²,养殖海参 25.4 万头,规格 3～17 克/头,以 3% 植物源免疫增强剂连续投喂 3 d,停喂 15 d。阶段性跟踪数据结果显示,复方免疫增强剂对刺参生长产生了显著影响,其中不同规格的刺参效果不同,平均增长率达 41%,成活情况待示范工作结束后确定。

2013～2014 年在青岛市崂山区王哥庄金海湾育苗养殖场示范应用免疫增强剂达 2 000 m²,示范养殖刺参达 400 万头。应用免疫增强剂技术后,抗生素等药物的使用率降低达 95% 以上,成活率提高近 18%,示范效果良好。截至 2014 年 5 月,养殖刺参增产达 6 000 kg,增加收入达 60 万元,养殖刺参产品符合无公害产品标准。项目研制的免疫增强剂可显著提高刺参抵抗病害的能力,提高成活率,减少病害造成的损失,同时降低了药物使用成本,提高经济效益和社会效益。

鱼类免疫增强剂应用示范地点选定为山东省海洋资源与环境研究院东营基地,示范鱼种为石斑鱼,示范用免疫增强剂功能主要是加强鱼类单核巨噬细胞、促进淋巴细胞转化以及促进补体及溶菌酶产生。示范工作已开始,尚未进行阶段性效果统计。

2. 小结

（1）确定了相关免疫指标及其检测方法——体腔细胞数量及其吞噬活性、呼吸爆发活性，体腔细胞 SOD、ACP、PO、NOS 活性，肠道内容物的蛋白酶、淀粉酶、纤维素酶、褐藻酸酶活性。

（2）通过注射方式对 14 种免疫增强剂进行筛选，最终确定了 1 种效果较好的植物源免疫增强剂——党参，同时完成了剂型制备。党参免疫增强剂施用组免疫指标与对照组均存在显著差异（$P < 0.05$）；实验室内进行了相关免疫实验，通过致病菌攻毒感染实验对其进行效果评价，党参免疫增强剂施用组与对照组之间差异显著（$P < 0.05$）。

（3）通过配伍进行免疫增强剂的配方研究，筛选获得了 1 种适合刺参应用的复方免疫增强剂，与对照组比较差异显著（$P < 0.05$）；同时申请专利，申请号为 20130646690.3。

（4）测定刺参应用免疫增强剂后肠道不同消化酶活性的同时，通过监测比活力进行了养殖期间的变化趋势研究，对实际养殖过程中免疫增强剂的施用提供更丰富的参考。

（5）研究党参免疫增强剂对仿刺参体腔细胞补体基因表达情况。以荧光定量 PCR 结果分析两种不同的补体基因 AjC3/AjC3-2 参比 Cytb 基因的相对 mRNA 水平，投喂党参和复方免疫增强剂示范组仿刺参补体表达水平与对照组比较差异显著（$P < 0.05$）。

（6）免疫增强剂配方推广示范应用：

在山东华春渔业有限公司进行免疫增强剂推广示范应用现场验收，示范面积 3 000 m^2，示范组比对照组幼参成活率提高 22.1%，完成了计划指标，通过专家组现场验收。

于日照市水产研究所养殖基地进行刺参用植物源免疫增强剂的推广示范应用，效果显著，不同规格的刺参增重率及成活率不同。2014 年 11 月 20 日开始，示范池刺参重量 2 359 斤，规格为 35.71 g，经过 5 个月养殖，至 2015 年 4 月 17 日分池时测量，规格增至 83.33 g，增重率 133%，总重量达到 4 898 斤，成活率 88.9%。

2015 年 1 月 25 日进行了小规格刺参免疫防病示范，刺参重量 779 斤，规格为 16.67 g，2015 年 4 月 14 日检查，刺参重量增至 1 660 斤，规格达到 41.67 g，计算增重率为 113%，成活率达 85.2%。

2013～2014 年在青岛市崂山区王哥庄金海湾育苗养殖场示范应用免疫增强剂达 2 000 m^2，示范养殖刺参达 400 万头。应用免疫增强剂技术后，抗生素等药物的使用率降低达 95% 以上，成活率提高近 18% 左右，示范效果良好。截至 2014 年 5 月，养殖刺参增产达 6 000 kg，增加收入达 60 万元，养殖刺参产品符合无公害产品标准。项目研制的免疫增强剂可显著提高刺参抵抗病害的能力，提高成活率，减少病害造成的损失，同时降低了药物使用成本，提高经济效益和社会效益。

第2节　渔用抗生素安全评估与中草药替代技术研究

1. 实验方法

实验凡纳滨对虾于 2011 年 12 月购于青岛市崂山区沙子口对虾养殖场,体重 15.7 g±2.3 g,生物学体长 10.8 cm±1.2 cm,水温 22.9 ℃±0.5 ℃,盐度为 34,pH 8.0±0.3,日换水 2 次,日换水量为 1/2,连续充气,同时投喂对虾配合饲料。

实验分为对照组、100 mg/kg 氟苯尼考组、200 mg/kg 氟苯尼考组、100 mg/kg 诺氟沙星组、200 mg/kg 诺氟沙星组。对照组凡纳滨对虾连续投喂不含药物饵料,100 mg/kg 氟苯尼考组、200 mg/kg 氟苯尼考组、100 mg/kg 诺氟沙星组、200 mg/kg 诺氟沙星组分别以 100 mg/kg、200 mg/kg、100 mg/kg、200 mg/kg 体质量剂量连续投喂含氟苯尼考、诺氟沙星药饵 6 d 后,投喂不含药物饵料 10 d。饵料投喂每天 2 次,投喂时间为 7:00 和 16:00。

从投喂药饵时开始计时,每个时间点随机取凡纳滨对虾各 8 尾,各组分别投喂含氟苯尼考、诺氟沙星药饵 3 d、6 d,投喂不含药物饵料 1 d、3 d、6 d、10 d,取血淋巴、肝胰腺、鳃和肌肉置−20 ℃保存用于药物残留和健康生理指标测定;同时各组各时间点取肝胰腺放入液氮保存,用于代谢酶活性和相关基因表达的测定。

2. 实验结果

(1)氟苯尼考和诺氟沙星对凡纳滨对虾免疫的影响。

由图 4-1 至图 4-7 可知,在投喂渔药期间(0～6 d),各处理组总血细胞数量、血细胞酚氧化酶原活力、血浆酚氧化酶活力、血浆 α_2-巨球蛋白含量、血细胞吞噬活力、血浆溶菌活力和血浆抗菌活力 6 d 内呈峰值变化,均于 6 d 达到最小值和最大值($P<0.05$)。在停止投喂渔药(7～16 d)阶段,各免疫指标恢复至对照组水平。

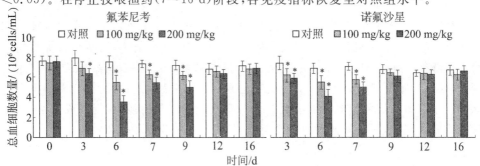

图 4-1　氟苯尼考和诺氟沙星对凡纳滨对虾总血细胞数量的影响

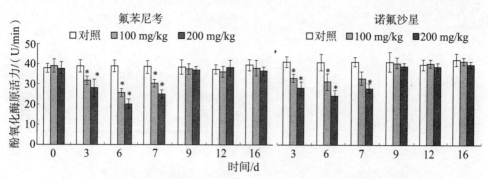

图 4-2　氟苯尼考和诺氟沙星对凡纳滨对虾酚氧化酶原活力的影响

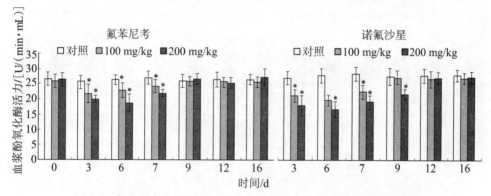

图 4-3　氟苯尼考和诺氟沙星对凡纳滨对虾血浆酚氧化酶活力的影响

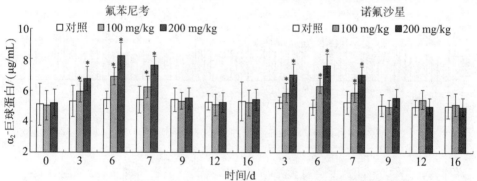

图 4-4　氟苯尼考和诺氟沙星对凡纳滨对虾 α_2-巨球蛋白含量的影响

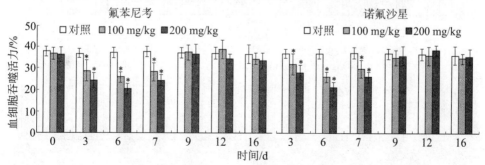

图 4-5　氟苯尼考和诺氟沙星对凡纳滨对虾血细胞吞噬活力的影响

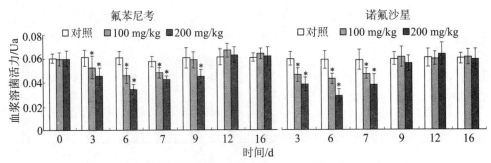

图 4-6　氟苯尼考和诺氟沙星对凡纳滨对虾血浆溶菌活力的影响

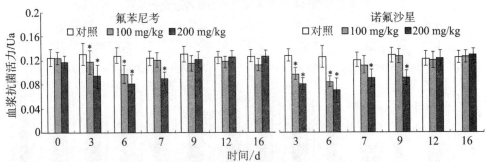

图 4-7　氟苯尼考和诺氟沙星对凡纳滨对虾血浆抗菌活力的影响

（2）氟苯尼考和诺氟沙星对凡纳滨对虾抗氧化的影响（图 4-8）。

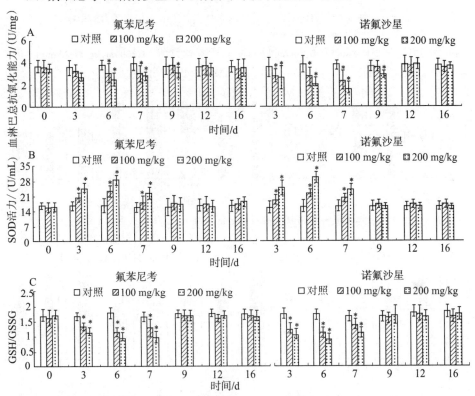

图 4-8　氟苯尼考和诺氟沙星对凡纳滨对虾血淋巴总抗氧化能力（A）、SOD 活力（B）
和 GSH/GSSG（C）的影响

由图 4-8 可知,氟苯尼考和诺氟沙星对凡纳滨对虾血淋巴总抗氧化能力(T-AOC)、SOD 活力、GSH/GSSG 产生显著影响($P<0.05$),而对照组无明显变化。在投喂渔药期间(0~6 d),各处理组 T-AOC、GSH/GSSG 呈逐渐下降趋势,于 6 d 时达到最小值,SOD 活力被显著诱导,6 d 时到峰值。在停止投喂渔药(7~16 d)阶段,各处理组 T-AOC、SOD 活力和 GSH/GSSG 于停止投药 3 d 时恢复至对照组水平。

(3)氟苯尼考和诺氟沙星对凡纳滨对虾代谢系统的影响。

如图 4-9 所示,两种渔药对凡纳滨对虾肝胰腺 EROD 活力、CYP1A1、CYP3、CYP4 mRNA 表达、GST 活力和 GST mRNA 表达影响显著($P<0.05$),而对照组无明显变化。在投喂渔药期间(0~6 d),各处理组 EROD 活力、CYP1A1、CYP3 mRNA 表达、GST 活力和 GST mRNA 表达均被显著诱导,于 6 d 时达到最大值,CYP4 mRNA 表达呈逐渐下降趋势,6 d 时达到最小值。在停止投喂渔药(7~16 d)阶段,各处理组肝胰腺 EROD 活力、CYP1A1、CYP3 mRNA 表达、GST 活力和 GST mRNA 表达逐渐下降,CYP4 mRNA 表达则逐渐升高,于停止投药 3 d 时恢复至对照组水平。

(4)氟苯尼考和诺氟沙星在凡纳滨对虾体内残留消除规律的影响。

由图 4-10、图 4-11 可知,凡纳滨对虾连续 6 d 口服渔药后,药物浓度在各个组织逐渐升高,于 6 d 达到最高值,药物在各组织中的分布为肝胰腺>鳃>肌肉,药物在肝胰腺中残留最多。在停止投喂渔药(7~16 d)阶段,药物浓度在各个组织迅速下降。

(5)氟苯尼考和诺氟沙星对凡纳滨对虾损伤效应的研究。

如图 4-12 所示,在投喂药饵期间,F 值 3 d 时各处理组表现出显著下降,停止投喂药饵后,低浓度组逐渐恢复正常,而高浓度 F 值处于较低的水平,与对照组差异显著。在投喂药饵期间,肝胰腺中 MDA 含量显著上升($P<0.05$),于 6 d 时达到最高值。肝胰腺中羰基化蛋白含量在投喂药饵 6 d 内逐渐升高,停止投喂药饵后直至实验结束又逐渐下降。

3. 研究结论

研究了渔用抗生素(氟苯尼考和诺氟沙星)对凡纳滨对虾免疫的影响,结果表明,渔用抗生素(氟苯尼考和诺氟沙星)对凡纳滨对虾各免疫指标影响显著。所研究的免疫指标可作为凡纳滨对虾口服抗生素(氟苯尼考和诺氟沙星)的免疫应答机制的评价指标。

分别测定了渔用抗生素(氟苯尼考和诺氟沙星)主要代谢的组织——肝胰腺中解毒代谢酶(EROD、GST、SOD)、抗氧化防御非酶小分子(GSH/GSSG)以及生物大分子损伤(DNA 损伤、脂质过氧化、蛋白羰基化)指标的变化,这几种生物标志物在两种不同抗生素胁迫下的变化趋势不同,这与投喂时间和投喂抗生素的剂量有关。

研究了凡纳滨对虾在口服抗生素(氟苯尼考和诺氟沙星)代谢相关基因的表达情况,初步阐明了凡纳滨对虾分子代谢机制。

研究了凡纳滨对虾在口服抗生素期间组织的累积,及停止投喂抗生素之后各组织的消除情况,为合理用药提供依据。

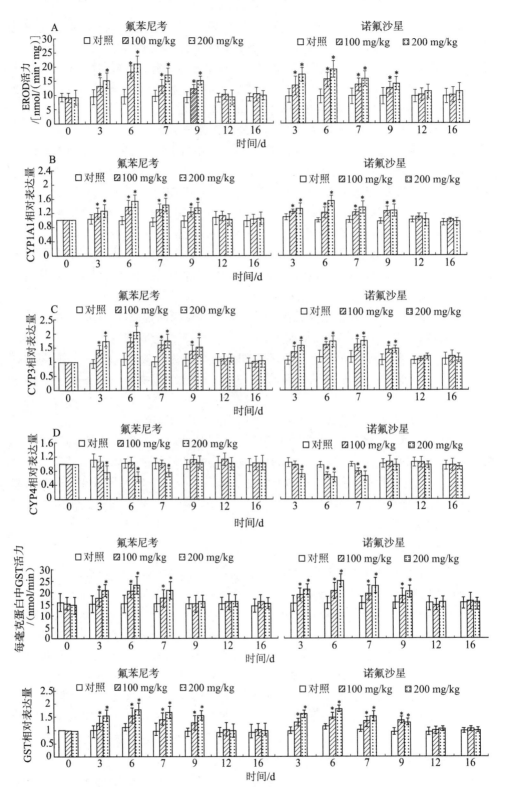

图 4-9　氟苯尼考和诺氟沙星对凡纳滨对虾肝胰腺 EROD 活力（A），CYP1A1（B）、
CYP3（C）、CYP4（D）的表达量，GST 活力（E），以及 GST 的表达量（F）的影响

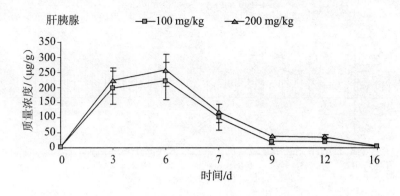

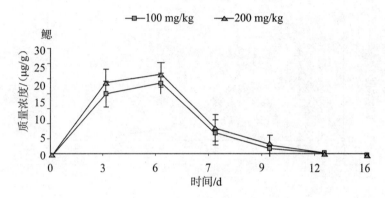

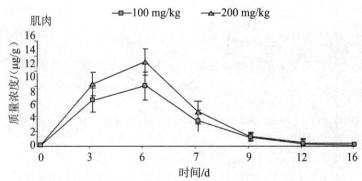

图 4-10　氟苯尼考在凡纳滨对虾肝胰腺、鳃、肌肉中的浓度变化

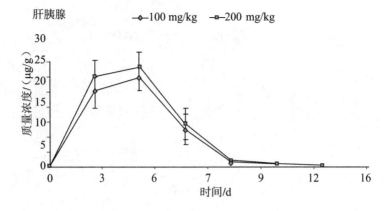

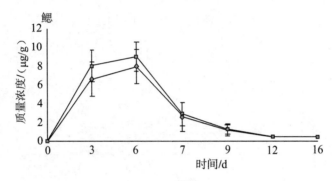

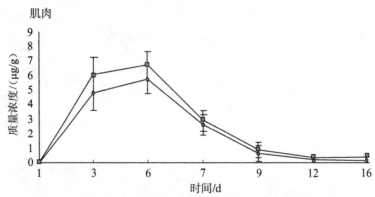

图 4-11　诺氟沙星在凡纳滨对虾肝胰腺、鳃、肌肉中的浓度变化

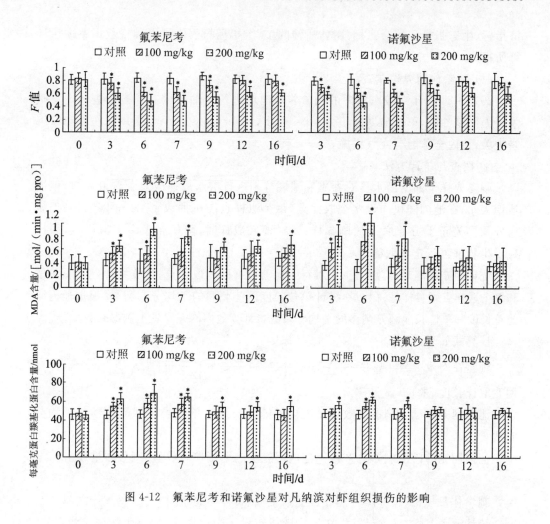

图 4-12　氟苯尼考和诺氟沙星对凡纳滨对虾组织损伤的影响

第 3 节　常见池塘养殖模式效益调查与分析

为摸清池塘养殖的本底情况,项目开展了本底调查。在本底调查中,主要对目前常见的池塘养殖模式展开调查。调查的模式主要包括刺参池塘养殖、虾蟹池塘混养、中国明对虾单养和凡纳滨对虾单养。

1. 数据获取及资料收集整理

本研究主要通过现场调查、调访、问卷及文献资料整理的手段获取池塘养殖经济指标、生态指标和社会指标数据,所涉的 14 个指标的数值是由调查数据整理后计算所得。

(1)刺参池塘养殖调查。

2013～2015 年对胶东沿海的刺参养殖池塘进行了抽样调查。被调查池塘参礁主要为网笼参礁,单个池塘面积为 10～60 亩,水深 1.5～2.2 m,采用无纺毯和编织袋护坡,池内全部配有充气设施。

① 调查与统计方法。

刺参取样全部由潜水员对参礁和池底分别进行潜水取样。对参礁取样时,根据池塘大小,在池内随机布设多个取样点,每个取样点随机抽取 1～2 m 网笼,采集笼内外及网笼正下方池底上的刺参样品;对池底取样时,随机布设多个取样点,采用 1 m² 生物框进行定量取样。

统计网笼参礁刺参总产量时,对每个池塘所有网笼取样点,计算抽样网笼总长度和每个取样点刺参样品总数量,统计单位长度网笼刺参的平均分布数量,根据池内网笼总长度和单位长度网笼刺参的平均分布数量计算池内网笼参礁上刺参总数量。

计算式如下:

刺参在网笼上分布密度 $= \sum$ 每个取样点刺参分布数量(头)$/ \sum$ 每个取样点网笼取样长度(米) 式(4-3-1)

池内网笼参礁上刺参总数量＝池内网笼总长度×单位长度网笼刺参的平均分布数量 式(4-3-2)

池内网笼参礁上刺参总产量＝池内网笼参礁上刺参总数量/刺参体重规格 式(4-3-3)

刺参体重规格(头/斤)＝刺参样品数量/刺参样品总重要 式(4-3-4)

统计池底上刺参总产量时,在池底随机布设多个取样点,使用生物框定量取样。对所有取样点,计算每个取样点刺参样品总数量,统计单位面积上刺参的平均分布数量,根据池塘面积和单位面积上刺参的平均分布数量计算池底上分布的刺参总数量。

计算式如下:

刺参在池底上分布密度 $= \sum$ 每个取样点刺参分布数量(头)$/ \sum$ 每个取样点面积(平方米) 式(4-3-5)

池底上刺参总数量＝池塘面积×刺参在池底上分布密度 式(4-3-6)

池底上刺参总产量＝池底上刺参总数量/刺参体重规格 式(4-3-7)

由于受到天气等原因和池水透明度限制,刺参的采捕率按照 80%～90% 计算。

② 调查结果与分析。

通过调访、问卷和文献资料整理,结果分析如下。

放苗量和苗种费:参苗放养量为 156 斤/亩,规格为 72 头/斤,价格 88.5 元/斤,苗种费 13 800 元/亩。

饵料费:饵料费 508 元/亩。

参礁:参礁投入 280 元/亩。

药物:药物投入 500 元/亩。

人工费:管理雇工费和采捕费共 3 000 元/亩。

池塘租金:塘租 3 000 元/亩。

电费:取 600 元/亩。

池塘维护费:取 300 元/亩。

车辆使用费:取 200 元/亩。

亩产值:亩产值=亩产量(斤)×成参价格(元/斤)=525.6×82=43 100 元/亩。

亩利润:亩利润=亩产值 43 100 元−苗种费 13 800 元−饵料费 508 元−参礁费 280 元−药物投入 500 元−人工费 3 000 元−池塘租金 3 000 元−电费 600 元−池塘维护费 300 元−车辆使用费 200 元=20 912 元/亩。

亩投入:亩投入=苗种费 13 800 元+饵料费 508 元+参礁费 280 元+药物投入 500 元+人工费 3 000 元+池塘租金 3 000 元+电费 600 元+池塘维护费 300 元+车辆使用费 200 元=22 188 元/亩。

投入产出比:投入产出比=亩投入/亩产值=1∶1.94。

劳均渔产值:劳均渔产值=亩产值 43 100÷每亩劳动人数 0.04=1 077 500 元。

水层利用率:将池塘养殖品种生存空间分为表层、中层、底层和底内 4 个层次,刺参池塘养殖的水层利用率为 25%。

内部环境:刺参池塘养殖水 pH 平均为 8.1(符合渔业水质标准),溶解氧平均为 6.42 mg/L,氨氮浓度平均为 0.24 mg/L,亚硝酸盐浓度平均为 0.37 mg/L(刘峰等,2009;任贻超,2012;迟爽,2013)。

养殖水达标排放:刺参池塘养殖排放水溶解氧平均为 4.14 mg/L,氨氮浓度平均为 0.42 mg/L,亚硝酸盐浓度平均为 0.55 mg/L(迟爽,2013)。

渔药使用强度:新霉素每次投放 25 克/亩,连续投放 6 d;恩诺沙星每次投放 75 克/亩,连续投放 6 d;硫酸锌每次投放 170 克/亩,每 20 d 投放一次;三氯异氰脲酸每次投放 70 克/亩,每 15 d 投放一次(杨先乐,2012)。

蛋白贡献率:蛋白贡献率=亩产量(斤)×体壁指数(%)×粗蛋白含量(%)=525.6×65%×4.92%=16.81 斤(李丹彤等,2006)。

劳均用量:劳均用量是指单位养殖面积需要的劳动力人数,取 0.04 人/亩。

万元成本劳动力投入量:万元成本劳动力投入量是指万元投入带动的劳动力就业人数,取 0.02 人/万元。

劳均收入:劳均收入是指一个劳动力平均每年创造的利润,取 52.28 万元/人。

万元产值耗能:刺参池塘养殖充氧、换水每年用电 857 千瓦时/亩,每产生 1 万元的产值消耗 198.8 千瓦时。

(2)虾蟹混养池塘养殖调查。

2012～2014 年对海阳、胶州、日照、东营等地开展调查,结合文献资料整理,结果分析如下。

养殖品种:梭子蟹与斑节虾混养。

放苗量和苗种费:梭子蟹苗放养量为 0.3 斤/亩,规格为 8 000~10 000 只/斤,价格 1 566.67 元/斤;斑节虾苗放养量为 0.35 万尾/亩,规格为 10 万尾/斤,价格 100 元/万尾。合计苗种费 505.00 元/亩。

饵料费:自然饵料螺蠃蚶的放养量取 7 斤/亩,价格 18 元/斤,计 126 元/亩;人工饵料费取 900 元/亩。全部饵料费 1 026 元/亩。

单产:成蟹单产取 180 斤/亩,规格取 3 只/斤,雌雄蟹混级价格 28.33 元/斤;成虾单产取 25 斤/亩,12~15 尾/斤,价格 93.33 元/斤。

管理雇工费:以 6 人/100 亩计。雇工 8 个月,人均 750 元/月,合 36 000 元/100 亩。管理雇工费按 360 元/亩进行计算。

采捕费:采捕时,每 100 亩雇工 8 人,7 个工作日,50 元/人/日,2 800 元/100 亩,合 28 元/亩。

池塘租金:取 600 元/亩。

清池费:取 250 元/亩。

肥水费:取 50 元/亩。

不可预见费用:包括药品等费用,取产值的 2%。

亩产值:亩产值=成蟹单产(斤)×成蟹价格(元/斤)+成虾单产(斤)×成虾价格(元/斤)=180×28.33+70×93.33=11 633 元/亩。

亩利润:亩利润=每亩产值 11 633 元−每亩苗种费 505 元−每亩租金 600 元−每亩清池费 250 元−每亩肥水费 50 元−每亩饵料费 1 026 元−每亩管理雇工费 360 元−每亩采捕费 28 元−每亩不可预见费用(11633 元×2%)=8 618 元/亩。

亩投入:亩投入=每亩苗种费 505 元+每亩租金 600 元+每亩清池费 250 元+每亩肥水费 50 元+每亩饵料费 1 026 元+每亩管理雇工费 360 元+每亩采捕费 28 元+每亩不可预见费用(11633 元×2%)=3 015 元/亩。

投入产出比:投入产出比=亩投入/亩产值=1:3.86。

劳均渔产值:劳均渔产值=亩产值 11 633÷每亩劳动人数 0.06=193 883 元。

水层利用率:将池塘养殖品种生存空间分为表层、中层、底层和底内 4 个层次,虾蟹混养池塘养殖的水层利用率为 75%。

内部环境:虾蟹混养池塘养殖水 pH 平均为 8.25(符合渔业水质标准),溶解氧平均为 5.6 mg/L,氨氮浓度平均为 0.38 mg/L,亚硝酸盐浓度平均为 0.34 mg/L(周演根等,2010)。

养殖水达标排放:虾蟹混养池塘养殖排放水溶解氧平均为 3.6 mg/L,氨氮浓度平均为 0.62 mg/L,亚硝酸盐浓度平均为 0.52 mg/L(周演根等,2010)。

渔药使用强度:新霉素每次投放 10 克/亩,连续投放 6 d;氟苯尼考每次投放 10 克/亩,连续投放 6 d;恩诺沙星每次投放 30 克/亩,连续投放 6 d;硫酸锌每次投放 170 克/亩,每 20 d 投放一次;三氯异氰脲酸每次投放 70 克/亩,每 15 d 投放一次(杨先乐,2012)。

蛋白贡献率:蛋白贡献率＝成蟹单产(斤)×肌肉指数(％)×粗蛋白含量(％)＋成虾单产(斤)×肌肉指数(％)×粗蛋白含量(％)＝180×32.89％×17.67％＋70×55.07％×18.18％＝17.47斤(徐善良等,2009;王娟,2013)。

劳均用量:劳均用量是指单位养殖面积需要的劳动力人数,取0.06人/亩。

万元成本劳动力投入量:万元成本劳动力投入量是指万元投入带动的劳动力就业人数,取0.2人/万元。

劳均收入:劳均收入是指一个劳动力平均每年创造的利润,取14.36万元/人。

万元产值耗能:虾蟹混养池塘养殖每年用电286千瓦时/亩,每产生1万元的产值消耗245.9 kW·h。

(3)中国明对虾池塘养殖调查。

2012~2014年对胶州、日照、东营等地的中国明对虾池塘养殖进行了现场调查及问卷调查,结合文献资料整理,结果分析如下。

放苗量和苗种费:中国明对虾苗种体长为1.2 cm,投苗量为0.55万尾/亩,价格为100元/万尾,苗种费为55元/亩。

密度:使用旋网调查2个池塘内中国明对虾的密度,结果见表4-1。

表 4-1　抽样池内中国明对虾密度调查与统计结果

抽样池编号	取样编号	数量/(只/网)	旋网口直径/m	网展面积/m²
1	1	3	4	12.6
	2	13	4	12.6
	3	5	4	12.6
	4	7	3.5	9.6
	5	0	4	12.6
2	1	12	3	7.1
	2	18	2	3.1
	3	23	4	12.6
	4	30	3.5	9.6
	5	62	4	12.6
合计	—	173	—	104.8

由表4-1可以计算,抽样池内中国明对虾的调查密度为1.650 8尾/平方米。

中国明对虾的采捕率为60％,抽样池内中国明对虾实际密度为:

中国明对虾实际密度＝1.650 8尾/m²÷60％＝2.751 3尾/m²

养殖物的市场价格:青岛市2010年中国明对虾的市场销售价格见表4-2。

表 4-2　养殖物价格

序号	养殖物	规格/(尾/斤)	价格/(元/斤)
1	中国明对虾(活)	15	68
2	中国明对虾(鲜)	15	44

产值：根据现场调查的结果，采用"调查统计法"和"专家评估法"计算池塘内养殖物的产值。产值的计算式如下：

$$Y = 666.67 \times S \times M \times X \times F / N \qquad \text{式(4-3-8)}$$

Y：养殖物的产值(元)；

S：养殖面积(亩)；

M：养殖物的密度("尾/平方米"或"只/平方米")；

X：养殖物后续养成期间的成活率(%)；

F：养殖物的市场价格(元/斤)；

N：成品养殖物的规格("只/斤"或"尾/斤")。

考虑收获的中国明对虾产品中既有活虾也有鲜虾的实际情况，在计算中国明对虾产值时，其价格取活虾和鲜虾的均值，即 56 元/斤。

由表 4-1 的分析和公式(5-2-8)计算结果可知：$M = 2.751\ 3$ 尾/平方米，$X = 95\%$，$F = 56$ 元/斤，$N = 15$ 尾/斤。每亩中国明对虾的产值：

$$Y = 666.67 \times S \times M \times X \times F / N$$
$$= 666.67 \times 1 \times 2.751\ 3 \times 95\% \times 56 / 15$$
$$= 6\ 505(元/亩)$$

中国明对虾亩收获费：中国明对虾的亩收获费＝产值÷价格×单位重量养殖物的收获费＝6 505 元/亩÷56 元/斤×1 元/斤＝116 元/亩。

饵料费：饵料种类选用鲜杂，平均价格取 2 元/斤。日投喂率取 7% 时，养成期间，每亩约需投喂 4 斤鲜杂饵料。养成时间以 30 d 计，每亩饵料费约为 240 元。

管理雇工费：以 5 人/100 亩计。雇工 4 个月，人均 750 元/月，合 15 000 元/100 亩。管理雇工费按 150 元/亩进行计算。

池塘租金：取 600 元/亩。

清池费：取 250 元/亩。

肥水费：取 50 元/亩。

不可预见费用：包括药品等费用，取产值的 2%。

亩利润：亩利润＝亩产值 6 505 元－每亩苗种费 55 元－每亩租金 600 元－每亩清池费 250 元－每亩肥水费 50 元－每亩饵料费 240 元－每亩管理雇工费 150 元－每亩收获费 116 元－每亩不可预见费用(6 505 元×2%)＝4 914 元/亩。

亩投入：亩投入＝每亩苗种费 55 元＋每亩租金 600 元＋每亩清池费 250 元＋每亩肥水费 50 元＋每亩饵料费 240 元＋每亩管理雇工费 150 元＋每亩收获费 116 元＋每亩不可预见费用(6 505 元×2%)＝1 591 元/亩。

投入产出比：投入产出比＝亩投入/亩产值＝1∶4.09。

劳均渔产值:劳均渔产值=亩产值 6 505÷每亩劳动人数 0.05=130 100 元。

水层利用率:将池塘养殖品种生存空间分为表层、中层、底层和底内 4 个层次,中国明对虾池塘养殖的水层利用率为 50%。

内部环境:中国明对虾池塘养殖水 pH 平均为 7.95(符合渔业水质标准),溶解氧平均为 5.4 mg/L,氨氮浓度平均为 0.35 mg/L,亚硝酸盐浓度平均为 0.28 mg/L(李玉全等,2006;李玉全,2008)。

养殖水达标排放:中国明对虾池塘养殖排放水溶解氧平均值为 4.2 mg/L,氨氮浓度平均为 0.43 mg/L,亚硝酸盐浓度平均值为 0.54 mg/L(李玉全,2008)。

渔药使用强度:新霉素每次投放 6 克/亩,连续投放 6 d;氟苯尼考每次投放 8 克/亩,连续投放 6 d;恩诺沙星每次投放 20 克/亩,连续投放 6 d;硫酸锌每次投放 170 克/亩,每 20 d 投放一次;三氯异氰脲酸每次投放 70 克/亩,每 15 d 投放一次(杨先乐,2012)。

蛋白贡献率:蛋白贡献率=亩产量(斤)×肌肉指数(%)×粗蛋白含量(%)=116×56.61%×20.6%=13.53 斤(王娟,2013)。

劳均用量:劳均用量是指单位养殖面积需要的劳动力人数,取 0.05 人/亩。

万元成本劳动力投入量:万元成本劳动力投入量是指万元投入带动的劳动力就业人数,取 0.31 人/万元。

劳均收入:劳均收入是指一个劳动力平均每年创造的利润,取 9.89 万元/人。

万元产值耗能:中国明对虾池塘养殖每年用电 286 千瓦时/亩,每产生 1 万元的产值消耗 439.7 kW·h。

(4)凡纳滨对虾池塘养殖调查。

2012~2014 年对荣成、海阳、东营的凡纳滨对虾池塘养殖进行了问卷调查,调查结果如下。

养殖品种:凡纳滨对虾。

放苗量和苗种费:北方地区凡纳滨对虾一般只养殖一茬,放养时间一般在 5~7 月中旬。投苗量为 1.25 万尾/亩,价格为 80 元/万尾,苗种费为 100 元/亩。

饵料费:饵料种类选用鲜杂,平均价格取 2 元/斤。日投喂率取 7% 时,养成期间,每亩约需投喂 4 斤鲜杂饵料。养成时间以 30 d 计,每亩饵料费约为 240 元。

养殖物的市场价格:凡纳滨对虾的市场价格依据荣成市价格认证中心出具的价格认证证明,规格为 50 尾/斤的凡纳滨对虾市场价为 40 元/斤。

亩产值:产量为每亩 165 斤,价格 42 元/斤。亩产值=每亩产量(斤)×成虾价格(元/斤)=165×42=6 930 元。

管理雇工费:以 5 人/100 亩计。雇工 3 个月,人均 750 元/月,合 11 250 元/100 亩。管理雇工费按 113 元/亩进行计算。

凡纳滨对虾亩收获费。

凡纳滨对虾的亩收获费=产量×单位重量养殖物的收获费=165 斤×1 元/斤=165 元/亩。

池塘租金:取 600 元/亩。

清池费:取 250 元/亩。

肥水费:取 50 元/亩。

不可预见费用:包括药品等费用,取产值的 2%。

亩利润:亩利润=每亩产值 6 930 元-每亩苗种费 100 元-每亩租金 600 元-每亩清池费 250 元-每亩肥水费 50 元-每亩饵料费 240 元-每亩管理雇工费 113 元-每亩收获费 165 元-每亩不可预见费用(6 930 元×2%)=5 273 元/亩。

亩投入:亩投入=每亩苗种费 100 元+每亩租金 600 元+每亩清池费 250 元+每亩肥水费 50 元+每亩饵料费 240 元+每亩管理雇工费 113 元+每亩收获费 165 元+每亩不可预见费用(6 930 元×2%)=1 657 元/亩。

投入产出比:投入产出比=亩投入/亩年产值=1:4.18。

劳均渔产值:劳均渔产值=亩年产值 6 930÷每亩劳动人数 0.05=138 600 元。

水层利用率:将池塘养殖品种生存空间分为表层、中层、底层和底内 4 个层次,凡纳滨对虾池塘养殖的水层利用率为 50%。

内部环境:凡纳滨对虾池塘养殖水 pH 平均为 7.96(符合渔业水质标准),溶解氧平均为 6.55 mg/L,氨氮浓度平均为 0.4 mg/L,亚硝酸盐浓度平均为 0.16 mg/L(李倩等,2014)。

养殖水达标排放:凡纳滨对虾池塘养殖排放水溶解氧平均值为 4.3 mg/L,氨氮浓度平均值为 0.65 mg/L,亚硝酸盐浓度平均值为 0.49 mg/L(陈东兴等,2013)。

渔药使用强度:新霉素每次投放 8 克/亩,连续投放 6 d;氟苯尼考每次投放 10 克/亩,连续投放 6 d;恩诺沙星每次投放 25 克/亩,连续投放 6 d;硫酸锌每次投放 170 克/亩,每 20 d 投放一次;三氯异氰脲酸每次投放 70 克/亩,每 15 d 投放一次(杨先乐,2012)。

蛋白贡献率:蛋白贡献率=亩产量(斤)×肌肉指数(%)×粗蛋白含量(%)=165×53.53%×21.57%=19.05 斤(陈晓汉等,2001)。

劳均用量:劳均用量是指单位养殖面积需要的劳动力人数,取 0.05 人/亩。

万元成本劳动力投入量:万元成本劳动力投入量是指万元投入带动的劳动力就业人数,取 0.3 人/万元。

劳均收入:劳均收入是指一个劳动力平均每年创造的利润,取 9.9 万元/人。

万元产值耗能:凡纳滨对虾池塘养殖每年用电 214 千瓦时/亩,每产生 1 万元的产值消耗 324.2 kW·h。

2. 经济效益分析

(1)刺参池塘养殖。

近年来,随着刺参养殖业的高速发展,养殖形式上出现了池塘养殖、围堰养殖、浅海网笼养殖、工厂化养殖、海底网箱养殖、浅海围网养殖及参、鲍混养,虾、参混养等多种模式;其中池塘养殖已成为我国北方最重要的养殖模式之一。20 世纪 90 年代初对虾养殖业爆发了白斑病,许多对虾养殖业户受到了巨大损失,致使大片虾池闲置、废弃;虾池通过改造开展刺参的池塘养殖,既可以盘活闲置的虾池资源,也可以创造更大的经济效益、社会效益和生态效益,是虾农二次创业、实现增收的重要途径;因此,刺参池塘养殖规模化生产技术与效益分析是该产业健康持续发展的重要研究内容。关于刺参池塘养殖的报道主要集中在养殖技术、存在问题和病害防治等方面的研究,而对其经济效益的研究还鲜有报道。2012~2014 年,笔者对胶东沿海的刺参池塘养殖情况进行了现场调查,并开展了刺参池塘养殖的效益分析,以期对研究池塘养殖综合效益提供重要参考。

① 池塘养殖投入与产出统计结果。

本研究在胶东沿海共选取 3 个池塘进行调查。池塘编号为 1 号、2 号和 3 号,3 个池塘的参苗规格为 90~200 头/千克。投苗时,选取无创伤、体表光亮、表皮完整、肉刺尖而坚挺、管足吸附力强、躯体伸张好、对外界的刺激反应敏捷的苗种。参苗投放情况(表 4-3)。

表 4-3　池塘投苗情况

项目	1 号	2 号	3 号	平均
参苗亩放养量/(千克/亩)	120	74	50	81
参苗平均规格/(头/千克)	140	90	200	143
投苗数量/(万头/亩)	1.68	0.67	1.00	1.12

计算公式如下:

亩增值效益=亩产值-参苗投入; 式(4-3-9)

亩增值率=亩增值效益/参苗投入×100%; 式(4-3-10)

亩利润=亩产值-亩投入; 式(4-3-11)

产出投入比=亩产值/亩投入; 式(4-3-12)

收益率=亩利润/亩投入×100%。 式(4-3-13)

根据现场调查和调访数据统计,获得了 3 个池塘投入和产出的情况,见表 4-4。

表 4-4　池塘养殖生产投入与产出

项目	1 号	2 号	3 号	平均
投入/(万元/亩)	3.03	2.00	1.62	2.22
参苗/(万元/亩)	1.92	1.11	1.10	1.38
参苗亩放养量/(千克/亩)	120	74	50	81
参苗价格/(元/千克)	160	150	220	177
参礁/(元/亩)	330	270	240	280
饲料投入/(元/亩)	1 125	400	0	508
药物/(元/亩)	450	700	50	400
人工/(万元/亩)	0.42	0.28	0.20	0.30
塘租/(万元/亩)	0.40	0.30	0.20	0.30
电费/(万元/亩)	0.04	0.05	0.05	0.05
池塘维护/(万元/亩)	0.02	0.03	0.01	0.02
车辆使用费/(万元/亩)	0.01	0.01	0.01	0.01

项目	1 号	2 号	3 号	平均
设备/(万元/亩)	0.03	0.06	0.02	0.04
亩产值/(万元/亩)	4.25	5.19	3.49	4.31
亩产量/(千克/亩)	250	300	232	261
成参价格/(元/千克)	170	173	150	164
亩增值/(万元/亩)	2.33	4.08	2.39	2.93
亩增值率/%	121.4	367.6	217.3	235.4
亩利润/(万元/亩)	1.22	3.19	1.87	2.09
产出/投入	1.40	2.60	2.15	2.05
收益率/%	40.3	159.5	115.4	105.1

由表 4-4 可以得出亩增值效益、亩增值率、亩利润和收益。

亩增值效益和亩增值率:1 号、2 号和 3 号池塘的亩增值效益依次为 2.33 万元、4.08 万元和 2.39 万元,亩增值率依次为 121.4%、367.6% 和 217.3%。可见,3 个池塘亩增值效益皆超过 2.30 万元,平均增值达到 2.93 万元;亩增值率皆达 121.0% 以上,平均达到 235.4%。

亩利润:1 号、2 号和 3 号池塘依次为 1.22 万元、3.19 万元和 1.87 万元,平均达到 2.09 万元。

收益率:1 号、2 号和 3 号池塘依次为 40.3%、159.5% 和 115.4%,平均达到 105.1%。

② 池塘养殖投入构成。

经统计分析,3 个池塘养殖投入构成情况见图 4-13、图 4-14、图 4-15,池塘平均投入构成情况见图 4-16。

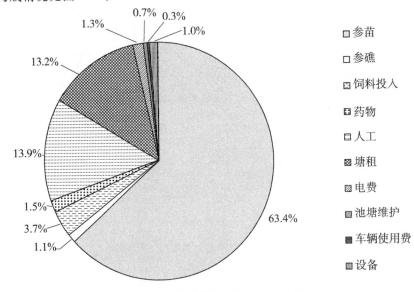

图 4-13　1 号池塘养殖投入构成比例

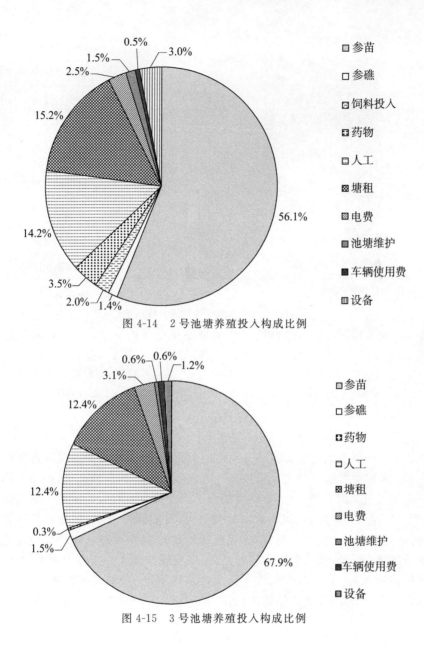

图 4-14　2 号池塘养殖投入构成比例

图 4-15　3 号池塘养殖投入构成比例

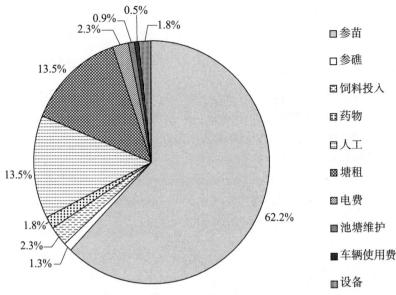

图 4-16　池塘养殖平均投入构成比例

通过对投入构成比例分析发现,3 个池塘各项投入比例基本相近。在池塘投入中,参苗投入占总投入的比例均最大;其中,1 号池塘的参苗投入占总投入的 63.4%,2 号池塘占 56.1%,3 号池塘占 67.9%,平均占 62.2%。塘租和人工投入占总投入的比例也较高,占到 12.4%~15.2%,平均占 13.5%。饲料、药物、电费、车辆使用费、设备投入占的比例较小,不足 3.7%。

③ 总体投入与经济效益关系。

通过对 3 个调查池塘整体投入分析可以发现,1 号池塘的养殖投入远高于其他两个池塘。虽然养殖投入的增加可以在一定程度上提高刺参的产量,但是过高的投入会造成投入与产出不成正比,最终可能会导致经济效益较大幅度的下降。该结果与李忠和李百超(1992)的结果一致。他们认为,在实际生产中,随着资源投入的不断增加,产量并非成比例的不断提高,而是每增加单位投入带来的产量呈现先递增后递减的趋势,且随着投入的进一步增加,总产反而会减少。这种现象被称之为"报酬递减现象"。从经济意义上讲,在一定生产条件下,生产投入并非越多越好,整个投入都有一个合理范围和最佳点,只有正确把握好这个"度",才能取得最佳经济效益。

通过对养殖投入构成分析可以得到以下启示:

参苗投入占总投入的 50% 以上,在总体投入中占主导地位。因此,购买苗种时要注意选购优质健康的苗种,提高养成过程中苗种的成活率;少购苗、购好苗、合理密植,相对降低苗种投入。

人工投入占总投入的 13.5% 左右,在总体投入中占重要地位。因此,在生产过程中应提倡引入先进的养殖装备,完善养殖技术,提高生产效率,减少工人数量,节约劳动力投入成本。

药物投入在总体投入中占的比重较小,但是随着刺参池塘养殖规模的不断扩大以及环境的不断恶化,刺参疾病灾害频发;在此背景下,养殖过程中的防病工作变得非常重要。在防病过程中要坚持"以防为主,防治结合"的原则,但不可避免地要使用一定的药物。在药物使用过程中必须严格遵守国家安全用药标准,严禁使用违禁药品,保证刺参的食用安全。

(2) 虾蟹池塘养殖。

① 池塘养殖投入与产出统计结果。

本研究在烟台、胶州和荣成对虾蟹混养池塘养殖模式、中国明对虾池塘养殖模式和凡纳滨对虾池塘养殖模式进行现场调查及问卷调查,开展 3 种池塘养殖模式经济效益研究。

计算公式如下:

$$\text{亩增值效益} = \text{亩产值} - \text{苗种投入};\qquad\qquad\text{式}(4\text{-}3\text{-}9)$$

$$\text{亩增值率} = \text{亩增值效益}/\text{苗种投入} \times 100\%;\qquad\qquad\text{式}(4\text{-}3\text{-}10)$$

$$\text{亩利润} = \text{亩产值} - \text{亩投入};\qquad\qquad\text{式}(4\text{-}3\text{-}11)$$

$$\text{产出投入比} = \text{亩产值}/\text{亩投入};\qquad\qquad\text{式}(4\text{-}3\text{-}12)$$

$$\text{收益率} = \text{亩利润}/\text{亩投入} \times 100\%。\qquad\qquad\text{式}(4\text{-}3\text{-}13)$$

根据现场调查和调防数据统计,获得了 3 种池塘养殖投入和产出的情况(表 4-5)。

表 4-5　池塘养殖生产投入与产出

项目	虾蟹混养	中国明对虾	凡纳滨对虾
投入/(元/亩)	3 015	1 591	1 657
苗种/(元/亩)	505	55 V	100
饲料投入/(元/亩)	1 026	240	240
管理雇工费/(元/亩)	360	150	113
采捕费/(元/亩)	28	116	165
塘租/(元/亩)	600	600	600
清池费/(元/亩)	250	250	250
肥水费/(元/亩)	50	50	50
不可预见费/(元/亩)	233	130	139
亩产值/(元/亩)	11 633	6 505	6 930
亩增值/(元/亩)	11 123	6 450	6 830
亩增值率/%	2 202.6	11 727.3	6 830
亩利润/(元/亩)	8 618	4 914	5 273
产出/投入	3.86	4.09	4.18
收益率/%	285.8	308.9	318.2

由表 4-5 可以得出亩增值效益、亩增值率、亩利润和收益率。

亩增值效益和亩增值率:虾蟹混养、中国明对虾和凡纳滨对虾池塘养殖的亩增值效益依次为 11 123 元、6 450 元和 6 830 元,亩增值率依次为 2 202.6%、11 727.3%

和 6 830%。

亩利润:虾蟹混养、中国明对虾和凡纳滨对虾池塘养殖依次为 8 618 元、4 914 元和 5 273 元。

收益率:虾蟹混养、中国明对虾和凡纳滨对虾池塘养殖依次为 285.8%、308.9%和 318.2%。

② 池塘养殖投入构成。

经统计分析,3 种池塘养殖投入构成情况见图 4-17、图 4-18、图 4-19。

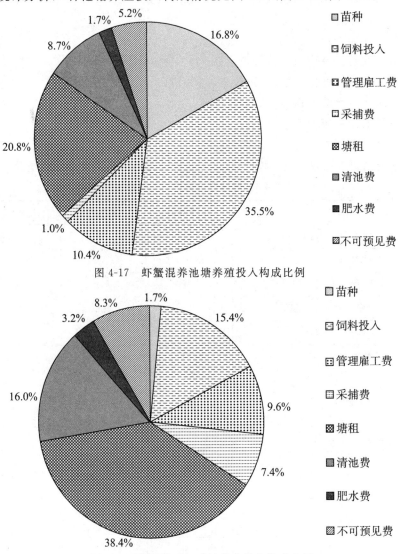

图 4-17　虾蟹混养池塘养殖投入构成比例

图 4-18　中国明对虾池塘养殖投入构成比例

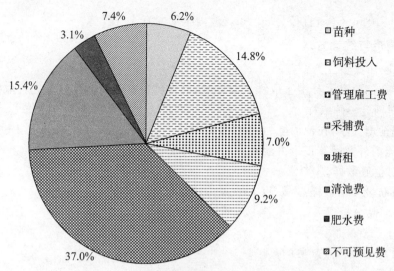

图 4-19　凡纳滨对虾池塘养殖投入构成比例

　　通过对投入构成比例分析发现,3 种池塘养殖各项投入比例基本相近。在池塘投入中,塘租和饲料投入占总投入的比例最高,占到 35.5%～38.4%。管理雇工费和清池费投入占总投入的比例也较高,占到 7%～16%。苗种投入、采捕费、肥水费和不可预见费占总投入的比率较低,占到 1%～9.2%,只有虾蟹混养池塘养殖的苗种投入较高,占总投入的 16.8%。

3．小结

　　根据本底调查的结果,对常见的刺参池塘养殖模式、虾蟹池塘混养模式、中国明对虾池塘养殖模式和凡纳滨对虾池塘养殖模式等四种模式的综合效益进行了分析。调查和分析结果用于与规模化园区生态化养殖模式的比对。

第 4 节　　刺参池塘养殖现状调查报告

　　为丰富池塘养殖本底资料,我们开展了刺参池塘养殖现场调查。

　　调查内容:在春季,对刺参池塘养殖模式中的刺参放养密度、规格、单产以及参礁布设数量等内容进行调查,开展刺参规格、单产和密度现状研究。

　　调查范围:在胶东沿海抽取 8 户养殖业主,共调查 8 个池塘,调查总面积为283 亩。

　　调查池塘的基本情况:被调查池塘开展刺参筑礁养殖,参礁主要为网笼参礁。单个池塘面积为 10～60 亩,水深 1.5～2.2 m,采用无纺毯和编织袋护坡。网笼长度为 1.2～10 m 不等,直径为 30 cm。池内全部配有充气设施。

1. 调查与统计方法

(1)取样方法。

取样全部由潜水员潜水取样。取样时,潜水员对参礁和池底分别进行取样。

① 对网笼参礁取样。

根据池塘大小,在池内随机布设多个取样点,每个取样点随机抽取 1～2 m 网笼,采集笼内外及网笼正下方池底上的刺参样品。

② 对池底取样。

随机布设多个取样点,采用 1 m² 生物框进行定量取样。

(2)样品分析。

① 计数。

计数每个取样点刺参的数量。

② 体重。

用电子天平称量样品的重量。根据称重测量结果,确定其体重规格。

(3)统计方法。

① 刺参规格。

随机抽取一定数量的刺参样品,计数刺参的数量,称量刺参总重量。刺参体重规格计算式如下:

刺参体重规格(头/斤)=刺参样品数量/刺参样品总重量

② 网笼参礁刺参重量统计。

对每个池塘所有网笼取样点,计算抽样网笼总长度和每个取样点刺参样品总数量,统计单位长度网笼刺参的平均分布数量。

根据池内网笼总长度和单位长度网笼刺参的平均分布数量计算池内网笼参礁上刺参总数量。

计算式如下:

刺参在网笼上分布密度 $= \sum$ 每个取样点刺参分布数量(头)$/\sum$ 每个取样点网笼取样长度(米)

池内网笼参礁上刺参总数量=池内网笼总长度×单位长度网笼刺参的平均分布数量

池内网笼参礁上刺参总产量=池内网笼参礁上刺参总数量/刺参体重规格

③ 池底上刺参重量统计。

在池底随机布设多个取样点,使用生物框定量取样。对所有取样点,计算每个取样点刺参样品总数量,统计单位面积上刺参的平均分布数量。

根据池塘面积和单位面积上刺参的平均分布数量计算池底上分布的刺参总数量。

计算式如下:

刺参在池底上分布密度 $= \sum$ 每个取样点刺参分布数量(头)$/\sum$ 每个取样点面积(平方米)

池底上刺参总数量＝池塘面积×刺参在池底上分布密度

池底上刺参总产量＝池底上刺参总数量/刺参体重规格

④ 采捕率。

受到天气等原因和池水透明度限制,刺参的采捕率按照 90% 计算。

2. 调查结果与分析

(1)调查结果。

对 8 个池塘的调查与分析结果见表 4-6。

表 4-6　池塘养殖调查与分析结果

业主序号	池塘面积/亩	总产量/斤	放养密度/(头/亩)	平均规格/(头/斤)	单产/(斤/亩)
1	21	639	4 981	164	30
2	48	12 277	4 048	16	256
3	54	6 945	2 199	17	129
4	33	5 479	3 039	18	166
5	24	15 000	11 136	18	625
6	17	380	1571	70	22
7	25	3 073	10 288	84	123
8	61	21 303	2 915	8	349
合计	283	65 095	4 406	19	230

由表 4-6 可以看出,池塘养殖刺参的放养量平均为 4 406 头/亩,平均规格为 19 头/斤,存量约为 230 斤/亩。

(2)池塘内刺参规格分布。

根据表 1 的结果,分析各规格刺参在养殖面积上的出现概率(图 4-20)。

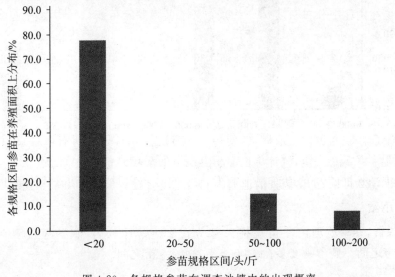

图 4-20　各规格参苗在调查池塘内的出现概率

由表 4-6 和图 4-20 可以看出，调查的春季池塘内参苗规格大部分在 20 头/斤以内。

（3）池塘内刺参存量情况。

根据表 4-6 的结果，分析池塘内刺参存量情况（图 4-21）。

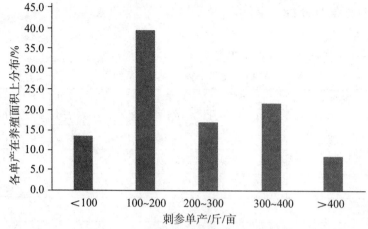

图 4-21　春季池塘内刺参存量情况

由图 4-21 可以看出，调查的春季池塘内刺参存量多在 200～400 斤/亩之间。

（4）刺参密度调查结果。

根据表 1 的结果，分析池塘内刺参密度情况（图 4-22）。

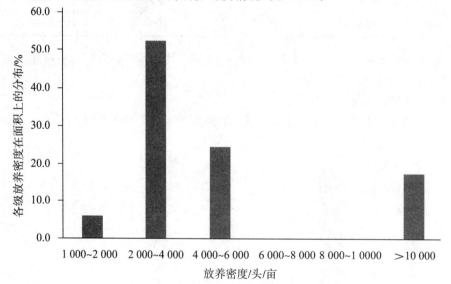

图 4-22　春季池塘内刺参密度

由图 4-22 可以看出，调查的池塘内刺参密度多在 3 000～5 000 头/亩之间。

3. 小结

经调查，春季池塘内参苗规格大部分在 20 头/斤以内，刺参存量多在 200～400 斤/亩之间。刺参密度多在 3 000～5 000 头/亩之间。

第 5 节　刺参大棚保苗现状调查报告

为开展工厂化生产的补充调查,于 2014 年秋季,在胶东沿海地区选取 8 户刺参大棚保苗业主,开展保苗生产调查。

调查内容:调查大棚数量、培育池数量与规格,刺参苗种规格和数量。

调查目的:调查、统计刺参保苗单产。

1. 调查与统计方法

(1) 培育池规格与培育面积统计。

分别计数每个车间内放养苗种培育池和空池的个数。用卷尺或激光测距仪测量培育池的长、宽、高(或水深)。

培育池面积的计算式如下:

培育池面积(m^2)=池长(m)×池宽(m)

总面积指各大棚所有培育池的面积之和,包括有参苗的培育池和空池;使用面积指各大棚有参苗培育池的面积之和。

(2) 参苗规格。

随机抽取若干重量的参苗样品,使用电子秤称量样品重量,计数样品中参苗的数量,再换算成每斤参苗的头数。

(3) 刺参产量。

随机抽取一定产量的培育池作为抽样池,收集、称量抽样池内所有刺参。

当每个培育池大小相同时,参苗产量采取下式计算:

刺参产量=培育池数量×抽样池内刺参平均重量

当培育池大小不同时,参苗产量按照培育密度和使用面积进行计算,计算式如下:

参苗培育密度=抽样池参苗重量/抽样池面积

参苗产量=使用面积×参苗培育密度

(4) 刺参保苗单产。

根据调查保苗的总面积和总产量,计算刺参保苗的单产。

计算式如下:

刺参保苗平均单产=总产量/总面积

2. 调查结果与分析

(1) 调查结果与平均单产。

调查与单产计算结果见表 4-7。

表 4-7 刺参大棚保苗调查与单产计算结果

业主编号	参苗规格/(头/斤)	使用面积/m²	数量/kg	单产/(kg/m²)
1	21	535	1 064	1.99
	23	509	950	1.87
	30	490	941	1.92
	33	585	2 981	5.10
	37	675	2 660	3.94
	66	665	1 443	2.17
2	50	521	3 908	7.50
	447	132	363	2.75
3	103	1 025	2 563	2.50
	26	1 836	8 960	4.88
4	33	1 945	10 989	5.65
5	1 072	365	1 460	4.00
6	611	1 360	3 441	2.53
7	40	880	4 268	4.85
	333	1 190	5 046	4.24
8	34	39	191	4.90
合计		12 752	51 228	4.02

由表 4-7 可知,参保苗的最高单产为 7.5 kg/m²,平均单产为 4.02 kg/m²。

(2)不同规格参苗产量分布。

由表 4-7 结果,可以计算出不同规格参苗产量分布情况(图 4-23 和表 4-8)。

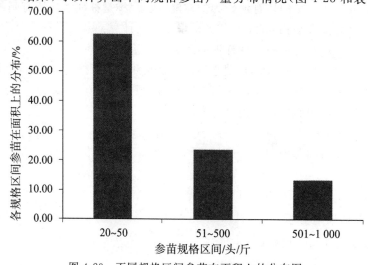

图 4-23 不同规格区间参苗在面积上的分布图

表 4-8　刺参大棚保苗不同规格参苗产量分布表

序号	参苗规格区间/(头/斤)	使用面积/m²	数量/kg	分布比/%
1	20～50	8 015	36 912	72.05
2	51～500	3 012	9 415	18.38
3	501～1 000	1 725	4 901	9.57
合计		12 752	51 228	100.00

由图 4-23 和表 4-8 可知,被调查参苗规格多在 20～50 头/斤。可见,该规格参苗为上一年苗,苗龄约为 16 个月。

（3）不同单产区间参苗产量分布。

据表 4-7 结果,可计算出不同单产范围参苗产量分布（图 4-24 和表 4-9）。

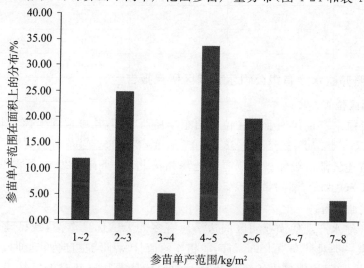

图 4-24　参苗不同单产范围在面积上的分布图

表 4-9　刺参大棚保苗不同规格参苗产量分布表

序号	参苗规格区间/(头/斤)	使用面积/m²	数量/kg	分布比/%
1	1～2	1 534	2 955	5.77
2	2～3	3 182	7 810	15.25
3	3～4	675	2 660	5.19
4	4～5	4 310	19 925	38.89
5	5～6	2 530	13 970	27.27
6	6～7	0	0	0.00
7	7～8	521	3 908	7.63
合计		12 752	51 228	100.00

由图 4-24 和表 4-9 可知,参苗平均单产分布区间多在 $3\sim6$ kg/m^2;少数业主可达到 7.5 kg/m^2。

3. 小结

经调查,秋季保苗大棚内存量参苗规格多在 $20\sim50$ 头/斤,参苗平均单产分布区间多在 $3\sim6$ kg/m^2。

第 6 节　示范区现状调查及升级改造方案

1. 日照开航水产有限公司示范园区研究报告

(1) 园区位置。

日照开航水产现代渔业园区位于山东半岛西南部,陆域地理坐标为北纬 35°18′ 11.08″$\sim$35°18′48.70″,东经 119°23′39.05″$\sim$119°25′41.94″,东南临黄海,北靠青岛,南与江苏省连云港市毗邻。示范园区处海州湾北部,拥有 -20 m 等深线以内的浅海水域有 1 860 km^2,潮间带滩涂 50 km^2。

(2) 交通概况。

日照开航水产现代渔业园区周边沿海有多处天然优良港湾,现已建成日照、岚山两个国家一类对外开放港口,与两港相连的荷日、坪岚铁路向西延伸,经西安与兰新铁路接轨,从阿拉山口出境可直达荷兰的鹿特丹港和比利时的安特卫普港,构成了一条长达 1.1×10^4 km 的新亚欧大陆桥。园区周边更有日东、同三高速公路、204、206 国道和 016、017、048、051 等省道,海陆交通非常便捷。

(3) 自然地理条件。

日照处于沂沭断裂带以东区域,其海岸多为沙坝(包括风成沙丘)——潟湖海岸,以万并口、涛雒最为著名;山地基岩港湾海岸以石臼、岚山最典型,形成岬湾相间的海岸类型。

日照的海底地貌,具水下三角洲、水下浅滩和海底堆积平原几大类型。水下浅滩为潮间带以下 $5\sim20$ m 的水下岸坡和水下浅滩,由于受潮流和浪的作用,日照水下浅滩上尚可见潮流沙脊、沙坝及冲刷槽等次级地貌类型。日照盛产的大宗贝类,有名的西施舌、大竹蛏以至珍稀保护动物文昌鱼主要分布于水下三角洲和水下浅滩海区,而海底堆积平原和海底冲蚀平原区则是近海底拖网渔业的优良渔场。

(4) 水文气候条件。

① 气候。

同山东海域相似,园区为暖温带湿润季风大陆性气候,冬季盛行北风,风力强劲,给海上带来大风和低温,但因为位于鲁南,风力相对减弱,所以气温也较全省偏高;夏季盛行东南风,风力较弱,常带来降水,且以阵性天气较多。而冷空气、气旋和热带风暴等天气系统也是本海区主要灾害性天气。但较山东其他海区而言强度较弱,频率也较低。其主要特点为夏无酷暑,冬天严寒,温度适中,四季分明,其年平均气温 12.6 ℃,无霜期 213 d,降雨量达 917 mm,是半岛降水量最丰的地区,从而为园区发展渔业创造了优越的气候条件。

② 水文。

日照地区也和山东半岛地区相似,多为山溪河流,它受鲁中南丘陵的制约,河流发源于低山丘陵,其河源流程短,比降大,加上年降水集中于夏季,6~9 月径流约占全年的 70% 以上,故这些河流皆成为季节性河,加上上游水库修建,入海的水沙量骤减,甚至旱季断流。流入日照海区较大的河流主要有两城河、傅疃河、川子河、巨峰河、龙王河、绣针河等 6 条。总流域面积 2 438.58 km²。

(5) 园区所在地的渔业环境。

① 水温。

日照近海表层水温累年平均值为 14.3 ℃。一年中 8 月份水温最高,2 月份最低,平均年变幅为 24.0 ℃。通常 3~8 月份为升温期,以 4~7 月份升温最快,平均速率为每月 4.8 ℃;9~12 月为降温期,以 10~12 月降温最快,平均速率为每月 5.9 ℃。极端最高水温为 31.8 ℃,出现于 1962 年 7 月;极端最低水温为 -1.6 ℃,出现于 1969 年 1 月和 1977 年 1 月。

② 盐度。

日照近海累年平均海水盐度为 30.36,历年变化范围为 28.49~31.16。一年中 2~6 月为高盐期,尤以 4 月最高,为 30.63;8~10 月为低盐期,最低为 10 月,为 29.29。总体上呈现由近岸向外海逐渐升高的趋势。历年极端最高盐度值为 31.89(出现于 1969 年和 1979 年),历年极端最低值为 20.93(出现于 1963 年)。

③ 潮汐。

按主要日分潮和半日分潮平均振幅比值划分,日照海区属正规半日潮区,主要受海州湾外南黄海半日无潮系统(无潮点位于 34°35′N,121°12′E)的控制,半日潮波绕无潮点作逆时针方向旋转运动,在鲁南沿岸、海州湾沿岸波锋线由北向南传播,发生高潮时间北早南迟。平均涨潮历时 5 小时 52 分,平均落潮历时 6 小时 34 分。累年平均潮位为 261 cm,累年最高潮位为 564 cm(出现于 1997 年 8 月),累年最低潮位为 -59 cm(出现于 1980 年 10 月),累年平均潮差为 303 cm,平均潮差的年变幅为 13 cm,累年最大潮差 523 cm。

④ 波浪。

累年平均波高为 0.6 m,一年中夏季平均波高最大,为 0.7 m,冬、春季最小,只有 0.5 m。各月最大波高以 7~9 月较大,都在 3.0 m 以上,4~5 月及 12 月较小,都在 2.4 m 或以下。

⑤ 环境化学。

园区近海水域的水质条件良好,符合一、二类渔业水质标准:

pH。该海域海水的 pH 在 8.01~8.25,平均 8.12。分布均匀,空间变化幅度较小。

溶解氧。海域海水表层的溶解氧含量在 6.91～10.48 mg/L 之间，平均为 8.41 mg/L。溶解氧的含量呈现由近岸向远海逐渐升高的趋势。

化学耗氧量（COD）。海域海水的 COD 含量在 0.05～1.73 mg/L 之间，平均为 0.84 mg/L。以沿岸较高，拟保护区的东南方最低。

无机氮。无机氮测值范围为 21.60～197.92 μg/L，平均值为 94.02 μg/L。基本呈现为近岸高，远处外海低，南部低，北部高的特点。

磷酸盐。海域海水的磷酸盐含量在 3.05～13.30 μg/L，平均为 6.33 μg/L。其分布趋势基本同无机氮。

悬浮物。海域海水的悬浮物含量在 3.60～62.3 mg/L，平均为 16.50 mg/L。表现为由近岸向外部海域递减的趋势。

石油类。海域海水的石油类浓度范围在 13.1～49.2 μg/L，平均值为 27.57 g/L。由于受到南北码头的影响，石油类的分布以中部较低，南北近岸较高。

⑥ 沿海气象。

园区属暖温带湿润季风大陆性气候，四季分明，冷热季和干湿季的区别都很明显，春季干旱少雨，回暖迟；夏季湿重，无酷热，雨水集中，易成涝；秋季凉爽，晚秋旱；冬季干燥无严寒，雨雪少。

⑦ 气温。

园区年平均气温 12.6 ℃，年际变动一般在 12.1 ℃～13.2 ℃，最高年份 13.4 ℃，最低年份 11.5 ℃；极端最高气温 43.0 ℃（1977 年 6 月 12 日），极端最低气温 −18.9 ℃（1958 年 1 月 16 日）。日最高气温 ≥30 ℃ 的炎热日数年均 14.9 d，≥35 ℃ 的日数年均 0.5 天；日最低气温 ≤−10 ℃ 的严寒日数年均 3 d（表 4-10）。

⑧ 风。

园区春季盛行东北风，频率为 10%，平均风速 3.6 m/s；夏季盛行东南风，频率为 11%，平均风速 2.9 m/s；秋季盛行北风，频率为 14%，平均风速 3.4 m/s；冬季盛行西北风，频率为 16%，平均风速 3.5 m/s。年平均风速 3.3 m/s，极大风速 29.0 m/s。瞬时风速超过 8 级以上的大风日数年平均为 19.7 d。沿海地区，海陆风明显，尤以春、秋季表现突出。

⑨ 降水。

平均年降水量为 876.6 mm。四季分布不均，各地差异甚大。以夏季最多，占 60%；秋季次之，占 20.9%；春季又次之，占 14.5%；冬季最少，占 4.8%。降水以 7 月最多，月平均降水 237.7 mm，占全年降水总量的 26.7%；以 12 月最少，月平均降水 12.9 mm，占全年降水总量的 1.5%。

⑩ 日照计蒸发量。

年日照时数平均为 2 515.6 h，日照率 57%。年太阳辐射总量为 120.7 kcal/cm²。年平均蒸发量为 1 447.4 mm，以 8 月份最高，为 171.0 mm；1 月份最低，为 54.7 mm。

表 4-10 日照市历年气候要素平均值表

要素 \ 月份	1	2	3	4	5	6	7	8	9	10	11	12	年
平均气温/℃	-0.9	0.6	5.4	10.9	16.5	21.0	24.9	25.8	21.6	15.8	8.5	1.9	12.6
最高气温/℃	14.6	18.3	24.4	30.7	36.6	38.3	37.9	35.5	31.4	28.6	24.6	18.0	38.3
最低气温/℃	-14.5	-13.3	-8.8	-3.6	4.5	12.6	14.9	16.4	8.3	6.5	-8.3	-12.8	-14.5
降水量/mm	13.3	15.7	25.1	46.5	55.3	112.7	234.2	177.9	107.6	45.9	29.4	12.9	876.6
日照时数/h	188.3	173.7	211.5	219.0	245.2	223.1	196.5	237.7	219.4	222.8	189.8	182.7	2 515.6
蒸发量/mm	54.7	60.4	101.6	131.9	164.4	154.3	150.1	171.0	161.3	141.0	93.7	63.0	1 447.4
平均风速/(m/s)	3.5	3.5	3.5	3.5	3.3	3.2	2.9	3.1	3.2	3.4	3.6	3.3	3.3
最大风速/(m/s)	18.0	13.3	16.0	16.0	15.7	16.7	15.0	17.0	15.0	16.0	17.0	14.1	18.0
瞬时风速超过8级以上日数	1.8	1.9	2.6	2.4	1.9	1.2	1.1	1.1	1.1	1.3	1.9	1.3	19.7
最多风向	N	N	NE	NE	SSE	SSE	SSE	SE	N	N	N	N	—
出现频率/%	16	15	10	10	10	12	11	11	14	14	15	17	—

⑪ 岛屿。

日照沿海岛屿少而礁多,全市已命名的岛礁共计 33 座,其中岛屿 8 座。前三岛(由平岛、达山岛、车牛山岛及牛角岛、牛背岛、牛尾岛、大小参礁、双尖礁、达东礁、花石礁、牛嘴礁等十二个岛礁组成的岛礁群)是黄海南部最大的群岛,具有重要的渔业、科研价值。

⑫ 地下淡水。

日照市地下水丰富,分布面广,浅层地下水储量达 4.35×10^8 m³,可利用率在 50% 左右。沿海地区(指东港区、岚山办事处)地下水储量为 3.05×10^8 m³,其中净储量 2.17×10^8 m³,每年平均调节量 $0.551\ 6 \times 10^8$ m³,多年平均可利用量 1.447×10^8 m³,其中以傅疃河下游区域最多,可利用量为 $0.352\ 7 \times 10^8$ m³。大部分地区地下水矿化度小于 0.5 g/L,pH 在 6.8~7.2。区划区域内地下水矿化度为 2~5 g/L,pH 在 7.2~8.2。

2. 山东海城生态科技集团有限公司示范园区

(1) 园区位置。

山东海城生态科技集团有限公司位于山东半岛蓝色经济区和黄河三角洲高效生态经济区的主战场滨州市无棣县北部,注册资金 6 000 万元,为农业产业化省重点龙头企业。是两区一圈综合开发的重点区域,也是"海上山东"建设的前沿阵地。

(2) 交通概况。

山东海城生态科技集团有限公司位于渤海之滨,东依马颊河,西临大济路(距离大济路不到 2 km),处于江浙及山东半岛一带通往京津塘地区的交通枢纽路段。

(3) 自然地理条件。

园区处于无棣县最北部、渤海湾西南岸,地理坐标为北纬 37°41′~38°16′、东经 117°31′~118°04′,西、北隔漳卫新河与河北省海兴县、黄骅市相望,东隔马颊河与滨州北海新区相连,具有独特的资源优势。

(4) 水文气候条件。

自然环境条件优越,地貌属华北平原鲁西北泛滥平原滨海地带,地势西南高、东北低,气候属北温带东亚季风区大陆性气候,四季分明,干湿明显。年平均气温为 12.5 ℃、平均日照时数为 2 724.5 h,平均日照百分率为 61%,平均风速为 3.5 m/s,具有夏热多雨、冬寒季长、春季多风干燥、秋季温和凉爽的特点,非常适合开展海水养殖。

全年一般主导风向为东南风。春季以南风为主导,夏季以西南风为主导,秋季以东南风为主导,冬季以东北风为主导风向。年平均风速 3.6 m/s,多年平均最大风速 17.36 m/s。

(5) 渔业资源环境。

① 水温。

海水温度受大陆气候和河流入海径流影响较大。冬季表层海水平均 0.02 ℃,有 3 个月的结冰期。春秋海水温度 12 ℃~20 ℃之间。夏季海水温度 24 ℃~30 ℃之间。

② 盐度。

海水盐度受蒸发、降水以及河流径流影响,盐度较低。冬季表层海水盐度 30 左右,春秋季海水盐度多为 20~31,下季海水盐度为 15~30。海水透明度发布不均,外海高于近岸并有明显的季节变化。

③ 营养盐。

马颊河流域无工业污染,在汛期大量淡水流入,调节了海水盐度,带来了丰富的有机质和营养盐,对于促进浮游植物的繁殖作用显著,为虾蟹类的繁殖、生长、育肥具有大的促进作用,为保护区的形成和发展奠定了基础。

④ 有害物质。

有害物质主要指硫化物、石油、铅、汞、镉、六六六和滴滴涕等 7 种。它们的分布特征是河口附近及近岸较高,主要是陆源性污染。县境海区除硫化物超出渔业水质标准(2.00 μg/L)外,铅、汞、镉、六六六、DDT 等有害物质均未超出水质标准。

⑤ 潮汐。

潮汐属于不正规半日潮,潮流最大流速 80~114 cm/s,最大波高 3.0~3.3 cm,主波向 NEE-E 和 NE-SEE。近岸平缓水浅,属风暴潮和风暴增水多发区。

⑥ 沿海气象。

无棣沿海地处中纬度,居温带东亚季风区大陆型气候,具有气候适宜,四季分明、光照充足、无霜期长等气候特点,这里年平均气温 12.7 ℃,年日照时数平均为 2 548 h。沿海与内陆气候大致相同,略有差异。春季由于太阳辐射增强,回暖迅速,少雨多风,气候干燥,带有春旱和寒潮侵袭。夏季温度高、气压低、雨量充沛集中且强度大,持续时间长,盛行偏南风、风速小。由于本季多种气象要素变化复杂,往往产生暴雨、大风、雷击、冰雹、水涝、台风等自然灾害。秋季气温季急降,雨量骤减,秋高气爽,但由于降水量相对变化大,常发生秋旱和连阴雨天气。秋初常有冰雹、台风袭击,沿海常有风暴潮发生。冬季寒冷干燥、雨雪稀少、多晴天,沿海多大风和雾。

⑦ 日照。

多年平均日照 2 548 h,多年最高日照时数 3 224 h(1998 年),一年之内 5 月日照数最多,达 288.3 h;1 月日照时数最少,为 208.1 h。

⑧ 气温的季节分布与极值情况。

无棣四季分明,春季(3~5 月),平均 13.0 ℃,夏季(6~8 月)平均 26.7 ℃,秋季(9~11 月)平均 14.3 ℃,冬季(12 月至次年 2 月)平均−2.4 ℃。县境濒临渤海,但因近海水浅,对气候的调节作用不大。表现在气温上,年内和日内的温差均较大。多年平均气温 12.7 ℃,年平均气温最高 17.9 ℃,年平均气温最低 10 ℃,多年极端最低温度−25.3 ℃(1957 年 1 月 15 日),极端最高气温 43.7 ℃(1995 年 7 月 23 日)。

⑨ 降水与蒸发。

无棣县沿海地区是山东省年降水较少的地区之一,据岔尖气象站实测资料统计,多年平均年降水量 552.4 mm,多年最大年降水量 1 073.3 mm,多年最小年降水量 316.3 mm,年降水量平均相对变化率 50% 左右。降水量的年际变化较大,从极值来看,最大年降水量约为最小年降水量的 3.4 倍,为多年平均降水量的 1.9 倍。年降水量的月际变差较大,夏季(6~9 月)3 个月降水量约占全年 71% 以上,而冬季(12 月至次年 2 月)降水量只占全年 2.5%。多年平均年蒸发量为 2 430.6 mm。夏、春季蒸发量较高,多年平均分别为 871.4 mm 和 853.9 mm。冬季蒸发量最低,多年平均为 185.0 mm,但冬、春季蒸发量与降水量的比值都大于夏、秋季,易发生旱情。多年平均年蒸发量约为降水量的 4.4 倍,是山东省沿海各岛失水最大的地区之一。

⑩ 冰期。

冬季受频繁冷空气的影响,县境沿岸向海至海图 0 m 线海域普遍结冰,冰厚 50～70 cm,河口、浅滩处受潮水的作用,冰厚可达 1.2 m,最厚可达 3～4 m。多年平均结冰日约 50 d,最长 70 d,最短 31 d,从 12 月初开始至翌年 3 月下旬,海冰完全消失。

⑪ 岛屿。

全县共有岛屿 30 个,通称岔尖群岛。集中分布在套尔河、马颊河和漳卫新河入海口附近,均属泥沙质海岛。岛屿岸线总长 142.7 km,岛屿面积 45.33 km²,海拔高度(黄海)一般在 5 m 以下,最高的棘家堡 7.9 m,浅海面积 150 km²。有常住居民的海岛 4 个(岔尖、沙头、水沟、棘家堡),陆域总面积 24.5 km²,岛屿岸线 46.87 km。

⑫ 滩涂。

全县沿海滩涂面积 90 km²,土壤处于母质形成阶段,多无植被生长,仅低洼地段有黄蓿菜、柽柳等盐生植物。因海水冲蚀,矿化度高于海水含盐量。临水密布低值蟹贝,地势平坦,具有发展海水养殖的丰富土地资源。

⑬ 荒洼盐碱地。

县境有荒洼盐碱地达 100 km²,主要分布于县东部乡镇。这些涝洼地地势洼,土质差,种植效益低,其中大部分可开发改造后进行淡水养殖,低洼地亦可用于水生植物栽植或护养,如植苇,经济效益和生态效益均较高。

⑭ 河流。

全县有河流 19 条,其中干流河道有漳卫新河、马颊河、德惠新河 3 条,支流河道有秦口河、白杨河(原名大寨河,长 13 km)、白杨支沟(初名白杨河,27.8 km)、青坡沟、小米河(古萧米河)、朱龙河、王山支沟、老麦河、三八沟、泊埕河、大庆沟、解家渠道、老郝家沟、死河与山子河及新开挖的小开河 16 条。这些河流发源于境外 7 条,境内 12 条。

入海河流一方面将大量营养盐类带到河口,从而在河口附近形成经济鱼虾类良好的产卵场和索饵场;另一方面,自 20 世纪 70 年代特别是 20 世纪 80 年代以后,上游大量工业废水入境入海,使河流、浅海、滩涂受到严重污染。

⑮ 地表淡水。

地表淡水来源为大气降水和过境客水,地下淡水主要为贝壳堤岛上层滞水。

⑯ 地下水。

地下水主要为松散岩类孔隙水。根据埋藏条件和矿化度的高低,分为以下四类:A. 贝壳沙堤淡水透镜体,其化学类型为氯化物重碳酸钠型,矿化度小 1 g/L,水质好;B. 浅层潜水——微承压留水,pH 7.90～7.92,矿化度大于 50 g/L,属中性 Cl-Na 型水;C. 承压卤水,pH 7.40,矿化度 52.5～113 g/L,为中性 Cl-Na 型水;D. 中深层承压咸水,pH 7.8～8.2,矿化度 3～30 g/L,化学类型为 SO_4-Cl-Na 型或 Cl-Na 型水;E. 深层承压微咸水,pH 7.5～8.0,矿化度 1～3 g/L,化学类型为中性 SO_4-Cl-Na 型或 Cl—Na 型,氟离子含量大于 1 mg/L。

(6) 园区经营管理情况。

① 建设单位基本情况。

山东海城生态科技集团有限公司是海城集团旗下的子公司,位于黄河三角洲高效生态经济区和山东半岛蓝色经济区的主战场以及环渤海经济圈腹地——山东省滨州市无棣县,注册资金 6 000 万元。是一家主要从事海产品苗种繁育、养殖、精细加工、科研以及技术服务等综合性多元化的企业。公司现有职工 650 人,其中具有技术人员 68 人。公司已建成名优特海产品工厂化及池塘养殖、苗种繁育、虾类养殖、贝类养殖、卤虫养殖、鱼虾蟹等高效生态养殖等示范基地。拥有半滑舌鳎、海参等海珍品工厂化养殖 8.5 万平方米;参、鱼、虾、蟹等苗种繁育车间 3 万立方水体;20 000 亩对虾养殖基地;10 000 亩贝类生态养殖区;15 000 亩鱼虾蟹立体高效养殖示范区;5 000 亩名特优海珍品养殖区。为农业产业化省重点龙头企业、农业部水产健康养殖示范场、省无公害农产品产地、省节能减排示范企业、省"信得过"海参育苗企业、山东省渔业资源修复行动增殖站等,并建有工程实验室及企业技术中心。生产的海参、三疣梭子蟹、凡纳滨对虾、半滑舌鳎通过中国绿色食品发展中心绿色食品认证,并荣获首届黄河三角洲高效生态农业投资贸易洽谈会"金奖"。

今后,集团公司将紧抓黄河三角洲高效生态经济区和山东半岛蓝色经济区建设的重大历史机遇,对产业结构实施延伸拉长和关联辐射,着力发展生态养殖、化工等新兴海洋优势产业,积极打造鲁北地区最大的蓝色经济产业园即山东海城高效生态蓝色经济示范园区,产业园区按功能定位,划分为海盐生产、生态化工、海水牧场、设施渔业、海洋食品、渔港码头、船舶修造、冷链物流、海文化展示以及新农村建设十大板块。公司将紧密结合国家产业政策,不断加大企业基础设施建设和技术改造力度,在"转方式、调结构"上做足、做透对接文章,积极引进高效节能项目,把企业打造成"黄蓝"两区开发建设的亮点和精品。

② 园区情况。

园区主体工程。目前园区办公管理区 1 750 m²,主要是办公、职工宿舍、会议室、宣传室、实验室、职工活动室、车库、综合服务等。苗种繁育车间 32 000 m²,工厂化养殖车间 85 000 m²,高位水池 5 400 m³。

配套设施建设。根据园区管理特点、功能,用电设备基本可以满足使用要求。为能够满足工作需要,需配置电脑、打印机、监控(物联网)及信息通讯(宽带)工程设施建设,便于日常工作的信息传递和交流。园区设有自来水建设工程和储存设施建设,另有生活污水处理和排水工程建设。

(7) 园区规划内容及考核指标。

2013～2016 年渔业园区规划内容如下:本园区规划在 2013～2016 年期间,通过研发集成养殖环境生态化调控技术,建立基于"工厂化—池塘耦合利用"的生态优化技术体系,在现有规模基础上,改造养殖池塘,配套建设水质化验、生物检测、病害防治、常规项目的质量控制检测室及必要的设施设备,调整养殖生产模式,循环利用各种资源,提高系统自净功能,减少对外排放,进而实现规模化养殖园区生态化开发的目的。

规划建设考核指标如下:建立基于环境调控的池塘—工厂化耦合利用模式 1套;工厂化—池塘耦合利用模式氨氮排放量降低 60%。

(8) 园区升级改造方案。

① 选址。

园区选址在山东海城生态科技集团有限公司,这里水域滩涂资源丰富,水质符合渔业水质标准。水产养殖用水符合农业部《无公害食品海水养殖用水水质》和《无公害食品淡水养殖用水水质》等养殖用水标准。水域滩涂符合海洋功能区划、水域滩涂养殖规划等相关规划或经县级人民政府批准用于渔业开发建设。土地权属明确,不存在涉界及产权矛盾纠纷。

② 功能分区。

根据园区的功能定位,综合考虑标准鱼塘养殖渔业园区的发展需求和园区内交通、水、电等条件,将园区划分为健康养殖生产区、苗种繁育区、科技示范区、配套服务区和绿化区。其中健康养殖生产区的工厂化养殖车间 85 000 m²,主要从事半滑舌鳎、海参等优质水产品养成;苗种繁育车间 32 000 m²,主要从事参、鱼、虾、蟹等苗种繁育;科技示范区占地 50 亩,主要从事科技示范、科技培训及科技服务等;配套服务区 1 750 m²,包括办公、职工宿舍、会议室、宣传室、实验室、职工活动室、车库、综合服务等,从事养殖用水检测化验、水产品质量检验、科研、办公、生活等;厂区绿化面积 1 000 m²,绿化区主要是路、沟、渠边等空闲地带,旨在美化、绿化园区环境,提高园区的环境承载能力。

(9) 园区改造内容及分期实施进度安排。

① 园区改造内容。

山东海城示范园占地 3 312.5 亩,在已有规模基础上,新建标准化养殖池塘 2 200 亩、工厂化养殖车间 5.0×10^4 m²;对池塘全部进行技术改造,衬砌护坡;附属建设桥路涵闸、道路硬化、供电线路;配套建设水质化验、生物检测、病害防治、常规项目的质量控制检测室及必要的设施设备。

② 园区分期实施进度。

山东海城示范园建设期为 4 年,自 2013 年 1 月至 2016 年 12 月。

根据各项工作所需要的时间制订工作进度和工作计划安排:

第 1 年,完成对示范区养殖现状、水文水质、对环境的压力等等情况的现状调查和数据采集;养殖种类人工繁育和养殖技术的完善。

第 2 年,集成养殖环境生态化调控技术,包括物理方法和生物方法,并应用于各种模式;确定各种模式下养殖种类的搭配、比例、周期等生产参数,建立基于不同模式的生态优化技术。

第 3 年,对不同模式下生态优化技术的调控效果进行评价,建立包括生态、经济和社会等多层次全面的评价方法;根据评价结果调整生态优化技术。

第 4 年,将园区环境生态优化技术分别集成应用推广于不同养殖模式并进行推广示范;完成人员培训工作,完成总结验收,并交付运营使用,正式开展养殖生产。

3. 无棣友发省级现代渔业示范园区研究报告

(1) 园区位置。

园区所在的丰源盐场位于无棣县东北部沿海,南临全家河,北接东风港、滨州港,东傍套尔河、秦口河与渤海相连,西靠东滨路,距县城 56 km。是环渤海经济区与黄河经济带的结合部、京津塘和山东半岛两大经济区的交会处,地理位置优越,区位优势明显。

(2) 交通概况。

园区所在的丰源盐场西有疏港路、新海路、津汕高速、威乌高速、黄大铁路,北有东张路,西接大济路,南连滨州市、省城济南,西通津京地区,通往全国各地,水陆交通极为便捷。项目区外围有抗御百年一遇的防潮坝作为防护,场区内有柏油路贯穿,交通畅通、便利。

(3) 自然地理条件。

无棣县地处山东省最北部,濒临渤海湾西南岸,地理坐标为北纬 37°41′~38°18.7′、东经 117°31′~118°12′,是山东省的北大门。县域东北濒临渤海,东南连沾化县,南靠阳信县,西接庆云县,北隔漳卫新河与河北省海兴县、黄骅市为邻。

无棣县地势西南高,东北低,海拔多为 5~6 m,最高 7 m,最低 3 m。境内自西向东依次为黄泛平原、滨海平原和渤海湾海岸。河滩高地 112 km²,缓平坡地 217 km²,浅平洼地 231 km²,滨海缓平低地 437 km²,滨海浅平洼地 47 km²,滨海滩地 205 km²,海岸滩地 325 km²。沿岸有岛屿 30 个,岛岸线长度 147.7 km;近海区在东经 117°57′~118°25′,北纬 38°10′~38°45′,定置渔区面积 150 km²,属水深15 m以内的浅海水域,海床坡度小,海底延伸宽阔平缓,其西、南部属黄泛平原,为内陆粮枣棉区;东、北部属滨海平原和近海滩涂,滩涂广阔,牧草丰美,为沿海牧渔盐区。

(4) 水文气候条件。

无棣县境有干流河道 3 条:漳卫新河、马颊河、德惠新河。支流河道有青坡沟、朱龙河、小米河、郝家沟等。漳卫新河,境内流长 38 km,最高水位 6.93 m。马颊河,境内流长 40.36 km,最大流量 945 m³/s。德惠新河,境内流长 57.50 km,宽 130 m,最高水位 6.50 m。全县有 10 座节制闸,年拦蓄地表径流和过境客水能力达 0.75×10⁸ m³,有库容千万方以上的大中型地上平原水库 6 座,年调蓄水能力达 1.8×10⁸ m³。全县有自来水公司两处,日供水能力达 2.0×10⁴ m³,地下卤水资源分布广、储量大、浓度高,发展盐业和盐化工条件优越。

县境地处华北平原鲁西北泛滥平原,属东亚季风区大陆性气候,四季分明,干湿明显。春季多风干燥,夏季湿热多雨,秋季天高气爽,冬季长而干寒。历年平均气温 12.5 ℃,平均无霜期 229 d,平均降水量 571.5 mm,年均日照时数 2 700.0 h。

(5) 可再生能源条件。

根据山东省地矿工程勘探院对园区周边地域地热资本普查结果估算,该地域可应用地热资本量达 0.31×10¹⁸ J,相当于 3.25×10⁵ t煤燃烧发生的总能量,而地下热水净储量为 1.02×10⁹ m³,这更是相当于 1 万多个大明湖的水储量,该地域内地热水为低温地热资源中的温热水,可间接用于渔业养殖。

(6) 渔业、水域、滩涂资源。

无棣县海岸,西起大口河,东至老沾化沟入海口,海岸线长 102 km。海底为泥沙质,水质肥沃,天然饵料充沛,是多种经济鱼虾的索食场和繁殖地;—8~—7 m 等深线以外,海底为泥质。分布于高潮线与低潮线之间区域,面积约 345 km²。海岸滩地 49 km²,其中 44 km² 为脱离海浸母质阶段未久的海蚀平地。全县滩涂面积 90 km²,贝、蟹类资源丰富,是海水养殖的良好场所。

海水盐度较低,平均范围为 20~22。pH 一般为 7.6~8.4,属水生动物适宜范围。沿岸河口区营养盐丰富,浮游生物繁多,为著名的鱼虾产卵场和索饵区。

全县水生动植物资源丰富,其中海洋鱼类 85 种。主要经济鱼虾蟹贝类品种有梭鱼、鲈鱼、舌鳎、毛虾、口虾姑、三疣梭子蟹、文蛤、四角蛤蜊、毛蚶、牡蛎等,其他水产资源有丰年虫、海蜇、沙蚕等。

(7) 园区所在地的渔业环境。

无棣县境内有漳卫新河、德惠新河、马颊河等 12 条干支流河道贯穿县域,汇流入海。河水将大量泥沙携带入海,形成沿岸广阔的滩涂湿地,底质松软细腻,属粉砂淤泥质型海岸。pH7.6～8.4,营养盐类丰富,水质肥沃,是我国众多鱼、虾、蟹、贝类等北方群系的天然产卵场和索饵区,也是海洋捕捞业的重要产区。据 1981 年《惠民地区沿海资源调查报告》,浅海及河口区有经济水产资源 154 种,构成渔业初级生产力的浮游生物 103 种,尤以贝类资源雄厚,种类多,分布广。

① 水文。

海水盐度大小受蒸发、降水以及陆地径流的影响,盐度较低,一般在 20～22,套尔河口以西仅为 19,汛期可降至 15 以下,而棘家堡子一带由于远离河口,盐度增至25～26。盐度按月份,5 月最高,8 月最低,汛期及河口区较低。

由于近岸泥底水浅、风大,海水含沙量较正常海域高,秋季最高,平均含沙量0.42 kg/m³,保护区东部接近套尔河一带,近岸含沙量剧增,为外海含沙量的 5 倍多。

常年水温−1.8 ℃～28 ℃,浅海水温以 8 月最高,1 月最低,5～9 月份多在15 ℃～25 ℃之间浮动,冬季有海冰结成,结冰期自 11 月初至翌年 2 月,计 30 d～70 d,盛冰期 50 d 左右(表 4-11)。

据 1986 年实测资料:海区 pH 在 7.1～8.6。正常海水 pH 一般为 7.6～8.4。对鱼类而言,pH 的安全范围为 6.5～8.5,处于正常状态。

表 4-11　无棣海域海水质量表

月份	水色/号	透明度/m	水温/℃		盐度		表层 pH
			底层	表层	底层	表层	
3 月	18.7	0.5	3.64	2.17	30.82	31.07	7.9
5 月	11.8	0.7	16.74	15.66	31.06	31.7	8.2
8 月	13.8	0.8	26.24	25.9	29.01	29.83	8.1
11 月	16.5	0.5	13.05	12.82	28.35	29.13	8.2
平均值	15.2	0.6	14.92	14.14	29.81	30.43	8.1

② 潮汐。

近海潮汐为不正规半日潮,平均高潮位 2.71 m,低潮位 0.51 m,潮差 2.20 m,高潮间隙 5 小时 18 分,低潮间隙 7 小时 7 分,潮汐流速 1.1 nmi/h。近海潮流运动形式为逆时针旋转流,近岸椭圆长轴垂直岸边线,外海大致与等深线平行。

日出、日落各出现一次高潮。按海潮位站多年观测资料,平均日高潮位 1.85 m,上陆范围 1～1.5 km。月高潮出现在朔、望日,每月 1～2 次,淹没高程为 2.47 m,上陆范围 1.5～2.5 km。年际大潮平均 7～8 年发生一次,无固定周期,多发生在 3 月或 7 月,一般伴随 8 级以上东北大风,上陆范围 3.5～7.5 km,淹没高程为 1.6～2.5 m。

③ 波浪。

无棣海域的波高冬半年明显大于夏半年,据岔尖站资料统计,月平均波高最大值为 0.7 m,出现在 5 月和 11 月;最小值为 0.5 m,出现在 7～8 月;春秋各月最大波高 2.5～3.5 m。主波向东北偏北向北和东北向东南偏东,频率分别为 20％和 38％,强波向东北偏东,最大波高 3.0～3.3 m,若遇风暴潮可引起潮滩贝壳向岸迁移,并翻越至堤岛向陆侧。

④ 营养盐。

磷酸盐的检出范围在 10～600 $\mu g/L$ 之间,最大值出现在 8 月,多为河口附近站位。硝酸盐氮的检出范围在 0.4～31.0 $\mu g/L$ 之间,亚硝酸盐氮的检出范围在 0.01～8.00 $\mu g/L$ 之间,氨氮的检出范围在 10～100 $\mu g/L$ 之间。硝酸盐、亚硝酸盐和氨氮的平均分布均与沿海径流有关,其最高值基本都出现在近岸河口区。

⑤ 有害物质。

有害物质主要指硫化物、石油、铅、汞、镉、六六六和滴滴涕 7 种。它们的分布特征是河口附近及近岸较高,主要是陆源性污染。县境海区除硫化物超出渔业水质标准(2.00 $\mu g/L$)外,铅、汞、镉、六六六、DDT 等有害物质均未超出水质标准(表 4-12)。

表 4-12　无棣县浅海海水中有害物质检测表

化学物质	月份	检出范围/($\mu g/L$)	平均含量/($\mu g/L$)
硫化物	3	37.5～437.5	148
	5	40.0～200	113
	8	17.0～463.0	136
	11	13.0～485	160
石油	3	0.02～0.50	0.06
	5	0.06～0.90	0.32
	8	0.06～0.80	0.37
	11	0.94～1.82	0.69
铅	3	1.0～8.0	2
	5	1.0～5.0	2
	8	1.0～12	3
	11	0.2～10.1	2
汞	3	0.8	0.03
	5	0.01～9.92	0.13
	8	—	—
	11	0.02～0.20	0.03
六六六	3	0.17～0.37	0.25
	5	0.07～0.46	0.18
	8	0.31～0.73	0.45
	11	0.17～0.39	0.26
DDT		未检出	

溶解氧及 pH 状况见表 4-13、表 4-14。

表 4-13　近岸海水溶解氧及饱和度季节性变化

项目	季节 含量	春季	夏季	秋季	冬季
溶解氧 /(mg/L)	表层平均	8.25	6.69	9.99	—
	底层平均	8.95	6.47	7.74	—
	总平均	8.60	6.69	9.86	—
	最大值	9.58	7.09	10.35	—
	最小值	7.21	5.87	9.52	—
饱和度 /%	表层平均	107.4	104		
	底层平均	114.3	97.0	99.5	
	总平均	110.8	100.7	98.5	
	最大值	121.3	117.0	99.0	
	最小值	97.0	88.0	102.4	

表 4-14　近岸海水 pH 季节性变化

项目	季节 含量	春季	夏季	秋季	冬季
	表层平均	8.23	8.24	8.15	—
	底层平均	8.25	8.23	8.16	—
	总平均	8.24	8.24	8.16	—
	最大值	8.36	8.30	8.23	—
	最小值	8.14	8.16	8.07	—

⑥ 沿海气象。

无棣沿海处于暖温带东亚季风大陆性半湿润气候区,受暖温带季风气候影响,冬季多偏北风,夏季多偏南风;年平均 6 级以上大风 50 d 左右;7～9 月有台风袭击,阵风可达 10 级以上。县内海域灾害性天气(主要是大风)一般占 28.5% 左右。沿岸极端最低气温 −11 ℃～−20 ℃,1 月最低,平均范围 −1 ℃～−4 ℃;7 月～8 月最高,平均范围 24 ℃～27 ℃。强冷空气每年 4 次左右,从 9 月下旬至翌年 4 月均可出现;年平均雾日范围 5～13 d。

⑦ 地下淡水。

县境地下淡水资源十分缺乏,地表以下十几米深均为海相地层,饱含海水或微咸水。沿海地下淡水主要分布于贝壳堤岛,为上层滞水,据 1994 年计算储量达 3.8 ×10^4 m³,有埋藏浅、水质良好和受降水控制的特点,在淡水极度缺乏的海岛上是不可多得的淡水资源。另外,埕口镇张家山子—黄瓜岭埋藏古贝壳堤中还保存储量更大的该类上层滞水。

沿海滩涂深层承压微咸水分布较广,在水沟堡、大口河堡等村均有机井,该承压水顶板埋深 400～500 m,承压水头可高出地面 0.3～0.5 m,自涌量达 20～30 m³/h,但矿化度高,氟、碘含量极度超标。经防疫部门采取措施淡化后,仍是各村居民饮用水的主要水源。

⑧ 地下卤水。

北部沿海大片湿地区储存较丰富的卤水(盐度≥50),浓度 50～130 g/L,最高可达 150 g/L,化学成分与海水相似,可作为地下水工厂化养殖用水(表 4-15)。卤水层厚平均 20 m,顶板埋藏 10～45 m,具有埋藏浅、分布广和易开采的特点,也是理想的盐化工原料。

表 4-15　无棣沿海卤水储量计算统计表

地　点	卤水层面积/万平方米	卤水层平均厚度/m	卤水层埋深/m	含水度/%	卤水储量/万立方米
大口河堡—旺子岛区	56.5	20	35	0.14	158.2
岔尖堡—老沙头堡附近	50	23	40	0.14	161
东风港附近	73.7	—	—	—	142.4
总　计	—	—	—	—	461.6

⑨ 其他。

日照气温的季节分布与极值情况、降水蒸发、冰期、岛屿、滩涂、荒洼盐碱地、河流情况见本节"2. 山东海域生态科技集团有限公司示范园区"部分的相关介绍。

数据统计见表 4-16、表 4-17:

表 4-16　沿海气候要素多年平均(季、年)统计表

要素		时间 量值	春季 3～5 月	夏季 6～8 月	秋季 9～11 月	冬季 12 至次年 2 月	多年平均
太阳总辐射/(MJ/m²)			6.6(4 月)	544.0(7 月)	397.4(10 月)	276.1(1 月)	5 436.0
日照	时数/(小时/月)		257.0(4 月)	250.1(7 月)	234.4(10 月)	201.8(1 月)	2 849.2
	百分率%		65	56	68	66	65
气温/℃			13.4(4 月)	26.9(7 月)	14.5(10 月)	−3.9(1 月)	12.7
降水量/mm			64.2	396.1	78.5	13.6	552.4
蒸发量/mm			853.9	871.4	494.6	185.0	2 430.6
蒸发量/(降水量/倍数)			13.3	2.2	6.3	13.6	4.4
风速/(m/s)			5.6	4.5	4.1	4.3	4.6
大风日数(≥8 级)/d			18.9	7.8	8.7	7.9	43.3

表 4-17　无棣岔尖岛外海冰日数统计表(1964～1972 年)

冰日类型	始冰日	盛冰日	融冰日	终冰日	结冰日数/d
早结冰型	12 月 1 日	12 月 16 日	1 月 11 日	2 月 16 日	78
晚结冰型	12 月 23 日	1 月 12 日	3 月 19 日	3 月 29 日	108
平均冰日	12 月 10 日	12 月 31 日	2 月 20 日	3 月 10 日	91

(8)园区经营管理情况。

① 建设单位基本情况。

无棣友发省级现代渔业示范园由山东省友发水产有限公司承担建设,山东省友发水产有限公司始建于 1997 年,注册资金 5 000 万元,专业从事水产养殖、加工及出口贸易,并与盐业生产相结合,形成了"养殖(参、虾、卤虫)、制溴、制盐"梯次开发的产业化生产模式。主要产品与产能:年加工精制渤海盐田卤虫卵 500 t,产品 80% 外销;年产优质海盐 3.0×10^5 t;年产溴素 1 000 t;海参育苗场达 3×10^4 m^3 水体,年出产参苗 1.5 亿头;海参养殖面积 1.2 km^2,年出产商品参 1 000 t。

公司先后与辽宁师范大学生命科学学院、中科院北京基因组研究所、中国水产科学院黄海水产研究所进行技术协作,完成了一系列的水产养殖品种引进、养殖与加工技术研究课题。公司于 2011 年与中国海水鱼类养殖学家、中国工程院院士雷霁霖先生合作,共建了黄三角地区首个水产院士工作站——山东省友发水产院士工作站。

公司目前在研发一线的科技人员达 78 人,其中有高级职称的 10 人,中级职称的 21 人,先后承担了 7 项省级科研项目和 1 项国家火炬计划项目、1 项国家星火计划重点项目,开发出 4 个国家重点新产品和 1 个省高新技术产品,取得国家实用新型专利 3 个,公司在 2006 年通过了 ISO9001:2 000 认证,技术中心在 2007 年被认定为省级企业技术中心。

② 园区情况。

无棣友发省级现代渔业示范园,位于黄河三角洲腹地、山东无棣东北部,濒临渤海,地处黄河三角洲高效生态经济区、山东半岛蓝色经济区和环渤海经济区三大经济区的叠加地带。

无棣友发省级现代渔业示范园内生态养殖池塘集中连片。目前,园区已建成 3.0×10^4 m^3 水体的工厂化养殖车间、1.2 km^2 的标准化养殖池塘。园区养殖用水符合农业部《无公害食品海水养殖用水水质》(NY 5052－2001)的要求。养殖生产严格按照养殖技术规范操作,产品质量均达无公害标准。园区建有企业技术中心,配置了专门的水质分析设施和相应的水生生物检测等基础性仪器设备,能够完成常规水质化验和病理分析。

(9)园区规划内容及考核指标。

2013～2016 年渔业园区规划内容如下:本园区规划用 4 年的时间(2013～2016 年),通过研发集成养殖环境生态化调控技术,分别建立基于"池塘复合利用""工厂化—池塘耦合利用"和"池塘—大尺度滩涂湿地综合开发"3 种模式的生态优化技术体系,在现有规模基础上,改造养殖池塘,配套建设水质化验、生物检测、病害防治、常规项目的质量控制检测室及必要的设施设备,调整养殖生产模式,循环利用各种资源,提高系统自净功能,减少对外排放,进而实现规模化养殖园区的生态化开发的目的。

规划建设考核指标如下:建立基于环境调控的海水养殖园区模式 2 套,其中池塘生物复合利用模式 1 套,池塘—工厂化耦合利用模式 1 套。池塘生物复合利用模式氨氮排放量降低 20%,底质硫化物含量降低 30%;工厂化—池塘耦合利用模式氨氮排放量降低 60%。

(10) 园区升级改造方案。

① 选址。

无棣友发省级现代渔业示范园选址在无棣县丰源盐场,这里水域滩涂资源丰富,水质符合渔业水质标准。水产养殖用水符合农业部《无公害食品海水养殖用水水质》和《无公害食品淡水养殖用水水质》等养殖用水标准。水域滩涂符合海洋功能区划、水域滩涂养殖规划等相关规划或经县级人民政府批准用于渔业开发建设。土地权属明确,不存在涉界及产权矛盾纠纷。

② 功能分区。

根据无棣友发省级现代渔业示范园区的功能定位,综合考虑标准鱼塘养殖渔业园区的发展需求和园区内交通、水、电等条件,将园区划分为养殖生产区、苗种繁育区、病害防治与质量检验区、科技示范区、配套服务区和绿化区。其中养殖生产区占地 20 000 亩,主要从事刺参、对虾、鲆鲽鱼类及卤虫等优质水产品养成;苗种繁育区占地 100 亩,主要从事各类海水苗种繁育;配套服务区占地 50 亩,主要从事产品质量检测、水质检测、病害防治及办公生活等配套服务;科技示范区占地 50 亩,主要从事科技示范、科技培训及科技服务等;绿化区占地 10 亩,主要是美化、绿化园区环境,提高园区的环境承载能力。

(11) 园区改造内容及分期实施进度安排。

① 园区改造内容。

无棣友发省级现代渔业示范园占地 3.5 km²,在已有规模基础上,新建标准化养殖池塘 0.8 km²、工厂化养殖车间 2.0×10⁴ m²,形成 2 km² 标准化池塘养殖面积及 5.0×10⁴ m² 工厂化养殖规模;对池塘全部进行技术改造,衬砌护坡;附属建设桥路涵闸、道路硬化、供电线路;配套建设水质化验、生物检测、病害防治、常规项目的质量控制检测室及必要的设施设备。

② 园区分期实施进度。

无棣友发省级现代渔业示范园建设期为 4 年,自 2013 年 1 月至 2016 年 12 月。

根据各项工作所需要的时间制订工作进度和工作计划安排:

第 1 年,完成对示范区养殖现状、水文水质、对环境的压力等等情况的现状调查和数据采集;养殖种类人工繁育和养殖技术的完善;筛选用于生物修复技术研究的大型海藻(1~2 种),建立并完善大型海藻池塘栽培技术。

第 2 年,集成养殖环境生态化调控技术,包括物理方法和生物方法,并应用于各种模式;确定各种模式下养殖种类的搭配、比例、周期等生产参数,建立基于不同模式的生态优化技术。

第 3 年,对不同模式下生态优化技术的调控效果进行评价,建立包括生态、经济和社会等多层次全面的评价方法;根据评价结果调整生态优化技术。

第 4 年,将园区环境生态优化技术分别集成应用推广于不同养殖模式并进行推广示范;完成人员培训工作,完成总结验收,并交付运营使用,正式开展养殖生产。

4. 黄河岛标准鱼塘养殖渔业示范园区研究报告

(1)园区位置。

黄河岛标准鱼塘养殖渔业园区位于山东黄河岛中北部,濒临渤海,南依黄河,由秦口河、套尔河环抱左右,四面环水,地理坐标为北纬 37°57′、东经 118°4′,总面积 25.9 km²,毗邻滨州北海新区,属典型的滨海平原与海岸滩涂交接地带。

(2)自然地理条件。

园区地处九河末梢,上游水系流入套尔河汇入渤海,周边秦口河、套尔河既为潮汐河道,又是上游泄洪排淡通道,属于典型的海水水域类型。园区内滩涂资源丰富,属渤海湾、黄河三角洲沿岸,为粉沙淤泥质海岸,有大面积的—10 m 等深线内浅海、潮间带高地。秦口河海水常年盐度在 16~30,pH 为 7.0~8.8,周围全部为自然滩涂,无工农业污染源及生活污染,无废气排放,水质符合《渔业水质标准》(GB 11607—89)、《海水养殖用水水质标准》(NY 1050—2001)和《无公害食品海水养殖水质》(NY 5052—2001)标准要求。同时,过境地表径流带来了大量的有机物和营养盐为对虾、沙蚕与青蛤、菲律宾蛤仔、缢蛏等优质贝类及其他海水生物提供了繁衍生息的物质基础,同时也为海水养殖创造了良好的天然饵料条件。

(3)水文气候条件。

① 气候。

园区建设地点黄河岛,属典型的大陆性平原气候,夏热多雨,冬寒季长,春季多风干燥,秋季温和凉爽,常年平均气温 12.7 ℃,极端最高气温为 43.7 ℃,极端最低气温为—25.3 ℃,年平均风速为 4.6 m/s,无霜期 217 d,年日照时数2 578.2 h,日照率为 58%,年平均降水量为 575.1 mm,降水多集中在夏季 7、8 两月,雨季较长,夏季降水量占全年的 70.5%。冬季盛冰期约 2 个月。

② 地下水。

园区地表以下十几米深均为海相地层,饱含海水或微咸水。沿海滩涂深层承压微咸水分布较广,但矿化度高,氟、碘含量极度超标。北部沿海大片湿地区储存较丰富的卤水(盐度≥50),浓度 50~130 g/L,最高可达 150 g/L,化学成分与海水相似,可作为地下水工厂化养殖用水。卤水层厚平均 20 m,顶板埋藏10~45 m。

③ 水文。

海水盐度大小受蒸发、降水以及陆地径流的影响,盐度较低,一般在 20~22,套尔河口以西仅为 19,汛期可降至 15 以下,而棘家堡子一带由于远离河口,盐度增至 25~26。盐度按月份,5 月最高,8 月最低,汛期及河口区较低。

常年水温—1.8 ℃~28 ℃,浅海水温以 8 月最高,1 月最低,5~9 月多在15 ℃~25 ℃浮动,冬季有海冰结成,结冰期自 11 月初至翌年 2 月,计 30~70 d,盛冰期 50 d 左右。

海区 pH 在 7.1~8.6。正常海水 pH 一般为 7.6~8.4。对鱼类而言,pH 的安全范围为 6.5～8.5,本县浅海海水处于正常状态。

近海潮汐为不正规半日潮,平均高潮位 2.71 m,低潮位 0.51 m,潮差 2.20 m,高潮间隙 5 时 18 分,低潮间隙 7 时 7 分,潮汐流速 1.1 nmi/h。近海潮流运动形式为逆时旋转流,近岸椭圆长轴垂直岸边线,外海大致与等深线平行。

(4) 营养盐。

园区近海水域由于有多条河流径流入海,营养盐非常丰富。

磷酸盐:春季平均含量 0.45 mmol/L,高值位于套尔河口附近;夏季平均含量 0.49 mmol/L 升,漳卫新河河口附近高,表层低,底层高(平均差值 0.13 mmol/L 升);秋季平均含量 1.34 mmol/L,近岸含量高。

无机氮:表层水与底层水含量存在差异,并且受季节影响。

春季硝酸盐氮平均含量 39.52 mmol/L,套尔河河口附近最高,表层低于底层(平均差值 32.27 mmol/L);氨氮平均含量 0.78 mmol/L,河口附近低,表层平均含量 0.35 mmol/L,高于底层(平均含量 0.19 mmol/L);亚硝酸盐氮含量较低,平均含量 0.78 mmol/L;无机氮和磷酸盐比值平均为 98.8 mmol/L。

夏季硝酸盐氮平均含量 10.42 mmol/L,套尔河河口附近最高,离岸变低,表层高于底层;氨氮平均含量 0.92 mmol/L,河口附近低,表层平均含量高于底层;亚硝酸盐氮平均含量 1.58 mmol/L;无机氮和磷酸盐比值平均为 48.8 mmol/L。

秋季硝酸盐氮平均含量 17.68 mmol/L,河口附近最高,离岸变低,表层高于底层;氨氮平均含量 0.37 mmol/L,西高东低;表层含量高于底层亚硝酸盐氮 0.2 mmol/L;无机氮和磷酸盐比值平均值为 19.5 mmol/L。

(5) 渔业资源。

全县水生动植物资源丰富,其中海洋鱼类 85 种,淡水鱼类 35 种以及莲藕、芦苇等多种水生经济作物。主要经济鱼、虾、蟹、贝类品种有梭鱼、鲈鱼、舌鳎、毛虾、口虾姑、三疣梭子蟹、文蛤、四角蛤蜊、毛蚶、牡蛎等,其他水产资源有丰年虫、海蜇、沙蚕等。

(6) 园区经营管理情况。

① 建设单位基本情况。

山东神力企业发展有限公司成立于 1996 年 10 月,注册资金 4 600 万元,经过 10 多年的努力,现已发展成为以沙蚕、青蛤、菲律宾蛤仔、海蜇、对虾等特色水产品苗种繁育、健康养殖为主,集休闲渔业、生物工程、绿色食品、资源开发、国内外贸易于一体的综合性企业。

公司现有职工 352 人,其中具有高级职称的 12 人,中级职称的 36 人,占 8.7%,大专以上学历 117 人,占 21.20%,高中(中专)学历的 235 人。

公司现已取得占地 25.9 km² 黄河岛的开发使用权,创建了黄河岛水产科技示范园区。公司与中科院海洋研究所、动物研究所、生物物理研究所等科研院所建立了产学研合作,联合承担了"国家海洋 863 计划"项目,完成了省科技厅下达的科技攻关课题 4 项,先后在国家级、省级刊物上发表科技论文 8 篇;承担并完成了国标委下达的沙蚕生态养殖基地项目,该基地被确定为"国家级农业标准化示范区"。

② 园区情况。

园区主体工程。

截至目前园区已建设完成现代渔业标准化养殖池塘 141 个,其中 90 亩池塘 20 个,单池尺寸为 369.00 m×120.00 m;60 亩池塘 80 个,单池尺寸为 445.00 m×90.00 m² 6 个,单池尺寸为 339.00 m×120.00 m 54 个;65 亩池塘 29 个,单池尺寸为 334.00 m×130.00 m;100 亩池塘 6 个,单池尺寸为 460.00 m×145.00 m;200 亩池塘 6 个,单池尺寸为 460.00 m×290.00 m,水面面积合计 10 285 亩。根据设计高程池塘深 2.50 m。土工布护坡池塘边坡比 1∶2,土坡池塘边坡比 1∶3。

配套设施建设。

进排水渠:进水渠 6 条,总长 9 388 m;排水 6 条,总长 7 609 m。

进、排水闸:新建 Φ60 cm 进水闸 70 座、Φ100 cm 进水闸 6 座、Φ150 cm 进水闸 1 座;Φ80 cm 排水闸 37 座、Φ60 cm 排水闸 33 座、Φ100 cm 排水闸 5 座。

道路:主干道:园区建设主干道总长 5 817 m,设计采用双车道四级公路标准,路基宽 6.50 m,路面宽 6.00 m;园区内生产路总长 32 290 m,设计采用单车道四级公路标准。

输水涵洞:建设 Φ60 cm³ 节混凝土预制涵管长 6 m 的输水涵洞 70 座。

管理房:建设管理房 13 栋,每栋 2 间,共 26 间,总建筑面积 390 m²,每间建筑面积 15 m²,设计开间 3.0 m,进深 5.0 m,檐高 2.8 m,采用轻钢结构。

(3)园区规划内容及考核指标。

2013~2016 年渔业园区规划内容如下:通过园区基础设施改造,集成滩涂湿地净化池塘养殖排放水技术、池塘养殖有害因素防控技术,应用多元化养殖模式、池塘—湿地净化模式,初步形成布局科学、功能完善、高效生态的"池塘—大尺度滩涂湿地"综合开发模式的标准鱼塘养殖园区。

具体指标为建成标准化养殖池塘 15 000 亩,配套主进水渠,进、排水渠,进、排水涵闸,轻钢管理房及附属设施等,主要养殖沙蚕、鱼虾蟹贝、海蜇、海参等优质高附加值水产品,规划期末年产值突破 5 亿元,形成独具特色的优势主导养殖产业格局。

规划建设考核指标如下:

园区权属。园区选址符合各级海洋功能区划、养殖水域滩涂规划;园区四至范围明确,园区拐点 GPS 坐标规范。园区使用权属明晰,园区规划使用的水域滩涂均拥有合法有效的海域证、水域滩涂养殖证或租赁合同。园区已纳入无棣县和滨州市养殖水域滩涂规划,规划内的水域滩涂养殖发证登记率达到 100%。园区内苗种生产持证率达到 100%。

规模。园区规划面积 15 000 亩,以近两年优质鱼产业项目为基础,规划控制性范围为东至套尔河,西至黄河岛主干路,南至黄河岛农林高效生态园,北至套尔河,通过标准化养殖池塘建设、技术改造,附属建设桥路涵闸、道路硬化、供电线路;配套建设常规项目质量检测室,购置必要的仪器设备等。

产品质量。园区整个养殖过程符合农业部《水产养殖质量安全管理规定》中"健康养殖"的要求,投放购自有全套资质的正规苗种生产厂家且经检疫无疫病的健康苗种。投喂饲料符合《饲料和饲料添加剂管理条例》和农业部《无公害食品渔用饲料安全限量》(NY 5072—2002)的要求。按《兽药管理条例》和农业部《无公害食品渔药使用准则》(NY 5071—2002)等有关法律法规正确使用渔药。

环境保护。定期监测养殖用水水质,始终保持养殖用水符合农业部《无公害食品海水养殖用水水质》(NY 5052—2001)的要求,池塘的进、排水系统分开,每个池塘有单独的进水和排水闸门,养殖废水经过无害化处理达到国家规定的标准后排放。

(7)园区升级改造方案。

① 选址。

园区选址在黄河岛中北部,该水域滩涂资源丰富、水质符合农业部《无公害食品海水养殖用水水质》和《无公害食品淡水养殖用水水质》等养殖用水标准。水域滩涂符合海洋功能区划、水域滩涂养殖规划等相关规划或经县级人民政府批准用于渔业开发建设。土地权属明确,不存在涉界及产权矛盾纠纷。

② 功能分区。

根据园区的功能定位,综合考虑标准鱼塘养殖渔业园区的发展需求和园区内交通、水、电等条件,将园区划分为健康养殖生产区、苗种繁育区、科技示范区、配套服务区和绿化区。其中:健康养殖生产区 11 300 亩,主要从事对虾、梭子蟹、沙蚕、海蜇及青蛤、文蛤等优质水产品养成;苗种繁育区 1 000 亩,主要从事各类海水苗种繁育;科技示范区 2 000 亩,主要从事高产高效养殖实验、新品种试养、新技术推广等;配套服务区 200 亩,从事养殖用水检测化验、水产品质量检验、科研、办公、生活等;绿化区 500 亩,绿化区主要是路、沟、渠边等空闲地带,旨在美化、绿化园区环境,提高园区的环境承载能力。

(8)园区改造内容及分期实施进度安排。

① 园区改造内容。

园区规划面积 15 000 亩,主要建设标准化养殖池塘 286 个,主进水渠 3 400 m,连接池塘与湿地的进、排水渠 8 148 m,轻钢管理房 13 栋 26 间;对精品池塘进行衬砌护坡,增强景观效果和防潮、防洪能力;附属建设路涵闸、道路硬化、供电线路;配套建设常规项目质量检测室,购置必要的仪器设备等。

② 园区分期实施进度。

园区建设期为 3 年,自 2013 年 10 月至 2016 年 10 月。具体实施进度见表 4-18。

表 4-18 项目实施进度表

序号	项目	2013			2014	2015									
		10	11	12	全年	1	2	3	4	5	6	7	8	9	10
1	初步设计、施工图设计及工程招标	√	√	√											
2	主体工程池塘建设、改造及附属、配套工程施工			√	√	√	√	√	√	√	√	√	√	√	√
3	仪器设备采购、安装											√	√	√	√
4	竣工验收、养殖生产														√

5. 大连金砣水产食品有限公司示范园区

（1）园区位置。

辽宁省庄河市兰店乡金场村，N39°41′，E123°05′。

（2）交通概况。

交通比较发达，201 国道、305 国道、丹大高速公路、庄盖高速公路、北三市大通道横穿东西，203 国道、庄林线、张庄线纵贯南北，城庄铁路连接东北铁路网，正在修建的铁路有庄岫铁路、丹大快速铁路，兰店乡系庄河市东郊距市区内仅 6 km 处。

（3）自然地理条件。

兰店乡海岸线长 18 km，近海滩涂资源广阔，盛产以杂色蛤为主的各种贝类，现已开发滩涂和近海域超过 20 km²，是人工繁育、养殖各种贝类、对虾、海参等水产品的理想之地。

（4）水文气候条件。

庄河地处北温带，属暖温带湿润大陆性季风气候，具有一定的海洋性气候特征，气候温和，四季分明。历年（1970～2000 年 30 年间，下同）平均气温为 9.1 ℃，最高气温 36.6 ℃，最低气温−29.3 ℃。受山地和海洋影响，南北气温相差 1 ℃～2 ℃。历年平均日照为 2 415.6 h，日照充足，日照率 56％左右；降水量在时间和空间上分布不均，历年平均降水量为 757.4 mm。7、8 月份降水量占全年降水的 56％，受地形和季风影响，降水量自西南向东北递增。历年无霜期平均为 165 d。

庄河境内有英那河、庄河、湖里河、小寺河、小沙河、寡妇河等流域面积超过 100 km² 的河流 13 条，流域面积超过 50 km² 的河流 22 条，流域面积超过 20 km² 的河流 53 条，这些河流总长度 882 km，大多数河流流向基本由北向南流入黄海。庄河濒临黄海北岸，海岸线绵延曲折，自然港口颇多相连，按其性质不同，可划分为海口和河口两种。境内海口有 35 处之多，河口亦有 10 余处。

（5）渔业、水域、滩涂资源。

庄河市海域面积 2 900 km²，其中滩涂面积 270 km²，浅海面积 1 000 km²。海岸线长 285 km，其中陆域岸线 215 km，岛屿岸线 70 km，海洋资源丰富，盛产海参、河豚、海胆、螃蟹、对虾、青蛤、杂色蛤、虾夷扇贝、海湾扇贝、牡蛎等 200 多种海珍品。庄河是全国港养对虾生产基地、亚洲最大的优质贝类繁育基地、世界最大的河豚养殖加工出口基地和誉满全球的"世界蚬库"。

（6）园区所在地的渔业环境。

① 潮汐。

由于所处纬度不同，庄河和大连潮汐时间略有差异。阴历初三和十八为潮水最大的一天，初九和二十四为潮水最小的一天，初一、十五午时左右是枯潮。潮流的涨落规律为每 12 h 循环一次，并且每日涨潮时间相差 45 min 左右。

② 环境空气质量状况。

2013 年 8 月，庄河市空气质量良好，空气四项污染物月日均值均符合环境空气质量二级标准；市区空气质量优和良天数分别为 24 d 和 7 d 优良天数合计为 31 d。

自然降尘。2013 年 8 月庄河市区自然降尘月均值为 6.0 t/km²，符合省定标准，与 2012 年同期持平。

可吸入颗粒物。2013 年 8 月庄河市区可吸入颗粒物月日均值为0.048 mg/m³，比

2012 年同期上升 0.006 mg/m³,符合二级标准。

二氧化硫。2013 年 8 月庄河市区二氧化硫月日均值为 0.006 mg/m³,比去年同期下降 0.003 mg/m³,符合二级标准。

二氧化氮。2013 年 8 月庄河市区二氧化氮月日均值为 0.016 mg/m³,比去年同期下降 0.005 mg/m³,符合二级标准。

一氧化碳。2013 年 8 月庄河市区一氧化碳月日均值为 0.76 mg/m³,比去年同期下降 0.81 mg/m³,符合二级标准。

降水。2013 年 8 月庄河市降水 pH 平均为 5.74,未出现酸雨(pH<5.60)现象。

地表水环境质量状况。2013 年 8 月庄河市饮用水源水质良好,监测的各项指标均符合地表水Ⅱ类标准,达标率 100%。2013 年丰水期庄河水质良好,各项监测指标均值及一次值均符合地表水相应标准,与 2012 年相比,无显著变化。2013 年庄河近海海洋环境监测结果见表 4-19。

表 4-19　2013 年 8 月上旬海洋环境监测结果表

检测项目＼取样地点	庄河湾(内)	庄河湾(外)	黑岛海域	大郑海域(东)	大郑海域(中)	大郑海域(西)	青堆湾(内)	青堆湾(外)
pH	7.8	7.8	7.7	7.7	7.7	7.8	7.7	7.8
溶解氧/(mg/L)	5.92	5.85	5.63	5.43	5.86	5.68	5.53	5.30
盐度	20	20	22	25	23	23	13	18
水温/℃	24.8	24.6	25.4	24.8	25.4	24.8	24.8	24.8
亚硝酸盐氮/(mg/L)	0.05	0.05	0.05	0.01	0.01	0.05	0.05	0.01
氨氮/(mg/L)	0.1	0.1	0.1	0.1	0.1	0.2	0.1	0.1
浮游藻类	菱形藻、直链藻、骨条藻	菱形藻、直链藻、骨条藻	菱形藻、直链藻、骨条藻	菱形藻、舟形藻、骨条藻	菱形藻、骨条藻、裸甲藻	菱形藻、骨条藻	菱形藻、直链藻、骨条藻、圆筛藻、裸甲藻	菱形藻、直链藻、骨条藻

③ 岛屿。

石城岛位于黄海北部、长山群岛东端,北距庄河 4 nmi,东距海王九岛 1 nmi,由石城岛、兵舰岛、鹭岛等 9 个岛、礁组成。石城岛陆域面积 26.77 km²,海域面积 50.8 km²,海岸线长 35.4 km。大王家岛在长海县东北部,西南距大长山岛 37 km。大王家岛以姓氏得名,据考今名始于明末清初。大王家岛呈东西走向,长 4.4 km,平均宽 1.11 km,海岸线 16.1 km,陆地面积 4.88 km²,海拔 15.45 m,东部和西部高,中部丘陵起伏,北部较平坦。大王家岛年均气温9.6 ℃,年降水量为632.9 mm,春夏多雾,无霜期 213 d。小王家岛在长海县西南,距大王家岛约 7 km;因与大王家岛对称而得名。小王家岛南北走向,长 1.1 km,东西宽 0.4 km,海岸线3.4 km,陆地面积 0.3 km²,海拔82.9 m,周围以产海参、牡蛎、海螺著称。海王九岛大小 9 个岛屿和 6 个大型明礁组成,陆域面积 7.24 km²,海岸线总长 34.2 km,海域面积 600 km²。

④ 荒洼盐碱地。

庄河地区盐土类只有滨海盐土1个亚类、2个土属、3个土种。均分布在沿海地带，面积14 km²，占土壤总面积0.38%，是在海积母质上形成的土壤。土壤含盐量多在0.6%~2.26%，可高达4.6%。剖面上下层含盐量差别不大，所含盐类以氧化物为主，其次是硫酸盐类。能开发水源的，可发展成稻田，或海产养殖。

⑤ 地下淡水。

庄河地区地下水的径流、排泄条件较好，储存条件较差，水量不太丰富。境内河流多，雨量充沛，故浅层地下水较丰富。多年平均（1980~2000年）地下水资源量为2.8×10⁸ m³，可开采量为9.6×10⁷ m³。

（7）园区经营管理情况。

大连金砣水产食品有限公司是省级农业产业化龙头企业，主要经营范围为海珍品种苗繁育、养殖、加工、科研、销售、进出口贸易、海洋捕捞。

① 种苗繁育。

拥有综合育苗室8.0×10⁴ m³水体，主要繁育海参苗、魁蚶苗、虾夷扇贝苗、栉江珧苗、海湾扇贝苗、毛蚶苗、象拔蚌苗等名优水产品。

② 海水养殖。

拥有无公害水产品产地40.5 km²，系农业部健康养殖示范场。其中包括港圈养殖基地0.6 km²，浮筏养殖基地0.4 km²，底播增殖基地5 km²。主要产品有海参、魁蚶、扇贝、车虾、斑节对虾、中国明对虾、栉江珧、象拔蚌等。

③ 水产品加工。

拥有2 000吨级冷冻加工厂一座。该冷冻加工厂注册欧盟标准，按ISO9001、ISO14001和hACCP质量体系运行管理，主要按照"公司＋基地＋农户＋科研"的模式，以海参、鱼类、贝类等特色品种为原料，为海内外高档消费群体加工生产适销对路的产品，同时也加工大众化的产品。

④ 科研。

金驼公司2007年与大连海洋大学建立校企共建协议，成为海洋大学本科生实习基地；2009设立庄河市科技特派员工作联络点；2012年成为大连海洋大学研究生实习基地，并建立了研究生工作站。至目前，公司已与大连海洋大学、中国水产科学研究院微生物研究所、大连工业大学等科研部门共同研究承担国家、省市级科技研发项目十余项。

（8）园区规划内容及考核指标。

2013~2016年渔业园区内容如下：

参藻海水养殖模式生态优化技术。根据与大连海洋大学的协议，园区计划3年内建设"参藻海水养殖模式"示范池塘1 000亩，2013年前期建设300亩。

海参池塘微生态制剂应用模式。园区计划3年内全面推广池塘微生态制剂，开展生态育苗，生态净水，辐射面积2 500亩。

规划建设考核指标如下：池塘生物复合利用模式氨氮排放量降低20%，底质硫化物含量降低30%。建立有害因素防控集成技术，养殖生物成活率提高10%以上。

（9）园区升级改造方案。

① 选址。

辽宁省庄河市兰店乡金场村,北纬 $39°41'$,东经 $123°05'$。

② 功能分区。

综合育苗室 $8.0×10^4$ m^3 水体,主要繁育海参苗。

港圈养殖基地 6 000 亩。

（10）园区改造内容及分期实施进度安排。

① 园区改造内容。

建设"参藻海水养殖模式"示范池塘 1 000 亩,计划分 3 年完成。

3 年内全面推广池塘微生态制剂,开展生态育苗,生态净水,辐射面积5 000亩。

② 园区分期实施进度。

2013～2014 年,建设 300 亩"参藻海水养殖模式"示范池塘,底增氧改造 300 亩,微生物制剂应用 500 亩。

2014～2015 年,建设 300 亩"参藻海水养殖模式"示范池塘,底增氧改造 300 亩,微生物制剂应用 1 000 亩。

2015～2016 年,建设 400 亩"参藻海水养殖模式"示范池塘,底增氧改造 300 亩,微生物制剂应用 1 000 亩。

第 7 节　海水养殖环境工程生态化园区管理体系

1. 水产养殖安全生产控制技术体系

（1）水产养殖规模化园区建设要求。

① 选址要求。

新建、改建养殖园区要充分考虑当地的水文、水质、气候等因素,结合其自然条件决定养殖场的建设规模、建设标准,并选择适宜的养殖品种和养殖方式。具体注意以下 3 点:A. 充分勘查了解规划建设区的地形、水利等条件。B. 考虑洪涝、台风等灾害因素的影响,在设计养殖园区进排水渠道、池塘塘埂、房屋等建筑物时应注意考虑排涝、防风等问题。C. 考虑寒冷、冰雪等对园区养殖设施的破坏,在建设渠道、护坡、路基等应考虑防寒措施。

土质最好选择黏质土或壤土、沙壤土的场地建设池塘,这些土壤建塘不易透水渗漏,筑基后也不易坍塌。

具备良好的道路、交通、电力、通讯、供水等基础条件。

养殖园区建设应符合《无公害水产品产地环境要求》(GB 18407.4—2001)的要求。

② 水质要求。

水源充足,水质良好,符合《渔业水质标准》(GB11607—1989)的规定。

③ 养殖园区池塘布局。

水产养殖规模化园区的池塘布局一般由场地地形所决定,狭长形场地内的池塘排列一般"非"字形。地势平坦场区的池塘排列一般采用"围"字形布局。

④ 养殖园区池塘的建设标准。

池塘形状:因地制宜,一般为长方形,长宽比为 2∶1～4∶1。

池塘朝向:使池面充分接受阳光照射,满足水中天然饵料的生长需要。

池塘面积:鱼池 2 000～10 000 m²,虾蟹池 6 600～20 000 m²。根据养殖品种和模式需要,养殖面积可适当调整,一般不超过 20 000 m²;

池塘宽度、坡度和深度:根据池塘土壤类型、护坡材料和养殖种类确定池塘宽度、坡度和深度。池埂定宽不小于 4 m,埂内坡比 1∶1.5～1∶3,池塘有效水深不低于 1.5 m。但越冬池塘的水深应达到 2.5 m 以上。池埂顶面一般要高出池中水面 0.5 m 左右。

池塘底部:池塘底要平坦,向排水口处坡度一般为 1∶300～1∶500。开挖相应的排水沟和集池坑,在池塘宽度方向,应使两侧向池中心倾斜。

进排水设施:进排水渠道要独立建设,严禁进排水交叉污染,防止鱼病传播。池塘的一侧进水另一侧排水,使得新水在池塘内有较长的流动混合时间。

(2)苗种标准和检疫。

① 苗种标准。

放养的苗种应达到商品规格,肢体完整,体质健壮,活力强,胃肠饱满。

② 苗种检疫。

检疫对象及检疫范围见表 4-20。

表 4-20　苗种检疫对象及检疫范围

类别	检疫对象	检疫范围
海水鱼	刺激隐核虫病	海水鱼类
虾	白斑综合征	对虾
	桃拉综合征	
	传染性肌肉坏死病	
	罗氏沼虾白尾病	罗氏沼虾
蟹	河蟹颤抖病	河蟹
贝类	鲍脓疱病	鲍
	鲍立克次体病	
	鲍病毒性死亡病	
	包纳米虫病	牡蛎
	折光马尔太虫病	

相关检疫方法如下:

群体检查:主要检查群体的活力、外观、生长状况、运动或附着状态、摄食情况、排泄物状态及抽样存活率等是否正常。

个体检查:通过外观检查、解剖检查、显微镜检查等方法进行检查。

快速试剂盒检查:采用经农业部批准的病原快速检测试剂盒进行检测。

检疫合格标准如下:A. 育苗场近期未发生相关水生动物疫情。B. 经过水生动物疫病诊断实验室检验并检验合格。C. 群体检查和个体检查合格。

(3) 养殖池塘水质安全控制技术。

① 水质安全控制标准。

养殖园区水质是养殖过程中的关键,养殖用水水质应符合《淡水养殖用水水质》(NY 5051—2001)或《海水养殖用水水质》(NY 5052—2002)的标准,相关安全指标控制标准如表 4-21 所示。

表 4-21　渔业水质标准

项目序号	项目	标准值
1	色、臭、味	不得使养殖水体带有异色、异臭、异味
2	总大肠菌群/(mg/L)	≤5 000,供人生食的贝类养殖水质≤500
3	粪大肠菌群/(mg/L)	≤2 000,供人生食的贝类养殖水质≤140
4	汞/(mg/L)	淡水≤0.000 5,海水≤0.000 2
5	镉/(mg/L)	≤0.005
6	铅/(mg/L)	≤0.05
7	六价铬/(mg/L)	≤0.01
8	总铬/(mg/L)	≤0.1
9	铜/(mg/L)	≤0.01
10	锌/(mg/L)	≤0.1
11	砷/(mg/L)	淡水≤0.05,海水≤0.03
12	硒/(mg/L)	≤0.02
13	氰化物/(mg/L)	≤0.005
14	氟化物/(mg/L)	≤1
15	挥发性酚/(mg/L)	淡水≤0.005,海水≤0.000 5
16	石油类/(mg/L)	≤0.05
17	六六六(丙体)/(mg/L)	淡水≤0.002,海水≤0.001
18	滴滴涕/(mg/L)	淡水≤0.001,海水≤0.000 05
19	马拉硫磷/(mg/L)	淡水≤0.005,海水≤0.000 5
20	甲基对硫磷/(mg/L)	≤0.000 5
21	乐果/(mg/L)	≤0.1
22	多氯联苯/(mg/L)	≤0.000 02

② 水质安全监测技术。

养殖园区应结合园区内养殖池塘的实际情况，按照《淡水养殖用水水质》(NY 5051—2001)或《海水养殖用水水质》(NY 5052—2001)的相关要求确定水质监测指标、监测方法、频率、人员、记录等要素，并进行监测，认真做好记录；当养殖园区环境发生重大变化时(如暴雨、台风等极端天气)，应重新对池塘水质指标重新监测。

园区水样的采集工作在每年早上未换水之前进行，选取 1～2 个养殖密度偏大的养殖池，根据园区实际情况，选取监测项目浓度最大层或排水口出的水样进行监测，其他工作按《海洋环境监测规范(GB 17378.3—2007)》进行。其中，色、臭、味和大肠菌群指标变化不明显，可以 1 周检测 1 次，其余 pH、温度、盐度等常规指标、重金属和有机污染物应每天按照《海洋环境监测规范(GB 17378.4—2007)》相应的标准方法进行监测。

③ 水质安全控制技术。

根据日常监测结果可采取一定的水质安全控制技术调节和改善养殖水体，使园区养殖水体的各项水质指标符合相应的养殖活动，并做好相应的安全记录工作，园区水质安全控制技术。

物理方法，主要包括沉淀、过滤、曝气、吸附、磁分离和紫外线照射等方法，以此来分离水中的悬浮物、改善水中的溶解氧和杀灭致病微生物。

化学方法，主要是通过施用水质吸附剂、水质消毒剂和水质增氧剂等化学制剂，处理水环境中的有毒有害物质、杀灭病原生物和增加水体溶氧。

生物技术，主要是利用浮游微藻的生态调控技术、微生态控制技术和生物絮团调控技术等生物学方法清除养殖水体中的有毒有害物质，抑制病原微生物的生长。

此外，在水质调控过程中，应使养殖水体中的生物，尤其是浮游动物和浮游植物的种类及数量维持在一定水平，以保持稳定的生态环境。

(4) 渔用饲料安全使用技术。

① 渔用饲料质量要求。

养殖期间所使用的渔用饲料质量和安全卫生必须符合 2013 年 12 月 4 日国务院常务会议修订通过的《饲料和饲料添加剂管理条例》和农业部 2002 年修订的《无公害食品渔用配合饲料安全限量》(NY 5072—2002)的规定。

选择质量好、信誉高、来自绿色食品生产基地的无公害饲料，鼓励使用配合饲料。

限制直接投喂冰鲜(冻)饵料，防止残饵污染水质。

禁止使用无产品质量标准、无质量检验合格证、无生产许可证和产品批准文号的饲料。

禁止使用变质和过期饲料。

所使用的饲料必须满足养殖动物的营养需求，做到蛋白质、脂肪、维生素配比合理，以满足养殖动物生长需要。

② 投喂要求如下：A. 为了提高饲料的利用率，减少浪费，投喂饲料应该做到"四定"：定时、定量、定质、定位。B. 渔用饲料最好有专用的投饲台，遵循先慢后快，由少到多的原则。投饲要均匀，多点投喂，以保证多数养殖动物能摄食。C. 投饲时

要多观察养殖动物的摄食情况,以掌握其健康状况和生长情况。控制投饲量达到"八分饱"为宜,以提高饲料效率。D. 投饲量不宜过多,防止残饵污染水质。

③ 饲料添加剂标准。

渔用饲料添加剂指配合饲料中加入的各种氨基酸、矿物质、维生素、抗生素、激素、酶制剂、驱虫药物、抗氧化剂、防霉剂、着色剂和食熟增进剂等微量成分,主要作为配合饲料的重要营养平衡物质,能完善配合饲料的营养成分,提高渔用饲料的利用率,促进水生动物食欲和正常发育,防止各种疾病,减少保存期营养物质的损失,缓解毒性以及改进水产品品质等。

渔用饲料添加剂的使用参照农业部 2011 年修订的《绿色食品渔业饲料及饲料添加剂使用准则》(NY/T 2112—2011)中的规定执行,其添加标准主要可以分为以下几点:

经中国绿色食品发展中心认定的生产资料可以作为饲料添加剂来源。

饲料添加剂的性质、成分和使用量应该符合产品标签的规定。

矿物质饲料添加剂的使用按照营养需要量添加,减少对环境的污染。

不应使用任何药物饲料添加剂,严禁使用任何激素。

天然植物饲料添加剂应符合 GB/T 19424—2003 的要求。

化学合成微生物、常量元素、微量元素和氨基酸在饲料中的推荐量以及限量应该符合农业部 2009 年修订的第 1224 号文件《饲料添加剂安全使用规范》的规定。

④ 渔用饲料中有益菌的安全使用。

常见的水产动物饲料中有益菌种类主要包括乳酸菌、芽孢杆菌、酵母等。其作用主要为促进营养物质消化吸收,提高饲料转化率和利用率,抑制病原菌的入侵,改善机体的免疫功能以及促进动物生长发育等。

渔用饲料中有益菌的安全使用应符合以下几点要求:A. 有一种或几种高质量的有效菌株,数量至少要达到 108 CFU/g。B. 保质期长,在保存储藏期间活菌数量不应该低于原始数量的 50%。C. 具有良好的微生态调剂或(和)其他保健功能。D. 具有较强的抗胃酸和抗胆汁酸功能。E. 尽可能添加双歧因子类,以促进外源性和内源性有益菌增殖的物质。F. 渔用饲料中添加的有益菌株要稳定安全。

(5)渔药安全应用技术。

① 渔用药品标准。

渔药是用以预防、控制和治疗水产动植物的病虫害,促进养殖品种健康生长,增强机体抗病能力以及改善养殖水体的一切物质。目前大多以其使用目的进行分类,大体可分五大类,分别为消毒剂、水质底质改良剂、抗菌药、中草药和驱虫杀虫剂。正确、安全地使用渔药可以有效预防和治疗病害,减少生产损失。在养殖安全生产体系过程中,选用的渔药需符合以下标准:A. 必须按照技术规程和工艺进行生产。B. 原料、辅料等必须符合药用要求。C. 要有批准文号,出厂前必须经过质量校验,附有产品质量检验的合格证,不符合质量标准的不得出厂。

② 渔用药品使用规范。

遵守相应规定。使用的渔药应当符合《无公害食品渔药使用准则》(NY 5071—2002)、《食品动物禁用的兽药及其他化合物清单》(农业部 193 号公告)、《兽药管理条例》(国务院令第 404 号)、《兽药地方标准废止目录》(农业部 560 号公告)和水产养殖质量安全管理规定(农业部第 31 号令)。防止滥用渔药与盲目增大用药量或增加用药次数,延长用药时间;水产品上市前,应有相应的休药期。休药期长短,应确保上市水产品的渔药残留量符合《无公害食品水产品中渔药残留限量》(NY 5070—2002)。

记录和检查用药情况。为规范水产养殖的用药行为,在使用渔药过程中一定要做好使用记录。《水产养殖质量安全管理规定》(农业部第 31 号令)第四章"水产饲料和水产养殖用药"第十八条规定水产养殖单位和个人应当填写《水产养殖用药记录》,记载病害发生情况,主要症状,用药名称、时间、用量等内容。《水产养殖用药记录》应当保存至该批水产品全部销售后 2 年以上;养殖单位或养殖户要定期对水产养殖过程中的用药情况进行监督检查,定期对养殖产品的药物残留情况以及养殖环境的安全进行评估。

(6)渔用微生态制剂的安全使用技术

① 渔用微生态制剂菌种概况。

渔用微生态制剂从主要用途可以分为两大类,一类主要用作饲料微生态添加剂,而另一类则主要作为水质和底质微生态改良剂使用。农业部于 2013 年发布了 2045 号公告,公布了 34 种可以作为饲料添加剂的微生物菌种(表 4-22),主要是芽孢杆菌类、乳酸菌类、曲霉菌类和酵母菌类等。对于水质改良用途微生态制剂菌种,国家目前还没有明确的管理规定。在养殖生产上应用较多的主要是光合细菌、酵母菌、芽孢杆菌、硝化细菌和乳酸菌等。

表 4-22　饲用微生物菌种(中华人民共和国农业部公告第 2045 号)

类别	通用名称
微生物	地衣芽孢杆菌、枯草芽孢杆菌、两歧双歧杆菌、粪肠球菌、屎肠球菌、乳酸肠球菌、嗜酸乳杆菌、干酪乳杆菌、德式乳杆菌乳酸亚种(原名:乳酸乳杆菌)、植物乳杆菌、乳酸片球菌、戊糖片球菌、产朊假丝酵母、酿酒酵母、沼泽红假单胞菌、婴儿双歧杆菌、长双歧杆菌、短双歧杆菌、青春双歧杆菌、嗜热链球菌、罗伊氏乳杆菌、动物双歧杆菌、黑曲霉、米曲霉、迟缓芽孢杆菌、短小芽孢杆菌、纤维二糖乳杆菌、发酵乳杆菌、德氏乳杆菌保加利亚亚种(原名:保加利亚乳杆菌)、产丙酸杆菌、布氏乳杆菌、副干酪乳杆菌、凝结芽孢杆菌、侧孢短芽孢杆菌(原名:侧孢芽孢杆菌)

② 渔用微生态制剂的功能。

抑制病原微生物的繁殖与生长。

加强养殖动物肠道营养物质代谢,促生长。

增强水产动物机体免疫力,提高防病能力。

调控水质,改善养殖水域的微生态环境。

③ 渔用微生态制剂的安全性。

渔用微生态制剂菌株的选取应符合《环保用微生物菌剂环境安全评价导则》(hJ/T 415—2008)的规定,即从自然界分离纯化,通过自然或人工选育(未经基因改造)所获得微生物菌株。

由于菌株易遗传变异的特性往往会给环境安全和人体健康带来潜在威胁,为降低微生物菌剂的潜在风险,维护环境安全,把微生态制剂所含菌株的生物学特征、致病性、耐药性及代谢产物的安全性作为安全评估的重点。

④ 渔用微生态制剂的分类及应用效果评估。

渔用微生态制剂应根据养殖池塘水质、底质条件及养殖动物的生长阶段定期使用,并采用定量检测技术评估养殖水体中所使用有益菌的数量变化,以此确定泼洒周期,使有益菌始终占据优势地位。

使用一段时间后,应从对养殖动物的疾病预防、生长促进及对环境水质的改善等方面进行效果评估,以此判断选用的微生态制剂是否适宜。

(7) 病害防控技术。

鱼、虾、蟹、贝等各种水产经济动物在人工养殖以后往往在环境条件、种群密度、饲料的质和量等方面与天然环境中有较大差别,很难完全满足这些动物的需要,这便会降低对疾病的抵抗力,再加上捕捞、运输和养殖过程中的人工操作,常使动物身体受伤,病菌乘机侵入,所以养殖动物比在天然条件下易生病。疾病轻者影响其生长繁殖,使产量减少,且外形难看商品价值下降;重者则引起死亡。因此,水产动物病害防控技术是水产养殖过程中相当重要的环节,需要引起渔业从业人员和广大养殖户的高度重视。

① 病原的监测。

水生动物的疾病包括很多种,主要有病毒病、细菌病、真菌病及寄生虫病。对于疾病的监测首要要鉴定病原。正确的鉴定病原来自宿主、病原(因)和环境三方面的综合分析。鉴定的过程如下:A. 观察症状和寻找病原。由病毒或细菌引起的疾病可以通过免疫和核酸的方法做出较迅速的诊断;由真菌或寄生虫引起的疾病用肉眼或者显微镜多数可做出确诊。B. 了解以往的病例和防治措施,以作为诊断和治疗的参考。C. 观察发病区中养殖动物的活动情况,例如游动和摄食等有无异常变化。D. 询问生病动物的来源,是在当地繁殖还是外来引进物种。E. 了解投喂的饲料和水源有无污染。

做好疾病控制,必须做好对病原的监测,才能提早预防,对症下药。由于病毒病的病原体具有病原体小、可以在宿主细胞内进行复制功能且其潜伏期长等特点,因此病毒病的症状较为复杂难以准确确诊,且在区域内传染性强、爆发率和死亡率高,但针对病毒病尚无行之有效的药物和治疗方法,故而难以防控。所以应特别注意病毒病的预防和提前监测。

② 阻断病原传播途径。

做好种质管理,要培养抗病力强的品种。A. 选用无传染病原携带且抗病力强的亲本。B. 保证使用优质成熟卵及精子并对受精卵进行安全消毒。C. 育苗用水需沉淀、消毒,使整个培育过程呈现封闭式,无病原带入。D. 种苗培育过程中投喂高质量饵料,不滥用防治药物。E. 种苗出场前,进行严格检疫消毒。

投喂饵料过程中应注意以下内容:A. 鲜活饵料需新鲜,配合饵料应未变质(原料、保质期)且营养全面。B. 避免投喂带有病原的饲料,投喂鲜活饵料前应先安全消毒然后用清水冲洗干净后再投喂。

养殖过程中要避免环境中病原入侵。A. 避免养殖水域传染,养殖用水经安全消毒剂彻底消毒,并杜绝带病毒、病原体的苗种进入养殖池。B. 如果养殖场内的养殖动物发病,首先应采取隔离措施,对发病池或地区封闭,池内养殖动物不得向其他池或地区转移,工具专用,死亡动物及时拣除,并进行掩埋或销毁。C. 对发病池进水、排水渠道消毒并及时诊断病情,制订有效可行的防治方案。

③ 有害环境因素控制。

防止病原入侵。首先要彻底清池,即做好清除污泥及安全消毒以保持适宜水深和优良的水质及水色;其次要选择放养健壮且经检疫不带传染性病原的苗种;最后应投喂安全无毒、质优量适的饵料或饲料。

调控环境胁迫。养殖环境中常会面临极端天气持续,有害菌藻占优势,浮游植物种群变化以及氨氮-亚硝酸盐氮等有毒物质累积,这些都与病原生长、繁殖和传播等有密切关系,严重影响宿主的生理状况和抗病力。A. 养殖过程中每天应至少巡池1~2次,以便及时发现可引起疾病的各种不良因素,尽早采取改进措施,防患于未然。B. 在环境发生变化时,有针对性采取处理措施,如暴雨发生后,及时使用安全药物缓冲水体环境的变化,增加水体中的营养离子。C. 溶氧不足时采取保持池塘的藻类多样性和数量稳定以及强化改底、机械增氧、增加有益微 生物的数量等来弥补。

阻断外源污染物进入。A. 防止外来污染进去养殖园区,诸如来自工厂、矿山、农田等地的排水,往往含有重金属离子或其他有毒化学物质。B. 对于养殖园区及其周围包括进、排水渠道均应消毒处理,做好安全防护与日常定期检修。

(8) 养殖水产品安全监控技术。

① 水产品质量安全标准。

水产品质量安全是指水产品中不含有对人类和环境有危害或潜在危害的各种病菌、有毒有害物质,符合 GB 2762—2012《食品中污染物限量》和 NY 5073—2006《水产品中有毒有害物质限》中的规定(表4-23)。此外,应根据我国在不同类别水产品质量安全方面建立的统一标准进行检测。

表 4-23　水产品中有毒有害物质限量(NY 5073—2006)

项目	指标
组胺/(mg/100 g)	≤100(鲐鲹鱼类) ≤30(其他红肉鱼类)
麻痹性贝类毒素(PSP)/(MU/100 g)	≤400(贝类)
腹泻性贝类毒素(DSP)/(MU/g)	不得检出(贝类)
无机砷/(mg/kg)	≤0.1(鱼类) ≤0.5(其他动物性水产品)
甲基汞/(mg/kg)	≤0.5(所有水产品,不包括食肉鱼类) ≤1.0(肉食性鱼类)

项目	指标
铅/(mg/kg)	≤0.5(鱼类) ≤0.5(甲壳类) ≤1.0(贝类) ≤1.0(头足类)
镉/(mg/kg)	≤0.1(鱼类) ≤0.5(甲壳类) ≤1.0(贝类) ≤1.0(头足类)
铜/(mg/kg)	≤50
氟/(mg/kg)	≤2.0(淡水鱼类)
石油烃/(mg/kg)	≤15
多氯联苯(PCBs)/(mg/kg)	≤2.0(海产品)

② 水产品质量安全检测技术。

水产品质量安全监控需要加强整个生产过程中各关键环节和因素的控制,严格做好生产过程监控以及产品出池前检测,由质量内检员定期抽样进行安全性检测,注意对收获前的养殖产品进行停药期处理,根据《食品卫生检验方法理化标准汇编》(GB/T 5009—2003)中关于水产品质量安全的具体方法进行安全检测(表 4-24)。

表 4-24　水产品中有毒有害物质检测方法(NY 5073—2006)

测定项目	执行规定
组胺	GB/T 5009.45—1996 中 4.4
麻痹性贝类毒素(PSP)	SC/T 3023—2004
腹泻性贝类毒素(DSP)	SC/T 3024—2004
无机砷	GB/T 5009.11—2014
甲基汞	GB/T 5009.17—2014
铅	GB/T 5009.12—2017
镉	GB/T 5009.15—2014
铜	GB/T 5009.13—2017
氟	GB/T 5009.18—2003
石油烃	GB 17378.6—2007
多氯联苯(PCBs)	GB/T 5009.190—2014

③ 水产品质量安全管理目标。

水产品质量安全监控需要加强整个生产过程中各关键环节和因素的控制,形成全程管理、过程追溯和关键点控制的质量安全管理体系。

全程管理：运用从"育苗—养殖—餐桌"的全程管理理论，以养殖生产过程控制为重点，以产品质量管理为主线，保证最终产品消费安全为基本目标。

过程追溯：全面解析水产品危害物的溯源路径，实现水产品养殖过程中溯源安全检测，保证水产品生产管理的可靠性和质量管理的安全性。

关键点控制：依据水产动物的养殖特性，瞄准关键危害因子，因地制宜，保障养殖环境、养殖投入品和产品质量安全3个关键点的控制。

附件目录：

《无公害水产品产地环境要求》(GB 18407.4—2001)

《渔业水质标准》(GB 11607—1989)

《淡水养殖用水水质》(NY 5051—2501)

《海水养殖用水水质》(NY 5052—2501)

《海洋环境监测规范》(GB 17378—2007)

《饲料和饲料添加剂管理条例》

《饲料添加剂安全使用规范》

《无公害食品渔用配合饲料安全限量》(NY 5072—2002)

《绿色食品渔业饲料及饲料添加剂使用准则》(NY/T 2112—2011)

《中华人民共和国国家标准天然植物饲料添加剂通则》(GB/T19424—2003)

《无公害食品渔药使用准则》(NY 5071—2002)

《无公害食品水产品中渔药残留限量》(NY 5070—2002)

《环保用微生物菌剂环境安全评价导则》(HJ/T 415—2008)

《食品中污染物限量》(GB 2762—2012)

《水产品中有毒有害物质限》(NY 5073—2006)

《食品卫生检验方法理化标准汇编》(GB/T 5009—2003)

2. 规模化园区生产安全应急措施预案

为了更好地进行生产，确保在安全生产事故发生后，高效有序的实施安全生产事故灾难应急工作，最大限度地减轻事故后造的损失，特制订本预案，该方案仅适用本园区。

本预案适用于规模化水产养殖园区发生安全事故应急措施。

以"以人为本，安全第一"为工作原则，即把保障人民群众的生命安全和身体健康、预防和减少安全生产事故灾难造成的人员伤亡作为首要任务。

本预案所涉及的事故主要有电气事故、疾病暴发、自然灾害等。

（1）电气事故

① 停电。

原因：平常可能是计划性停电，比如线路维护、新增设备等造成停电。平常故障也有可能是雷雨天气或者变压器、漏电开关有故障的时候造成停电。

应对措施：在停电过程中，首先采取喷洒增氧剂、自备发电机等措施来保障鱼、虾等的正常供氧。然后及时与供电所联系，并安排工作人员进行排查，搞清停电原因,再进行下一步工作。

②　设备故障。

对水产养殖来说设备故障主要为水泵故障、供氧故障、循环水设备故障、管道破裂、水池漏水等。

水泵故障。紧急打开备用水泵,然后对水泵故障进行排除,维修;如果没有备用水泵,将排污口关闭,防止池子水位过低,同时喷洒增氧剂,紧急抢修水泵。

供氧故障。喷洒增氧剂,池子进水口加大与空气接触面积(如安装鸭嘴),使用增氧设备。进行事故排查抢修。

循环水设备故障。关闭回水管,保持池内一定水位,进行故障排查、抢修。如果到了投饵时间,可少投后补或延后投食

管道破裂。找到管道水源,根据管道的功能,先找替代,保证池内环境的稳定,然后进行修护。

水池漏水。根据具体漏水部位及严重程度,以水产品经济效益损失降到最小原则,进行抢修。

(2) 疾病暴发。

水产养殖常见的疾病:细菌性败血症、烂鳃病、肠炎病最为典型,覆盖面比较广。海水寄生虫病主要为弧菌病、纤毛虫病等。

诊断方法:先内后外、先腔后实、先肉眼后镜检。

治疗方法如下所述。

①　细菌性败血症。

A. 用二硫氰基甲烷 50 毫升/(亩·米),或出血腐皮灵 50 毫升/(亩·米)或杀虫止血灵 30 毫升/(亩·米)用水稀释后顺风向全群均匀泼洒。B. 内服暴发速停＋高能免疫 VC＋鱼肝宝拌饵投喂,连续用药 5～7 d。

②　烂鳃病。

引发鱼类烂鳃病的病因主要有 3 种:一是细菌——鱼害黏球菌引起细菌性烂鳃病;二是真菌——鳃霉引起的鳃霉病;三是寄生虫引起的各种鳃病,包括原生动物、黏孢子虫、指环虫和中华蚤引起的各种鳃病鳃病症状。

由鱼害黏球菌引起的细菌性烂鳃病,鳃丝腐烂,严重时鳃软骨外露,并且常带有污泥,鳃盖内侧表面充血,中央表皮常被腐蚀成一个圆形透明的小洞,俗称“开天窗”。

由真菌引起的鳃霉病,病鱼鳃部呈苍白色,有时有点状充血或出血现象。此病常使鱼暴发性地死亡,镜检会发现鳃霉菌丝。

由寄生虫引起的鳃病表征如下:

原生动物的大量繁殖和骚扰,使鱼的鳃部产生大量的黏液,严重影响鱼的呼吸,因此浮头时间较长,严重时体色发黑,离群独游,漂浮水面。

黏孢子虫引起的鳃病一般在鳃的表皮组织里有许多白色的点状或块状胞囊,肉眼容易看到。

指环虫引起的鳃病显著浮肿,鳃盖微张开,黏液增多,鳃丝呈暗灰色,镜检可见

长形虫体蠕动。

中华蚤引起的鳃病,鳃丝末端肿大发白,寄生许多虫体,并挂有蛆状虫体,故有"鳃蛆病"之称。

烂鳃病可使用药物治疗。

细菌及真菌性烂鳃病的防治:A. 富氯或二溴海因按 $0.3×10^{-6}$ 的质量分数全池泼洒,重症隔日再用一次。B. 同时配合用鱼复宁、大蒜素、鱼血停按 0.2% 的比例拌饲投喂 3～6 d。

寄生虫引起的烂鳃病的防治:A. 用强效杀虫灵或菌虫杀手泼洒,其质量分数为 $0.01×10^{-6}$～$0.02×10^{-6}$。B. 内服渔经虫克,连喂 2 次。每百斤饲料配药 200 g。C. 用复方增效敌百虫每亩 150 g 泼洒。

③ 肠炎病。

流行情况:细菌性肠炎对鲈鱼、真鲷、黑鲷鱼苗、成鱼均有发生。

症状:病鱼不摄食,腹部膨胀,轻挤腹部有白浊物流出。解剖发现肠里无食物,肠道脓肿,腹腔有积水。主要发生在 8～9 月高温期,可引起鱼大批死亡。

防治措施:A. 饲料中添加呋喃唑酮,每千克饲料添加 1.5 克,连喂 5～7 d;B. 投喂新鲜的小鱼虾。C. 网箱周围挂漂白粉药袋,3 d 以后死亡数量减少,1 周后基本恢复正常。

④ 海水寄生虫病。

禁止使用的杀虫药物。含砷制剂如福美砷等,含汞制剂如硝酸亚汞和醋酸汞等,有机氯杀虫剂如五氯酚钠等。

控制使用的杀虫药物。敌百虫、敌敌畏、乙酰甲胺磷等有机磷类(高灭磷、杀虫灵)渔药。此类含磷杀虫剂虽然能够较有效控制鱼类患寄生虫病,但其本身对鱼类的毒性较大。低剂量敌百虫易诱发致畸、致突变。同时,由于此类药物应用于生产的时间过长,很多寄生虫对其产生的抗药性越来越强,用药浓度由初期的 0.2 mg/L 增至 0.5 mg/L 以上,有时甚至超过 1 mg/L。不但治疗成本大增,还给养殖水体造成较大污染。

推荐使用如下安全杀虫药物:

优马林:可治疗小瓜虫、斜管虫、车轮虫等寄生虫病,并具有抗菌消毒作用,属于高效、无公害的治疗寄生虫病药物,在绿色水产养殖中可安全使用。

鱼虫杀星:此产品是针对绿色水产养殖中寄生虫病而研制开发的一种复方制剂,主治由车轮虫、指环虫、小瓜虫、中华鳋、锚头鳋、水蜈蚣等寄生虫引起的鱼病。用量少,见效快,对水体无污染,对鱼体无毒副作用;广泛适用于各种海淡水鱼类,包括对敌百虫等有机磷药物十分敏感的鳗鱼、鲳鱼、鳜鱼、鲈鱼等各种名优水产品。

中草药杀虫剂:如苦楝皮、青蒿、槟榔等,可浸汁后泼洒。也可选用"鱼饲佳"等制剂,能安全有效治疗寄生虫的侵袭。

药物使用方法如下:

高锰酸钾。高锰酸钾杀菌力强,能杀死微生物和一些寄生虫。在鱼病防治过程中多用药浴法:以 10 mg/L 浓度浸洗病鱼 1～1.5 h,可杀死锚头鳋和鱼体表的几种孢子虫;以 20 mg/L 浓度浸洗病鱼 15～30 min,可治疗鱼类指环虫病和三代虫病。高锰酸钾的用法和用量如下:泼洒常用浓度为 0.7 mg/L,可预防车轮虫、斜管虫、口丝虫等原生动物病,也可杀死藻类等。如与硫酸亚铁以 5∶2 比例配合,可提高渗透压,以 0.7 mg/L 浓度可杀死复口吸虫、甲壳类等。挂袋可单用也可和硫酸亚铁以 5∶2 的比例合用在食场挂袋,但当天的总剂量不能超过 0.7 mg/L。注意事项:本品的水溶液极易分解而失效,因此应现配现用。应放置在有色瓶中密闭保存,因本品在阳光下易氧化失效。

硫酸亚铁。本品一般不具杀毒作用,因此一般不单独使用,多与硫酸铜、敌百虫合用。

硫酸铜。硫酸铜对病原体有较强的杀伤力,特别是对原虫杀伤力更强。但是它不能杀死小瓜虫,反而可使小瓜虫形成胞囊,大量繁殖。

碘。碘为强氧化剂,有强大的杀菌、杀病毒、杀霉菌及杀原虫等作用。在鱼病防治上用以治疗球虫病及嗜子宫线虫病。碘的用法与用量:球虫病每 100 kg 青鱼用 2.4 g 碘或 4% 碘酒 60 mL,制成药饵投喂,连喂 4～7 d。嗜子宫线虫病用 4% 碘酒直接涂于患处,治疗鲤嗜子宫线虫病。

硫酸二氯酚(别丁)。为白色或近白色粉末,不溶于水,易溶于有机溶剂。本品对吸虫和绦虫有明显的驱虫效果。鱼病防治上用以治疗头槽绦虫病。其用法用量为:每 100 kg 鱼每天用 0.7～1 kg 别丁拌饵投喂,连喂 3 d。

⑤ 自然灾害,主要为赤潮、浒苔。

赤潮要求符合"高效、无毒、价廉、易得"的要求。而目前很难找出一种方法完全符合上述要求。但在水产养殖区内发生赤潮的紧急情况下,仍然有一些应急措施可以采用。

对于小型的网箱养殖,可以采用拖曳法来对付赤潮。也就是将养殖网箱从赤潮水体转移至安全水域。这种方法简单易行,但前提条件必须是赤潮仅在局部区域发生,而且在周围容易找到安全的"避难区"。隔离法是另一种比较可行的应急措施。这种方法主要是通过使用一种不渗透的材料将养殖网箱与周围的赤潮水隔离起来以降低赤潮的危害。同时应注意给网箱充气,防止鱼类缺氧。

浒苔在养殖池内大量繁殖,其主要危害如下:A. 严重消耗水体中的无机盐类,使养殖池中正常的营养物质代谢体系遭到破坏,浮游生物和单胞藻类繁殖速度缓慢,水质变得清瘦,致使以摄食底栖藻类和有机碎屑为主的缢蛏无以为食,影响生长。B. 浒苔大量繁殖覆盖住泥涂,底部养殖的缢蛏会因此窒息而死,其他套养的鱼虾蟹等品种也会被藻丝缠住影响其觅食、呼吸,降低了成活率。C. 随着水温、气温的升高,浒苔滋生严重时遍布全池,逐渐衰老,丝体断裂变黄发白死亡,腐烂后会阻塞缢蛏进出水孔,几天后腐败变黑的藻体在池中泛起,被风吹到池角或沉底变黑散发出一股恶臭味,其在分解过程中产生硫化氢等有毒气体,提高了池中氨氮含量,降低了水中溶解氧含量,会造成养殖对象中毒、缺氧死亡。

浒苔产生后,采用一些药物可以杀死浒苔,但容易对其他养殖品种造成危害和产生副作用,一般不宜采用药物清除。我们在养殖前期及养殖过程中采取了一些相应措施,有效地控制了浒苔在池内的生长。

冬季养殖品种起捕完毕以后,排干池水不留积水,进行搁池曝晒冰冻,并用生石灰按 10～20 千克/亩全池撒放。

虾池底涂进行平整,不留泥块,清除杂质、杂草,减少浒苔附着生长的机会。

在养殖池进行养殖之前,提前半个月纳水浸泡池塘并排放数次再纳足海水,用质量分数为 $20×10^{-6}$ 的茶籽饼进行清塘,杀灭有害的鱼类杂质,且不排放。施下茶籽饼以后,池水透明度降低,并能使单胞藻类迅速繁殖,用肥水培养藻类的作用,可抑制浒苔的生长萌发。1 星期以后茶籽饼毒性即会消失,池中浮游生物和底栖藻类繁殖进行高峰期,此后可采用带水投放的办法适时放养蛏苗、套养虾蟹,养殖前期可视水色变化情况,追加施肥或换水来调节池水,控制池内藻类繁殖的密度和透明度。这样既可使浒苔不发生,又能促进鱼虾蟹贝健康生长,效果十分理想。

池中发现少量浒苔时,可采用机动船行驶方法,机动船在池塘内行驶产生浊浪,使塘水变浑,降低池水透明度抑制浒苔生长。且水浪翻卷可以把浒苔卷起,卷到沟里以便捞除。

采用人工捞除的办法。两人用竹竿夹着浒苔卷起,可以把旺盛的浒苔卷得比较干净。也可用专门的苔耙和网捞或排干水均可进行捞除。

浒苔大量死亡腐烂,对底质造成污染之后,应采用换水或用冻干光合细菌 1～2千克/亩,每半个月施一次,或采用生石灰等对底质进行消毒。

3. 水产养殖灾后恢复生产技术措施指导要点

(1)检修养殖设施,保障生产正常进行。

检查大棚等保温设施和充氧、供暖设备,及时清除积雪和结冰,修补被损坏的薄膜,补充加温所需的燃料和养殖饲料,保证温室正常运行。特别是要及时做好繁殖场、工厂化养殖基地等养殖设施保温防冻工作,严防"倒春寒"的危害。

抓紧进行冰冻损坏的繁殖设施、电力设施、进排水渠道、渔船及柴油机、网箱、网衣和倒塌房屋等维修和重建工作,做好大水面"三网"养殖设施的防护工作,保障灾后安全开展渔业生产。

(2)做好亲本调配和繁殖,确保春季生产苗种供应。

查清亲本存量。及时查清亲本损失数量,根据亲本标准及苗种生产计划,及时补充、调运亲本。

强化亲本培育。针对持续低温导致鱼虾亲本摄食不佳的情况,加强亲本饲养管理,加强营养,补充能量,促进亲本正常发育,确保用于春季繁育生产的亲本数量和质量。

做好苗种繁育。严格按照苗种生产技术操作规范开展苗种生产,保证苗种质量。

(3)加强疫病监测,做好疾病防治工作。

加强灾后疫病监测。提高灾后疫病防治意识,加大疫病监测力度,特别要做好大宗养殖品种的常规性、多发性疫病的监测工作。

做好防疫物资储备。预计水霉病、小瓜虫病和细菌性疾病将加重发生,要做好水质改良调控、消毒和治疗等疫病防治物资的储备工作。

落实防治措施。一是及时处理冻伤鱼虾,采取有效技术措施,恢复鱼虾体质,降低死亡率;二是及时清除水体和底泥中的死鱼(虾),可采用撒网检查的办法,发现后及时清除以免破坏水质,可用沸石粉等池底改良剂或采用生物方法清洁底质;三是进行水体消毒,当水温回升到 10 ℃ 以上时,要检测、调节水质,预防病害发生;四是进行鱼体消毒,预防冻害后水霉病等病害的发生,可在水温升到 5 ℃ 以上用 4‰ 的食盐水或质量分数为 20×10^{-6} 的高锰酸钾溶液浸洗鱼体。越冬鱼池要保持水温相对稳定,有条件的应尽量提高水温,减少小瓜虫等寄生虫病害发生。

(4) 加强养殖管理工作。

应适当降低放养密度,适当投喂精料,增加蛋白质营养。加强巡塘,记录水质、溶氧等变化。要根据水温变化,科学投喂,做到循序渐进,少量多次投喂,并随水温的升高逐渐增加投饵量。

4. 基于 6 个指标的生态化养殖模式综合效益评估

(1) 生态化养殖模式综合效益评估指标体系。

生态化养殖模式综合效益考虑生态效益、经济效益和社会效益 3 个方面,具体评估指标体系见表 4-25。其中,生态效益主要考虑养殖活动对环境质量的压力和养殖生物体质量,经济效益主要考虑养殖生物的产量和产值,社会效益主要考虑单位劳动力投入的产出水平和单位养殖产值的能源消耗。

表 4-25　生态化养殖模式综合效益评估指标体系

综合指标	一级指标	二级指标
生态化养殖模式综合效益	生态效益	养殖排污强度
		养殖生物质量
	经济效益	养殖生物产量
		养殖生物产值
	社会效益	劳动效率
		能源消耗

(2) 生态化养殖模式综合效益评估指标计算方法。

$I_1 =$ 养殖排污总量/养殖生物总产值

这里,养殖排污总量包括养殖生物排放的总氮、总磷和 COD 总量;养殖生物总产值指海域养殖净收益,即养殖收入扣除养殖成本。养殖排污总量根据产污系数线性估算。

① 非投饵性异养生物产污系数测算方法。

养殖过程不需要额外的人工饵料供给,但养殖生物为异养,自身不能合成有机质,需要过滤天然水体中的有机颗粒,理应属于海洋生态系统营养盐的支出部分,但从养殖水域局部来看,滤食性贝类像一只只有机颗粒"过滤器",将流过养殖区的有机颗粒过滤,被过滤到的食粒一部分用于贝类的生长,一部分主要以氨和磷酸盐的形式排泄到水中,更有相当一部分以生物沉积的形式累积在养殖区底部,导致了养殖系统的自身污染。这些养殖生物主要是滤食性贝类,如浮筏养殖的牡蛎、扇贝、贻贝和底播增殖的蛤、蚶以及蛏等。

目前,滤食性贝类养殖区自身污染源强评估主要是基于文献方法。一个养殖周期内单位养殖面积排放的颗粒氮和颗粒磷量的评估公式如下:

$$L_p = (N \times R_b \times C_i \times T)/G$$

这里,LP:养殖周期内单位养殖面积颗粒态氮磷排放量;N:全海域养殖贝类数量;C_i:粪便和假粪中总氮、总磷的百分含量;R_b:养殖贝类的生物沉积速率(g/ind/d);G:增养殖区养殖面积;T:一个养殖周期的天数。

一个养殖周期内单位养殖面积氨氮和活性磷酸盐的排泄量估算公式如下:

$$L_d = (N \times R \times T)/G$$

这里,L_d—养殖周期内单位养殖面积溶解态氮磷排放量;N—全海域贝类养殖数量;R—单位时间内养殖贝类的氮、磷排泄速率(mg/ind/d);G—增养殖区养殖面积;T—一个养殖周期的天数。

滤食性贝类单位个体产污速率见表4-26。

表 4-26　滤食性贝类单位个体产污速率

双壳贝类	生物沉积速率/[克/(个·天)]	排氨率/[毫克/(个·天)]	排磷率/[毫克/(个·天)]
太平洋牡蛎	2.76	1.57	0.33
杂色蛤	0.61	0.17	0.13
海湾扇贝	1.67	0.95	0.11
栉孔扇贝	3.92	1.40	0.25
虾夷扇贝	1.75	1.02	0.75
贻贝	1.10	0.78	0.07
蚶类	0.88	0.69	0.08

② 投饵性异养生物产污系数。

像鱼类、虾蟹类、海参以及海胆等的养殖,既需要额外饵料的投入,养殖生物又是异养生活方式,其排污主要是通过残饵和粪便以及养殖生物的代谢产物产生。

一个养殖周期内全海域养殖生物产污量采用以下公式计算:

产污量＝产污系数×养殖生物增产量

其中,养殖生物增产量＝养殖生物产量－苗种投放量,由于苗种投放量数据无法获得,且所占比例较小,所以评估过程中苗种投放量可以忽略不计。

投饵异养性养殖生物产量和产污系数见表4-27。

表 4-27　投饵异养性养殖生物产量和产污系数

养殖品种		主要养殖模式	产污系数/(g/kg)			
			适用范围	总氮	总磷	COD
贝类	鲍、螺	池塘养殖	全国	8.791	0.749	7.572
鱼类	鲈鱼	池塘养殖	黄渤东海区	17.33	0.963	17.407
			南海区	1.08	0.014	2.18
	鲆鱼	工厂化养殖	黄渤海区	2.059	1.314	81.447
			东南海区	6.653	0.933	41.926
	鲽鱼	工厂化养殖	黄渤海区	2.059	1.314	81.447
			东南海区	6.653	0.933	41.926
	河鲀	池塘养殖	黄渤东海区	17.33	0.963	17.407
			南海区	1.08	0.014	2.18
甲壳类	对虾	池塘养殖	黄渤海区	0.875	0.32	41.665
			东海区	2.122	0.353	34.548
			南海区	3.368	0.387	27.431
	梭子蟹	池塘养殖	全国	2.45	1.062	39.224
	青蟹	池塘养殖	全国	2.841	1.14	17.151
其他类	海参	池塘养殖	全国	4.975	0.117	32.473
	海胆	池塘养殖	全国	4.975	0.117	32.473
	海蜇	池塘养殖	全国	4.035	0.455	22.204

③ 养殖生物质量指标计算方法。

考虑主要的养殖生物体内重金属等有害物质含量，根据《海洋生物质量》(GB 18421—2001)国家标准测定和计算，主要考虑养殖海洋贝类生物质量。其中，海洋生物质量的分类采用第一类，即适用于海洋渔业水域、海水养殖区、海洋自然保护区、与人类食用直接有关的工业用水区。具体标准值见表 4-28。

表 4-28　海洋贝类生物质量第一类标准值

项目	标准值	项目	标准值
总汞/(mg/kg)	0.05	铜/(mg/kg)	10
镉/(mg/kg)	0.2	锌/(mg/kg)	20
铅/(mg/kg)	0.1	石油烃/(mg/kg)	15
铬/(mg/kg)	0.5	六六六/(mg/kg)	0.02
砷/(mg/kg)	1.0	滴滴涕/(mg/kg)	0.01

④ 养殖生物产量指标计算方法。

养殖生物产值指单位养殖面积的养殖生物总产量。

I_3＝养殖生物总产量/养殖面积

⑤ 养殖生物产值指标计算方法。

养殖生物产值指单位养殖面积的养殖生物总产值。

I_4＝养殖生物总产值/养殖面积

这里,养殖生物总产值同前述。

⑥ 劳动效率指标计算方法。

劳动效率指单位劳动力的有效产出水平。

I_5＝养殖生物总产值/劳动力总投入

这里,养殖生物总产值同前述。

⑦ 能源消耗指标计算方法。

能源消耗指每万元养殖产值消耗的能源(换算值标准煤吨数)。

I_6＝养殖消耗能源总量/养殖生物总产值

这里,养殖生物总产值同前述。根据国家统计局采用的折算标准煤系数,将各类能源消耗量换算为标准煤吨数。根据《山东统计年鉴》,电力折算标准煤的当量系数为1.229(吨标准煤/万千瓦时),

(3) 生态化养殖模式综合效益估算方法。

① 二级指标归一化方法。

对各二级指标评估结果进行归一化处理,对于正向、负向指标分别采取越大越小和越小越好的归一化方法。

N_P＝min$(1, I/I_0)$

N_N＝min$(1, I_0/I)$

这里,N_P 为正向指标得分,即指标取值越大,综合效益越高,适用于养殖生物产量、养殖生物产值和劳动效率这 3 个二级指标;N_N 为负向指标,适用于其他 3 个二级指标。

② 一级指标和综合指标计算方法。

一级指标和综合指标的计算采取加权平均法,同级指标采用相等的权重。

③ 指标分等定级。

评价结果为 0~1 之间的数值,0 表示效益最差、1 表示效益最好,根据数值大小判断养殖模式的综合效益等级。指标取值介于 0~0.2、0.2~0.4、0.4~0.6、0.6~0.8 和 0.8~1.0 之间的,综合效益等级分别为低、较低、中等、较高和高。

(4) 生态化养殖模式综合效益评估案例应用。

① 日照市虾贝藻池塘生物复合利用模式综合效益评估。

日照市采用虾贝藻池塘生物复合利用模式,表层养殖品种为鼠尾藻和海黍子,中层为中国明对虾,底层为菲律宾蛤仔。养殖总产量为 5.5 t,养殖收入为 5.75 万元(表 4-29)。根据养殖生物产量及其产污系数(表 4-29)计算得到,该养殖池塘异养生物 TN、TP 和 COD 排放量分别为 24.8 kg、10.8 kg 和 28.2 kg。

池塘养殖面积 11 亩,管理与生产总人数为 2 人。包括建池费、看管房、设备投入、其他附属设施、池塘租金和池塘维护费在内的固定成本为 24.85 万元,包括苗种投入、饲料投入、渔药投入、人工费、电费和车辆使用费在内的可变成本为 8.5 万元,其中苗种投入费为 0.3 万元。用电量为 3 万千瓦时,折算为 3.687 标准煤吨数。

　　根据各指标计算结果可知(表 4-30),日照市虾贝藻池塘生物复合利用模式综合效益得分为 0.704 3,等级为较高;其中,生态效益、经济效益和社会效益得分分别为1.0、0.719 8 和 0.393 2,等级分别为高、较高和较低。

表 4-29　主要养殖生物生产情况及其产污系数

项目	总产量/kg	总产值/万元	产污系数		
			TN/(g/kg)	TP/(g/kg)	COD/(g/kg)
中国明对虾	500	4	0.875	0.320	41.665
菲律宾蛤仔	1 000	0.4	24.387	10.656	7.384
半滑舌鳎	15 000	210	2.059	1.314	81.447
牡蛎	250	0.15	12.602	3.937	9.526

表 4-30　各类指标取值及得分

指标	参考值	日照市		滨州市	
		取值	得分	取值	得分
养殖排污强度/吨/万元	0.060	0.012	1	0.006	1
养殖生物质量	/	/	1	/	1
养殖生物产量/t/km²	835	750	0.898 1	2 080	1
养殖生物产值/万元/平方千米	1 372	743	0.541 6	28 636	1
劳动效率/万元/人	4.05	2.73	0.673 1	10.50	1
能源消耗/吨标准煤/万元	0.077	0.677	0.113 3	0.012	1

　　注:由于数据可获取性,各指标参考值选取分别依据山东省 2010 年养殖排污强度、山东省2013 年海水养殖生物产量和产值、山东省 2010 年海洋渔业劳动效率、山东省 2013 年农业能耗;其中养殖生物质量数据缺失,假设均符合标准值。

　　② 滨州市工厂化—池塘耦合利用模式综合效益评估。

　　滨州市采用工厂化—池塘耦合利用模式,工厂化养殖品种为半滑舌鳎,耦合池塘养殖品种为牡蛎。养殖总产量为 15.25 t,养殖收入为 210.15 万元。根据养殖生物产量及其产污系数(表 4-29)计算得到,该养殖池塘异养生物 TN、TP 和 COD 排放量分别为 34.0 kg、20.7 kg 和 1 224.1 kg。

　　池塘养殖面积 10 亩,管理与生产总人数为 20 人。包括建池费、设备投入、其他附属设施和池塘租金在内的固定成本为 24.85 万元,包括苗种投入、人工费和电费在内的可变成本为 3.35 万元,其中苗种投入费为 0.15 万元。用电量为 2 万千瓦时,折算为 2.458 标准煤吨数。

　　根据各指标计算结果(表 4-30)可知,滨州市工厂化—池塘耦合利用模式综合效益及其生态效益、经济效益和社会效益得分均为 1.0,等级均为高。

③ 参藻池塘生物复合利用模式(大连市)综合效益评估。

根据大连市的参藻池塘生物复合利用模式调查,表层采用网箱保苗养殖海参幼苗,底层养殖刺参总产量为 22.5 t,养殖藻类为石莼,产量为 2.7 t;由于养殖藻类为企业自用,因此养殖总收入为 225.0 万元。根据养殖生物产量及其产污系数(表 4-29)计算得到,该养殖池塘异养生物 TN、TP 和 COD 排放量分别为 111.9 kg、2.6 kg、730.6 kg。

池塘养殖面积 300 亩,管理与生产总人数为 4 人。包括建池费、参礁费、看管房、设备投入、网箱费、池塘维护费等在内的固定成本折旧费约为 19.85 万元/年,包括苗种投入、鱼药投入、人工费、电费、车辆使用费等在内的可变成本约为 146.71 万元/年。用电量为 4 050 千瓦时,折算为 0.498 标准煤吨数。

根据各指标计算结果(表 4-30)可知,大连市参藻池塘生物复合利用模式综合效益得分为,0.771 2,等级为较高;其中,生态效益、经济效益和社会效益得分分别为1.0、0.313 5 和 1.0,等级分别为高、较低和高。

④ 池塘—大维度滩涂湿地综合开发模式(黄河岛)综合效益评估。

根据黄河岛的池塘—大维度滩涂湿地综合开发模式调查,底层养殖凡纳滨对虾,底内养殖缢蛏,滩涂湿地存在芦苇,总产量为 2.44 万吨,总收入为 2.86 亿元。根据养殖生物产量及其产污系数计算得到,养殖生物 TN、TP 和 COD 排放量分别为 243.6 t、106.4 t 和 126.4 t。

养殖面积 15 000 亩,管理与生产总人数为 150 人。包括池塘租金和池塘维护费等在内的固定成本费约为 795 万元/年,包括苗种投入、饲料投入和人工费等在内的可变成本约为 216.6 万元/年。采用自然纳潮,因而不需要用电。

根据各指标计算结果可知(表 4-30),黄河岛池塘—大维度滩涂湿地综合开发模式综合效益及其生态效益、经济效益和社会效益得分均为 1.0,等级均为高。

5. 基于 18 个指标的综合效益评价指标体系

我国是世界第一水产养殖大国,水产养殖业已成为渔民(农民)增收、食品安全供给和渔村(农村)快速发展的重要产业,为社会带来了巨大经济效益。水产养殖业在带来巨大经济效益的同时,其产生的社会效益和生态效益如何呢? 随着水产养殖业的快速发展,这个问题急切需要回答。开展水产养殖业综合效益的研究,可以揭示该产业发展的内部规律,对产业进行全面系统的评价,为管理部门、养殖生产者及其他利益相关者的决策提供科学依据,因此,是正确回答上述问题的科学途径。目前,仅有少数学者从经济效益、社会效益和生态效益中的单方面或两个方面进行了评价。在经济效益、社会效益和生态效益 3 个准则层开展综合效益评价尚未见报道。

在我国,综合效益的研究多采用 AhP 分析法和模糊综合评价法。其中,层次分析法是由美国运筹学家,匹兹堡大学萨迪(Saaty T L)教授于 20 世纪 70 年代初提出,并由萨迪教授的学生高兰尼柴(Gholamnezhadn H)于 1982 年 11 月召开的中美能源、资源、环境学术会议上首先向中国学者介绍的。层次分析法是一种定性与定量相结合,将人的主观判断用数量形式表达和处理的方法,它将定性指标进行量化处理,把目标多、定性指标比重大的复杂问题数据化,从而运用数学模型进行决策分析。我们运用层次分析法（AhP 分析法）和德尔菲法（Delphi 法）对水产养殖业进行定性和定量分析，建立水产养殖业综合效益评价的指标体系，以期为后续研究提供参考

（1）构建综合效益评价指标体系。

① 筛选综合效益评价指标。

我们在研究国内外文献的基础上，选择出现频率较高的指标，进行重复指标或相近指标的筛选，对指标进行调整和重组，将初步筛选的结果通过德尔菲法广泛征求相关专家的意见，最终确定 18 个指标见表 4-31。

表 4-31 水产养殖综合效益评价指标体系

目标层	准则层	指标层	指标注释
A 综合效益	B₁ 经济效益	C_{11} 面积	养殖水体面积
		C_{12} 产值	产值＝销售价格×销售量
		C_{13} 投入	主要包括苗种费、饵料费、人工费、水电费、租金、维修费
		C_{14} 利润	利润＝产值－投入
		C_{15} 投入产出比	投入产出比＝投入/产值
		C_{16} 劳均渔产值	劳均渔产值＝产值/养殖人数
	B₂ 生态效益	C_{21} 水层利用率	水层利用率＝养殖品种生存水体/总水体
		C_{22} 养殖密度	养殖密度＝单位水体内的养殖生物数量
		C_{23} 内部环境	主要包括养殖水的 pH、溶解氧、氨氮、亚硝酸盐
		C_{24} 外部环境	主要包括养殖场所周围的地貌、景观和环境因子
		C_{25} 养殖水达标排放	主要包括养殖排放水的 pH、溶解氧、氨氮、亚硝酸盐
		C_{26} 渔药使用强度	渔药使用强度＝养殖期间向单位池塘水体中投放的药物使用剂量
	B₃ 社会效益	C_{31} 蛋白贡献率	蛋白贡献率＝养殖成品蛋白质含量占体重的百分比
		C_{32} 产品合格率	产品合格率＝达到商品要求的产品数量/总产品数量
		C_{33} 劳均用量	劳均用量＝养殖人数/养殖面积
		C_{34} 就业效果	就业效果＝养殖人数/养殖总投入
		C_{35} 渔民增收	渔民增收＝养殖者的年均收入－养殖者未从事水产养殖之前的年均收入
		C_{36} 万元产值耗能	万元产值耗能＝水产养殖每产生 1 万元的产值所消耗的总能量

② 评价指标体系的有效性判断和可靠性判断。

在问题决策过程中，由于专家认识的差异，对同一指标会给出不同的分值。如果差别较大，可能会影响指标体系的有效性和可靠性，因此，有必要对评价指标体系进行有效性和可靠性评估与判断。

评价指标体系的有效性判断的计算方法如下。

共请 6 位专家参加评价，采用五分制打分法，得到评价指标体系的效度系数见表 4-32。

设评价指标体系 $A = \{a_1, a_2, \cdots, a_n\}$，参加评价的专家人数为 P，专家 j 对评价目标的评分集为 $X_j = \{x_{1j}, x_{2j}, \cdots, x_{nj}\}$，评分平均值为 $\overline{x}_i$，指标 a_i 的效度系数为 β_i，评价指标体系 A 的效度系数为 β，M 为指标 a_i 的评语集中评分最优值。

$$\beta_i = \sum_{j=1}^{s} |\overline{x}_1 - x_{ij}| / P \times M$$

$$\overline{x}_i = \sum_{j=1}^{s} \overline{x_{ij}} / P$$

$$\beta = \sum_{j=1}^{n} \beta_i / n$$

由于该项系数没有规定的有效标准，参照统计学的相关研究成果，可以认为 β 小于 0.2 即符合要求。

评价指标体系的可靠性判断的计算方法如下。

设评价指标体系 A 的可靠性系数为 ρ，专家 j 的可靠性系数为 ρ_j。

$$\rho = \sum_{j=1}^{s} \rho_j / P$$

$$\rho_j = \sum_{i=1}^{n} (x_{ij} - \overline{x}_j)(\overline{x}_i - \overline{y}) / \sqrt{\sum_{i=1}^{n} (x_{ij} - \overline{x}_j)^2 \sum_{i=1}^{n} (\overline{x}_i - \overline{y})^2}, \quad j = 1, 2, \cdots, s$$

$$\overline{x}_j = \sum_{i=1}^{n} \overline{x_{ij}} / n$$

$$\overline{x}_i = \sum_{j=1}^{s} \overline{x_{ij}} / P$$

$$\overline{y} = \sum_{i=1}^{n} \overline{x}_i / n$$

当 $\rho \in (0.80, 0.95)$，可认为该评价指标体系的可靠性良好，当 $\rho \in (0, 0.80)$，则可认为该评价指标体系的可靠性较差。评价指标体系的可靠性系数见表 4-32。

表 4-32　水产养殖综合效益评价指标体系效度和可靠性系数计算表

效度系数 $\beta = 0.103$　可靠性系数 $\rho = 0.873$

综合效益指标	x_{i1}	x_{i2}	x_{i3}	x_{i4}	x_{i5}	x_{i6}	$\overline{x}_i$	$\sum \|x_i - x_{ij}\|$	β_i
面积	3	4	3	4	3	3	3.333	2.667	0.111
产值	5	5	4	4	5	5	4.667	2.667	0.089
投入	5	5	4	5	4	4	4.5	3	0.1

综合效益指标	x_{i1}	x_{i2}	x_{i3}	x_{i4}	x_{i5}	x_{i6}	$\overline{x}_i$	$\sum \mid x_i - x_{ij} \mid$	β_i
利润	5	5	5	5	5	5	5	0	0
投入产出比	5	5	4	5	4	5	4.667	2.667	0.089
劳均渔产值	3	3	3	2	3	3	2.833	1.667	0.093
水层利用率	3	3	2	3	2	2	2.5	3.000	0.167
养殖密度	3	3	2	3	3	2	2.667	2.667	0.148
内部环境	5	4	5	5	4	5	4.667	2.667	0.089
外部环境	3	3	4	3	3	3	3.167	1.667	0.069
养殖水达标排放	4	5	4	5	4	5	4.5	3	0.1
渔药使用强度	3	4	3	4	3	4	3.5	3	0.125
蛋白贡献率	3	4	3	4	3	4	3.5	3	0.125
产品合格率	5	4	5	5	4	5	4.667	2.667	0.089
劳均用量	3	3	3	3	3	4	3.333	2.667	0.111
就业效果	3	4	3	4	3	4	3.5	3	0.125
渔民增收	3	5	4	5	4	5	4.333	4	0.133
万元产值耗能	4	4	4	4	5	5	4.333	2.667	0.089
合计							69.667	46.667	1.852

$\rho_1 = 0.855$　$\rho_2 = 0.850$　$\rho_3 = 0.888$　$\rho_4 = 0.858$　$\rho_5 = 0.864$　$\rho_6 = 0.924$　$\rho = 0.873$

经检验,专家估计的评价指标体系权重的效度系数 β 值为 0.103,小于 0.2,这说明指标体系权重符合有效性要求;专家估计的评价指标体系权重的可靠性系数 ρ 为 0.873,大于 0.8,这说明指标体系权重符合可靠性要求。

(2) 确定各项指标的权重值。

① 构造判断矩阵、进行层次单排序及一致性检验。

通过德尔菲法进行专家匿名咨询,由专家利用 1—9 比例标度法分别对每一层次的评价指标的相对重要性进行定性描述,并用准确的数字进行量化表示,不同数字代表不同的含义见表 4-33。

表 4-33　层次分析法 1-9 比例标度

标　度	含　义
1	表示两个元素相比,具有同样重要性
3	表示两个元素相比,前者比后者稍微重要
5	表示两个元素相比,前者比后者明显重要
7	表示两个元素相比,前者比后者强烈重要
9	表示两个元素相比,前者比后者极端重要
2、4、6、8	表示上述相邻判断的中间值
倒数	若元素 i 与元素 j 的重要性之比为 a_{ij},那么元素 j 与元素 i 重要性之比为 $a_{ji} = 1/a_{ij}$

　　在进行层次单排序前,去掉专家打分的最大值和最小值,取几何平均值,依据平均值建立判断矩阵见表 4-34 至表 4-37,然后根据判断矩阵计算权重并进行一致性检验。一致性检验时,需计算一致性指标 $CI=(\lambda_{max}-n)/(n-1)$,平均随机一致性指标 RI 见表 4-38。当一致性比例 $CR=CI/RI<0.1$ 时,认为判断矩阵具有满意的一致性,即权重的分配是合理的;否则,需要将问卷反馈给专家,重新构造判断矩阵。

表 4-34　A-B 判断矩阵及层次单排序

A	B_1	B_2	B_3	权重
B_1	1	1.316 1	3.873	0.504 4
B_2	0.759 8	1	2.340 4	0.355 1
B_3	0.258 2	0.427 3	1	0.140 5
合计				1.000 0

注:$\lambda_{max}=3.005\ 8$,$CI=(\lambda_{max}-n)/(n-1)=0.002\ 9$,RI$=0.58$,CR$=CI/RI=0.005\ 0<0.1$

　　由表 4-34 可以得出,矩阵 A-B 符合一致性要求(CR$=0.005<0.1$)。对于"水产养殖综合效益"的总目标来说,准则层中各因素重要程度的排序及权值:经济效益(0.504 4)＞生态效益(0.355 1)＞社会效益(0.140 5)。

表 4-35　B1-C 判断矩阵及层次单排序

B_1	C_{11}	C_{12}	C_{13}	C_{14}	C_{15}	C_{16}	权重
C_{11}	1	1	1.136 2	0.508 1	0.293 4	0.324 7	0.092 1
C_{12}	1	1	1	0.531 8	0.411 1	0.438 7	0.101 0
C_{13}	0.880 1	1	1	0.508 1	0.312 4	0.310 2	0.088 5
C_{14}	1.968	1.880 3	1.968	1	1	0.840 9	0.201 9
C_{15}	3.408 7	2.432 3	3.201 1	1	1	0.840 9	0.250 5
C_{16}	3.080 1	2.279 5	3.223 7	1.189 2	1.189 2	1	0.266 0
合计							1.000 0

注:$\lambda_{max}=6.039\ 6$,$CI=(\lambda_{max}-n)/(n-1)=0.007\ 9$,RI$=1.24$,CR$=CI/RI=0.006\ 4<0.1$

　　由表 4-35 可以得出,矩阵 B_1-C 符合一致性要求(CR$=0.006\ 4<0.1$)。对于经济效益来说,其隶属指标的排序及权值:劳均渔产值(0.266 0)＞投入产出比(0.250 5)＞利润(0.201 9)＞产值(0.101 0)＞面积(0.092 1)＞投入(0.088 5)。

表 4-36　B2-C 判断矩阵及层次单排序

B_2	C_{21}	C_{22}	C_{23}	C_{24}	C_{25}	C_{26}	权重
C_{21}	1	0.939 1	1.968	3.201 1	1.087 8	1.087 8	0.218 5
C_{22}	1.064 8	1	2.140 7	2.224 8	1.456 5	1.106 7	0.224 2
C_{23}	0.508 1	0.467 1	1	1.414 2	1	0.577 4	0.120 2
C_{24}	0.312 4	0.449 5	0.707 1	1	0.668 7	0.427 3	0.087 2

B_2	C_{21}	C_{22}	C_{23}	C_{24}	C_{25}	C_{26}	权重
C_{25}	0.919 3	0.686 6	1	1.495 3	1	1	0.156 5
C_{26}	0.919 3	0.903 6	1.732 1	2.340 3	1	1	0.193 4
合计							1.000 0

注：$\lambda_{max}=6.055\ 3$，$CI=(\lambda_{max}-n)/(n-1)=0.011\ 1$，$RI=1.24$，$CR=CI/RI=0.008\ 9<0.1$

由表 4-36 可以得出，矩阵 B_2-C 符合一致性要求（$CR=0.008\ 9<0.1$）。对于生态效益来说，其隶属指标的排序及权值：养殖密度（0.224 2）＞水层利用率（0.218 5）＞渔药使用强度（0.193 4）＞养殖水达标排放（0.156 5）＞内部环境（0.120 2）＞外部环境（0.087 2）。

表 4-37　B3-C 判断矩阵及层次单排序

B_3	C_{31}	C_{32}	C_{33}	C_{34}	C_{35}	C_{36}	权重
C_{31}	1	0.508 1	0.903 6	0.795 3	0.759 8	1	0.128 8
C_{32}	1.968	1	2.114 7	1.861 2	1.732 1	2.59	0.288 2
C_{33}	1.106 7	0.472 9	1	1	0.707 1	1.057 4	0.136 4
C_{34}	1.257 4	0.537 3	1	1	1	1.257 4	0.155 3
C_{35}	1.316 1	0.577 4	1.414 2	1	1	1	0.161 5
C_{36}	1	0.386 1	0.945 7	0.795 3	1	1	0.129 8
合计							1.000 0

注：$\lambda_{max}=6.024\ 6$，$CI=(\lambda_{max}-n)/(n-1)=0.004\ 9$，$RI=1.24$，$CR=CI/RI=0.004\ 0<0.1$

表 4-38　平均随机一致性指标 RI

矩阵阶数	1	2	3	4	5	6	7	8	9
RI	0	0	0.58	0.90	1.12	1.24	1.32	1.41	1.45

由表 4-37 可以得出，矩阵 B_3-C 符合一致性要求（$CR=0.004\ 0<0.1$）。对于社会效益来说，其隶属指标的排序及权值：产品合格率（0.288 2）＞渔民增收（0.161 5）＞就业效果（0.155 3）＞劳均用量（0.136 4）＞万元产值耗能（0.129 8）＞蛋白贡献率（0.128 8）。

② 层次总排序及一致性检验。

在对各指标进行层次单排序后，还需要对各指标进行层次总排序，求组合权重。根据层次单排序结果，用上一层各指标的权值与其下一层的对应权值相乘，如此从最高层次到最低层次递层进行，直到计算到最低层元素的权值为止，见表 4-39。

层次总排序的一致性检验仍然运用公式：$CR=CI/RI=\sum\limits_{i=1}^{n}W_i$

$CI_i/(\sum\limits_{i=1}^{n}W_i\ RI_i)$

式中:CR 为层次总排序一致性比例;CI 为层次总排序一致性指标;CI_i 为层次单排序时 B_i 所对应的一致性指标;RI 为层次总排序平均随机一致性指标;RI_i 为层次单排序时 B_i 所对应的平均随机一致性指标;W_i 为层次单排序时 B_i 所对应的权值。

表 4-39　A-C 层次总排序计算结果

	经济效益	生态效益	社会效益	权值	排序
	0.504 4	0.355 1	0.140 5		
C_{11} 面积	0.092 1			0.0465	9
C_{12} 产值	0.101 0			0.050 9	8
C_{13} 投入	0.088 5			0.044 6	10
C_{14} 利润	0.201 9			0.101 8	3
C_{15} 投入产出比	0.250 5			0.126 4	2
C_{16} 劳均渔产值	0.266 0			0.134 2	1
C_{21} 水层利用率		0.218 5		0.077 6	5
C_{22} 养殖密度		0.224 2		0.079 6	4
C_{23} 内部环境		0.120 2		0.042 7	11
C_{24} 外部环境		0.087 2		0.030 9	13
C_{25} 养殖水达标排放		0.156 5		0.055 6	7
C_{26} 渔药使用强度		0.193 4		0.068 7	6
C_{31} 蛋白贡献率			0.128 8	0.018 1	18
C_{32} 产品合格率			0.288 2	0.040 5	12
C_{33} 劳均用量			0.136 4	0.019 2	16
C_{34} 就业效果			0.155 3	0.021 8	15
C_{35} 渔民增收			0.161 5	0.022 7	14
C_{36} 万元产值耗能			0.129 8	0.018 2	17

经检验,本研究构建的判断矩阵层次总排序的一致性比例 $CR = [(0.504\ 4 \times 0.007\ 9) + (0.3551 \times 0.011\ 1) + (0.140\ 5 \times 0.004\ 9)]/[(0.504\ 4 \times 1.24) + (0.355\ 1 \times 1.24) + (0.140\ 5 \times 1.24)] = 0.006\ 9 < 0.1$,符合一致性要求。

各评价指标的排序及组合权重如下:劳均渔产值(0.134 2)>投入产出比(0.126 4)>利润(0.101 8)>养殖密度(0.079 6)>水层利用率(0.079 6)>渔药使用强度(0.068 7)>养殖水达标排放(0.055 6)>产值(0.050 9)>面积(0.046 5)>投入(0.044 6)>内部环境(0.042 7)>产品合格率(0.040 5)>外部环境(0.030 9)>渔民增收(0.022 7)>就业效果(0.021 8)>劳均用量(0.019 2)。

(3)结论。

本研究建立了水产养殖综合效益评价指标体系,为水产养殖综合效益评价提供了重要途径。以往关于水产养殖业的效益研究,主要集中在经济效益方面。但是,随着可持续发展战略的提出以及全球性资源与环境问题的加剧,改善生态环境、加强水产品质量安全管理、提高居民生活水平等问题已经在世界各国开始得到普遍关注。生态效益评价和社会效益评价也将成为水产养殖业综合效益评价的重要组成部分。从经济、生态、社会 3 个方面筛选 18 个指标对水产养殖业进行综合效益评价,可以为水产养殖业的发展提供更全面、更科学的依据。

本研究建立的综合效益评价指标体系并不能作为水产养殖业综合效益评价的唯一标准,评价指标和权重分配可根据养殖模式的不同作出适当调整。本研究建立的水产养殖综合效益评价指标体系共 3 层 18 个指标,由于不同的养殖模式其特点不同,个别指标有时涉及不到,可将涉及不到的指标抽出,将其他各指标权重按原指标权重的大小分摊,公式为:$K_i' = K_i/(1-K_j)$,其中 K_i' 为各指标分摊后的新权重;K_i 为各指标的原权重;K_j 为被抽出指标的原权重。

本研究建立的评价指标体系可以为不同水产养殖模式的综合效益分析提供理论依据。将对应的评价指标代入评价指标体系中,可以对不同的养殖水产品进行直接的比较分析,有利于正确引导当地水产养殖业的发展,推广优势养殖模式,判断水产养殖业的可持续发展状况,实现水产养殖效益的最大化。

6. 养殖生产环境监测与评价体系

发展空间受到限制、生产成本上升、苗种供应不足、水域环境污染日趋严重、病害发生频率高等问题是我国水产养殖在发展中面临着的主要问题。这些问题提出的立足点是内在的,即更多地站在行业生产发展的角度。从可持续发展的要求看,我国水产养殖业在如何实现健康高效生产的前提下,还面临着对自然资源和环境的影响问题。这些问题的解决,一方面需要依靠生物生产技术,如提高养殖对象的种质水平、科学使用药物等;另一方面,更离不开装备与工程技术,即用可控的人工措施创造超越常规的养殖生产力。因此加强水产养殖环境质量监测与评价,是保护和改善水环境质量的基础性工作。当前,我国水产养殖环境质量监测与评价研究较为薄弱,尤其是监测与评价指标体系不完善,不能全面反映水产养殖水环境质量状况。因此,制定针对性强的指标体系,对于开展养殖水环境质量监测与评价,加强水产养殖环境管理,保护和改善养殖水环境质量,十分迫切。

（1）水产养殖模式发展近况。

以海参和鲍鱼为代表的海珍品养殖浪潮结束之后,现如今凡纳滨对虾的养殖行业迅速发展。对虾的养殖由以前的室外养殖进入了室内养殖,养殖模式多种多样,不同的养殖模式下面临着不同的环境问题。

① 池塘养殖模式。

池塘养殖设施以"进水渠＋养殖池塘＋排水沟"模式为代表,成矩形依地形而建,纳入自然之水,用完后排入自然。一般水深 1.5～2.0 m,面积 5～15 亩,主要配套设备为增氧机,水泵、投饲机也是常用设备。淡水池塘以养殖鱼类为主,海水池塘以虾类为主。池塘养殖水环境的主要缺点如下:A. 水质调控能力弱。主要依赖自然水质和池塘在光、藻、氧作用下的自净能力;增氧机是人工补氧,改善水质,并向高密度养殖对象供氧的唯一装置,投放生物制剂也是常用手段。B. 受水源污染影响大。污染水一旦进入养殖池会造成毁灭性损失；设置蓄水池越来越重要，许多时间处于不换水状态。C. 用水量较大。D. 排放无节制。排放水随即流入自然环境，淤泥沉积每年 10 cm 左右，一次性清出。

② 流水型养殖模式。

流水养殖是以"源水预处理＋进水管渠＋砖混鱼池＋排水渠"为代表模式，主要用于鳗鱼、冷水性鱼类以及海水鲆鲽类养殖。鳗鱼养殖系统的进水以山泉水和地下水加设施大棚模式为主，冷水鱼养殖系统采用山涧溪流、河道供水加露天砖混鱼池模式，鲆鲽类养殖系统主要采用地下卤水加设施大棚模式，或常流水，或间断性进排水。流水型养殖模式水环境主要缺点如下：A. 可控度小。养殖生产主要依赖水质和水温，源水水质是养殖生产成败的关键，间断性进排水时可以应用水质调控剂（药）来辅助，属于工厂化程度较低的养殖设施模式。一些系统仍需用药而造成负面影响。如鳗鱼和大菱鲆的药物残留问题，在生产层和消费层常引起争议。B. 存在外源性病害。大流量进水难以采取有效措施来保证水质，造成外源性病害侵入的用水量很大，1 t 鱼用水量达 $180\sim270$ m³，有些生产系统可能远大于此数值，而且使用的都是水质等级较高的洁净水。C. 排放无控制。大量的氮磷等营养物质随排水流入自然水域，增加下游水域的富营养化程度。

③ 循环水养殖模式。

循环水养殖模式为"鱼池＋水净化系统"，可以实现养殖生产的全人工控制和水的循环利用。全人工控制包括养殖生境的人工调控，如溶解氧、氨氮、固体悬浮物、pH、水温、有害病菌等，还包括生产过程的自动化、智能化控制，如饵料自动投喂、数字化养殖专家系统等。水净化系统主要由物理性过滤、生物降解以及增氧、杀菌等系统性装备组成。循环水养殖模式在中国的淡水、海水养殖中都有一定的应用，由于投资规模、运行成本和收益风险等因素，在养殖业始终处于示范性应用阶段，在苗种繁育和水族业有规模性应用。循环水养殖模式水环境主要特点如下：A. 资源高效利用。水、土地的利用率大大高于其他养殖模式，可实现 $90\%\sim95\%$ 的水循环利用。B. 可实现排放控制。相对集中的低水量、高浓度排放，便于处置。C. 投资规模大、运行成本高。在养殖业用水和排放不增加生产成本的前提下，没有比较优势。

④ 网箱养殖。

网箱养殖是我国海水鱼类养殖的主要方式，主要分为内湾普通网箱和开放性海域抗风浪深水网箱。普通网箱也用于湖泊水库的鱼类养殖。普通网箱模式为"浮体＋框架＋网衣"，养殖水体小，大多是连片布置，形成成片的"鱼排"，深水网箱主要是以高密度聚乙烯材料（HDPE）制成的圆形重力式网箱。网箱养殖模式的主要缺点如下：A. 高度依赖水域条件。养殖品种取决于水域的自然条件，水质和水温是关键因素。B. 排放无控制。对养殖水域的影响程度取决于环境的自净化能力和水交换量。设置在内湾、湖泊中的普通网箱，已对养殖环境造成严重影响，生产受到限制。

总结之上各种养殖模式水环境特点，我国的水产养殖设施尚处在发展阶段，根据"健康养殖、高效生产、资源节约、清洁生产"这一渔业可持续发展战略要求，目前我国水产领域总体上存在以下问题：

对水环境的调控能力弱。对养殖系统而言，良好的养殖水质是达到养殖效果的必要条件。但目前池塘养殖模式和流水型养殖模式对系统内水质的调控能力很弱，主要是通过增氧来维持水质，或者培育有益藻类及投放微生物制剂，这仅在有限的时间段内起到一定的净化水质作用。故此，在追求高密度集约化养殖情况下，增大系统换水量成为一种迫不得已的常用手段。

排放控制度很低。氮和磷是水产养殖系统主要的排放成分。从物质流的角度看，流入养殖系统的物资主要是水、鱼种和饲料，流出的是鱼、水和以粪便、残饵等有机物为主的淤泥。Gooley 研究银鲈网箱养殖过程，1 t 鱼吸收氮 32 kg、磷 10 kg，产生氮 130 kg、磷 24 kg；这些氮和磷在养殖过程中或在养殖期结束后随水和淤泥排放入自然环境，而鱼只吸收了 20% 氮和 30% 磷。虽然养殖水体具有一定的氮转换能力，如池塘系统，但仅仅是改变了氮的存在形式，对向系统外排放的氮总量并没有影响。

（2）技术标准及相应的政策体系。

针对相应的水产养殖环境问题，必须要建立相关的水环境监测评估标准，对此各个指标也曾有相应的国家标准（表 4-40）。

表 4-40　水环境监测指标的国家标准

序号	检测项目	国家标准
1	温度/℃	18～35（正常温度）25～32（最适宜生长）
2	pH	6.5～6.8
3	溶解氧/(mg/L)	≥3
4	氨氮/(mg/L)	0～0.02
5	余氯/(mg/L)	0.3～0.5
6	亚硝酸盐/(mg/L)	0～0.02
7	硫化氢/(mg/L)	0～0.1
8	磷/(mg/L)	0.2～1
9	盐度	0～30
10	透明度/cm	20～30
11	汞/(mg/L)	≤0.000 5
12	镉/(mg/L)	≤0.005
13	铅/(mg/L)	≤0.05
14	铬/(mg/L)	≤0.1
15	铜/(mg/L)	≤0.01
16	锌/(mg/L)	≤0.1
17	砷/(mg/L)	≤0.05
18	氰化物/(mg/L)	≤1
19	石油类/(mg/L)	≤0.05
20	挥发性酚/(mg/L)	≤0.005
21	甲基对硫磷/(mg/L)	≤0.000 5

改善生态环境，促进健康生态养殖的发展。目前，我国水产养殖场、育苗场的污

水基本上是不经处理直接排放的,加之很多地方的养殖场家数量多,距离近,场与场之间的进水口、排水口往往近在咫尺,根本不能保证生产用水的质量。定期使用高效的水质调节剂,改善水体环境。这些水质调节产品对水质的改良作用有很强的针对性,效果快而且彻底。健康管理和病害控制是健康生态养殖技术的关键。它包括养殖过程中的日常健康管理,生物渔药和微生物制剂的应用,免疫防疫和对病害的预测与预报。健康生态养殖必须严格按照养殖标准进行科学合理的管理,免疫工作必须贯穿养殖的全过程,使机体微生态保持平衡。渔药的使用必须按照《无公害食品渔用药物使用准则》(NY 5071—2002)规定,严禁使用违禁药品。

建立完整的技术体系要发展健康生态养殖,必须重点加强渔业环境监测、水产病害防治、水产养殖质量监控、水生生物防疫检疫、水产品质量检验等方面的管理队伍的建设。建立一支集技术推广与管理于一身、能切实发挥作用的综合型健康生态养殖管理队伍。一是抓好县乡渔业机构建设,建立县乡村(养殖企业)三级科技推广与社会化服务网络体系。形成以渔业行政部门为主体的多层次、覆盖面广和服务功能强的水产技术服务体系。加强技术人员培训,不断扩大技术覆盖面。二是实行水产技术人员岗位技术服务责任制,负责指导各乡镇渔业生产,搞好产前、产中、产后服务。三是配备鱼病测报员,每月按时到测报点了解鱼病情,并将测报结果及时上报渔业管理部门。给领导机构及时掌握鱼病情,控制鱼病的蔓延与传播提供科学依据。四是及时向养殖户提供最新的水产养殖致富信息,为他们发放技术资料,指导他们科学生产,不断提高渔业生产的科技含量。

优化养殖模式,发展具有可持续意义的养殖模式。传统养殖模式认为的操控性低,对环境的破坏性大,养殖经济效益低,是劳动力与资源的密集型产业,不具有可持续发展的意义。现有的具有设施性的养殖模式,不仅是知识和资本密集型产业,属于环境保护型、可持续发展的产业,经济效益高,并强调经济效益和生态效益的有机结合。

① 工厂化循环水养殖模式。

在生产上,一般需要采用物理过滤、化学过滤、生物过滤等过程;技术上一般采用包括微滤机、弧形筛、泡沫分离、臭氧消毒、生物滤池、紫外线杀菌、加热恒温、纯氧增氧等一系列手段进行处理。A. 鼓式微滤机、弧形筛为当前去除大颗粒物(TSS)的主要设备之一,宿墨等研究发现,200目滤网的技术经济效果最为明显,其 TSS 去除率达到 54.90%。而最常用的筛缝是 0.25 mm,可有效去除约 80% 的粒径大于 70 μm 的 TSS。B. 臭氧是一种强氧化剂,其灭菌过程属于生物化学氧化反应。臭氧灭菌为广谱杀菌和溶菌方式,杀菌彻底,无残留,可杀灭细菌繁殖体和芽孢、病毒、真菌等,并可破坏肉毒杆菌毒素。臧维玲等利用臭氧仪开展室内凡纳滨对虾工厂化养殖,初始水经臭氧处理后细菌总数可杀灭 99%,弧菌量小于 1 cell/mL。C. 泡沫分离器工作原理:空气与水之间形成的接触面具有一定的表面张力,因此纤维素、蛋白质和食物残渣等有机杂质必然会在此被吸附汇集。曹剑香等研究了蛋白分离器对凡纳滨对虾养殖水质的调控作用,结果表明,使用蛋白分离器后,水体的 pH 维持在 8.0～8.3,氨氮小于 0.917 mg/L,亚硝酸盐小于 0.324 mg/L,化学需氧量(COD)含量小于 14.27 mg/L,溶解氧含量为 3.775～6.300 mg/L,起到了很好的水质调控效果。D. 生物滤池的主要作用就是培养微生物菌,对养殖废水中氨氮、亚硝酸盐进行硝化处理,达到养殖用水的要求。秦继辉等采用自行设计的抽屉式生物滤器应用于漠斑牙鲆 RAS,研究其对循环养殖水的处理效果。结果表明,抽屉式生物滤器对于氨氮、亚硝酸盐氮和 COD 的去除率分别为 10.61%、14.90% 和 16.11%,可满足漠斑牙鲆养殖水体的水质要求。E. 紫外线杀菌工艺被广泛地应用在循环水处理环节上。据研究紫外线杀菌具有杀菌力强、速度快(通常为 0.2~5 s)等优点,其杀菌效率可达 99.9%。总结分析循环水系统各个处理环节秉承着无污染、健康生态化的原则。符合水产养殖健康可持续发展的战略。

② 生物絮团养殖模式。

生物絮团主要为细菌、微藻、原生动物等与有机碎屑黏附在一起悬浮于水体的絮状物,通过在养殖池中施加碳源培育高效的微生物群(主要包括细菌和微藻),可以促进池塘中有机物的物质循环,保持清洁的养殖水环境。已有的研究表明通过在鱼虾高密度养殖水体中培育生物絮团,不仅显著地降低水体中氨氮、亚硝酸盐氮,还能促进营养循环,提高饵料利用效率实现养殖无污染排放。据 Xu 等报道在凡纳滨对虾养殖过程中生物絮团可以有效转化氨氮,并使氨氮浓度保持在对虾健康养殖允许的范围内(0.3~0.6 mg/L)。王超等研究表明通过添加碳源培育生物絮团,凡纳滨对虾池塘养殖水体中的氨氮、亚硝酸盐氮均呈现先升高后降低的趋势,而且异养菌和弧菌数量表现为逐渐增加的趋势,在整个养殖过程中氨氮、亚硝酸盐氮含量和细菌数量均符合对虾健康生长的要求。邓应能等发现按照饲料投喂量的 77% 添加蔗糖,生物絮团在养殖第 4 d 即可形成,养殖 30 d 凡纳滨对虾成活率高达 91.3%。生物絮团不仅能节约养殖用水,养殖废水零排放,有效降解水中的氨氮、亚硝酸盐氮,提高成活率。在养殖过程中,减少劳动力,提高产量,同样适合水产养殖可持续发展的策略。

(3) 总结。

据世界粮农组织(2014)报道,当今世界上仍有超过 8 亿人口仍遭受长期营养不良的折磨。而全球人口预计会再增 20 亿,到 2050 年达 96 亿。而渔业则为超过 29 亿人口提供了近 20% 的动物蛋白摄入,为 43 亿人提供了约 15% 的动物蛋白。面对日益严峻的人口、资源、环境矛盾,主要渔业国家对水产养殖业发展的关心和扶持力度明显增强,以弥补消费市场的供给不足。水产养殖业对全球粮食安全和经济繁荣做出了至关重要的贡献。在接下来的水产养殖业中,将面临水产经济效益和生态效益等两大难题。以养殖水环境可持续发展为原则,才是水产养殖长远发展的前提。做好养殖水环境监测,严格按照国家规定标准,做好养殖废水的排放。优化改善各种养殖模式,积极采用各种先进的养殖模式,达到经济与环境的可持续发展。

第8节 海水养殖园区环境工程生态优化技术操作规程

1. 池塘生物复合利用模式技术操作规程

（1）目的。

规范池塘生物复合利用模式技术的操作规程，保证现代渔业养殖园区内养殖排放水的自我净化，降低养殖对外界环境的污染。

（2）适用范围。

适用于规模化养殖鱼、虾、贝、蟹、参等单养或混养的渔业园区，面积在 2 000 亩以上。

（3）规范性引用文件。

下列文件对于本文件的应用是必不可少的。凡是注日期的引用文件，仅所注日期的版本适用于本文件。凡是不注日期的引用文件，其最新版本（包括所有的修改单）适用于本文件。

GB 11607—89《渔业水质标准》；

NY 5052—2001《无公害食品　海水养殖用水水质》；

SC/T 0004—2006《水产养殖质量安全管理规范》；

SC/T 9103—2007《海水养殖水排放要求》；

SC/T 9102《渔业生态环境监测规范》。

（4）责任人。

企业生产负责人。

（5）园区复合利用模式系统的构建。

池塘生物复合利用模式系统主要由园区池塘养殖区 1、进水沟渠 2、排水沟渠 3 和净化养殖池 4 构成。

① 池塘养殖区。

主要是以鱼、虾、贝、蟹、参等水产品的成片养殖池塘为主体，如图 4-25 所示。

② 进水沟渠。

园区养殖池塘进水沟渠 2 与每个养殖池塘连接，提供养殖用水，以河道或人工开挖水道为主体。

③ 排水沟渠。

园区排水沟渠 3 与每个养殖池塘连接，将池塘的养殖废水排出，以河道或人工开挖水道为主体，在园区排水沟渠末端处设置阻水闸门 31，阻断养殖排放水直接排入海中，并在净化养殖池入水口处设置大功率抽水泵 55。

④ 净化养殖池。

净化养殖池 4 位于排水沟渠 3 的末端,是经过人工改造的池塘,长 80～150 m,宽 50～100 m,面积 10～15 亩,池塘按照不同净化功能划分为大型气浮泡沫分离和生物床蛋白降解区 41、净化养殖区 42 和生物净化遮光沉淀区 43。

(6) 池塘生物复合利用模式操作规程。

① 池塘养殖区。

池塘养殖区以鱼、虾、贝、蟹、参等水产品的成片养殖池塘为主体,如图 4-25 所示,单个养殖池塘面积 50～200 亩不等,池塘养殖园区日交换水量为 0.4%～0.6%。

② 进水沟渠。

园区养殖池塘进水沟渠 2 与每个养殖池塘连接,为养殖池塘提供养殖用水,以河道或人工开挖水道为主体,总长可以是 1 000～20 00 m,宽 5～10 m,沟渠中自然生长耐盐碱草本植物碱蓬等,为了净化水质,沟渠底部底播菲律宾蛤仔、缢蛏等具有滤食能力的贝类。菲律宾蛤仔投放规格:600～750 粒/千克,投放密度:5 300～6 600 粒/亩;缢蛏投放规格:500～650 粒/千克,投放密度:7 300～8 500 粒/亩。

③ 排水沟渠。

园区排水沟渠 3 与每个养殖池塘连接,将池塘的养殖废水排出,以河道或人工开挖水道为主体,在园区排水沟渠末端处设置阻水闸门 31,阻断养殖排放水直接排入海中,并在净化养殖池入水口处设置大功率抽水泵 55。陆基池塘排水沟渠总长可以是 1 000～2 000 m,宽 5～10 m,沟渠中自然生长耐盐碱草本植物碱蓬等,为了净化水质,沟渠底部底播菲律宾蛤仔、缢蛏等具有滤食能力的贝类。菲律宾蛤仔投放规格:600～750 粒/千克,投放密度:8 000～10 500 粒/亩;缢蛏投放规格:500～650粒/千克;投放密度:10 000～12 500 粒/亩。由于排水沟渠主要是养殖区排放的废水,富营养物质含量高,包括残饵粪便等,故排水沟比进水沟的投放密度高,能够更有效地净化水质。

④ 净化养殖池。

净化养殖池 4 位于排水沟渠 3 的末端,是经过人工改造的池塘,长 80～150 m,宽 50～100 m,面积 10～15 亩,池塘按照不同净化功能划分为大型气浮泡沫分离器和生物床蛋白降解区 41、净化养殖区 42 和生物净化遮光沉淀区 43。

大型气浮泡沫分离器及蛋白降解生物床组合装置 41,由大型气浮泡沫分离器 5 和蛋白降解生物床 6 构成。

大型气浮泡沫分离器 5 的作用是利用其高曝气功能,将园区排水沟渠 3 中池塘养殖排放废水中的大分子有机物质通过曝气以泡沫的形式分离出来,分离的大分子有机物质进入蛋白降解生物床 6。大型气浮泡沫分离器 5 的进水管 52 与排水沟渠连接,进水管上设有抽水泵 55,曝气产生的泡沫通过泡沫导流管 53 进入蛋白降解生物床 6,曝气后的养殖排放水通过出水口 54 排入净化养殖池 4 中。大型气浮泡沫分离器 5 是一个圆柱形大型罐装器具,高为 3.0～5.0 m,直径为 3.5～4.0 m;大型气浮泡沫分离器 5 内部距离罐底 30 cm 处安装有 10～15 个纳米曝气盘 51,纳米曝气盘 51 的直径为 60～100 cm,优选为 80 cm,外接功率为 2.2 kW 的充气泵。

池塘养殖区 1 排放水经 2 台 7.5 kW 抽水泵 55 以 600 m³/h 流量抽入 2 台大型气浮泡沫分离器 5,开启充气泵,通过纳米曝气盘 51 曝气,养殖排放水体中的大分子有机物质通过曝气以泡沫的形式从泡沫分离器顶部的罐口溢出,通过泡沫导流管 53 流入蛋白降解生物床 6,曝气后的养殖排放水经过出水口外接的 80 目网袋过滤后,排入净化养殖池 4。

蛋白降解生物床 6 的功能是将泡沫分离器分离出的大分子有机泡沫通过其生物床培养的有益菌进行降解。蛋白降解生物床长为 8~15 m,宽为 3~6 m,优选长为 10 m,宽为 4 m,中间砌墙分成 4~6 个小生物床 61,净化水通过出水口 62 排入净化养殖池 4 中。如图 4-26 所示,将蛋白降解生物床分为 4 个小生物床 61,大分子有机泡沫分别流经 1#、2#、3# 小生物床,最后从 4# 小生物床的出水口 62 流入净化养殖池。蛋白降解生物床利用大分子有机泡沫作为营养源,进行有益菌培养,每年 6 月中旬当水温升至 20 ℃ 以上时开始培养有益菌,培养的有益菌可以作为净化养殖池 4 降解水质的微生态来源。还可以在蛋白降解生物床的出水口 62 处设置水质自动检测仪 7,对该处水质参数进行自动采集分析、远程调控及预警。

净化养殖区 42 主要包括大型海藻养殖区和贝类养殖区(图 4-27)。

大型海藻养殖区位于净化养殖池 42 的中间位置,呈长 50~80 m、宽 30~60 m 的中空四边形,池底打桩设置筏架,主要用于挂养鼠尾藻、马尾藻等大型海藻及设置生物浮床。每年春季至 6 月中旬之前挂养马尾藻和鼠尾藻,平均每亩挂养鼠尾藻藻体 60~80 kg,优选为 70 kg,每亩挂养马尾藻藻体 40~60 kg,优选为 50 kg;至 6 月中旬水温升至 25 ℃ 之前收获鼠尾藻和马尾藻,6 月中旬以后主要依靠蛋白降解生物床培养有益菌及投放的微生态对养殖排放水进行净化降解。

在养殖区域中心位置设置大型涌浪机 8,涌浪机快速旋转产生的水流满足大型海藻生产所需的水流,大型海藻可以吸收养殖排放水中的富营养物质,同时大型海藻具有固碳、产氧、调节水体 pH,达到对养殖排放水体的生物修复和生态调控作用。同时在大型海藻养殖区一侧设置水质自动检测仪 7,用于对该处水质参数进行自动采集分析、远程调控及预警。

贝类养殖区位于靠近净化养殖池的池坝区域位置,贝类养殖区底播养殖贝类,主要养殖缢蛏或菲律宾蛤仔等,底播菲律宾蛤仔时,投放规格为 600~750 粒/千克;投放密度为 26 000~30 000 粒/亩;底播缢蛏时,投放规格为 500~650 粒/千克;投放密度为 26 000~30 000 粒/亩。贝类养殖区的功能是利用贝类滤食池底及水中漂浮的有机碎屑、腐殖质等颗粒物质,以达到对水质净化的作用。

生物净化遮光沉淀区 43 位于净化养殖池 4 的排水区 44 并靠近池坝的一侧,沉淀区长 30~50 m,宽 2~3 m,沉淀区内悬挂毛刷。生物净化遮光沉淀区 43 的功能是对净化养殖池 4 的排放水中漂浮的有机碎屑、腐殖质等颗粒物质进行吸附、降解达到对水质的净化作用。在遮光沉淀区出水口处设置一水质自动检测仪 7,对该处水质参数进行自动采集分析、远程调控及预警,水质监测达标即排放入海。

(7) 注意事项。

提前对养殖园区养殖状况进行详细调查,包括园区养殖品种、养殖密度、养殖水质、养殖模式、日均换水量、常见病症及养殖过程中使用的药品等。

净化养殖池大型海藻的栽培要根据池塘水质、海藻生物特性、季节及水温变化有选择地适量栽培。

根据池塘水温变化情况提前接种蛋白降解生物床所培养的有益菌。

（8）实例。

海洋公益专项"规模化园区海水养殖环境工程生态优化技术集成与示范"项目子任务"海水养殖园区环境生态优化技术集成与创新"（编号 201305005-2）在日照开航 5 000 亩渔业示范园区进行了项目实施，根据项目要求，在日照开航渔业示范园区构建了池塘生物复合利用模式两套，每套模式构建参数为：净化养殖池面积 10 亩；大型海藻筏式养殖面积 3 亩；底栖贝类 1 亩以上；大型气浮处理水量可达 600 m³/h；蛋白降解生物床容纳水量 60 m³；生物净化沉淀床面积 80 m²。每套净化系统可有效调控 2 500 亩示范园区排放水水质，实现生态优化无害排放，养殖排放水通过系统净化后氨氮的降解率为 85.1%、亚硝酸盐氮的降解率为 85.5%、硝酸盐氮的降解率为 76%、磷酸盐的降解率为 85.3%，达到对园区养殖排放水生态优化调控的能力。

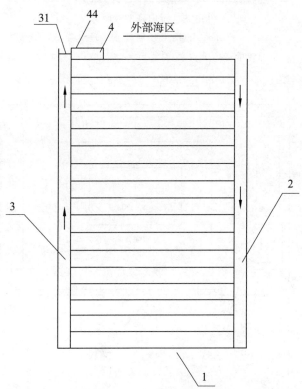

图 4-25　池塘养殖区

1. 陆基池塘养殖区；2. 陆基池塘进水沟渠；3. 陆基池塘排水沟渠；4. 养殖区；31. 水闸门；44. 排水区

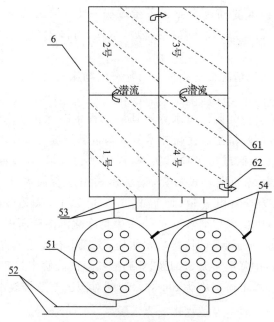

图 4-26　蛋白降解生物床

6. 生态净化池；51. 纳米曝气盘；52. 进水管；53. 泡沫导流管；54. 出水口；61. 小净化池；62. 出水口

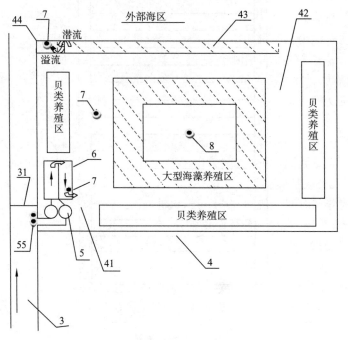

图 4-27　净化养殖区

4. 养殖区；5. 泡沫分离器；6. 生态净化池；7. 水质自动检测仪；8. 大型涌浪机；31. 水闸门；41. 生态净化区；42. 净化养殖区；43. 沉淀区；44. 排水区；55. 抽水泵

2. 工厂化—池塘耦合利用模式技术操作规范

为规范工厂化—池塘耦合生产方式的操作规程,保证养殖生产顺利进行,达到生态环保、资源节约、环境友好的目的,特制定本标准。

(1) 范围。

本标准规定了工厂化—池塘耦合生产模式建设的环境条件、净化养殖池塘、供排水系统及配套设施等技术要求。

本标准适用于以工厂化—池塘耦合生产模式为主的渔业园区。

(2) 规范性文件。

下列文件对于本文件的应用是必不可少的。凡是注日期的引用文件,仅所注日期的版本适用于本文件。凡是不注日期的引用文件,其最新版本(包括所有的修改单)适用于本文件。

GB 11607—89《渔业水质标准》;

NY 5052—2001《无公害食品　海水养殖用水水质》;

SC/T 0004—2006《水产养殖质量安全管理规范》;

SC/T 9103—2007《海水养殖水排放要求》;

SC/T 9102《渔业生态环境监测规范》。

(3) 责任人。

企业生产负责人。

(4) 设备、材料。

① 工厂化—池塘耦合利用模式主要由微粒过滤—生物滤床—气浮除沫—蛋白降解 4 部分组成,微粒过滤所用弧形筛网为 100 目,气浮除沫所用气泵为 4 000 瓦/台,蛋白降解罐大小为直径 4 m,高 2.5 m,所用潜水泵为 5 000 瓦/台,净化池塘增氧所用涌浪机为 1 500 瓦/台,该模式对养殖园区排放水生态优化调控能力为 400 m³/h。

② 混养模式为大型海藻和贝类,大型海藻主要有江蓠、浒苔等,贝类主要有牡蛎、毛蚶、文蛤等。大型海藻的养殖采用筏式养殖,牡蛎的养殖采用吊笼养殖,毛蚶、文蛤等埋栖型贝类底播养殖。

③ 江蓠的养殖时间一般为 5~11 月,水温在 22 ℃~30 ℃,盐度在 16~28 最为适宜。藻种要求为藻体粗壮,分枝繁茂整齐,有光泽,无损伤腐烂,无杂藻、淤泥和附着生物,播放量一般为 200~300 千克/亩。经过 2 个月的养殖可进行第 1 次采收,以后可每隔 10~20 d 采收 1 次。

④ 牡蛎采用吊笼养殖方式,养殖周期从 9 月上旬开始,到 10 月底结束,历时两个月。投放规格为体长 7~8 cm,投放密度为 5 000 粒/亩。

（5）操作步骤。

操作步骤如图 4-28 所示。

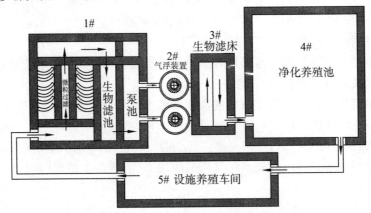

图 4-28　工厂化—池塘耦合利用模式示意图

① 将养殖车间的排放水收集至集水渠，使之利用位差自行流入 1# 区域的净化地槽。

② 在净化地槽中，对排放水进行微粒过滤、一级生物滤床两步处理之后，收集排放水至地槽末端的泵池中。

③ 启动 2# 区域的蛋白分离装置的水泵、气泵对排放水进行泡沫分离，分离掉泡沫的处理水直接流入 4# 区域的净化养殖池，分离得到的泡沫水收集至 3# 区域的次级生物滤床进行蛋白微生物降解，之后由次级生物滤床流入净化养殖池。

④ 按照"（4）"中"②""③""④"所述，在净化养殖池中投放耦合处理养殖品种，进一步降解排放水中的有机质，同时相应带来的养殖收益可总体平衡系统运行成本。

⑤ 结合车间内养殖品种的差别，可直接取用净化养殖池中处理水进入车间使用或结合沙滤、增氧等常规操作后进入车间使用。

（6）注意事项。

对微粒过滤的弧形筛网进行定期的清理，防止筛孔堵塞，影响过滤效果。

对生物滤床的毛刷进行遮阳处理，防止日光照射，毛刷老化。

注意调控蛋白分离装置的闸板（或阀门），控制系统流速，确保泡沫分离效率。

净化养殖池内若投放大型藻类进行水质净化，注意及时采收，以免错过采收时节，藻类沉底腐烂，导致水质败坏。

根据净化养殖池投放品种的不同，及时进行涌浪机增氧，确保养殖效果和水质处理效果。

3. 池塘—大尺度滩涂湿地综合利用模式技术操作规范

为规范池塘—大尺度滩涂湿地综合利用生产方式的操作规程，保证养殖生产顺利进行，达到资源节约、环境友好、保证养殖水产品的质量与食用安全的目的，特制定本标准。

（1）范围。

本标准规定了池塘－大尺度滩涂湿地综合利用模式建设的环境条件、池塘和湿地建设、道路整修、供排水系统及配套设施等技术要求。

本标准适用于以池塘－大尺度滩涂湿地综合利用模式为主的渔业园区。

（2）规范性引用文件。

下列文件中的条款通过本标准的应用而成为本标准的条款。凡是注日期的引用文件，其随后所有的修改单（不包括勘误的内容）或修订版均不适用于本标准，然而，鼓励根据本标准达成协议的各方研究是否可使用这些文件的最新版本。凡是不注明日期的引用文件，其最新版本适用于本标准。

GB 11607—89《渔业水质标准》；

GB/T 18407.4—2001《农产品安全质量无公害水产品产地环境要求》；

GB 15618—1995《土壤环境质量标准》；

GB 50194—2014《建设工程施工现场供用电安全规范》；

JTG B01—2014《公路工程技术标准》；

NY 5051—2001《无公害食品淡水养殖用水水质》；

NY 5052—2001《无公害食品海水养殖用水水质》；

SC/T 9101—2007《淡水池塘养殖水排放要求》；

SC/T 9103—2007《海水池塘养殖水排放要求》；

DB37/T 1187—2009《淡水养殖池塘》；

DB37/T 2101《海水养殖池塘》。

（3）环境条件。

① 水源与水质。

水源充足，水质良好，符合 GB 11607—89 及 NY 5051—2501（淡水）或 NY 5052—2001（海水）的规定。

养殖排放水应达标排放，符合 SC/T 9101—2007 淡水池塘养殖水排放要求或 SC/T 9103—2007 海水养殖水排放要求的规定。

② 养殖环境。

池塘周围环境整洁，养殖区无杂草杂物，符合 GB/T 18047.4 规定。

③ 池塘规划布局。

池塘集中连片、布局合理，形状规则，符合 DB37/T 1187—2009 和 DB37/T 2101 要求。

（4）池塘—大尺度滩涂湿地综合利用模式建设。

① 工艺流程。

工艺流程如图 4-29 所示。

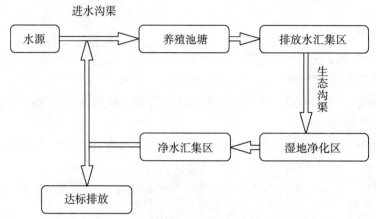

图 4-29　池塘－大尺度滩涂湿地综合利用模式工艺流程图

② 池塘建设。

土壤和土质。选择保水力强的黏质土、壤土或沙壤土土质的场地建设池塘,符合 GB 15618 的规定。

池塘形状。

因地制宜,一般池塘宜东西向,长宽之比为 3∶2～2∶1。池底平坦,略向排水口倾斜。塘埂坡比宜为 1∶2.5～1∶3,可根据其土质状况及护坡工艺作适当调整。池塘有效水深达到 1.5 m 以上。

池塘面积。池塘面积一般在 6 600～20 000 m²,根据养殖品种和模式需要,池塘面积可适当调整。

池埂宽度、坡度。根据池塘土壤类型及护坡材料确定池埂宽度和坡度。池埂顶宽不小关于 4 m,埂内坡比 1∶1.5～1∶3。

池塘深度。养殖池有效水深一般在 1.5～2.5 m,池埂顶面一般高出池中水面 0.5 m 左右。

池塘护坡。可选择水泥预制板护坡、混凝土护坡、地膜护坡或砖石等方式。

③ 道路建设。

坚持因地制宜、节约用地原则。养殖区道路建设应符合 JTG B01—2014 的规定,做到生产车辆可达每个池塘;养殖场主干道一般净宽 4 m 以上,生产道一般净宽 3 m 以上。

④ 供水系统。

进水系统包括泵站、进水沟渠、进水闸门、进水管道。

泵站。根据养殖规模和取水条件选择水泵类型和配备台数,并装备一定比例的备用泵。

进水沟渠。结合养殖场的池塘面积和地形特点、水位高程等条件,确定进水沟渠的大小和深浅。进水渠道一般为明渠结构,做到不积水、不冲蚀、进水通畅。

进水闸门。进水通过分水闸门控制,分水闸门一般为凹槽插板的方式,或采用预埋 PVC 弯头拔管方式控制池塘进水。

进水管道。用水泥预制管、PVC 管或陶瓷管。长度应根据护坡情况和养殖特点决定,一般在 0.5～3 m。进水管底部应与进水渠道底部平齐,进水管底部应高于池塘最高水位。

⑤ 生态沟渠。

通过人工种植水生植物,将排水沟渠建设为生态沟渠。

排水沟渠。通过动力设备或水位差将养殖水排入排水沟渠,排水沟渠的建设参照(3)中④的规定。

水生植物。以本地种为主,通过人工方式于排水沟渠内种植水生植物,经生长、繁殖达到自然群落生物容量。

⑥ 净化湿地。通过生态沟渠将养殖排放水集中到一定面积的湿地中,进行净化处理后,做到达标排放或循环利用。净化湿地与池塘面积应达到 1∶10 以上。

(5)配套设施。

① 管理用房。

按照美观实用的原则,配套一定面积的管理用房,每间面积 15 m² 以上,高度在2.6 m 以上,做到生活、储物、饲料区分别隔开。

② 供电设备。

符合 GB 50194—2014 的规定,按标准进行规范用电。

③ 增氧设备。

根据实际需要备有一定数量的增氧机、增氧泵、微孔曝气装备等。

④ 投饲设备。

配备自动投饵机。

⑤ 其他设备。

便携式水质检测仪器、在线监控系统、捕捞网具、动力运输设备等。

4. 工厂化循环水养殖残饵控制技术规范

(1)范围。

本本规范规定了工厂化循环水养殖残饵控制的术语和定义、设备设施安装、使用与管理等。

本规范适用于工厂化循环水养殖及其残饵控制。

(2)规范性引用文件。

下列文件对于本文件的应用是必不可少的。凡是注日期的引用文件,仅所注日期的版本适用于本文件。凡是不注日期的引用文件,其最新版本(包括所有的修改单)适用于本文件。

GB/T 18407.4—2001《农产品安全质量无公害水产品产地环境要求》;

GB 11607—89《渔业水质标准》;

NY/T 2798《无公害农产品生产质量安全控制技术规范》;

NY 5072—2002《无公害食品渔用配合饲料安全限量》。

（3）养殖条件与设施。

① 养殖场选址。

适宜工厂化养殖的区域,环境应符合 GB/T 18407.4 的规定。

② 水质条件。

水源水质应符合 GB 11067—89 的规定,养殖水质应符合 NY 5051—2001、NY 5052—2001 的。

③ 设施。

养殖车间。养殖车间设计符合相应品种工厂化循环水养殖车间设计要求。

配套设施。具备完善的水处理系统、进排水系统、温控设备、充氧设备、供电系统和应急发电设备等配套设施。

（4）投喂。

① 饲料要求。

原料要求。按《饲料卫生标准》(GB 13078—2001)和《动物源性饲料产品安全卫生管理办法》的规定执行。

安全卫生要求。安全卫生指标符合 NY 5072—2002 的规定。

饲料种类。饲料种类:包括颗粒状、粉末状配合饲料及新鲜生物饵料。配合饲料:产品分类及规格、感官指标、成品粒度、水分、混合均匀度、营养成分指标等按 GB/T 22919 的规定执行。

② 投喂方法。

时间。根据养殖品种的不同,投喂时间每日 1～3 次。

投喂量。根据养殖品种投喂适量的饵料,以保障养殖生物生长,又尽量少地产生残饵。

（5）残饵排出。

① 自动排出设施。

自动排出装置主要由筛网、水轮、PVC 管等部分组成(图 4-30)。排水管管口采用椭圆形设计,保证有较大的出水流速。

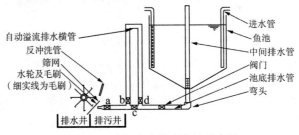

图 4-30 残饵自动排出装置示意图

② 换水与倒池。

当残饵明显影响了养殖水质,且不适于继续在该池内进行养殖生产时,要进行换水或倒池,以保证养殖水质满足 GB 11607—89、NY 5051—2001 要求。

（6）日常管理。

① 水质监测与调控。

定期检测水质指标(溶解氧、pH、氨氮、亚硝酸盐、透明度等),调控水质。

② 管理。

检查工厂化循环水养殖系统运转情况；检修自动排污设备运行、线路等确保工作状态正常；及时检查残饵产生、水质指标、养殖生物生长等情况；保持养殖水体水质相对稳定,养殖生物生长和健康状况良好。

5. 工厂化循环水养殖排放水无害化处理技术规范

（1）范围。

本标准规定了工厂化循环水养殖排放水的处理方法与工艺、无害化要求、水质监测、监督与管理等技术内容。

本标准适用于海水工厂化循环水养殖排放水无害化处理,其他工厂化养殖也可参照执行。

（2）规范性引用文件。

下列文件中的条款通过本标准的引用而成为本标准的条款。凡是注日期的引用文件,仅注日期的版本适用于本标准。凡是不注日期的引用文件,其最新版本（包括所有的修改单）适用于本标准。

GB 11607—89《渔业水质标准》；

GB 17378（所有部分）《海洋监测规范》；

GB/T 12997—1991《水质采样方案设计技术规定》；

GB/T 12998—1991《水质采样技术指导》；

GB/T 12999—1991《水质采样样品的保存和管理技术规定》；

HJ 2005—2010《人工湿地处理污水工程技术规范》；

SC/T 9103—2007《海水养殖水排放要求》。

（3）术语和定义。

下列术语和定义适用于本文件。

① 无害化处理。

采用物理、化学和生物等技术手段对工厂化养殖排放水进行净化处理,使其排放后不会对周围环境造成危害的过程。

② 人工湿地。

人工湿地是指在一定长宽比和底面坡度的洼地中人为填入一定比例的土壤、沙、石、煤渣等基质组成填料床,然后在床体表面种植具有性能好、成活率高的水生植物（如芦苇、蒲草等）,组成类似于自然湿地状态的工程化的湿地系统。当排放水进入人工湿地时,其污染物被床体吸附、过滤、分解而起到水质净化作用。人工湿地分为表面流人工湿地、水平潜流人工湿地和垂直潜流人工湿地 3 种。

（4）处理原则与工艺流程。

① 处理原则。

工厂化循环水养殖企业应根据各自养殖模式和养殖对象,采用先进的工艺、技术与设备,采取综合利用等措施,有效减少排放水污染量。排放水处理应严格执行国家有关法律、法规和标准,坚持无害化处理和综合利用原则,达到无害化指标或有关排放标准后才能施用和排放,实现排放水的资源化利用。

② 工艺流程。

综合运用物理法、化学法和生物法等技术手段对工厂化养殖排放水进行净化处理,各养殖企业应根据各自养殖模式和养殖对象不同适当调整部分工艺参数,使水处理效果达到最佳。基本工艺流程如图 4-31 所示。

养殖排放水 → 沉淀过滤 → 泡沫分离 → 生物滤池 → 紫外消毒 → 排放或回用
                                          ↓
                                        人工湿地

图 4-31　工厂化循环水养殖排放水无害化处理工艺流程图

(5) 处理方法。

① 沉淀过滤。

针对废水中的大颗粒物质或易沉降的物质,采用沉淀、过滤等固液分离技术进行处理。常用的设备有沉淀池、格栅、筛网、弧形筛等。养殖排放水需经过 2 级～3 级沉淀过滤处理方可进入下一处理流程。

② 泡沫分离。

在蛋白质等有机物被转化成氨化物和其他有毒物质前,采用泡沫分离器将其去除,避免有毒物质在水体中积累。同时,该处理可向养殖水体提供必需的溶解氧,以维护养殖水体良好的生态环境。

③ 生物滤池。

生物滤池利用微生物的吸收、代谢等作用,达到降解水体中有机物和去除营养盐的目的。生物滤池填料是微生物的载体,主要有碎石、沸石、焦炭、煤渣、贝壳、珊瑚石和高分子塑料等多孔状材料,按照比表面积大于养殖系统生物承载量的 25% 计算使用量;各养殖企业因地制宜,选择适合的填料。滤料上明胶状生物膜可通过自熟化富集土著菌群或接种硝化细菌、芽孢杆菌和光合细菌等生物制剂形成。生物滤池分为平流式、升流式和降流式 3 种,应在使用前 30～40 d 加水进行内循环运转,保证水中溶解氧大于 5 mg/L。生物滤池能连续使用,在填料未陈旧老化情况下不需要更换。

④ 紫外消毒。

利用紫外线(波长 200～400 nm)对养殖排放水进行消毒,所需的剂量幅值范围为 2～230 mW.s/cm²;水体应符合水层薄(≤20 mm)、流速慢(50～400 m³/h)等要求。

⑤ 人工湿地处理方法。

宜采用水平潜流人工湿地(图 4-32)。根据养殖排放水排放量建设人工湿地,人工湿地建设规模分为小型(日处理能力 <1 000 m³/d)、中型(日处理能力 1 000 m³/d～3 000 m³/d)和大型(日处理能力 >3 000 m³/d)。人工湿地污水处理工程应选择自然坡度为 0%～3% 的洼地或塘,以及经济价值不高的荒地。

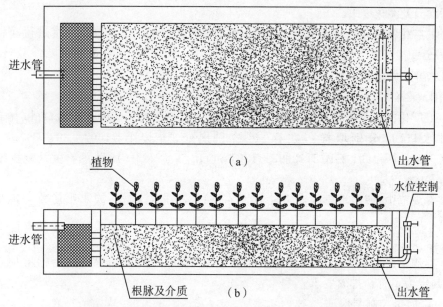

图 4-32　水平潜流人工湿地的平面图(a)和剖面图(b)

⑥ 人工湿地结构设计及布水与集水方式。

人工湿地单元的面积宜小于 800 m²,长宽比宜控制在 3∶1 以下,规则的人工湿地单元长度宜为 20～50 m,水深宜为 0.4～1.6 m,水力坡度宜为 0.5‰～1‰;在底部和侧面应进行防渗处理,且底部应设置清淤装置,然后在底部依次铺洒基质、土壤,土壤上种植植物。人工湿地单元宜采用穿孔管、配(集)水管、配(集)水堰等装置来实现均匀配(集)水,管孔间距不宜大于人工湿地单元宽度的 10%;人工湿地出水应具有水位调节功能的设施和排空设施,集、配水及进、出水管的设置应考虑防冻措施。其他参数可参照 HJ 2005-2010。

⑦ 人工湿地基质与海水淡水不同植物选配。

人工湿地基质选择应本着取材方便程度、稳定性及设计要求等因素确定,基质层的初始孔隙率宜控制在 35%～40%,其厚度应大于植物根系所能达到的最深处。人工湿地宜选用耐污能力强、根系发达、去污效果好、具有抗冻及抗病虫害的能力,有一定经济价值、容易管理的本土植物,如芦苇(*Phragmites Australis*)、蒲草(*Typha angustifolia*)、碱蓬(*Suaeda lauca*)、千屈菜(*Lythrum salicaria*)、红蓼(*Polygonum orientale*)、莲藕(*Nelumbo nucifera*)、睡莲(*Nymphaea tetragona*)等,可选择一种或多种植物搭配栽种。植物应种植在土壤里。

⑧ 人工湿地管理与维护。

人工湿地运行中保证连续提供排放水,实时调节水位,定期清淤,确保水温不低于 4 ℃,及时补苗、除草和控制病虫害;对人工湿地做好保温和防堵塞处理,定期清淤,并保证水温不低于 4 ℃。

（6）无害化要求。

工厂化循环水养殖排放水水质应符合 SC/T 9103—2007 和 GB 11607—89 的规定。

（7）水质监测。

① 采样。

工厂化循环水养殖排放水水质监测样品的采集地点应该设在排水口处（如有多处排水口，应分别取样），贮存、运输和预处理按 GB 11607—89、GB 17378、GB/T 12997—1991、GB/T 12998—1991 和 GB/T 12999—1991 的有关规定执行。

② 测定方法。

本规范中，海水水质检测方法依照 GB 17378 进行操作，淡水水质检测可参照进行。

③ 评价方法。

本规范采用单因子修约评价方法，判定排放水的监测结果。当指标单项超标时，判定为不符合排放要求。

④ 质量控制与保证。

本规范实施过程中所有质量控制与保证工作均应满足 GB 17378 中的相关规定和要求。

（8）监督与管理。

工厂化循环水养殖企业按当地渔业部门和环境保护行政主管部门要求，定期报告排放水排放量、无害化处理设施的运行情况，并接受当地和上级渔业部门和环境保护行政主管部门的监督与检测。

6. 工厂化循环水养殖增氧技术规范

（1）范围。

本规范规定了工厂化循环水养殖增氧技术的术语和定义、工厂化循环水养殖增氧设备、安装、使用与管理等。

本规范适用于工厂化循环水养殖及增氧。

（2）规范性引用文件。

下列文件对于本文件的应用是必不可少的。凡是注日期的引用文件，仅所注日期的版本适用于本文件。凡是不注日期的引用文件，其最新版本（包括所有的修改单）适用于本文件。

GB/T 18407.4—2001《农产品安全质量无公害水产品产地环境要求》；

GB 11607—89《渔业水质标准》；

NY 5051—2001《无公害食品淡水养殖用水水质》；

NY 5052—2001《无公害食品海水养殖用水水质》；

HJ/T 251—2006《环境保护产品技术要求罗茨鼓风机》。

（3）术语和定义。

下列术语和定义适用于本文件。

① 工厂化循环水养殖增氧。

在工厂化循环水养殖中，利用气体输送设施设备，为养殖水体充入空气或氧气，气泡由养殖水体底部上升至表面的过程中，将氧气溶于水体，增加养殖水体的溶解氧含量，从而达到养殖生物耗氧需求的过程。一般分为：普通增氧和纯氧增氧两种，工厂化循环水养殖应至少具备一种。

② 普通增氧。

利用罗茨鼓风机等普通充气设备将空气通过输气管道输送到养殖水体，经过曝气石的分散作用，提高养殖水体中溶解氧含量的增氧方式。

③ 纯氧增氧。

将制氧机制备的纯氧或储氧罐储存的纯氧通过输氧管道输送到养殖水体，经过曝气石的分散作用，提高养殖水体中溶解氧含量的增氧方式。

（4）养殖条件与设施。

① 养殖场选址。

适宜工厂化养殖的区域，环境应符合 GB/T 18407.4—2001 的规定。

② 水质条件。

水源水质应符合 GB 11067 的规定，养殖水质应符合 NY 5051—2001、NY 5052—2001 的规定。

③ 设施。

养殖车间。养殖车间设计符合相应养殖品种工厂化循环水养殖车间设计要求。

配套设施。具备完善的水处理系统、进排水系统、温控设备、充氧设备、供电系统和应急发电设备等配套设施。

（5）增氧设备与安装。

① 普通增氧。

充气泵。罗茨鼓风机等普通充气泵，质量应符合 HJ/251—2006 的规定，根据需气量和需气压力选择合适功率的充气泵。

输气管道。一般采用 PVC 材质管道，根据充气泵的工作功率和养殖需求确定 PVC 输气管道的规格和耐压强度。

曝气石。普通曝气石或微孔增氧管等，根据养殖需求选择合适的材质、规格及目数并确定每个养殖池曝气石的数量。

② 纯氧增氧。

制氧机。水产养殖用制氧机，制氧参数、功率等根据养殖品种及需氧量确定。

储氧罐。制氧或购买纯氧的存储设备，质量符合特种设备相关规定，并由相关特种设备管理部门检验验收通过后使用，由持证人员专人负责，根据养殖需求确定合适储氧罐规格和工作压力同时配备必要的气化、稳压、安全控制设备。

输氧管道。专业输氧管道，质量符合特种设备相关规定，并由相关特种设备管理部门检验验收通过后使用。末端输氧管道采用 PPR 材质管道，根据养殖需求确定合适的规格和耐压强度。

纳米曝气石。纳米曝气石、曝气盘等,根据需求选择适合材质和规格并确定每个养殖池纳米曝气石的数量。

③ 设备安装。

充气泵、制氧机、储氧罐、输氧管道、曝气石等相关设备安装符合国家相关规定。

(6) 使用与管理。

① 使用方法。

普通增氧。充气泵等设备安装完成后,打开充气泵,连续充气,通过曝气石控气阀控制曝气量,使水体溶解氧达到养殖生物需求。

纯氧增氧。纯氧设备安装完成通过相关部门检验合格后即可使用,连续充氧,通过调节供气压力和曝气石控气阀控制曝气量,使水体溶解氧达到养殖生物需求。

② 水质监测与调控。

定期检测水质指标(溶解氧、pH、氨氮、亚硝酸盐、透明度等),调控水质。

③ 管理。

检查工厂化循环水养殖系统运转情况;检修充气或供氧设备运行、线路和开关等确保电力动力安全;检查输气管道、曝气石等是否堵塞、移位、断裂等情况;保持养殖水体水位相对稳定,确保水体中溶解氧含量充足且稳定。

参考文献

[1] 包杰,田相利,董双林,等.温度、盐度和光照强度对鼠尾藻氮、磷吸收的影响[J].中国水产科学,2008,15(02):293-300.

[2] 包鹏云,周德刚,蒲红宇.我国海参池塘养殖存在的问题及应对措施[J].科学养鱼,2011,(03):3-5.

[3] 常亚青,隋锡林,李俊.刺参增养殖业现状、存在问题与展望[J].水产科学,2006,25(4):198-201.

[4] 陈宗尧,牟绍敦,潘长荣.刺参育苗和养殖技术的研究[J].动物学杂志,1978,2:9-13.

[5] 戴聪杰,陈寅山.日本对虾血清和肌肉提取液凝集活力初步研究[J].福建师范大学学报(自然科学版),2002,18(4):81-85.

[6] 樊绘曾.海参:海中人参——关于海参及其成分保健医疗功能的研究与开发[J].中国海洋药物,2001,4:37-44.

[7] 高景山.北方地区刺参池塘养殖技术[J].中国畜牧兽医文摘,2011,27(4):64-65.

[8] 关春江,刘青,赵冬至,等.鼠尾藻对养殖水体净化的围隔试验[J].海洋环境科学,2012,31(05):701-703.

[9] 胡凡光,王志刚,李美真,等.鼠尾藻池塘栽培生态观察[J].渔业科学进展,2013,34(06):124-132.

[10] 黄华伟,王印庚.海参养殖的现状、存在问题与前景展望[J].中国水产,2007,383(10):50-53.

[11] 姜宏波,田相利,董双林,等.温度和光照强度对鼠尾藻生长和生化组成的影响[J].应用生态学报,2009,20(01):185-189.

[12] 姜启源.数学模型[M].北京:高等教育出版社,2005.

[13] 蒋琼,王雷,罗日祥.中国明对虾血淋巴抗凝剂的筛选[J].水产学报,2001,25(04):359-362+392.

[14] 李宝泉,杨红生,张涛,等.温度和体重对刺参呼吸和排泄的影响[J].海洋与湖沼,2002,33(2):182-187.

[15] 李丹彤,宋亮,钟莉,等.刺参凝集素的分离纯化及其性质[J].水产学报,2005,29(5):655-658.

[16] 李馥馨,刘永宏,宋本祥,等.刺参(*Apostichopus japonicus* Selenka)夏眠习性

研究Ⅱ——夏眠致因的探讨[J].中国水产科学,1996,3(2):49-57.

[17] 李洪泽,朱孔来.生态农业综合效益评价指标体系及评价方法[J].中国林业经济,2007,(5):19-38.

[18] 李美真,丁刚,詹冬梅,等.北方海区鼠尾藻大规格苗种提前育成技术[J].渔业科学进展,2009,30(05):75-82.

[19] 李润玲,丁君,张玉勇,等.刺参(*Apostichopus japonicus*)夏眠期间消化道的组织学研究[J].海洋环境科学,2006,25(4):15-19.

[20] 李随成,陈敬东,赵海刚.定性决策指标体系评价研究[J].系统工程理论与实践,2001,(9):22-28.

[21] 李霞,王斌,刘静,等.虾夷马粪海胆体腔细胞的细胞类型及功能[J].中国水产科学,2003,10(5):381-385.

[22] 李霞,王霞.仿刺参在实验性夏眠过程中消化道和呼吸树的组织学变化[J].大连水产学院学报,2007,22(2):82-85.

[23] 李忠,李百超.对虾养殖投入、产出"度"的把握——边际平衡原理在对虾养殖业中之运用[J].河北渔业,1992,(1):10-13.

[24] 廖玉麟.中国动物志 棘皮动物门 海参纲[M].北京:科学出版社,1997.

[25] 林本喜.浙江现代农业模式、评价与影响因素研究——基于资源利用效率的视角[M].北京:中国农业出版社,2011.

[26] 刘常标,游岚.福建省刺参养殖产业发展现状与对策[J].福建水产,2013,35(1):65-67.

[27] 刘家忠,龚月.植物抗氧化系统研究进展[J].云南师范大学学报(自然科学版),1999,19(6):1-11.

[28] 刘永宏,李馥馨,宋本祥,等.刺参(*Apostichopus japonicus* Selenka)夏眠习性研究Ⅰ——夏眠生态特点的研究[J].中国水产科学,1996,3(2):41-48.

[29] 刘元刚,王光辉.大叶藻移植在海参养殖中的应用[J].齐鲁渔业,2006,23(04):12.

[30] 刘振林,原永党,苗秋华.池塘养殖刺参应注意的问题及病害防治措施[J].中国农业科技导报,2006,8(6):84-86.

[31] 罗勇胜,李卓佳,文国樑,等.细基江蓠繁枝变种净化养殖废水投放密度的初步研究[J].南方水产,2006,2(05):7-11.

[32] 罗勇胜.江蓠与有益菌在对虾养殖废水无害化处理中的应用[D].青岛:中国海洋大学,2006.

[33] 马悦欣,徐高蓉,常亚青,等.大连地区刺参幼参溃烂病细菌性病原的初步研究[J].大连水产学院学报,2006,21(1):13-17.

[34] 毛丽娟,许豪文.运动对大鼠肝脏 GSH、GSSG 含量及 GSH/GSSG 的影响[J].体育与科学,2004,25(1):60-63.

[35] 毛玉泽,杨红生,周毅,等.龙须菜(*Gracilaria lemaneiformis*)的生长、光合作用及其对扇贝排泄氮磷的吸收[J].生态学报,2006,(10):3225-3231.

[36] 孟繁伊,麦康森,马洪明,等.棘皮动物免疫学研究进展[J].生物化学与生物物

理进展 2009,36(7):803-809.

[37] 潘金华,张全胜,许博.鼠尾藻有性繁殖和幼孢子体发育的形态学观察[J].水产科学,2007,26(11):589-592.

[38] 裴素蕊,董双林,王芳,等.限定食物资源下密度对刺参个体生长的影响[J].中国海洋大学学报(自然科学版),2013,43(03):32-37.

[39] 乔聚海.刺参池塘养殖的研究[J].海洋科学,1988,(4):1-5.

[40] 曲晓,张芬.虾塘混养刺参技术浅析[J].科学养鱼,2002,(6):18.

[41] 任勇,张泗光,李宝山,等.海参和紫贻贝筏式混合养殖技术[J].齐鲁渔业,2008,25(10):20.

[42] 申华.江蓠对水体重金属铅、镍的生物修复效果及其生理适应性研究[D].苏州:苏州大学,2008.

[43] 宋春晓,杨德利.水产养殖业综合效益评价研究进展[J].广东农业科学,2012,(14):165-168.

[44] 宋春晓,杨德利.水产养殖业综合效益评价指标体系及方法研究[J].广东农业科学,2012,(24):214-229.

[45] 宋志东,王际英,张利民,等.刺参体壁的营养成分分析[J].齐鲁渔业,2009,26(7):23-26.

[46] 隋锡林,邓欢.刺参池塘养殖的病害及防治对策[J].水产科学,2004,23(6):22-24.

[47] 隋锡林.海参增养殖[M].北京:农业出版社,1990.

[48] 孙修涛,王飞久,张立敬,等.鼠尾藻生殖托和气囊的形态结构观察[J].海洋水产研究,2007,28(03):125-131.

[49] 汤坤贤,袁东星,林泗彬,等.江蓠对赤潮消亡及主要水质指标的影响[J].海洋环境科学,2003,22(02):24-27.

[50] 田传远,梁英,李琪.刺参安全生产指南[M].北京:中国农业出版社,2012.

[51] 王方雨,杨红生,高菲,等.刺参体腔液几种免疫指标的周年变化[J].海洋科学,2009,33(7):75-79.

[52] 王吉桥,郝玉冰,张蒲龙,等.栉孔扇贝与海胆和海参混养的净化水质作用[J].水产科学,2007,26(1):1-6.

[53] 王莲芬,许树柏.层次分析法引论[M].北京:中国人民大学出版社,1990.

[54] 王天明,杨红生,苏琳.刺参呼吸树抗氧化防御酶类基因在夏眠期的表达特征[J].水产学报,2011,35(8):1173-1181.

[55] 王文堂,王文安.虾池刺参、鲍鱼混养模式[J].科学养鱼,2004,(6):30-31.

[56] 王肖君,孙慧玲,谭杰,等.龙须菜对刺参生长及环境因子的影响[J].渔业科学进展,2011,32(05):58-66.

[57] 王印庚,荣小军,张春云,等.养殖海参主要疾病及防治技术[J].海洋科学,2005,29(3):17.

[58] 徐永健,陆开宏,韦玮.大型海藻江蓠对养殖池塘水质污染修复的研究[J].中国生态农业学报,2007,15(05):156-159.

[59] 杨红生,周毅,王健,等.烟台四十里湾栉孔扇贝、海带和刺参负荷力的模拟测定[J].中国水产科学,2000,7(04):27-31.

[60] 杨娟,王凯先,郭相平,等.刺参池塘养殖技术[J].齐鲁渔业,2004,21(11):6-9.

[61] 杨宁,王文琪,姜令绪,等.海洋科学,2014,38(11):56-59.

[62] 杨宇峰,宋金明,林小涛,等.大型海藻栽培及其在近海环境的生态作用[J].海洋环境科学,2005,24(03):77-80.

[63] 于东祥,宋本祥.池塘养殖刺参幼参的成活率变化和生长特点[J].中国水产科学,1999,6(3):109-110.

[64] 于明志,常亚青.低温对不同群体仿刺参幼参某些生理现象的影响[J].大连水产学院院报,2008,23(1):31-36.

[65] 袁秀堂.刺参生理生态学及其生物修复作用的研究[D].青岛:中国科学院海洋研究所,2005.

[66] 原永党,张少华,孙爱凤,等.鼠尾藻劈叉筏式养殖试验[J].海洋湖沼通报,2006,(02):125-128.

[67] 詹冬梅,李美真,丁刚,等.鼠尾藻有性繁育及人工育苗技术的初步研究[J].海洋水产研究,2006,27(06):55-59.

[68] 张春云,王印庚,荣小军,等.国内外海参自然资源、养殖状况及存在问题[J].海洋水产研究,2004,25(3):89-97.

[69] 张春云.养殖刺参(*Aostichopus japonicus*)主要细菌性疾病的病原学研[D].青岛:中国海洋大学,2004.

[70] 张峰.棘皮动物体内防御机制的研究进展[J].大连水产学院学报,2005,20(4):340-344.

[71] 张起信.虾参混养技术[J].海洋科学,1990,(6):65-66.

[72] 张群乐,刘永宏.海参海胆增养殖技术[M].青岛:青岛海洋大学出版社,1998.

[73] 赵广苗.海参池塘健康养殖技术研究[J].齐鲁渔业,2006,23(5):29-30.

[74] 郑荣梁.生物学自由基[M].北京:高等教育出版社,1992.

[75] 郑怡,陈灼华.鼠尾藻生长和生殖季节的研究[J].福建师范大学学报(自然科学版),1993,9(1):81-85.

[76] 周毅,杨红生,毛玉泽,等.桑沟湾栉孔扇贝生物沉积的现场测定[J].动物学杂志,2003,38(4):40-44.

[77] 邹国林,桂兴芬,钟晓凌,等.一种SOD的测活方法——邻苯三酚自氧化法的改进[J].生物化学与生物物理进展,1986,(4):71-73.

[78] 邹积波,高广斌,姜洪亮,等.分析刺参养殖发病原因、研讨对策,走可持续发展之路[J].水产科学,2003,25(1):5354.

[79] 邹吉新,李源强,刘雨新,等.鼠尾藻的生物学特性及筏式养殖技术研究[J].齐鲁渔业,2005,22(03):25-28+7.

[80] AXELROD J, KEISINE T D. Stress hormones: their interaction and regulation [J]. Science, 1984, 224 (4648): 452.

[81] BAYNE B L. Aspects of physiological conditions in *Mytilus edulis* L., with

special reference to the effects of oxygen tension and salinity [M]//BARNES H. Proceedings of the Ninth European Marine Biology Symposium. Aberdeen: Aberdeen University Press, 1975: 213-238.

[82] BEMIS W E, BURGGREN W W, KEMP N E. The biology and evolution of lungfish [M]. New York: Alan R. Liss, 1987.

[83] BERTHEUSSEN K. The cytotoxic reaction in allogeneic mixtures of echinoid phagocytes [J]. Experimental Cell Research, 1979, 120(2):373-381.

[84] BORGES J C, JENSCH - JUNIOR B E, GARRIDO P A, et al. Phagocytic a-moebocyte sub populations in the perivisceral coelom of the sea urchin *Lytechinus variegatus* (Lamarck, 1816) [J]. Journal of Experimental Zoology. Part A, Comparative Experimental Biology, 2005, 303(3): 241-248.

[85] BRADFORD M M. A rapid and sensitive method for the quantitation of microgram quantities of protein utilizing the principle of protein-dye binding [J]. Analytical Biochemistry, 1976, 72: 248-254.

[86] BRAZIL D P, YANG Z Z, HEMMINGS B A. Advances in protein kinase B signalling: *AKT*ion on multiple fronts [J]. Trends in Biochemical Sciences, 2004,29(5): 233-242.

[87] BROOKS S P J, STOREY K B. Glycolytic controls in estivation and anoxia: A comparison of metabolic arrest in land and marine mollusks [J]. Comparative Biochemistry and Physiology Part A: Physiology, 1997, 118 (4): 1103-1114.

[88] BURKE R D, WATKINS R F. Stimulation of starfish coelomocytes by interleukin-1 [J]. Molecular Cell Biology Research Communications, 1991, 180 (2): 579-584.

[89] CANICATTI C. Hemolysins: Pore-forming proteins in invertebrates [J]. Experientia, 1990, 46(3): 239-244.

[90] CANICATTI C. Binding properties of *Paracentrotus lividus* (Echinoidea) hemolysin [J]. Comparative Biochemistry & Physiology Part A Physiology, 1991, 98(3-4): 463-468.

[91] CANICATTI C. Lysosomal enzyme pattern in *Holothuria polii* coelomocytes [J]. Journal of Invertebrate Pathology, 1990, 56(1): 70-74.

[92] CHANG Y Q, YU C Q, SONG X. Pond culture of sea cucumbers, *Apostichopus japonicus*, in Dalian [R]// LOVATELLI A, CONAND C, PURCELL S, et al. Advances in sea cucumber aquaculture and management. Rome: FAO, FAO Fisheries Technical Paper, 2004, (463): 269-272.

[93] CHEN J. Present status and prospects of sea cucumber industry in China [R]// LOVATELLI A, CONAND C, PURCELL S, et al. Advances in sea cucumber aquaculture and management. Rome: FAO, FAO Fisheries Technical Paper, 2004: 25-38.

[94] CHEN J X. Overview of sea cucumber farming and sea ranching practices in China [J]. SPC Beche-de-mer Information Bulletin, 2003, 18: 18-23.

[95] GEMPCSAW C M, BACON J R, SUPITANINGSIH I, et al. The economic potential of a small scale flow-through tank system for trout production [J]. Agricultural Systems, 1995, 47(1): 59-72.

[96] LACOETE A, JALABERT F, MALHAM S K, et al. Stress and stress-induced neuroendocrine changes increase the susceptibility of juvenile oysters (*Crassostrea gigas*) to *Vibrio splendidus* [J]. Applied and Environmental Microbiology, 2001, 67 (5): 2304-2309.

[97] van de NIEUWEGIESSEN P G, BOERLAGE A S, VERRETH J A J, et al. Assessing the effects of a chronic stressor, stocking density, on welfare indicators of juvenile African catfish, *Clarias gariepinus* Burchell [J]. Applied Animal Behaviour Science, 2008,115(3-4): 233-243.

[98] QIN C X, DONG S L, TAN F Y, et al. Optimization of stocking density for the sea cucumber, *Apostichopus japonicus* Selenka, under feed-supplement and non-feed-supplement regimes in pond culture [J]. Journal of Ocean University of China, 2009, 8(3): 296-302.

[99] RAHMAN M A, MAZID M A, RAFIQUR M R, et al. Effect of stocking density on survival and growth of critically endangered mahseer, *Tor putitora* (Hamilton), in nursery ponds [J]. Aquaculture, 2005, 249 (1-4): 275-284.

[100] SHANG Y C. Aquaculture economics: An overview [J]. GeoJournal, 1985, 10 (3): 299-305.

[101] THONGRAK S, PRATO T, CHIAYVAREESAJJA S, et al. Economic and water quality evaluation of intensive shrimp production systems in Thailand [J]. Agricultural Systems, 1997, 53(2-3): 121-141.

[102] YUAN X T, YANG H S, WANG L L, et al. Effects of salinity on energy budget in pond-cultured sea cucumber *Apostichopus japooicus* (Selenka) (Echinodermata: Olothuroidea) [J]. Aquaculture, 2010, 306 (1-4): 348-351.